| 工业设计案例全书 |

AutoCAD 2009
辅助绘图（基础·案例篇）

李朝晖 夏 玮 编著

中国铁道出版社
CHINA RAILWAY PUBLISHING HOUSE

内 容 简 介

    本书以 AutoCAD 2009 的基础知识点和实例操作为中心，在技术入门篇详细介绍了二维图形和三维图形的设计过程和设计方法，主要内容包括 AutoCAD 2009 的界面及工作界面、二维图形的绘制与编辑、块的创建与编辑以及三维图形的绘制、编辑和渲染等。在案例应用篇详细介绍了 5 种目前比较常用的 AutoCAD 设计工程应用，其中包括两个机械工程设计应用——绘制球阀和绘制齿轮啮合装配图、两个建筑设计工程应用——绘制楼房二层平面图和绘制家装平面图、一个电气设计工程应用——绘制液压系统原理图。

    本书以学有所依、学有所用为宗旨，采用以例带点的讲解方式，将每个知识点的讲解都融入到具体的典型实例中，范例丰富、图文并茂、内容翔实，可以带给读者独特而高效的学习体验。

    本书适合作为大、中专院校机械设计、工业设计相关专业的教学用书，也可作为各类培训班的培训教程和广大 AutoCAD 2009 初、中级用户的实用工具书。

图书在版编目（CIP）数据

AutoCAD 2009辅助绘图.（基础·案例篇）/李朝晖，夏
玮编著. —北京：中国铁道出版社，2009. 3
（工业设计案例全书）
ISBN 978-7-113-09838-4

I. A⋯ II. ①李⋯②夏⋯ III. 工程制图：计算机制图-
应用软件，AutoCAD 2009 IV. TB237

中国版本图书馆CIP数据核字（2009）第038257号

书　　名：AutoCAD 2009 辅助绘图（基础·案例篇）
作　　者：李朝晖　夏　玮　编著

策划编辑：严晓舟　　李鹤飞
责任编辑：苏　茜　　　　　　　　　　　编辑部电话：(010) 63583215
编辑助理：王　彬
封面设计：付　巍　　　　　　　　　　　封面制作：白　雪
责任印制：李　佳

出版发行：中国铁道出版社（北京市宣武区右安门西街 8 号　　邮政编码：100054）
印　　刷：北京燕旭开拓印务有限公司
版　　次：2009 年 6 月第 1 版　　　　2009 年 6 月第 1 次印刷
开　　本：880 mm×1230 mm　1/16　印张：25.75　　字数：591 千
印　　数：5 000 册
书　　号：ISBN 978-7-113-09838-4/TP·3184
定　　价：58.00 元（附赠光盘）

前　言

　　AutoCAD 2009 是美国 Autodesk 公司推出的最新 AutoCAD 版本。作为通用计算机辅助设计软件，AutoCAD 从 1982 年最初开发的 1.0 版本先后经历了十多次的版本升级，发展到今天的 AutoCAD 2009 版，不仅在机械、建筑、电子、航天、造船、石油化工和土木工程等工程领域得到很大规模的应用，而且也被应用于气象、地理和航海等特殊图形的绘制，并以其日趋强大而又丰富的功能命令、友好的用户界面和便捷的操作，赢得了各行各业广大用户的青睐，成为计算机绘图方面使用最广泛的软件。该版本在功能和运行性能上都有了进一步的提升，它提供的增强功能和新增功能对于各个行业的应用都有很大的帮助。

本书特色

　　本书最大的特色：首先是图文并茂和以例带点，其将每个知识点的讲解都融入到具体的典型实例中，并通过丰富的图形进行说明，这样的设计思路使读者在学完每一个实例后轻轻松松掌握其中包含的基础知识点，避免了大篇幅文字讲解的枯燥性；同时，每章的最后都有一个"工程师坐堂"的环节，其采用"六问六答"的方式对本章内容的重点、难点或是在使用中需要注意的问题和操作方法进行了回顾；其次是采用技术入门篇＋案例应用篇的编排形式，本书的案例应用篇是从 AutoCAD 应用最为重要的 3 个领域——机械、建筑和电气领域选取实例，保证了实例的实用性，同时它对技术入门篇出现的知识点进行了更全、更多的融入综合剖析，这样编排使读者更容易由浅入深地掌握 AutoCAD 2009 软件的操作和应用。可以说，读者如果能完成书中典型实例的操作过程，就具备了使用 AutoCAD 2009 软件进行辅助设计的基本技能。

本书内容

　　本书分为两篇，第 1 ～ 10 章为技术入门篇，第 11 ～ 15 章为案例应用篇。

　　技术入门篇按照使用 AutoCAD 2009 软件的认知次序进行章节安排，首先对该软件进行初步认识，完成绘图前设置后即可进入二维图形的设计过程，其中包括二维图形的绘制与编辑、块与外部参照、文字与表格、尺寸标注、图形显示以及图形的打印与发布。此外，AutoCAD 2009 软件的三维图形设计功能也日趋强大，故该部分中也对三维图形的绘制、编辑与渲染进行了详细讲解。本篇帮助读者全面地了解 AutoCAD 2009 软件的基础知识点并初步掌握操作要点，对以后的大型案例应用操作打下基础。

　　案例应用篇介绍了 5 种目前比较常用的 AutoCAD 设计工程应用，其中包括两个机械工程设计应用——绘制球阀和绘制齿轮啮合装配图、两个建筑设计工程应用——绘制楼房二层平面图和绘制家装平面图、一个电气设计工程应用——绘制液压系统原理图。本篇使读者对相关领域的设计过程和设计方法有一个深入的了解，同时读者也可以对实例进行修改，从而将其应用于自己的设计项目中。

　　本书配套光盘包含了所有实例的源文件和视频文件，读者可以结合光盘中的实例文件学习本书，以达到更好的效果。

读者对象

本书专为 AutoCAD 2009 软件的初、中级用户编写，适合于以下读者学习使用：

（1）大、中专院校机械设计、工业设计相关专业师生；

（2）社会就业培训班的学员；

（3）急于想掌握技术，并能用于实际设计中，以便找个好工作的读者。

本书的作者及创作团队

本书由李朝晖、夏玮编著。由于作者水平有限，书中难免有疏漏和不足之处，敬请广大读者批评指正。

编　者

2009 年 5 月

目 录

技术入门篇

Contents

Chapter 8　控制图形显示 139

Chapter 9　绘制与渲染三维实体 155

Contents

Contents

Chapter 1

AutoCAD 2009 介绍

1.1 AutoCAD 2009 的系统要求和启动、关闭

1.2 AutoCAD 2009 的界面

1.3 AutoCAD 2009 的界面介绍和基本功能

1.4 工程师坐堂

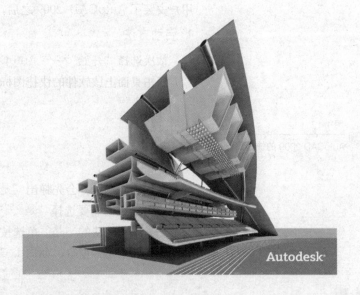

Autodesk

1.1 AutoCAD 2009 的系统要求和启动、关闭

在使用 AutoCAD 2009 软件之前有必要了解它对用户系统配置的要求。只有在合适的硬件配置支持下，软件才能更好地应用。

1.1.1 AutoCAD 2009 的系统要求

AutoCAD 2009 是 AutoCAD 系列软件的最新版本，与 AutoCAD 先前的版本相比，其性能和功能方面都有较大的增强，同时与低版本完全兼容。与此同时，AutoCAD 2009 对用户的系统配置也提出了更高的要求。

下面是该软件对用户系统提出的基本配置要求：

操作系统：Windows XP 系列/Windows Vista 系列，要求有 IE 7 支持。

Web 浏览器：Microsoft Internet Explorer 6.0 SP1 或更高版本。

32 位处理器：Intel Pentium 4 处理器 或 AMD Athlon，2.2 GHz 或更高；Intel 或 AMD 双核处理器，1.6 GHz 或更高。

64 位处理器：AMD 64 或 Intel EM64T。

内存：1 GB 及以上（Microsoft Windows XP SP2）。

内存：2 GB 及以上（Microsoft Windows Vista）。

图形卡：1280×1024 像素的 32 位彩色显示卡（真彩色），128 MB 显存具有 OpenGL 或 Direct3D 功能的工作站级图形卡。对于 Microsoft Windows Vista，需要具有 Direct3D 功能的工作站级图形卡 128 MB 显存或更高，为了支持图形卡加速，必须安装 DirectX 9.0c 或更高版本。从"ACAD.msi"文件进行的安装并不安装 DirectX 9.0c 或更高版本。必须手动安装 DirectX 以配置硬件加速。

硬盘：对 Windows XP SP3 来说，其系统安装约需 1.5GB，另需 2GB 以上系统运行空间，对 Windows Vista 旗舰版系统安装约需 10GB，另需 10GB 的运行空间。

在安装 AutoCAD 2009 之前，请确保计算机满足对硬件和软件的最低需求。安装 AutoCAD 2009 时，软件会自动检测 Windows 操作系统是 32 位版本还是 64 位版本，然后安装适当的 AutoCAD 2009 版本。

1.1.2 AutoCAD 2009 的启动和关闭过程

用户安装了 AutoCAD 2009 之后，就可以启动并使用该软件。

1. 启动方法

(1) 依次选择"开始"→"AutoCAD 2009 Simplified Chinese"命令。

(2) 双击桌面上该软件的快捷图标，如图 1-1 所示。

图 1-1

AutoCAD 2009 的快捷图标

在启动该软件之后，会先弹出"是否要立即查看新功能专题研习"对话框，如图 1-2 所示。用户可以根据需要选择"是"、"以后再说"和"不，不再显示此消息"3 个单选按钮之一。如果采用默认的"是"单选按钮，就单击"确定"按钮，在软件启动后系统会弹出"新功能专题研习"窗口，如图 1-3 所示。

图 1-2

"是否要立即查看新功能
专题研习"对话框

图 1-3

"新功能专题研习"窗口

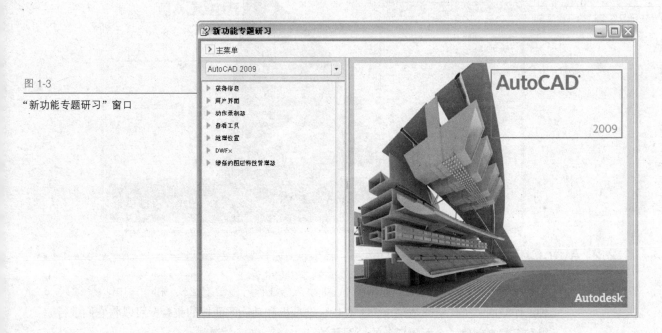

2. 退出方法

（1）命令行：QUIT。

（2）工具栏：单击"关闭"按钮 ⊠ 。

（3）菜单栏：选择"文件"→"退出"命令。

1.2 AutoCAD 2009 的界面

　　AutoCAD 2009界面中大部分元素的用法与Windows软件一样。在"新功能专题研习"
窗口中，用户可以查看 AutoCAD 2009 的新功能介绍。在操作界面上，AutoCAD 2009
为用户提供了"二维草图与注释"、"三维建模"和"AutoCAD 经典"工作空间，可以很方便地任用户选择。此外，模型空间的默认背景颜色已改变为白色，这可以使用户在模型空间中用较深的颜色来画图，就像在白色的布局空间中看到的那样。这些增强的用户界面中的大部分功能对于双显示器配置来说会变得更加有用。

1.2.1 AutoCAD 2009 的新功能专题研习

初次启动 AutoCAD 2009 时，会弹出"是否要立即查看新功能专题研习"对话框（见图 1-2）。"新功能专题研习"窗口界面（见图 1-3）可用来查看 AutoCAD 2009 的新增功能介绍。

单击"新功能专题研习"窗口的"AutoCAD 2009"下拉按钮 AutoCAD 2009 ▼，会出现如图 1-4 所示的下拉列表框，由此可知"新功能专题研习"窗口还包括了 Autodesk Design Review 以及 AutoCAD 2008 和 AutoCAD 2007 两个版本的"新功能专题研习"窗口。

图 1-4

"新功能专题研习"窗口的下拉菜单

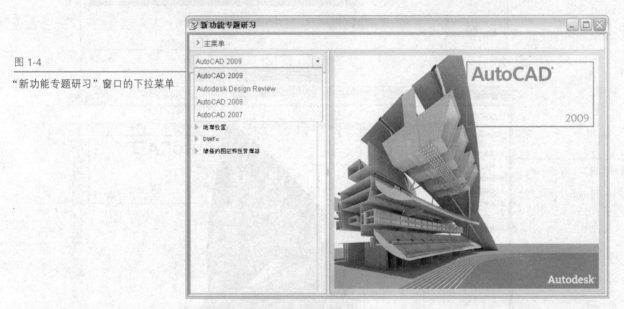

1.2.2 AutoCAD 2009 的操作界面

AutoCAD 2009 为用户提供了"二维草图与注释"、"三维建模"和"AutoCAD 经典"3 种工作空间。工作空间是菜单、工具栏、选项板和功能区面板的集合，可以将它们进行编组和组织来创建一个面向任务的绘图环境。

切换工作空间的方法如下所示。

（1）状态栏：单击"切换工作空间"按钮 ⚙ →"二维草图与注释"/"三维建模"/"AutoCAD 经典"。

（2）菜单栏：依次选择"工具"→"工作空间"→"二维草图与注释"/"三维建模"/"AutoCAD 经典"命令。

（3）菜单浏览器：单击"菜单浏览器"按钮 ▣ →"工具"→"工作空间"→"二维草图与注释"/"三维建模"/"AutoCAD 经典"。

其中，"二维草图与注释"空间是 AutoCAD 2009 不同于以往各版本的新增空间，用于显示二维绘图特有的工具，它是通过一组标签和面板来对 AutoCAD 工具进行访问的，如图 1-5 所示。

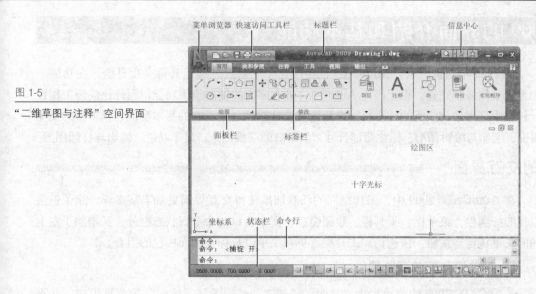

图 1-5

"二维草图与注释"空间界面

"三维建模"空间界面与"二维草图与注释"空间界面很相似，只是"三维建模"空间界面主要显示三维建模特有的工具，包括新界面、功能区、菜单浏览器和"工具选项板"窗口等，如图 1-6 所示。

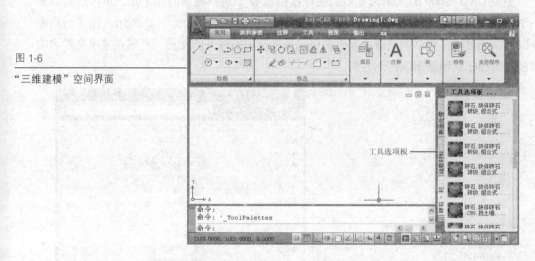

图 1-6

"三维建模"空间界面

对于习惯于 AutoCAD 传统界面的用户来说，可以使用"AutoCAD 经典"工作空间，该空间界面主要由标题栏、菜单栏、工具栏、绘图窗口、文本窗口与命令行状态栏等元素组成，如图 1-7 所示。笔者考虑叙述的方便，本书中以下的内容都在此空间中进行。

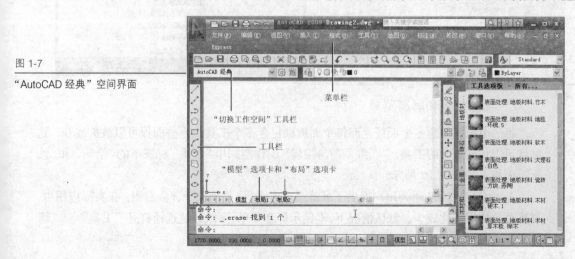

图 1-7

"AutoCAD 经典"空间界面

1.3 AutoCAD 2009 的界面介绍和基本功能

自 1982 年问世以来，AutoCAD 已经经历了十余次升级，其每一次升级，在功能上都得到了增强和完善。也正因为 AutoCAD 具有强大的辅助绘图功能，因此已成为工程设计领域中应用最为广泛的计算机辅助绘图与设计软件之一。它的基本功能包括丰富的交互界面、绘制与编辑图形、标注图形尺寸、创建渲染三维图形、显示功能、输出与打印图形。

1.3.1 丰富的交互界面

在 AutoCAD 2009 中，工作空间的任意切换使得交互界面更加丰富多样，除了包含以往的标题栏、菜单栏、工具栏、绘图窗口、文本窗口与命令行状态栏外，又增加了左上角的菜单浏览器按钮、快速访问工具栏、屏幕菜单以及标签和面板栏的组合。

1. 菜单栏和菜单浏览器

AutoCAD 2009 的菜单栏由"文件"、"编辑"、"视图"、"插入"等菜单组成，几乎包括了 AutoCAD 2009 中的全部功能和命令。AutoCAD 2009 的"工具"菜单内容如图 1-8 所示。

AutoCAD 2009 的菜单浏览器的图标按钮 位于用户界面的左上角，单击后会弹出一个下拉菜单，包含内容即通常所说的菜单栏及其子菜单，如图 1-9 所示。除了访问命令以外，还可以在菜单浏览器中查看和访问最近使用或打开的文档。可以在显示文件名的时候附加图标或预览图以区别它们。

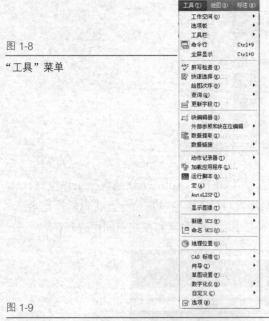

图 1-8

"工具"菜单

图 1-9

菜单浏览器中的"工具"菜单

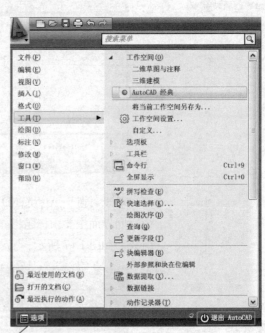

2. 标签面板和屏幕菜单

每一个标签包含多个面板，而每个面板则包含多个工具。一些面板可以被扩展开，这样就可以访问更多的工具。"二维草图与注释"工作空间中"常用"标签下的"绘图"和"修改"面板，如图 1-10 所示。

AutoCAD 2009 还为用户提供了屏幕菜单方式，该菜单位于屏幕右侧。在实际应用中，屏幕菜单使用得比较少。默认情况下，不显示屏幕菜单，可以通过选择打开"工具"→"选项"命令,弹出"选项"对话框,在"显示"选项卡中选择"显示屏幕菜单"选项调出屏幕菜单,如图1-11所示。

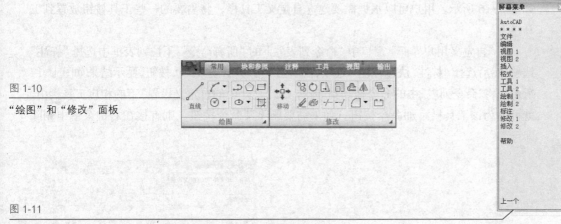

图 1-10

"绘图"和"修改"面板

图 1-11

屏幕菜单

3. 快捷菜单和快速访问工具栏

在绘图区域、工具栏、状态栏、模型与布局选项卡以及一些对话框上右击时,将弹出一个快捷菜单,该菜单中的命令与 AutoCAD 当前状态相关。使用它们可以在不启动菜单栏的情况下快速、高效地完成某些操作。在绘图区的空白区域中右击,弹出的快捷菜单如图 1-12 所示。

快速访问工具栏显示在 AutoCAD 窗口的顶部,位于菜单浏览器的旁边。它包含一些最常用的工具,如新建、打开、保存、打印、撤销和重做。用户可以从右击后弹出的快捷菜单中很容易地把工具从快速访问工具栏中移除。要添加工具到快速访问工具栏中,只要在右键菜单中选择"自定义快速访问工具栏"命令,然后拖动自定义用户界面对话框命令列表中的命令到快速访问工具栏上即可。另外,右键菜单能够打开默认情况下关闭的菜单栏或访问其他的工具栏。快速访问工具栏及其右键菜单如图 1-13 所示。

图 1-12

快捷菜单

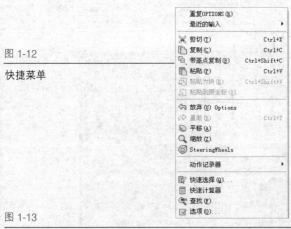

图 1-13

快速访问工具栏及其右键菜单

4. 工具栏和自定义用户界面

工具栏是应用程序调用命令的另一种形式,它包括许多由图标表示的命令按钮。在 AutoCAD 中,系统共提供了 20 多个命名的工具栏。默认情况下,"标准"、"属性"、"绘图"和"修改"等工具栏处于打开状态。处于浮动状态的"标准"工具栏如图 1-14 所示。

图 1-14

"标准"工具栏

如果要显示当前隐藏的工具栏，可在任意工具栏上右击，将弹出一个快捷菜单，通过选择命令可以显示或关闭相应的工具栏，如图 1-15 所示。

在 AutoCAD 中，选择"视图"→"工具栏"命令，打开"自定义用户界面"窗口，如图 1-16 所示。用户可以根据需要建立自定义工具栏，将需要的一些工具按钮放置到工具栏上。

在"自定义用户界面"窗口中"命令列表"下的"所有命令"下拉列表框中选择"标注"选项，然后选择"标注,快速标注"选项，再单击"帮助"右边的 ⊙ 按钮，显示结果如图 1-17 所示。将"命令列表"中的命令拖动到"所有 CUI 文件中的自定义设置"下的相应工具栏中，就可以为该工具栏添加命令按钮。如果需要删除某命令按钮，则直接在右键菜单中删除即可。

图 1-15

工具栏快捷菜单

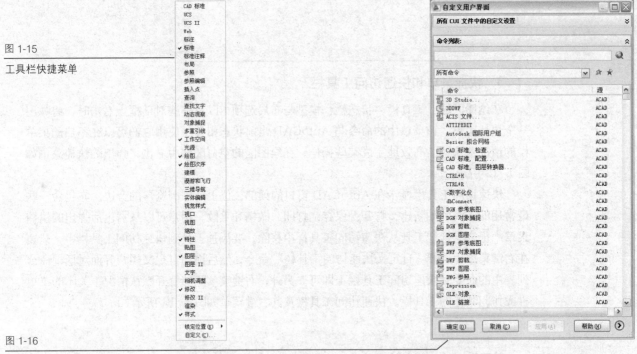

图 1-16

"自定义用户界面"窗口

图 1-17

自定义用户界面应用

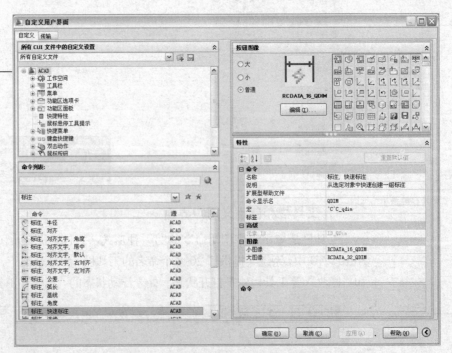

5. 绘图区

在 AutoCAD 中，绘图区是用户绘图的工作区域，所有的绘图结果都反映在这个区域中。可以根据需要关闭其周围和里边的各个工具栏，以增大绘图空间。如果图纸比较大，需要查看未显示部分时，可以单击窗口右边与下边滚动条上的箭头，或拖动滚动条上的滑块来移动图纸。

在绘图区中除了显示当前的绘图结果外，还显示当前使用的坐标系类型以及坐标原点、X 轴、Y 轴、Z 轴的方向等。默认情况下，坐标系为世界坐标系（WCS）。

在绘图区的下方有"模型"和"布局"选项卡，单击其标签可以在模型空间或图纸空间之间来回切换。

6. 命令行和文本窗口

"命令行"窗口位于绘图窗口的底部，用于接收用户输入的命令，并显示 AutoCAD 提示信息。初次显示时，"命令行"窗口固定在屏幕底部，位于绘图区和状态栏之间。通过拖动窗口右侧的滚动条显示以前的命令提示。在 AutoCAD 2009 中，"命令行"窗口可以拖放为浮动窗口，如图 1-18 所示。

AutoCAD 的文本窗口是记录 AutoCAD 命令的窗口，是放大的"命令"窗口，它记录了已执行的命令，也可以用来输入新命令。在 AutoCAD 2009 中可以选择"视图"→"显示"→"文本窗口"命令，或按【F2】键来打开文本窗口。图 1-19 所示为浮动的文本窗口。

文本窗口完全独立于 AutoCAD 2009 的程序窗口，可以单独最小化、最大化或关闭，可以在文本窗口与剪贴板之间粘贴文件。大多数标准窗口中的快捷键同样可以用于文本窗口。

图 1-18

"命令行"窗口

图 1-19

文本窗口

7. 状态栏

状态栏用来显示 AutoCAD 当前的状态，位于界面的底部。AutoCAD 2009 的状态栏已经升级，它拥有新的工具和图标，如图 1-20 所示。

状态栏的左边包括"坐标区"和切换按钮，用于显示光标的坐标值和一些熟悉的功能，如对象捕捉、栅格和动态输入。右键菜单可以让你切换状态栏为图标或传统的文字标签，结果如图 1-21 所示。快捷特性（QP）切换按钮是状态栏中新添加的。"坐标区"的坐标显示取决于所选择的模式和程序中运行的命令，共有"相对"、"绝对"和"无"3 种模式。可以在坐标显示区单击，或按【F6】键，以打开或关闭自动坐标显示。

模型和布局按钮被移动到了状态栏的右边，在那里同时添加了一些新的工具。布局弹出式按钮被"快速查看布局"按钮代替，它的后面是"快速查看图形"和"显示动画"按钮。注释比例被"视口/注释比例"切换按钮所替代，它把注释比例与视口比例连接起来以使其保持同步。一个新的工作空间切换按钮代替了工作空间工具栏，它提供了相同的功能，但占据的空间却小得多。

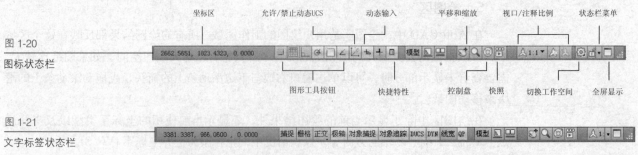

图 1-20
图标状态栏

图 1-21
文字标签状态栏

1.3.2 AutoCAD 2009 的基本功能

1. 绘制与编辑图形

AutoCAD 2009 的"绘图"菜单和工具栏中包含丰富的绘图命令，从最基本的点、直线、圆到多段线、样条曲线，AutoCAD 2009 提供了全部的二维图形绘制命令，使用它们可以绘制直线、构造线、多段线、圆、矩形、多边形、椭圆等基本图形，也可以将绘制的图形转换为面域，对其进行填充。针对相同图形的不同情况，AutoCAD 2009 还提供了多种绘制方法供用户选择，例如圆弧的绘制方法就有 11 种。"绘图"工具栏如图 1-22 所示。

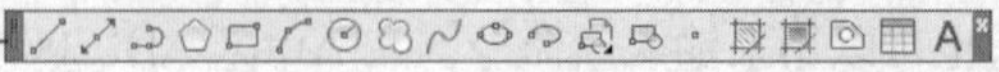

图 1-22
"绘图"工具栏

AutoCAD 2009 不仅有强大的绘图功能，而且还具有强大的图形编辑功能。AutoCAD 2009 的"修改"菜单和工具栏中包含丰富的修改命令，如删除、恢复、移动、复制、镜像、旋转、修剪、拉伸、缩放、倒角、圆角、布尔运算、切割等，有的适用于二维，有的使用于三维，有的则可以通用。"修改"工具栏如图 1-23 所示。借助于这些修改命令，用户便可以绘制出各种各样的二维图形，如图 1-24 所示。另外，AutoCAD 还提供了许多辅助的绘图功能，如栅格、对象捕捉、正交、对象追踪等。

图 1-23
"修改"工具栏

图 1-24
绘制的二维图形

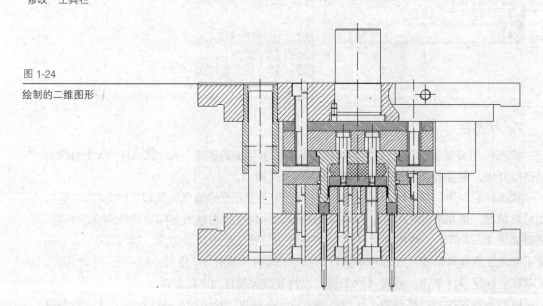

对于一些二维图形，通过拉伸、设置标高和厚度等操作就可以轻松地转换为三维图形。在 AutoCAD 2009 中，提供了多段体、球体、圆柱体、立方体、圆锥体、圆环、棱锥体和楔体等 8 种基本实体的绘制命令，其他的则可以通过拉伸、旋转以及布尔运算等命令和功能来实现。使用"绘图"→"建模"命令中的子命令，用户可以很方便地绘制圆柱体、球体、长方体等基本实体以及三维网格、旋转网格等曲面模型，"建模"工具栏如图 1-25 所示。同样再结合"修改"菜单中的相关命令，还可以绘制出各种各样的复杂三维图形，如图 1-26 所示。

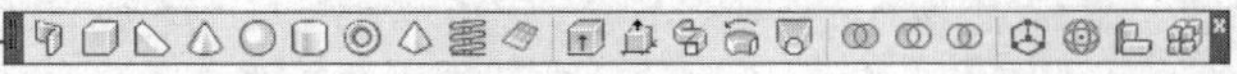

图 1-25
"建模"工具栏

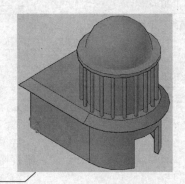

图 1-26
绘制的三维图形

2. 标注图形尺寸

尺寸标注是向图形中添加测量注释的过程，是整个绘图过程中不可缺少的一步。AutoCAD 的"标注"菜单和工具栏中包含一套完整的尺寸标注和编辑命令，使用它们可以在图形的各个方向上创建各种类型的标注，也可以方便、快速地以一定格式创建符合行业或项目标准的标注。"标注"工具栏如图 1-27 所示。

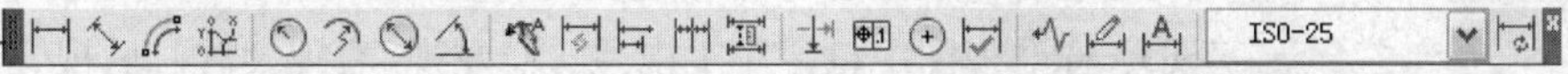

图 1-27
"标注"工具栏

标注是由标注文字、尺寸线、箭头和尺寸延伸线等 4 种元素构成的。标注显示了对象的测量值，对象之间的距离、角度，或者特征与指定原点的距离。在 AutoCAD 2009 中提供了线性、径向（半径、直径和折弯）、坐标、弧长和角度 5 种基本的标注类型，可以进行水平、垂直、对齐、旋转、坐标、基线或连续等标注。此外，还可以进行引线标注和公差标注等。标注结果如图 1-28 所示。标注的对象可以是二维图形或三维图形。

图 1-28
标注二维图形

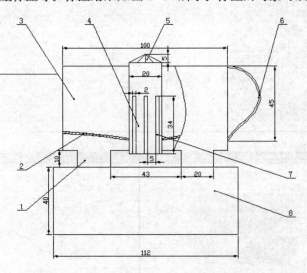

3. 创建渲染三维图形

对于创建的三维模型，用户可以运用雾化、光源和材质，将模型渲染为具有真实感的图像。如果是为了演示，可以渲染全部对象；如果时间有限，或显示设备和图形设备不能提供足够的灰度等级和颜色，就不必精细渲染；如果只需快速查看设计的整体效果，则可以简单消隐或设置视觉样式。"渲染"工具栏如图 1-29 所示，渲染效果如图 1-30 所示。

图 1-29

"渲染"工具栏

图 1-30

经过渲染处理的机械部件

4．显示功能

在 AutoCAD 2009 中，提供了平移、缩放、漫游、控制盘、VIEWCUBE、标准视图、三维视图和多视口视图等多种工具来控制图形的显示位置和大小。

（1）缩放命令通过改变当前窗口中图形的视觉尺寸，以便观察图形的全部或局部。

（2）漫游命令通过当前视口漫游一个图形，相当于视口不动，图形在视口上下或左右移动，就像站在窗前看来来往往的车流一样。

（3）控制盘即"STEERINGWHEELS"，它是将多个常用导航工具结合到一个单一界面中，从而为用户节省了时间，如图 1-31 所示。

（4）VIEWCUBE 是启用三维图形系统时显示的三维导航工具，通过 VIEWCUBE，用户可以在标准视图和等轴测视图间切换，如图 1-32 所示。

（5）标准视图中包含了主视、俯视、左视、右视、仰视、后视等 6 个标准视图（6 种视角）。

（6）三维视图中包含了西南等轴测视图、东南等轴测视图、西北等轴测视图、东北等轴测视图等 4 个标准等轴测视图。

另外，还可以利用视点工具设置任意的视角，利用三维动态观察器设置任意的透视效果；多视口视图则是将屏幕划分为多个视口，每个视口可以单独的进行各种显示，并能定义独立的用户坐标系统，如图 1-33 所示。

图 1-31

控制盘

图 1-32

VIEWCUBE

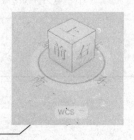

图 1-33

在不同视口中显示图形

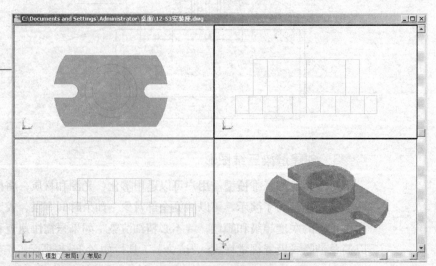

5. 输出与打印图形

　　AutoCAD 2009 不仅允许将所绘图形以不同样式通过绘图仪或打印机输出，还能够将不同格式的图形导入 AutoCAD 或将 AutoCAD 图形以其他格式输出。因此，当图形绘制完成之后可以使用多种方法将其输出。例如，可以将图形打印在图纸上，或创建成文件以供其他应用程序使用。打印命令的实现是在"打印"对话框中设置完成的，而且还可以通过"预览"按钮查看设置效果。该命令对"模型"和"布局"不同选项卡稍微有不同的显示，其中"打印－模型"对话框如图 1-34 所示，单击右下角的"更多选项"按钮 ⊙，可以设置更多的参数。

图 1-34

"打印 - 模型"对话框

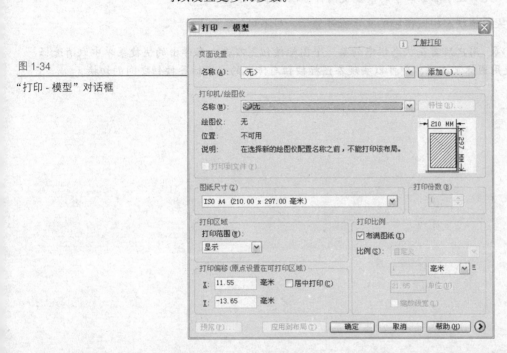

1.4　工程师坐堂

问：如何全面了解 AutoCAD 2009 的新功能？

答：用户初次启动该软件时，会弹出"新功能专题研习"窗口，也可以选择"帮助"→"新功能专题研习"命令，打开"新功能专题研习"窗口。在该窗口中，用户可以全面地了解 AutoCAD 2009 的新增功能。

问：关闭图形文件与退出 AutoCAD 2009 有何区别？

答：关闭图形文件通常只是关闭某一个文件，快捷方法是单击绘图区右上角的"关闭"按钮。而退出 AutoCAD 2009 则是关闭所有图形文件后退出软件程序，快捷方法是单击标题栏上的"关闭"按钮。

问：相比于其他版本，AutoCAD 2009 的界面有何变化？

答：首先是"二维草图与注释"工作空间中采用了标签与面板的组合方式显示绘制与编辑命令。其次是 AutoCAD 2009 的界面图标是一个"菜单浏览器"按钮，通过该按钮可以弹出各个菜单和子菜单。再次是状态栏中的按钮采用了图标形式，而且增加了"控制盘"和"切换工作空间"等按钮。

问：如果希望更改界面显示，怎么办？

答：用户可以通过选择"工具"→"自定义"→"界面"命令打开"自定义用户界面"窗口，在该窗口中可以实现所有界面命令的设置。

问：如果希望查看较多的命令行，怎么办？

答：用户可以通过选择"视图"→"显示"→"文本窗口"命令或按【F2】键来打开文本窗口。在该窗口中可以很容易地查看所有使用过的命令显示，而且该窗口独立于 AutoCAD 2009 程序界面，可以单独最小化、最大化或关闭，可以在文本窗口与剪贴板之间粘贴文件。大多数标准窗口中的快捷键同样可以用于文本窗口。

问：如果希望状态栏以传统的文字标签显示，可不可以？

答：可以。用户只需在状态栏中的某一个图标按钮上右击，在弹出的快捷菜单中取消选择"使用图标"选项，即可以实现在图标按钮与传统的文字标签按钮之间的切换。

Chapter 2

绘 图 基 础

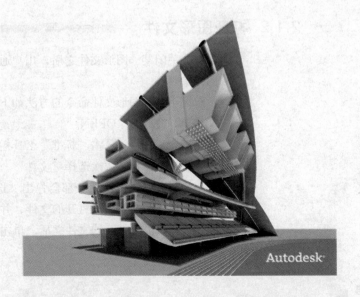

Autodesk

2.1 图形文件管理

图形文件的管理一般包括新建图形文件、打开已有的图形文件、输入和输出图形文件以及保存图形文件等。

2.1.1 新建图形文件

启动 AutoCAD 2009 之后，会自动新建一个图形文件。但是一般来说，绘制图形之前，首先都需要新建一个图形文件。

调用新建图形文件命令的方法如下所述。

（1）命令行：QNEW。

（2）工具栏：单击"标准"工具栏中的"新建"按钮 □。

（3）菜单栏：依次选择"文件"→"新建"命令。

执行以上操作，系统都会弹出"选择样板"对话框，如图 2-1 所示。用户可以在样板列表中选择一个样板文件，并可以在右侧的"预览"框内查看样板的预览图像。选择好样板之后，单击"打开"按钮，即可创建出新图形文件。也可以不选择样板，单击"打开"按钮右边的下拉按钮 ，下拉菜单如图 2-2 所示，用户可以从中选择"无样板打开 – 英制"或"无样板打开 – 公制"（米制）命令创建一个无样板的新图形文件。

图 2-1

"选择样板"对话框

图 2-2

样板的打开方式

2.1.2 打开图形文件

在关闭某一图形文件之后，用户通常会需要再次打开该图形文件以进行查看或再次绘图与编辑等。

调用打开图形文件命令的方法如下所示。

（1）命令行：OPEN。

（2）工具栏：单击"标准"工具栏中的"打开"按钮 。

（3）菜单栏：依次选择"文件"→"打开"命令。

执行以上操作，系统都会弹出"选择文件"对话框，如图 2-3 所示。用户可以通过指定文件路径选择需要打开的文件，并可以在右侧的"预览"框内查看选择文件的预览图像。选择好需要打开的文件之后，单击"打开"按钮，即可打开某一指定图形文件。

用户也可以单击"打开"按钮右边的下拉按钮 ，下拉菜单如图 2-4 所示，用户可以从中选择"以只读方式打开"、"局部打开"或"以只读方式局部打开"命令将选中的图形文件在某一方式下打开。其中，"以只读方式打开"表示打开的图形文件只能查看，不能编辑和修改；"局部打开"表示只打开指定图层部分，从而提高系统的运行效率；"以只读方式局部打开"表示局部打开指定的图形文件，并且不能对打开的图形文件进行编辑和修改。

图 2-3

"选择文件"对话框

图 2-4

文件的打开方式

2.1.3 保存图形文件

在图形绘制与编辑完成之后或是绘制过程当中，用户都可以随时保存图形文件。

调用保存图形文件命令的方法如下所示。

（1）命令行：QSAVE。

（2）工具栏：单击"标准"工具栏中的"保存"按钮 。

（3）菜单栏：依次选择"文件"→"保存"/"另存为"命令。

保存图形文件时，AutoCAD 可以为文件重新命名或者默认当前名称。

如果当前图形文件一直都没有保存过，在单击"保存"按钮时，系统会弹出"图形另存为"对话框，如图 2-5 所示。在对话框的"保存于"下拉列表框中选择图形文件的保存位置，在"文件名"下拉列表框中输入文件的名称，在"文件类型"下拉列表框中选择文件保存，然后单击"保存"按钮即可完成图形文件的保存。

图 2-5

"图形另存为"对话框

如果当前图形文件已经保存过了，然而用户又希望以新的文件名保存图形，则可以选择"文件"→"另存为"命令，系统会弹出"图形另存为"对话框（见图 2-5）。操作方法如前所述。

此外，AutoCAD 还提供了自动保存文件的功能，用户可以通过设置自动保存的时间间隔来对图形文件进行自动保存。

调用自动保存文件时间间隔设置命令的方法如下所述。

（1）命令行：SAVETIME。

（2）菜单栏：依次选择"工具"→"选项"命令。

第一种方法是在命令行中进行重新设置，第二种方法是在打开的"选项"对话框中的"打开和保存"选项卡中设置，如图 2-6 所示。

图 2-6

"打开和保存"选项卡

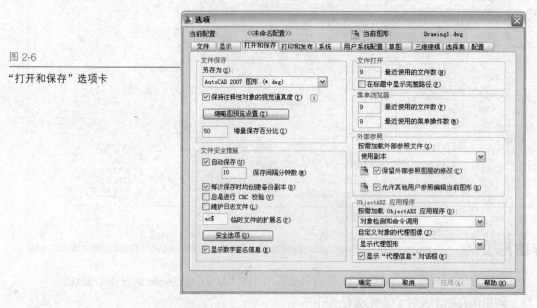

2.1.4 关闭图形文件

绘制完图形并保存后，用户可以将其关闭。

调用关闭图形文件命令的方法如下所述。

（1）命令行：CLOSE。

（2）菜单栏：依次选择"文件"→"关闭"命令。

调用关闭命令后，如果当前图形文件没有保存，系统将弹出提示框，如图 2-7 所示。在该提示框中，需要保存修改则单击"是"按钮，否则单击"否"按钮，取消关闭操作单击"取消"按钮即可。

图 2-7

系统提示对话框

2.1.5 输入和输出图形文件

1．输入图形文件

AutoCAD 2009 可以输入多种格式的图形文件。

调用输入图形文件命令的方法如下所述。

命令行：IMPORT。

执行该命令，系统会弹出"输入文件"对话框，单击"文件类型"下拉按钮，显示支持的输入文件类型有图元文件（*.wmf)、ACIS(*.sat)、3D Studio(*.3ds)等，如图 2-8 所示。

图 2-8

"输入文件"对话框

图 2-8

"输入文件"对话框

2. 输出图形文件

AutoCAD 2009 可以将当前图形文件以多种格式输出。

调用输出图形文件命令的方法如下所述。

菜单栏： 依次选择"文件"→"输出"命令。

执行该命令，系统会弹出"输出数据"对话框，单击"文件类型"下拉按钮 ，显示支持的输出文件类型有 3D DWF (*.dwf)、3D DWFx (*.dwfx)、图元文件 (*.wmf)、ACIS(*.sat)、平板印刷 (*.stl)、封装 PS(*.eps)、DXX 提取 (*.dxx)、位图 (*.bmp)、V8 DGN(*.dgn) 等，如图 2-9 所示。

图 2-9

"输出数据"对话框

2.2 绘图环境设置

用户通常都是在默认环境下工作，但是有时需要使用某些特殊的定点设备或打印机等，或是由于工作的需要，往往需要对绘图环境如图形界限或单位进行设置，从而更满足用户绘图需要和提高绘图效率。

■■ 2.2.1 绘图参数的设置 ■■

绘图参数的设置可通过"选项"对话框来进行设置。

调用选项对话框的方法如下所述。

（1）命令行：OPTIONS。

（2）菜单栏：依次选择"工具"→"选项"命令。

（3）快捷菜单：绘图区中的右键菜单。

执行以上操作，系统弹出"选项"对话框，如图 2-10 所示。

图 2-10

"选项"对话框

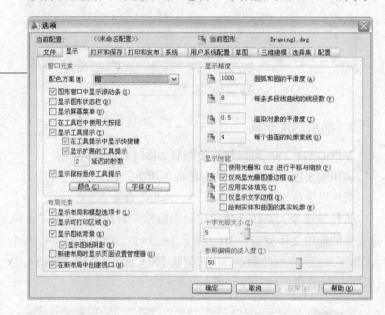

该对话框中包含"文件"、"显示"、"打开和保存"、"打印和发布"、"系统"、"用户系统配置"、"草图"、"三维建模"、"选择集"和"配置"等 10 个选项卡。其各个选项卡的主要功能如下所述。

（1）"文件"选项卡：用于确定 AutoCAD 搜索支持文件、驱动程序文件、菜单文件和其他文件时的路径以及用户定义的一些设置。

（2）"显示"选项卡：用于设置窗口元素、布局元素、显示精度、显示性能、十字光标大小和参照编辑的褪色度等显示属性。

（3）"打开和保存"选项卡：用于设置是否自动保存文件、自动保存文件的时间间隔、是否维护日志以及是否加载外部参照等。

（4）"打印和发布"选项卡：用于设置 AutoCAD 的输出设备。默认情况下，输出设备为 Windows 打印机。但在很多情况下，为输出较大幅面的图形，用户也能根据需要选择使用专门的绘图仪。

（5）"系统"选项卡：用于设置当前三维图形的显示特性，设置定点设备、是否显示 OLE 特性对话框、是否显示所有警告信息、是否检查网络连接、是否显示启动对话框、是否允许符号等。

（6）"用户系统配置"选项卡：用于设置是否使用快捷菜单和对象的排序方式。

（7）"草图"选项卡：用于设置自动捕捉、极轴追踪、自动捕捉标记框颜色和大小、靶框大小。

（8）"三维建模"选项卡：用于对三维绘图模式下的三维十字光标、UCS 图标、动态输入、三维对象、三维导航等选项进行设置。

（9）"选择集"选项卡：用于设置选择集模式、拾取框大小以及夹点大小等。

（10）"配置"选项卡：用于实现新建系统配置文件、重命名系统配置文件以及删除系统配置文件等操作。

2.2.2 图形界限的设置

图形界限是在绘图空间中想象的一个矩形绘图区域，显示为一个可见栅格指示的区域。设置图形界限就相当于选择图纸幅面，图形应绘制在该区域内，以便布图和打印。当设置了图形界限后，一旦绘制的某个图形超出了绘图界限，系统将拒绝绘图，并给出相应的提示。

调用设置图形界限命令的方法如下所述。

（1）命令行：LIMITS。

（2）菜单栏：依次选择"格式"→"图形界限"命令。

执行以上操作，命令行会提示"指定左下角点或 [开 (ON)/ 关 (OFF)] <0.0000, 0.0000>:"，其中"指定左下角点"选项用于设置新图形的左下角点坐标；"开"选项用于打开已有图形界限功能；"关"选项用于退出图形界限功能。

2.2.3 图形单位的设置

虽说 AutoCAD 系统本身已经有默认的图形单位，但是严格地来说，绘图之前需要设置图形单位。例如，用户绘图比例设置为 1:1，那么所有的图形对象都将以真实大小来绘制。在需要打印时，将图形按图纸大小进行缩放。图形单位的设置主要包括设置长度和角度的类型、精度以及角度的起始方向，这些是保证绘图准确的前提。

调用设置图形单位命令的方法如下所述。

（1）命令行：UNITS。

（2）菜单栏：依次选择"格式"→"单位"命令。

执行以上命令，系统会弹出"图形单位"对话框，如图 2–11 所示。该对话框中包括"长度"、"角度"和"插入时的缩放单位"等选项组，还包括"方向"按钮。

其中，"长度"选项组用于设置图形的长度单位类型和精度；"角度"选项组用于设置图形的角度类型和精度，其中的"顺时针"复选框用来指定角度的正方向；"插入时的缩放单位"选项组用于设置用于缩放插入内容的单位。

此外，单击该对话框中的"方向"按钮，系统弹出"方向控制"对话框，如图 2–12 所示。在该对话框中可以设置基准角度，其中可以选择"东"、"北"、"西"、"南"方向为零角度的方向，也可以选择"其他"单选按钮，并在"角度"文本框中输入零度方向或与 X 轴正方向的夹角数值。

图 2-11

"图形单位"对话框

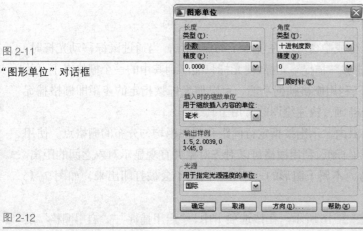

图 2-12

"方向控制"对话框

2.2.4 草图设置

在绘图过程中，有的图形对尺寸要求比较严格，必须按给定的尺寸绘图，这时可以通过常用的指定点的坐标来绘制图形，还可以使用"草图设置"对话框中提供的"捕捉和栅格"、"极轴追踪"、"对象捕捉"、"动态输入"和"快捷特性"等选项卡中的各项功能，在不输入坐标的情况下快速、精确地绘制图形。

调用草图设置命令的方法如下所述。

（1）菜单栏：依次选择"工具"→"草图设置"命令。

（2）快捷菜单：选择状态栏的图形工具按钮的右键菜单中的"设置"命令。

执行以上操作，系统会弹出"草图设置"对话框，如图 2-13 所示。单击"选项"按钮还可以打开"选项"对话框的"草图"选项卡，如图 2-14 所示，从中可以对自动捕捉、极轴追踪、自动捕捉标记框颜色和大小、靶框大小进行设置。

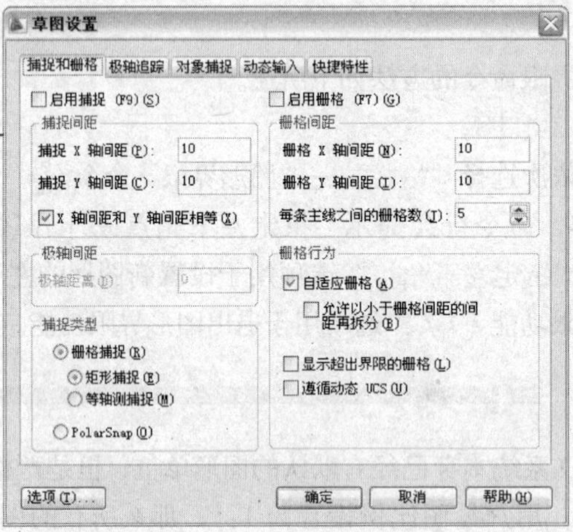

图 2-13

"草图设置"对话框

图 2-14

"草图"选项卡

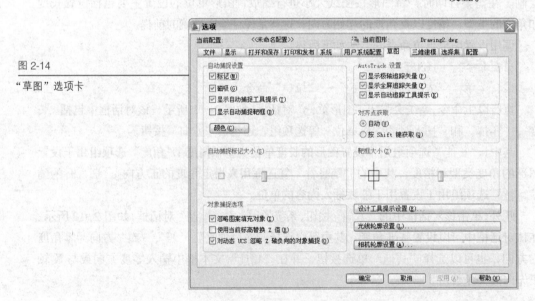

1．"捕捉和栅格"选项卡

捕捉是指 AutoCAD 可以生成隐含分布在屏幕上的栅格点，当通过鼠标移动光标时，这些栅格点就像有磁性一样，能够"捕捉"光标，使光标只能落到其中的一个栅格点上（故称这种栅格为捕捉栅格），所以利用栅格捕捉功能，可以使光标按指定的步距即栅格捕捉的捕捉间距精确移动。捕捉是准确、快速绘图的常用工具之一。

栅格是指在设置的图形界限内显示出按指定行间距和列间距均匀分布的栅格点。使用栅格类似于在图形下放置一张坐标纸。利用栅格可以对齐对象并直观显示对象之间的距离。栅格只是为绘图提供视觉参考，不属于图形的一部分，因此不会被打印出来，如图 2-15 所示。

"捕捉和栅格"选项卡如图 2-16 所示。在该选项卡中，"启用捕捉"、"启用栅格"复选框用于确定是否启用栅格捕捉和栅格功能。"捕捉 X 轴间距"、"捕捉 Y 轴间距"、"栅格 X 轴间距"和"栅格 Y 轴间距"文本框分别用于确定捕捉和栅格的栅格点之间在 X 轴方向和 Y 轴方向的距离，它们的值可以相等，也可以互不相等。

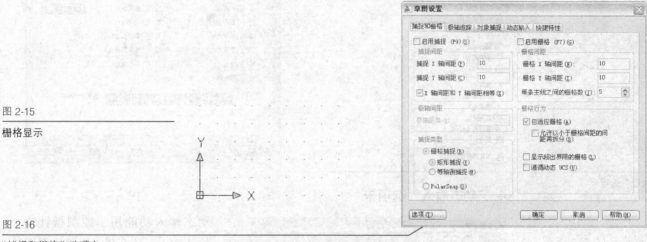

图 2-15

栅格显示

图 2-16

"捕捉和栅格"选项卡

2．"极轴追踪"选项卡

当启用极轴追踪功能后，系统则会以极轴坐标的形式显示定位点，并且随着光标的移动指示当前的极轴坐标。"极轴追踪"选项卡如图 2-17 所示，在该选项卡中可以设置极轴追踪功能的相关参数，如启用极轴追踪、极轴角设置和极轴角测量等。

3．"对象捕捉"选项卡

在绘图过程中，经常要指定一些已有的对象点，如端点、圆心和交点等。通过对象捕捉功能，就可以迅速、准确地捕捉到某些特殊点，从而精确地绘图。要领是单击"对象捕捉"相应的特征点按钮，再把光标移动到要捕捉对象的特征点附近，即可捕捉到相应的对象特征点。"对象捕捉"工具栏如图 2-18 所示，也可以按【Shift】键或者【Ctrl】键，右击打开"对象捕捉"快捷菜单，如图 2-19 所示，选择需要的命令，再把光标移到要捕捉对象的特征点附近。

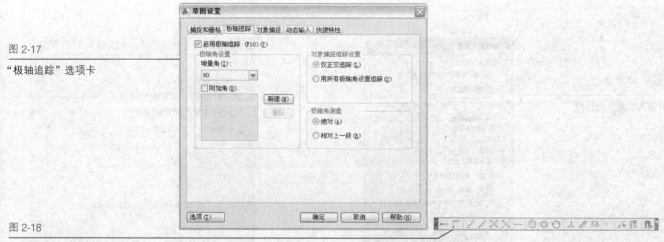

图 2-17

"极轴追踪"选项卡

图 2-18

"对象捕捉"工具栏

在"草图设置"对话框中，选择"对象捕捉"选项卡，或右击状态栏中的"对象捕捉"图标按钮，在弹出的快捷菜单中选择"设置"命令，即弹出"草图设置"对话框"对象捕捉"选项卡，如图 2-20 所示。当光标移动到某一复选框附近时，系统就会出现关于该选项的含义介绍，用户可以根据此介绍更准确快速地设置满意的对象捕捉功能。

图 2-19

"对象捕捉"快捷菜单

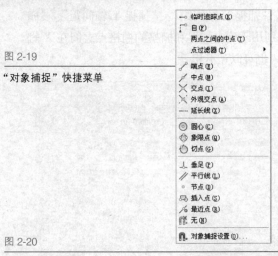

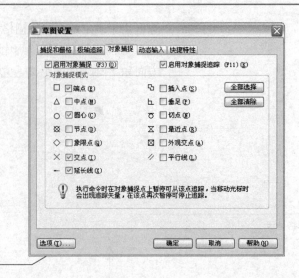

图 2-20

"对象捕捉"选项卡

4. "动态输入"选项卡

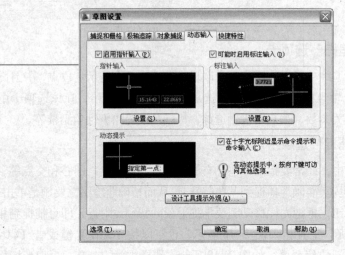

图 2-21

"动态输入"选项卡

动态输入功能用于控制指针输入、标注输入、动态提示以及绘图工具栏提示的外观。动态输入在光标附近提供了命令界面，上面显示了每一个命令的可用选项，以引导用户完成每一个步骤，从而极大方便了绘图。

在"草图设置"对话框中，选择"动态输入"选项卡，或右击状态栏中的"动态输入"图标按钮，在弹出的快捷菜单中选择"设置"命令，即弹出"草图设置"对话框中的"动态输入"选项卡，如图 2-21 所示。

在"指针输入"选项组中单击"设置"按钮，弹出"指针输入设置"对话框，如图 2-22 所示。在"标注输入"选项组中单击"设置"按钮，弹出"标注输入的设置"对话框，如图 2-23 所示。

图 2-22

"指针输入设置"对话框

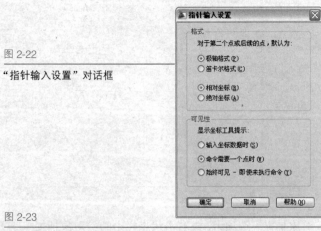

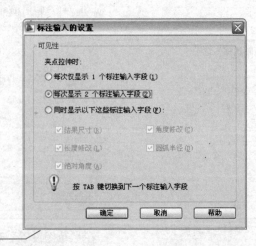

图 2-23

"标注输入的设置"对话框

5. "快捷特性"选项卡

在"草图设置"对话框中，选择"快捷特性"选项卡，或右击状态栏中的"快捷特性"图标按钮，在弹出的快捷菜单中选择"设置"命令，即弹出"草图设置"对话框"快捷特性"选项卡，如图2-24所示。该选项卡用于指定显示快捷特性面板的参数设置。

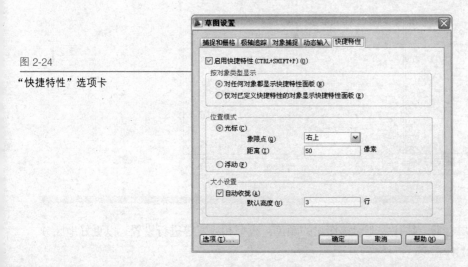

图 2-24

"快捷特性"选项卡

2.3 图层的创建、编辑与管理

用户在 AutoCAD 2009 中的所有操作都是在一定图层上进行的，除了系统默认的图层外，为了更好地工作，需要对图层进行创建、编辑与管理，这些操作都是在"图层特性管理器"中进行的。

2.3.1 图层的创建

为了用户更方便管理图形对象，AutoCAD 提供了图层工具，通过该工具，就可以根据图层的不同对图形几何对象、文字和标注等进行归类。默认情况下，AutoCAD 会自动创建一个图层，即图层 0，该图层不能更改图层名，用户可以根据绘制的图形需要来创建新图层。

调用创建新图层命令的方法如下所述。

（1）命令行：LAYER。

（2）工具栏：单击"图层"工具栏中的"图层特性管理器"按钮 → "新建图层"按钮 。

（3）菜单栏：依次选择"格式"→"图层"→"新建图层"按钮 。

执行以上操作，系统弹出"图层特性管理器"，如图2-25所示，单击"新建图层"按钮 ，即可创建一个新的图层，如图2-26所示，可以在"名称"文本框中输入新的图层名称。

图 2-25

图层特性管理器

图 2-26

创建新图层

2.3.2 图层的编辑

创建新图层之后，往往需要对该图层的颜色、线型和线宽等进行设置，以更好地区分各图层和满足工作需要。

1. 图层颜色的设置

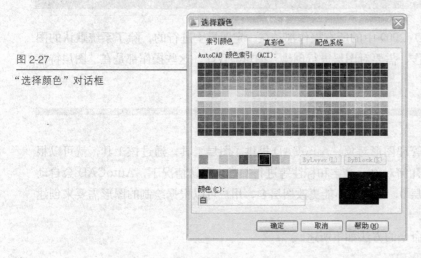

图 2-27

"选择颜色"对话框

为了更好地区分不同的图层，对图层颜色进行设置很重要。每一个图层都可以指定一种颜色，各个图层的颜色可以相同也可以不相同，这样就更方便区分图形中的不同部分了。

默认情况下，新创建的图层颜色为"白色"，用户可以根据需要和个人喜好更改图层的颜色。在"图层特性管理器"中，单击各图层对应的"颜色"按钮，系统弹出"选择颜色"对话框，如图 2-27 所示，从中选取某一颜色，单击"确定"按钮，即完成图层颜色的设置，结果如图 2-28 所示。

图 2-28

图层颜色设置结果

2. 图层线型的设置

线型是作为图形基本元素的线条组成和显示的方式，如点画线、实线和虚线等。

默认情况下，新创建的图层线型为"Continuous"，在 AutoCAD 2009 中，用户可以根据需要设置简单或复杂的不同线型，以满足不同行业标准的要求。在"图层特性管理器"中，单击各图层对应的"线型"按钮，系统弹出"选择线型"对话框，默认情况下，该对话框中只有一种线型，如果需要其他形式的线型，则可以单击"加载"按钮，系统接着弹出"加载或重载线型"对话框，如图 2-29 所示，在该对话框中选择需要的线型，单击"确定"按钮，回到"选择线型"对话框，然后再次选中需要的线型，如图 2-30 所示，单击"确定"按钮，即完成图层线型的设置，结果如图 2-31 所示。

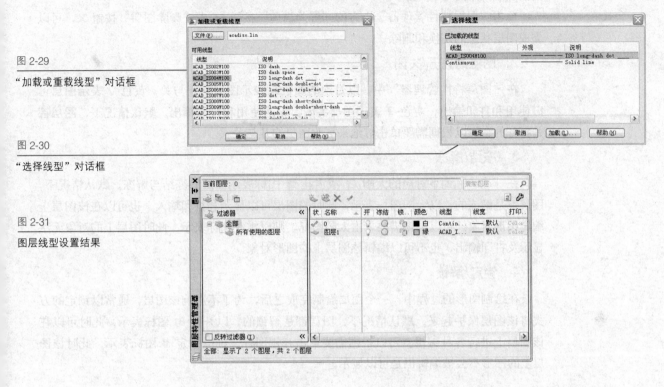

图 2-29
"加载或重载线型"对话框

图 2-30
"选择线型"对话框

图 2-31
图层线型设置结果

3．图层线宽的设置

线宽是用不同宽度的线条来表现对象的大小或类型，它可以提高图形的表达能力和可读性。默认情况下，线宽默认值为"默认"。如果需要设置线宽，可以在"图层特性管理器"中单击各图层对应的"线宽"按钮，系统弹出"线宽"对话框，如图 2-32 所示。也可以选择"格式"→"线宽"命令，系统弹出"线宽设置"对话框，如图 2-33 所示。从中选择一种线宽，单击"确定"按钮，即完成图层线宽的设置。

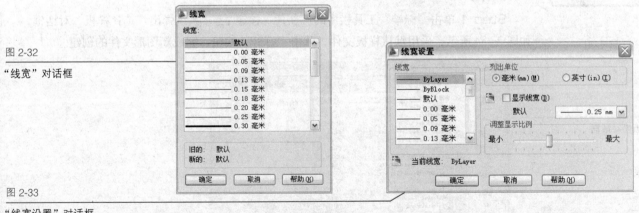

图 2-32
"线宽"对话框

图 2-33
"线宽设置"对话框

■■■ 2.3.3 图层的管理

"图层特性管理器"不仅用于图层的创建与编辑，而且还可以对图层进行更多的设置与管理，如图层的状态、冻结、打开/关闭和锁定等。

1. 图层的状态

每一个图层都有一个对应的状态。刚创建的图层以一块板面 ➤ 表示；当前正在使用的图层以一个对号 ✔ 表示。

单击"图层特性管理器"上方的"置为当前"按钮 ✔ 或"删除图层"按钮 ✘，可以完成图层状态的切换和删除。

2. 图层的打开/关闭

在"图层特性管理器"中，以灯泡的颜色来表示图层的开与关，黄色 💡 表示图层可以使用和打印输出，灰色 💡 表示图层关闭，无法使用和打印输出。默认情况下，图层都是打开的，可以根据需要单击灯泡来更改图层的开与关。

3. 冻结/解冻

在"冻结"列下对应的太阳 ☀ 或雪花 ❄ 图标表示图层的冻结与解冻。默认情况下，图层都是解冻的，以太阳图标表示，此时的图层可以显示和打印输入，也可以在该图层上编辑图形对象。可以根据需要单击太阳图标，则以雪花图标表示，此时图层上的对象无法显示及打印输出，也不可以编辑该图层上的图形对象。

4. 锁定/解锁

在绘制图形的过程中，一个图层绘制完成之后，为了不影响该图层，通常以锁定的方式将该图层保护起来。默认情况下，图层都是解锁的，以开锁 🔓 图标表示，此时可以在该图层上进行各种编辑。可以根据需要单击开锁图标，则以锁定 🔒 图标表示，此时该图层上的图形不会被编辑但是可以显示。

2.4 综合实例——新建、设置与关闭图形文件

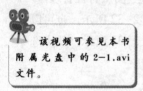

该视频可参见本书附属光盘中的 2-1.avi 文件。

下面首先使用新建图形文件命令创建一个新图形文件，接着使用图形界限设置命令和"草图设置"对话框对该文件的绘图环境进行设置，然后使用图层特性管理器创建一个新图层并对其进行编辑，最后使用关闭命令完成该空白文件的保存和关闭。

操作步骤

Step 1 单击"标准"工具栏中的"新建"按钮 ▢，系统弹出"选择样板"对话框，如图 2-34 所示，采用默认样板文件，单击"打开"按钮，完成新图形文件的创建。

图 2-34

"选择样板"对话框

Step 2 依次选择"格式"→"图形界限"命令，依据命令行提示，输入图形界限的左下角点坐标值为"10,10"，然后按【Enter】键采用默认的右上角点坐标，即完成了图形界限的设置。

Step 3 再次选择"格式"→"图形界限"命令，依据命令行提示，输入开选项的代号"ON"，然后按【Enter】键，即打开了图形界限功能。

Step 4 依次选择"工具"→"草图设置"命令，系统弹出"草图设置"对话框。

Step 5 选择"对象捕捉"选项卡，然后选择"中点"复选框，如图 2-35 所示，最后单击"确定"按钮即完成了对象捕捉模式的设置。

图 2-35

"对象捕捉"选项卡

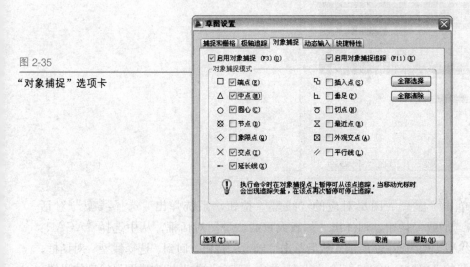

Step 6 单击"图层"工具栏中的"图层特性管理器"按钮，系统弹出"图层特性管理器"，如图 2-36 所示。

图 2-36

图层特性管理器

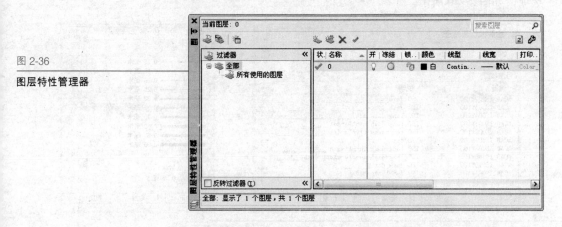

Step 7 单击"新建图层"按钮，即可创建一个新的图层，然后在"名称"文本框中输入新的图层名"虚线"，如图 2-37 所示。

图 2-37

创建新图层

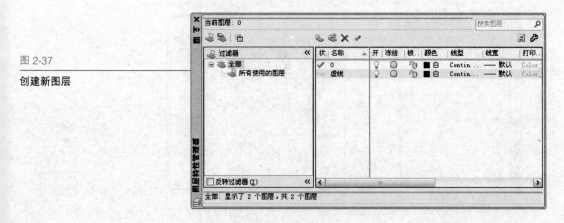

Step 8 单击"虚线"图层对应的"颜色"按钮，系统弹出"选择颜色"对话框，从中选取"绿"，如图 2-38 所示。单击"确定"按钮，即完成图层颜色的设置。

图 2-38

"选择颜色"对话框

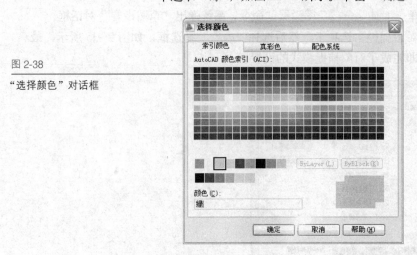

Step 9 单击"虚线"图层对应的"线型"按钮，系统弹出"选择线型"对话框，接着单击"加载"按钮，则弹出"加载或重载线型"对话框，从中选择"ACAD_IS002W100"线型，如图 2-39 所示。然后单击"确定"按钮，回到"选择线型"对话框，再次选中刚加载的"ACAD_IS002W100"线型，单击"确定"按钮，即完成图层线型的设置。单击"虚线"图层对应的"线宽"按钮，系统弹出"线宽"对话框，从中选择"0.35 毫米"选项，如图 2-40 所示。

图 2-39

"加载或重载线型"对话框

图 2-40

"线宽"对话框

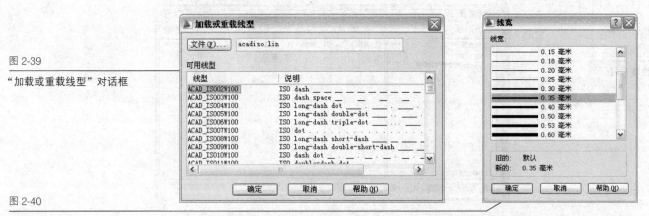

Step 10 单击"确定"按钮，即完成图层线宽的设置，此时，图层编辑结果如图 2-41 所示。

图 2-41

图层编辑结果

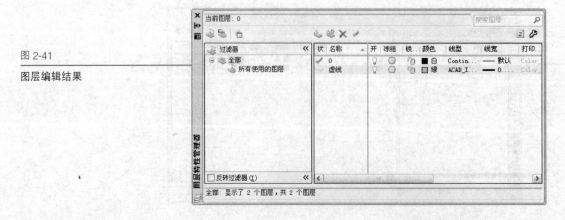

Step 11 依次选择"文件"→"关闭"命令，系统弹出提示框，如图 2-42 所示。

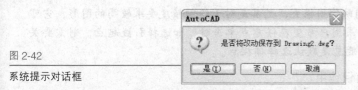

图 2-42

系统提示对话框

Step 12 单击"是"按钮，由于此时还没有保存过该图形文件，系统弹出"图形另存为"对话框，在"文件名"下拉列表框中输入名称"新建设置关闭文件"，如图 2-43 所示。

图 2-43

"图形另存为"对话框

Step 13 采用默认的保存目录，单击"保存"按钮，即完成了新建文件的关闭。

2.5 工程师坐堂

问：绘图之前，通常要做哪些预备工作？

答：绘图之前，通常要对图形文件的绘图环境如图形界限和单位进行设置，尤其是要设置必要的图层以备绘图时指定给各绘图对象。此外，如果用户希望每次都使用同样的设置，则可以制作一个符合自己要求的模板文件，用于在每次新建文件时进行加载，这样可以省去很多重复的工作。

问：绘图之前，一定要设置图形界限吗？

答：通常来说，画新图最好按照国际图幅标准设置图形界限。图形界限好比是图纸的幅面，画图时就可以很明确范围。而且按图形界限绘制的图打印很方便，还可以实现自动成批出图。不过，如果用户习惯在一个图形文件中绘制多张图的话，设置图形界限的操作就没有意义了。

问：当希望恢复保存前的图形时，该怎么办？

答：如果保存过一次，及时将扩展名为"bak"的同名文件改为扩展名".dwg"，再在 AutoCAD 中打开即可。如果希望恢复多次保存前的图形则是不可能的。

问：如果希望没有".bak"文件，该怎么办？

答：在"选项"对话框的"打开和保存"选项卡中，取消选择"每次保存均创建备份"复选框，然后单击"确定"按钮即可。

问：对象捕捉有何作用？

答：对象捕捉在图形绘制中的辅助作用很大，尤其是对于绘制精度要求较高的图形，它可以进行精确定位。不过，如果用户希望在任意点单击时，如选择引线起点，则需要关闭对象捕捉功能，以免该功能总是默认选择捕捉点。

问：图层的创建、编辑与管理有何作用？

答：图层的创建、编辑与管理使得用户可以更合理地设置图层，这样不仅可以提高绘图的精确性，也提高了绘图的效率。如果用户绘图之前就设置了一些基本图层，并且每一层都有自己的专门用途，这样在绘图时就可以只画出一份图形文件而组合出许多需要的图样，而且也可以通过"锁定/解锁"特性使得修改只针对某一图层进行。

Chapter 3

绘制二维图形

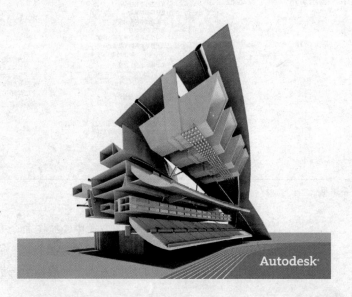

Autodesk

3.1 基本绘图方式

在 AutoCAD 中，可以通过不同的操作实现同一个绘图功能，即分别使用"绘图"菜单、"绘图"工具栏、绘图命令以及屏幕菜单来完成绘图操作。

1. "绘图"菜单

"绘图"菜单中包含了 AutoCAD 中大部分的绘图命令，无论是二维图形还是三维图形。通过该菜单中的命令，就可以绘制出相应的图形。

2. "绘图"工具栏

"绘图"工具栏中的每一个按钮都与"绘图"菜单中的命令相对应，可以通过该工具栏上的按钮，快速地完成绘图操作，如图 3-1 所示。

图 3-1

"绘图"工具栏

3. 绘图命令

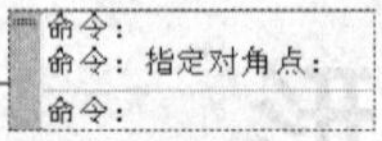

图 3-2

命令行

在屏幕下方的命令行中输入绘图命令，然后按【Enter】键，系统就会执行相应的绘图操作。在熟悉命令系统变量的情况下，使用该方式可以提高绘图速度和准确性，如图 3-2 所示。

4. 屏幕菜单

系统默认情况下，屏幕上不显示屏幕菜单。可以通过依次选择"工具"/"选项"命令打开"选项"对话框，在"显示"选项卡的"窗口元素"选项组中选中"显示屏幕菜单"复选框，如图 3-3 所示。

单击"确定"按钮，屏幕上显示出屏幕菜单，如图 3-4 所示。在屏幕菜单中，选择菜单中的命令将打开它的子菜单，用户可以选择"绘制 1"或"绘制 2"命令，从弹出的子菜单中选择需要的命令执行绘图操作。选择菜单下端的"上一个"命令即可返回上一级菜单。

图 3-3

选中"显示屏幕菜单"复选框

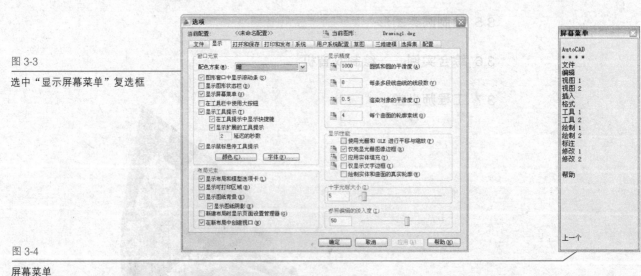

图 3-4

屏幕菜单

5. 综上比较

以上 4 种绘图方式中，绘图命令方式是最基本、最深入的绘图方式；屏幕菜单方式是菜单栏的简化版，方便连续执行同一菜单下不同命令；"绘图"菜单和"绘图"工具栏方式是最直观的绘图方式，一般初学者都是通过这两种方式进行绘图的。

3.2 绘制点

在 AutoCAD 中，点的作用主要是表示节点或者参考点，这对于对象捕捉和相对偏移非常有用，而且用户无论怎样进行绘图操作都离不开输入点。

3.2.1 点的设置与点命令子菜单

在创建点之前，通常需要先设置点的大小和样式。

（1）依次选择"格式"→"点样式"命令，系统弹出"点样式"对话框，可以对点的大小和样式进行设置，如图 3-5 所示。

（2）依次选择"绘图"→"点"命令，弹出"点"命令的子菜单，通过该菜单可以绘制单点、多点、定数等分点和定距等分点等，如图 3-6 所示。

图 3-5

"点样式"对话框

技术点拨

AuToCAD 系统默认的点样式是圆点"."式的，用户可根据自己需要在"点样式"对话框里选择样式。

图 3-6

"点"命令子菜单

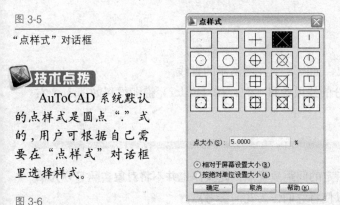

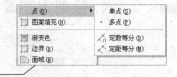

3.2.2 绘制单点或多点

技术点拨

用户也可以通过命令行中显示的系统变量 PDMODE 和 PDSIZE 改变点的样式和大小。

图 3-7

"点"命令子菜单

点是 AutoCAD 2009 中最简单的图形，调用此命令可在图形中绘制单点或多点。

调用绘制点命令的方法如下所示。

（1）命令行：POINT。

（2）工具栏：单击"绘图"→"点"按钮 。

（3）菜单栏：选择"绘图"→"点"→"单点"/"多点"命令。

下面使用绘制点命令绘制图形，如图 3-7 所示。

该视频可参见本书附属光盘中的 3-7.avi 文件。

操作步骤

Step 1 单击"绘图"工具栏中"点"按钮 。

Step 2 在命令行中依次输入坐标值"100,200"、"@100,200"、"@100,-200"、"@-100，200"，即得到如图 3-7 所示的图形。

技术点拨

确定点位置的方法有以下 4 种：

（1）在绘图窗口中单击确定。

（2）在命令行中输入点的坐标值。

（3）以动态输入的方式，在光标后面"指定点"显示的坐标值上输入绘图点坐标。

（4）使用对象捕捉功能，捕捉图上的特殊点，如交点、切点等。

— 3.2.3 绘制定数等分点 —

定数等分是将点沿图形（直线、圆等）的长度等间隔排列，此操作并不将对象实际等分为单独的对象，它仅仅是标明等分的位置，以便将它们作为几何参考点。

调用绘制定数等分点命令的方法如下所示。

（1）命令行：DIVIDE。

（2）菜单栏：依次选择"绘图"→"点"→"定数等分"命令。

下面使用定数等分点命令绘制图形如图 3-8 所示。

图 3-8

直线定数等分前后效果

操作步骤

Step 1 依次选择"绘图"→"点"→"定数等分"命令。

Step 2 选择要定数等分的对象，如图 3-8 左图所示的直线。

Step 3 在命令行中输入要等分的线段数目"5"，按【Enter】键即得到如图 3-8 右图所示的图形。

> **技术点拨**
> "块（B）"选项表示在定数等分点处插入指定的块。

— 3.2.4 绘制定距等分点 —

定距等分点是将选择的图形按指定的间距放置点，此操作也并不将对象实际等分为单独的对象，仅仅标明等分的位置，以便将它们作为几何参考点。

调用绘制定距等分点命令的方法如下所示。

（1）命令行：MEASURE。

（2）菜单栏：依次选择"绘图"→"点"→"定距等分"命令。

下面使用定距等分点命令绘制图形，如图 3-9 所示。

图 3-9

直线定距等分前后效果

操作步骤

Step 1 依次选择"绘图"→"点"→"定距等分"命令。

Step 2 选择要定距等分的对象，如图 3-9 左图所示的直线。

Step 3 在命令行中输入要等分的线段长度"60"，按【Enter】键即得到如图 3-9 右图所示的图形。

> **技术点拨**
> 定距等分点命令设置的起点一般是用户指定等分对象的绘制起点，其最后一段的长度不一定等于指定线段长度。

3.3 绘制线类图形

线类图形主要包括直线、射线、构造线、多段线和样条曲线等，它们是 AutoCAD 中最基本的图形元素，掌握其命令调用方法进行绘图是以后绘制复杂图形的前提。

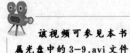

该视频可参见本书附属光盘中的 3-8.avi 文件。

该视频可参见本书附属光盘中的 3-9.avi 文件。

3.3.1 绘制直线

直线命令是绘图中最简单、最常用的绘图命令，可以在两点之间绘制一条直线。直线可以是一条线段，也可以是多条连续的线段，但是每一条线段都可以独立存在。

调用绘制直线命令的方法如下所示。

（1）命令行：LINE。

（2）工具栏：单击"绘图"→"直线"按钮 ∠。

（3）菜单栏：依次选择"绘图"→"直线"命令。

下面使用直线命令绘制图形，如图 3-10 所示。

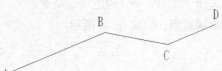

图 3-10

绘制直线段

操作步骤

Step 1 单击"绘图"工具栏中的"直线"按钮 ∠。

Step 2 在命令行中依次输入点 A 坐标值"200，300"、点 B 坐标值"@300，100"、点 C 坐标值"@200，−30"，任意点单击指定点 D，即得到如图 3-10 所示的图形。

该视频可参见本书附属光盘中的 3-10.avi 文件。

技术点拨

（1）"闭合(C)"选项表示在当前点和起点之间绘制直线段使线段闭合，同时结束命令。

（2）"放弃(U)"选项表示放弃前一线段的绘制，需要重新确定点的位置，继续绘制直线。

（3）如果用户在命令行提示"指定第一点："时，按【Enter】键，则系统从刚绘制完的线段处继续画线；如果刚绘制了一圆弧段，则绘制的直线段与圆弧段相切。

3.3.2 绘制射线

射线是指一端被固定，另一端无限延长的直线，主要用做辅助线。

调用绘制射线命令的方法如下所示。

（1）命令行：RAY。

（2）菜单栏：依次选择"绘图"→"射线"命令。

下面使用射线命令绘制图形，如图 3-11 所示。

操作步骤

Step 1 依次选择"绘图"→"射线"命令。

Step 2 在命令行输入射线起点坐标值"100，200"，按【Enter】键，接着输入射线通过的另一点坐标值"@100，500"，此时完成一条射线的绘制，得到如图 3-12 所示的图形。

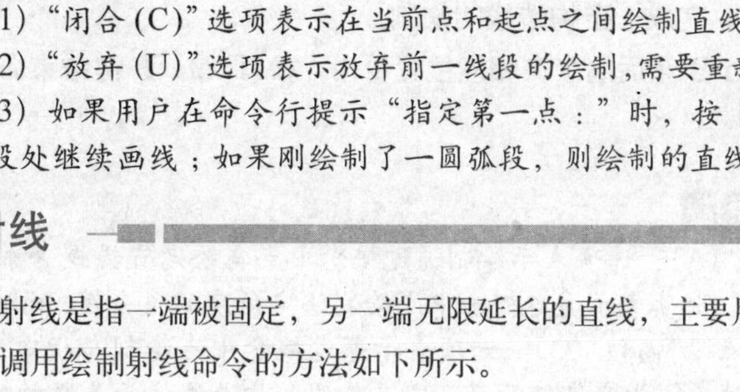

该视频可参见本书附属光盘中的 3-11.avi 文件。

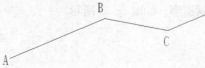

图 3-11

绘制射线

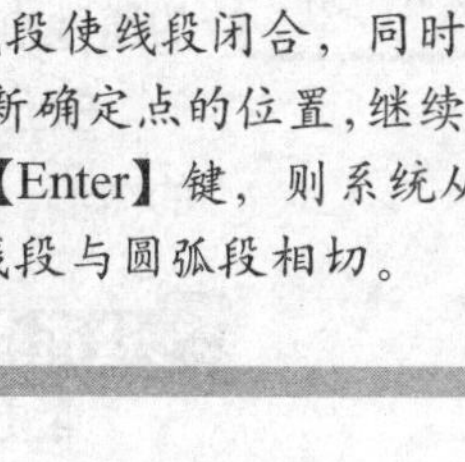

图 3-12

绘制射线过程显示

Step 3 分别在相应位置单击指定输入射线通过的另一点，然后按【Enter】键结束命令，即得到如图 3-11 所示的图形。

3.3.3 绘制构造线

构造线是两端无限延长的射线，它既没有起点也没有终点，主要用途也是用做辅助线，尤其是在三维空间中使用得更加频繁。

调用绘制构造线命令的方法如下所示。

（1）命令行：XLINE。

（2）工具栏：单击"绘图"→"构造线"按钮 。

（3）菜单栏：依次选择"绘图"→"构造线"命令。

下面使用射线命令绘制图形，如图 3-13 所示。

> **技术点拨**
>
> 在绘制机械三视图时，用构造线做辅助线，可保证三视图的投影关系。

图 3-13

绘制构造线

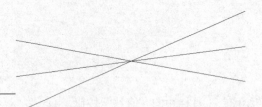

> 该视频可参见本书附属光盘中的 3-13.avi 文件。

操作步骤

Step 1 单击"绘图"工具栏中的"构造线"按钮 。

Step 2 在命令行中输入构造线的概念中点坐标值"100,200"，然后单击指定构造线的通过点，完成一条构造线的绘制。

Step 3 然后继续在相应位置单击，按【Enter】键结束命令，即得到如图 3-13 所示的图形。

> **技术点拨**
>
> "角度（A）"选项表示绘制通过概念中点与给定直线或 X 轴成给定角度的构造线；"二等分（B）"选项表示通过概念中点绘制给定角度的角分线，此时必须指定等分角度的定点、起点和端点；"偏移（O）"选项表示通过概念中点绘制与指定线平行并偏移一定距离的构造线，此时必须指定偏移距离，以及基线和构造线位于基线的哪一侧。

3.3.4 绘制多段线

多段线是一种非常有用的线段对象，它由线段和圆弧组合而成。多段线形式多样，弥补了单纯由直线和圆弧各自绘图的不足，它可用于绘制各种复杂的图形，应用很广。

调用绘制多段线命令的方法如下所示。

> **技术点拨**
>
> 要以刚绘制的多段线端点为起点绘制新的多段线，需要再次执行 PLINE 命令，在出现"指定起点"提示后按【Enter】键。

（1）命令行：PLINE。

（2）工具栏：单击"绘图"→"多段线"按钮 。

（3）菜单栏：依次选择"绘图"→"多段线"命令。

下面使用多段线命令绘制图形，如图 3-14 所示。

图 3-14

一端带箭头的多段线

操作步骤

Step 1 单击"绘图"工具栏中的"多段线"按钮 ⊃。

Step 2 在命令行中输入多段线起点坐标值"150,100"，端点坐标值"@100<30"，即以默认线宽完成了一条多段线的绘制。

Step 3 在命令行中输入宽度代号"W"，接着分别输入起点宽度"4"和端点宽度"0"。

Step 4 在命令行中输入长度代号"L"，接着输入线段长度"10"，按【Enter】键结束命令，即得到如图 3-14 所示的图形。

该视频可参见本书附属光盘中的3-14.avi文件。

技术点拨

"圆弧"选项表示切换至圆弧绘制命令；"半宽"/"宽度"选项用于设置多段线的半宽度/宽度；"长度"选项用于指定直线段的长度。绘制时，系统将沿着上一段直线的方向接着绘制直线，如果上一个对象是圆弧，则这段直线的方向为上一段圆弧端点的切线方向。

3.3.5 绘制多线

多线是一种组合图形，由许多条平行线组合而成，各条平行线之间的距离和数目可以随意调整。多线常用于电子路线图、建筑墙体等的绘制，它可以显著提高绘图效率。

调用绘制多线命令的方法如下所示。

（1）命令行：MLINE。

（2）菜单栏：依次选择"绘图"→"多线"命令。

下面使用多线命令绘制如图 3-15 所示的图形。

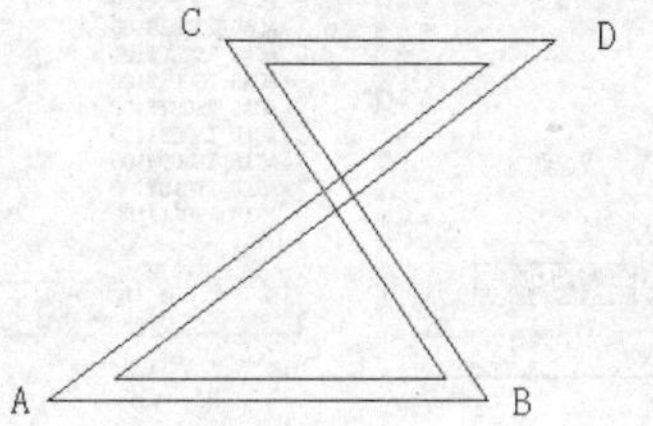

技术点拨

在 AutoCAD 2009 系统中，用户可以根据需要设置线条数目和线的拐角方式。

图 3-15

绘制多线

该视频可参见本书附属光盘中的3-15.avi文件。

操作步骤

Step 1 依次选择"绘图"→"多线"命令。

Step 2 在命令行中依次输入多线起点坐标值"150,100"，端点坐标值"@300,0"、"@-200,300"、"@300,0"。

Step 3 在命令行中输入选项闭合代号"C"，按【Enter】键结束命令，即得到如图 3-15 所示的图形。

技术点拨

"对正（J）"选项用于指定对正类型；"比例（S）"选项要求用户设置平行线的间距；"样式（ST）"选项用于设置当前使用的多线样式。

下面对多线样式进行新建。

操作步骤

Step 1 依次选择"格式"→"多线样式"→"新建"命令，在"新样式名"文本框中输入新建的样式名称"4"，单击"继续"按钮，此时弹出"新建多线样式：4"对话框，如图 3-16 所示。

该视频可参见本书附属光盘中的3-21.avi文件。

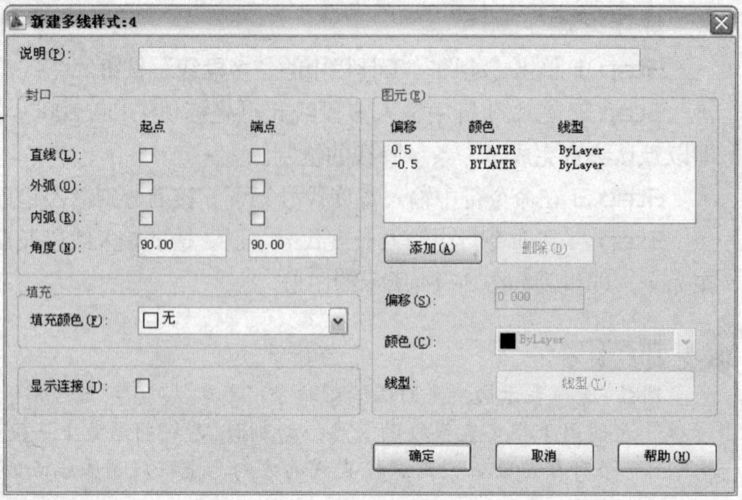

图 3-16

"新建多线样式：4"对话框

Step 2 单击"添加"按钮，为多线添加新的元素。

Step 3 单击"线型"按钮，弹出"选择线型"对话框，如图 3-17 所示。

Step 4 单击"加载"按钮，弹出"加载或重载线型"对话框，如图 3-18 所示，选择"ACAD_ISOO2W100"线型，单击"确定"按钮回到"选择线型"对话框。

图 3-17

"选择线型"对话框

图 3-18

"加载或重载线型"对话框

Step 5 选择步骤 4 中加载的线型"ACAD_ISOO2W100"，单击"确定"按钮回到"新建多线样式：4"对话框，如图 3-19 所示。

图 3-19

添加多线元素

Step 6 如图 3-20 所示，对多线样式进行进一步设置。

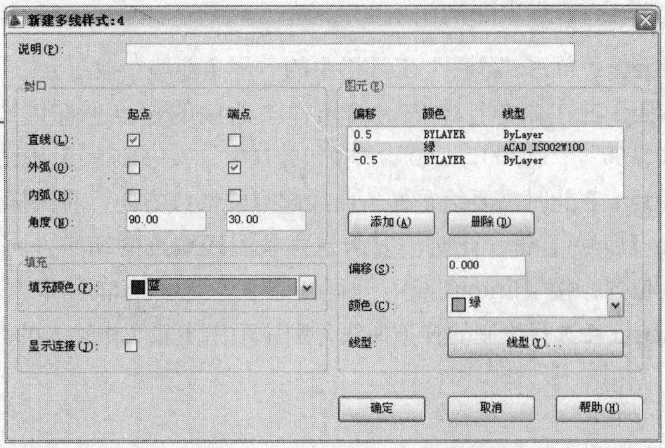

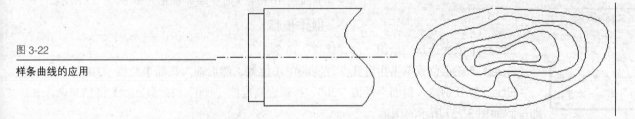

图 3-20

多线样式的完整设置

Step 7 单击"确定"按钮。刚才设置的多线样式的预览效果如图 3-21 所示。单击"确定"按钮则结束多线样式的设置。

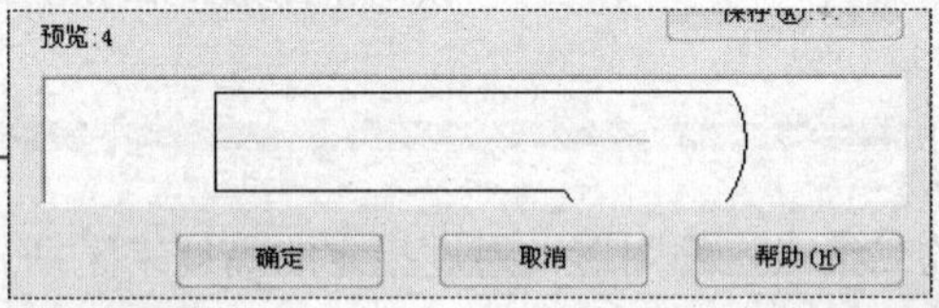

图 3-21

新建多线样式效果

3.3.6 绘制样条曲线

样条曲线是一种特殊的线段，其平滑度比圆弧更好，它是基于非均匀有理 B 样条法则拟和形成一条通过或接近指定点的光滑曲线。它适用于表达各种具有不规则变化曲率半径的曲线，例如绘制机械图形的断切面和地形外貌轮廓线等，如图 3-22 所示。

图 3-22

样条曲线的应用

调用绘制样条曲线命令的方法如下所示。

（1）命令行：SPLINE。

（2）工具栏：单击"绘图"→"样条曲线"按钮 ～。

（3）菜单栏：依次选择"绘图"→"样条曲线"命令。

下面使用样条曲线命令绘制图形，如图 3-23 所示。

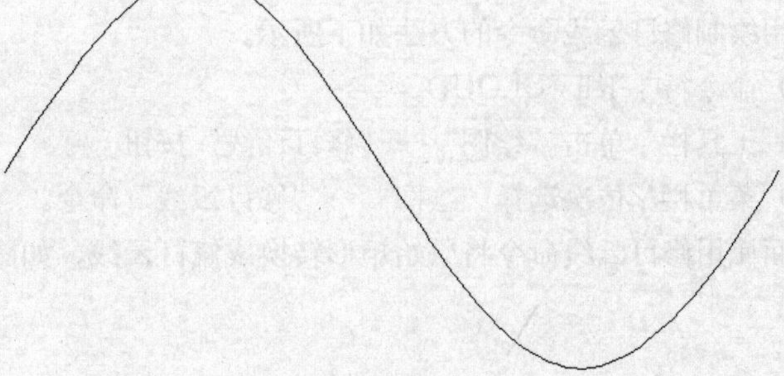

图 3-23

形如正弦曲线的样条曲线

技术点拨

拟合公差默认值为0，即样条曲线严格地经过拟合点，用户可以通过修改拟合公差值来控制样条曲线偏离给定拟合点的状态。

操作步骤

Step 1 单击"绘图"工具栏中的"样条曲线"按钮 ～。

Step 2 在命令行中依次输入样条曲线的起点坐标值"100,200"，拟合点坐标值"@100,100"、"@200,−200"、"@100,100"，按【Enter】键结束输入点。

Step 3 此时需要给定样条曲线起点的切线方向，将鼠标停留在如图 3-24 所示的位置，按【Enter】键。此时需要给定样条曲线端点的切线方向，将鼠标停留在如图 3-25 所示的位置，按【Enter】键，即得到如图 3-23 所示的图形。

Step 4 选择绘制的样条曲线，则显示出步骤 2 中输入的各点位置，如图 3-26 所示。

图 3-24

指定样条曲线的起点切向

该视频可参见本书附属光盘中的 3-26.avi 文件。

图 3-25 指定样条曲线的端点切向 　　图 3-26 拟合点显示

3.3.7 绘制螺旋线

技术点拨

绘制完后，选择"视图"→"三维视图"→"东北等轴测"命令，即得到如图 3-27 所示的效果。

螺旋就是开口的二维或三维图形，通过指定的高度来区别。螺旋是近似真实螺旋的样条曲线，长度值可能不十分准确。然而，当使用螺旋作为扫掠路径时，结果值将是准确的。

调用绘制螺旋线命令的方法如下所示。

（1）命令行：HELIX。

（2）工具栏：单击"建模"→"螺旋"按钮 ▩

（3）菜单栏：依次选择"绘图"→"螺旋"命令。

下面使用螺旋线命令绘制图形，如图 3-27 所示。

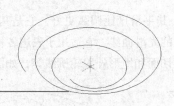

图 3-27

螺旋线的东北等轴测视图

操作步骤

Step 1 依次选择"绘图"→"螺旋"命令。

Step 2 任意位置单击指定底面螺旋的中心位置，然后输入底面半径值"100"。

Step 3 分别输入顶面半径值"300"和螺旋高度值"100"，按【Enter】键结束命令，即得到如图 3-27 所示的图形。

该视频可参见本书附属光盘中的 3-27.avi 文件。

技术点拨

"轴端点"选项用于指定螺旋轴的端点位置；"圈高"选项用于指定螺旋内一个完整圈的高度；"扭曲"选项用于指定绘制螺旋的方向是"顺时针"还是"逆时针"。

3.3.8 绘制修订云线

修订云线是由连续圆弧组成的多段线。用于在检查阶段提醒用户注意图形的某个部分以提高工作效率。

调用绘制修订云线命令的方法如下所示。

（1）命令行：REVCLOUD。

（2）工具栏：单击"绘图"→"修订云线"按钮 ▧。

（3）菜单栏：依次选择"绘图"→"修订云线"命令。

下面使用修订云线命令将原始矩形转换成修订云线，如图 3-28 所示。

图 3-28（a）原始矩形

图 3-28（b）不反转的修订云线

技术点拨

"弧长"选项可用
于指定云线中弧线的长
度。选择该选项需要指
定最小弧长值和最大弧
长值；最大弧长不能大
于最小弧长的3倍。

图 3-28(c)

反转的修订云线

操作步骤

Step 1 单击"绘图"工具栏中的"修订云线"
按钮。

Step 2 在命令行中输入选项对象的代号
"O"，选择如图 3-28（a）所示的原始矩形为转
换对象。

Step 3 此时需要圆弧的方向，默认为不反
转，如图 3-28（b）所示；输入反转代号"Y"，
得到反转的修订云线效果，如图 3-28（c）所示。

3.4 绘制规则多边图形

在 AutoCAD 中，规则多边图形可分为矩形和正多边形。绘制一些简单的图形，如果还是一条线一条线地画，
比较费时和费事，而利用矩形和多边形命令就很方便快捷。

3.4.1 绘制矩形

矩形是最简单的平面图形，掌握矩形的绘制方法是以后快速绘制复杂图形的基础。此
命令其实创建的是一条矩形形状的闭合多段线。

调用绘制矩形命令的方法如下所示。

（1）命令行：RECTANG。

（2）工具栏：单击"绘图"→"矩形"按钮。

（3）菜单栏：依次选择"绘图"→"矩形"命令。

下面使用矩形命令绘制图形，如图 3-29 所示。

操作步骤

Step 1 单击"绘图"工具栏中的"矩形"按钮。

Step 2 在任意位置单击指定一角点 A 位置。

Step 3 在命令行中输入选项尺寸代号"D"，然后分别输入矩形的长度值"50"和
宽度值"30"。

Step 4 此时需要给定另一角点方向最终确定矩形位置，移动光标在相对于点 A 的
点 B 位置单击，即得到如图 3-29 所示的效果。

技术点拨

绘制矩形过程中可
以通过各选项直接指定
矩形的两个倒角距离、
圆角半径、旋转角度和
线宽等。图 3-30 即是在
图 3-29 基础上通过"宽
度"选项设置了矩形的
线宽后的效果图。

图 3-29

常规矩形

图 3-30

给定线宽的矩形

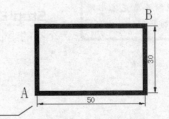

3.4.2 绘制多边形

图 3-31

正六边形

绘制多边形即是创建闭合的等边多段线，此命令可以很容易绘制出 3 ～ 1024 范围内任意条边的正多边图形。

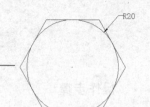

调用绘制多边形命令的方法如下所示。

(1) 命令行：POLYGON。

(2) 工具栏：单击"绘图"→"多边形"按钮 ⬡ 。

(3) 菜单栏：依次选择"绘图"→"正多边形"命令。

下面使用多边形命令绘制图形，如图 3-31 所示。

操作步骤

Step 1 单击"绘图"工具栏中的"多边形"按钮 ⬡ 。

Step 2 在命令行中输入多边形的边数"6"，然后在任意位置单击指定正多边形的圆心位置。

Step 3 在命令行中输入选项外切与圆的代号"C"，然后输入内切圆的半径值"20"，按【Enter】键结束命令，即得到如图 3-31 所示的效果。

3.5 绘制圆类图形

圆类图形基本包括圆、圆环、圆弧、椭圆和椭圆弧等图形，这些都是最简单、最常见的曲线类型，广泛存在于机械制图中。

3.5.1 绘制圆和圆弧

在 AutoCAD 2009 中可以使用 6 种方法绘制圆，如指定圆心、半径、直径、圆周上的点和其他对象上的点的不同组合等，默认方法是指定圆心和半径。可以使用 11 种方法绘制圆弧，如指定圆心、端点、起点、半径、角度、弦长和方向值等其中任意 3 个的各种组合形式，用户可以根据其功能和自己的需要进行选择。

1. 调用绘制圆命令的方法如下所示

(1) 命令行：CIRCLE。

(2) 工具栏：单击"绘图"→"圆"按钮 ⊙ 。

(3) 菜单栏：依次选择"绘图"→"圆"命令。

2. 调用绘制圆弧命令的方法如下所示

(1) 命令行：ARC。

(2) 工具栏：单击"绘图"→"圆弧"按钮 ⌒ 。

(3) 菜单栏：依次选择"绘图"→"圆弧"命令。

下面使用圆命令和圆弧命令绘制图形，如图 3-32 所示。

操作步骤

Step 1 单击"绘图"工具栏中的"圆"按钮 ⊙ 。

Step 2 在任意位置单击指定圆心位置，然后在命令行中输入圆半径值"120"，完成一个圆的绘制。使用同样的方法绘制半径为"80"的同心圆，得到如图 3-33 所示的图形。

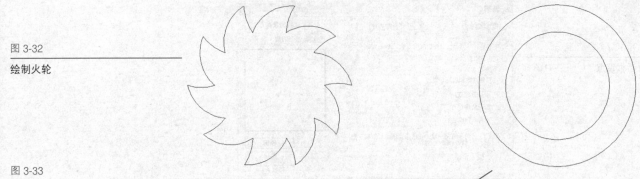

图 3-32

绘制火轮

图 3-33

绘制同心圆

Step 3 依次选择"格式"→"点样式"命令，系统弹出"点样式"对话框，在"点样式"对话框中选择 ⊠ 点样式，如图 3-34 所示。

Step 4 依次选择"绘图"→"点"→"定数等分"命令，选择半径为"120"的圆为等分对象，然后在命令行中输入等分数目"10"，按下【Enter】键，即完成一个圆的定数等分。使用同样的方法将半径为"80"的圆定数等分，其效果如图 3-35 所示。

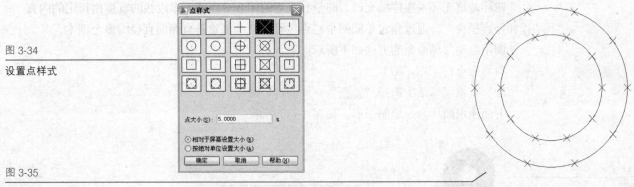

图 3-34

设置点样式

图 3-35

定数等分同心圆

Step 5 单击"绘图"工具栏中的"圆弧"按钮 ⌒，依次捕捉点 0、点 1 和点 2 完成一段圆弧的绘制。使用同样的方法，依次捕捉点 2、点 3 和点 4 完成另一段圆弧的绘制，其效果如图 3-36 所示。

Step 6 单击"修改"工具栏中的"修剪"按钮 ⁺，选择半径为"80"的圆以及上一步中绘制的两段圆弧为修剪对象，按【Enter】键，然后在圆内部分别选择两段圆弧，修剪效果如图 3-37 所示。

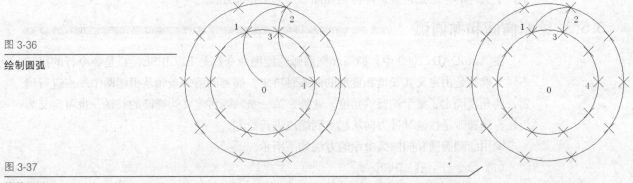

图 3-36

绘制圆弧

图 3-37

修剪圆弧

Step 7 单击"修改"工具栏中的"阵列"按钮 ⊞，系统弹出"阵列"对话框，选择"环形阵列"单选按钮。单击"选择中心"按钮 ▦，回到绘图区捕捉点 0 为阵列中心，然后回到"阵列"对话框。单击"选择对象"按钮 ▦，回到绘图区选择上一步中的两段修剪圆弧为阵列对象，然后回到"阵列"对话框。最后在"项目总数"文本框中输入"10"，在"填充角度"文本框中输入"360"，如图 3-38 所示。

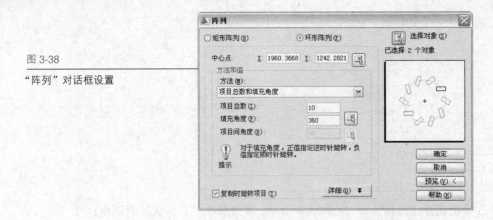

图 3-38

"阵列"对话框设置

Step 8 单击"修改"工具栏中的"删除"按钮 ✎，选择两个同心圆和各个等分点标记以及所有点编号为删除对象，即得到如图 3-32 所示的图形。

3.5.2 绘制圆环

圆环是填充环或实体填充圆，即带有宽度的闭合多段线。多段线的宽度由指定的内直径和外直径决定。通过指定不同的中心点，可以继续创建具有相同直径的多个副本。

调用绘制圆环命令的方法如下所示。

（1）命令行：DONUT。

（2）菜单栏：依次选择"绘图"→"圆环"命令。

下面使用圆环命令绘制图形，如图 3-39 所示

图 3-39

连续绘制圆环

操作步骤

Step 1 依次选择"绘图"→"圆环"命令。

该视频可参见本书附属光盘中的 3-39.avi 文件。

Step 2 在命令行中输入圆环的内径值"10"，然后输入外径值"30"，最后在任意位置单击指定圆环的中心点位置，完成一个圆环的绘制。继续输入坐标值"@100,0"，指定下一个圆环的中心点位置，即得到如图 3-39 所示的图形。

3.5.3 绘制椭圆和椭圆弧

在 AutoCAD 2009 中，椭圆和椭圆弧的绘图命令都是 ELLIPSE，只是命令行的提示不同。椭圆是由定义其长度和宽度的两条轴决定。椭圆的第一条轴是根据两个端点进行确定，其角度确定了整个椭圆的角度，此外，第一条轴既可定义为椭圆的长轴，也可定义为短轴。椭圆弧是按逆时针方向从起点到端点进行绘制。

调用绘制椭圆和椭圆弧命令的方法如下所示。

（1）命令行：ELLIPSE。

（2）工具栏：单击"绘图"→"椭圆"按钮 ⬭ 或 ⬭。

（3）菜单栏：依次选择"绘图"→"椭圆"命令。

下面使用椭圆和椭圆弧命令绘制图形，如图 3-40 所示

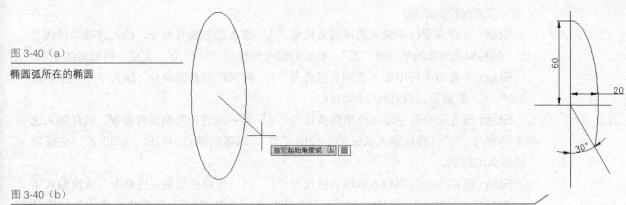

图 3-40（a）

椭圆弧所在的椭圆

图 3-40（b）

椭圆弧及其标注

该视频可参见本书附属光盘中的3-40.avi文件。

操作步骤

Step 1 单击"绘图"工具栏中的"椭圆"按钮 ⬭。

Step 2 在命令行中输入选项圆弧的代号"A"进入绘制椭圆弧命令。

Step 3 在命令行中分别输入椭圆弧所在椭圆的第一条轴的起点位置坐标值"100,200"，第一条轴的终点位置坐标值"@40，0"，然后输入椭圆的第二条轴的半轴长度值"60"，至此得到如图 3-40(a) 所示的图形。

Step 4 在命令行中分别输入椭圆弧起点角度值"30"，终止角度值"180"，即得到如图 3-40(b) 所示的图形。

技术点拨

"旋转 (R)"选项表示可通过绕第一条轴旋转圆来定义椭圆的长短轴比例并创建椭圆。该值越大，短轴对长轴的比例就越大，输入 0 将定义圆。也可绕椭圆中心移动十字光标，单击确定；"参数 (P)"选项表示可通过矢量参数方程式换算得到"起始角度"和"终止角度"，从而创建椭圆弧；"包含角度 (I)"选项用于指定椭圆弧的起点到终点的夹角。

3.6 综合实例——绘制收音机

收音机是一个较为普通的家用电器，下面使用矩形、多边形、圆弧、多段线等多个命令绘制收音机，效果图如图 3-41 所示。

图 3-41

收音机效果图

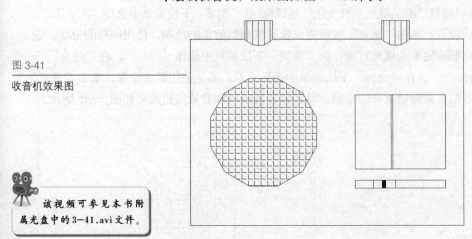

该视频可参见本书附属光盘中的3-41.avi文件。

操作步骤

Step 1 单击"绘图"工具栏中的"多段线"按钮 ⮡。

Step 2 在命令行中输入多段线起点坐标值"300,800"，下一点坐标值"@60,0"，完成一段直线段的绘制。

Step 3 在命令行中输入选项圆弧代号"A"进入绘制圆弧命令，输入选项半径代号"R"，然后输入圆弧的半径值"20"，圆弧的端点坐标值"@30,0"，完成一段圆弧的绘制。

Step 4 在命令行中输入选项直线代号"L"回到绘制直线命令，输入下一点坐标值"@120,0"，完成第二段直线段的绘制。

Step 5 在命令行中输入选项圆弧代号"A"再一次进入绘制圆弧命令，同样输入选项半径代号"R"，然后输入圆弧的半径值"20"，圆弧的端点坐标值"@30,0"，完成第二段圆弧的绘制。

Step 6 在命令行中输入选项直线代号"L"再一次回到绘制直线命令，依次输入下一点坐标值"@60,0"、"@0,−200"、"@−300,0"、"@0,200"，得到收音机的外轮廓效果如图 3-42 所示。

Step 7 单击"绘图"工具栏中的"多边形"按钮。

Step 8 在命令行中输入正多边形的边数"12"，接着输入正多边形的中心点坐标值"380,700"，按下【Enter】键使用默认选项，然后输入外接圆的半径值"60"，得到图形如图 3-43 所示。

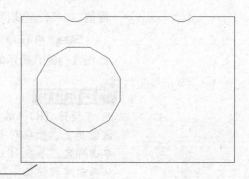

图 3-42

绘制外轮廓

图 3-43

绘制喇叭外轮廓

Step 9 单击"绘图"工具栏中的"直线"按钮。捕捉步骤 3 中绘制的圆弧的左端点为直线起点，在命令行中依次输入下一点坐标值"@0,20"、"@30,0"、"@0,−20"，得到如图 3-44 所示的图形。

Step 10 单击"绘图"工具栏中的"图案填充"按钮，系统弹出"图案填充和渐变色"对话框，单击"拾取点"按钮，回到绘图区，选择步骤 8 中绘制的正多边形为填充对象，然后回到"图案填充和渐变色"对话框，在"图案"下拉菜单中选择"ANGLE"，其他使用默认设置，单击"确定"按钮完成收音机喇叭效果的绘制。使用同样的方法，选择步骤 9 中绘制的轮廓为填充对象，在"图案"下拉菜单中选择"LINE"，在"角度"下拉菜单中选择"90"，在"比例"下拉菜单中选择"2"，其他使用默认设置，单击"确定"按钮完成收音机音量旋钮效果的绘制。得到收音机喇叭和音量旋钮效果如图 3-45 所示。

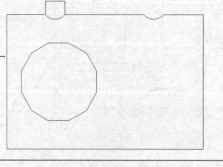

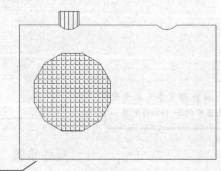

图 3- 44

绘制音量旋钮外轮廓

图 3-45

绘制喇叭和音量旋钮

Step 11 单击"绘图"工具栏中的"矩形"按钮 ☐。在命令行中依次输入角点坐标值为{(480，640),(@100,8)}、{(500,640),(@25,8)}、{(510,640),(@4,8)}的矩形，得到的收音机频段外轮廓效果如图 3-46 所示。

Step 12 单击"绘图"工具栏中的"矩形"按钮 ☐。在命令行中依次输入角点坐标值为{(480,660),(@100,80)}、{(520,740),(@2,-80)}的矩形，得到收音机调频面板效果如图 3-47 所示。

图 3-46

绘制频段外轮廓

图 3-47

绘制调频面板

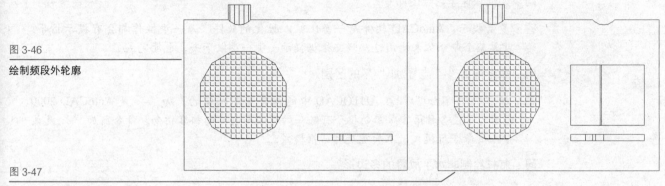

Step 13 选择步骤 10 中绘制的音量旋钮并右击，在弹出的快捷菜单中选择"带基点复制"命令，捕捉其与下面圆弧段的交接点并指定为基点，如图 3-48 所示。在选定的位置处右击，在弹出的快捷菜单中选择"粘贴"命令，然后捕捉右边圆弧段的相应位置并指定为复制点，得到收音机调频旋钮效果如图 3-49 所示。

图 3-48

带基点复制

图 3-49

粘贴结果

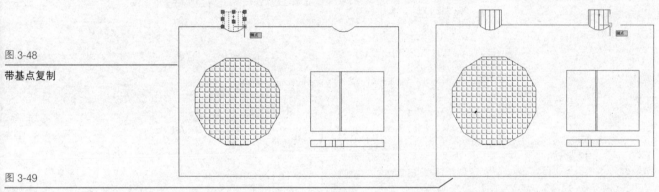

Step 14 单击"绘图"工具栏中的"图案填充"按钮 ☒，系统弹出"图案填充和渐变色"对话框，单击"拾取点"按钮 ☒，回到绘图区，选择步骤 11 中绘制的角点坐标值为{(510,640),(@4,8)}的矩形为填充对象，然后回到"图案填充和渐变色"对话框，在"图案"下拉菜单中选择"SOLID"，其他使用默认设置，单击"确定"按钮完成收音机频段滑键的绘制。至此，即得到如图 3-41 所示的收音机效果图。

3.7 工程师坐堂

问：在 AutoCAD 中如何使椭圆具有多段线属性？

答：在 CAD 建模时，有时需要将椭圆像多段线一样进行编辑，但椭圆默认是不具备多段线属性的。转换的方法是在命令行中输入 PELLIPSE 命令，将其参数值改为1，接下来绘制的椭圆就具备多段线的属性了。

问：怎样把多条线合并为多段线？

答：在命令行输入 PEDIT 命令，此命令中有合并选项。

问：多段线绘图有什么好处？

答：绘图过程中，能用多段线（PLINE）绘图就不要用直线（LINE），因为多段线是一个物件，在以后选择或二次加工时会很方便。

问：如何快速学习绘图命令？

答：多看提示，AutoCAD 软件是一套比较人性化的软件，每一步操作都会有提示指导。就算某个命令从未使用过，只要根据提示一步一步做下去，也能完成。

问：命令前加"-"与不加"-"的区别？

答：加"-"与不加"-"在 AUTOCAD 中的意义是不一样的，加"-"是 AutoCAD 2000 以后为了使各种语言版本的指令有统一的写法而制定的相容指令。命令前加"-"是该命令的命令行模式，不加就是对话框模式。

问：怎样绘制非水平放置的多边形？

答：在命令行提示"指定正多边形的中心点或 [边（E）]："时，输入 E，然后指定正多边形一条边的两个端点，即可实现绘制非水平放置的多边形。

Chapter 4

编辑二维图形

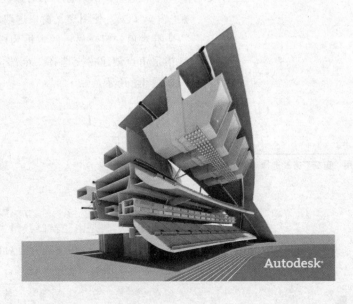

Autodesk

4.1 选取对象

4.1.1 选择对象的方法

在 AutoCAD 2009 系统中，有很多选择对象的方法。用户可以通过单击对象逐个选取，也可以用矩形窗口或交叉窗口选择，还可以选择最近创建对象、前面的选择集或图形中的所有对象，也可以向选择集中添加对象或从中删除对象。

当用户选择对象时，在命令行输入"SELECT"，命令行提示"选择对象："，在提示下输入"？"，将会出现如下提示：

> 需要点或窗口(W)/上一个(L)/窗交(C)/框(BOX)/全部(ALL)/栏选(F)/圈围(WP)/圈交(CP)/编组(G)/添加(A)/删除(R)/多个(M)/前一个(P)/放弃(U)/自动(AU)/单个(SI)/子对象/对象

各选项具体说明如下：

◆ "需要点"：在默认情况下，用户可以直接选取对象，此时光标为一个小方框（拾取框），可利用该方框逐个拾取对象。用户在寻找时系统将寻找落在拾取框内或与拾取框相交的最近建立的对象。用此种方法拾取对象方便直观，但是精确度不高，尤其是在对象排列比较密集的地方，往往容易选错或多选对象。另外，用该种方法每次只能选取一个对象，要选大量对象时就比较麻烦。

◆ "窗口（W）"：用户可以通过选择矩形（由两点定义）区域中的所有对象。从左到右指定矩形两个角点创建矩形选择窗口，所有位于矩形窗口中的对象均被选中，在窗口之外的对象或者部分在该窗口的对象则不能被选中，如图 4-1 所示。

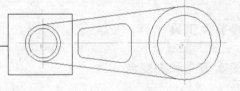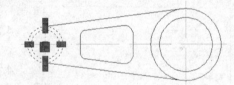

图 4-1
使用"窗口"方式选择对象

◆ "上一个（L）"：选择最近一次创建的可见对象。对象必须在当前空间（模型空间或图纸空间）中，并且一定不要将对象的图层设置为冻结或关闭状态。不管使用多少次"上一个"选项，都只有一个对象被选中。

◆ "窗交（C）"：使用交叉窗口选取对象，可选择区域（由两点确定）内部或与之相交的所有对象。窗交显示的方框为虚线或高亮度方框，这与窗口选择框不同。从左到右指定角点创建窗交选择。全部位于窗口之内或与窗口边界相交的对象都将被选中，如图 4-2 所示。

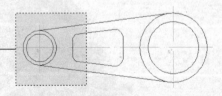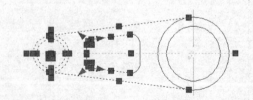

图 4-2
使用"窗交"方式选择对象

◆ "框（BOX）"：是由"窗口"和"窗交"组合成的一个单独选项，可选择矩形（由两点确定）内部或与之相交的所有对象。如果矩形的点是从左至右指定的，即为"窗口"选项，否则，即为"窗交"选项。

◆ "全部（ALL）"：用于选取图形中没有被锁定、关闭或冻结的图层上的所有对象。

◆ "栏选（F）"：用于选择与选择栏相交的所有对象。选择栏是一条开放的多点栅栏（多段直线），其中所有与栅栏线相接触的对象均会被选中，如图 4-3 所示。栏选方法与圈交方法相似，只是栏选不闭合，并且栏选可以与自己相交。

图 4-3

使用"栏选"方式选择对象

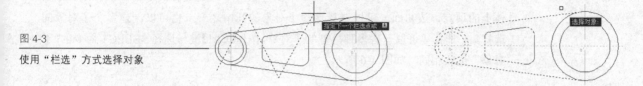

◆ "圈围（WP）"：选择多边形（通过待选对象周围的点定义）中的所有对象。该多边形可以为任意形状，但不能与自身相交或相切。将绘制多边形的最后一条线段，所以该多边形在任何时候都是闭合的。完全包围在多边形中的对象将被选中，如图 4-4 所示。

图 4-4

使用"圈围"方式选择对象

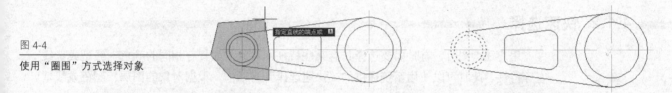

◆ "圈交（CP）"：此方法与"窗交"方法类似，绘制一个不规则的封闭多边形作为交叉窗口来选择对象。完全包围在多边形中的对象和与多边形相交的对象都将被选中，如图 4-5 所示。

图 4-5

使用"圈交"方式选择对象

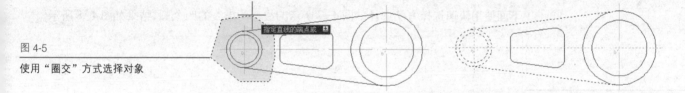

◆ "编组（G）"：该选项用于选择指定组中的所有对象。

◆ "添加（A）"：可以使用任何对象选择方法将选定对象添加到选择集。通过设置 Pickadd 系统变量来实现。Pickadd 设置为 1（默认），则后面所选择的对象均被加入到选择集中；如果 Pickadd 设置为 0。则最近所选择的对象均被加入到选择集中。

◆ "删除（R）"：可以使用任何对象选择方法从当前选择集中删除对象。删除模式的替换模式是在选择单个对象时按【Shift】键，或者是使用"自动"选项。

◆ "多个（M）"：指定多次选择而不高亮显示对象，从而加快对复杂对象的选择过程。如果两次指定相交对象的交点，"多选"也将选中这两个相交对象。

◆ "前一个（P）"：选择最近创建的选择集。从图形中删除对象将清除"上一个"选项设置。程序将跟踪是在模型空间中还是在图纸空间中指定每个选择集。如果在两个空间中切换将忽略"上一个"选择集。

◆ "放弃（U）"：放弃选择最近加到选择集中的对象。如果最近一次选择的对象多于一个，将从选择集中删除最后一次选择的所有对象。

◆ "自动（AU）"：切换到自动选择，指向一个对象即可选择该对象。指向对象内部或外部的空白区，将形成框选方法定义的选择框的第一个角点。"自动"和"添加"为默认模式。

◆ "单个 (SI)"：切换到单选模式，选择指定的第一个或第一组对象而不继续提示进一步选择。

◆ "子对象"：使用户可以逐个选择原始形状，这些形状是复合实体的一部分或三维实体上的顶点、边和面。可以选择这些子对象的其中之一，也可以创建多个子对象的选择集。选择集可以包含多种类型的子对象，按住【Ctrl】键与选择 SELECT 命令的"子对象"选项相同，如图 4-6 所示。

图 4-6

"子对象"选择方式

◆ "对象"：结束选择子对象的功能。使用户可以使用对象选择方法。

4.1.2 快速选择

用户在绘图时，有时需要选择具有某些特征的对象，如具有相同的颜色、线型或者线宽等特性，此时可以使用系统提供的"快速选择"对话框，根据对象的图层、颜色或线型等特性创建选择集。

调用快速选择命令的方法如下所示。

(1) 菜单栏：依次选择"工具"→"快速选择"命令。

(2) 快捷菜单：右击快捷菜单→"快速选择"。

(3) "特性"选项板 📋 →"快速选择" 🏹 。

下面使用快速选择方法选择如图 4-7 所示的线型为虚线的四个圆，结果如图 4-8 所示。

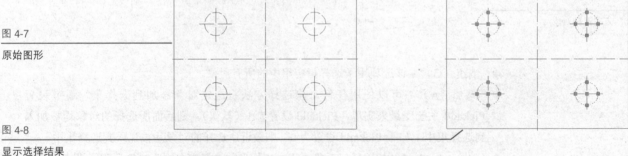

图 4-7

原始图形

图 4-8

显示选择结果

图 4-9

快速选择设置

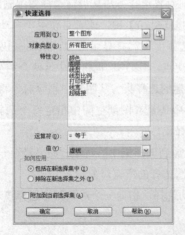

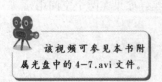
操作步骤

Step 1 依次选择"工具"→"快速选择"命令，系统弹出"快速选择"对话框。

Step 2 在"应用到"下拉列表框中选择"整个图形"选项；在"对象类型"下拉列表框中选择"所有图元"选项。

Step 3 在"特性"列表框中选择"图层"选项，在"运算符"下拉列表框中选择"＝等于"选项，在"值"下拉列表框中选择"虚线"选项。

Step 4 在"如何运用"选项组中选择"包括在新选择集中"单选按钮，设置结果如图 4-9 所示。

Step 5 单击"确定"按钮，这样就会选择图形中所有图层为虚线的对象，选择结果如图4-8所示。

技术点拨

在"如何应用"选项组中，选择"包括在新选择集中"单选按钮，则由满足过滤条件的对象构成选择集；选择"排除在新选择集之外"单选按钮，则由不满足过滤条件的对象构成选择集。

用户只有在选择了"如何运用"选项组中的"包括在新选择集中"单选按钮，并且选择"附加到当前选择集"复选框时，"选择对象"按钮才是可用的。

4.1.3 过滤选择

用户使用过滤选择方法可以将对象的类型（如直线、圆或圆弧等）、图层、颜色、线型或线框等特性设置为过滤条件来过滤选择符合设定条件的对象。使用"对象选择过滤器"可以命名和保存过滤器以供将来使用。

调用过滤选择命令的方法如下所示。

命令行：FILTER。

下面使用过滤选择方法选择如图4-10所示的所有半径为"10"和"20"的圆，结果如图4-11所示。

图4-10

原始图形

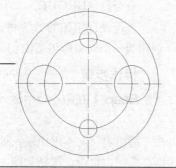

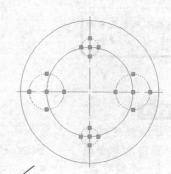

图4-11

显示选择结果

该视频可参见本书附属光盘中的4-11.avi文件。

操作步骤

Step 1 在命令行中输入"FILTER"，系统弹出"对象选择过滤器"对话框。

Step 2 在"选择过滤器"选项组的下拉列表框中选择"** 开始OR"选项，单击"添加到列表框"按钮，将其添加到过滤器列表框中，表示以下各项目为逻辑"或"关系。

Step 3 在"选择过滤器"选项组的下拉列表框中选择"圆半径"选项，在"X"后面的下拉列表框中选择"="，在对应的文本框中输入"10"。

Step 4 单击"添加到列表"按钮，将上步设置的圆半径过滤器添加到过滤器列表框中，此时将会显示"对象 = 圆"和"圆半径 = 10"。

Step 5 在"选择过滤器"选项组的下拉列表框中选择"圆半径"选项，在"X"后面的下拉列表框中选择"="，在对应的文本框中输入"20"。

Step 6 单击"添加到列表"按钮，将上步设置的圆半径过滤器添加到过滤器列表框中，此时将会显示"圆半径 = 20"。

Step 7 在过滤器列表框中选择"对象 = 圆"选项，单击"删除"按钮，删除"对象 = 圆"选项，确保只选择半径为"10"和"20"的圆。

Step 8 单击"圆半径 = 20"下边的空白区域，在"选择过滤器"选项组的下拉列表框中选择"** 结束OR"选项，单击"添加到列表"按钮，将其添加到过滤器列表框中，即表示结束逻辑关系"或"。此时，对象选择过滤器设置完毕，此时过滤器列表框中将显示如图4-12所示信息。

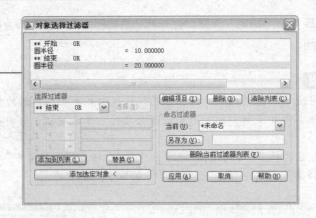

图 4-12

过滤器列表框中所列信息

Step 9 单击"应用"按钮，在绘图窗口中选择所有图形，然后按下【Enter】键，此时系统就会过滤出满足条件的对象并将其选中，结果如图 4-11 所示。

4.1.4 使用组编

图 4-13

选择对象

该视频可参见本书附属光盘中的 4-13.avi 文件。

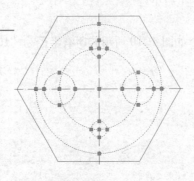

技术点拨

使用组编创建对象编组后，若用户单击编组中的任意一个圆对象，所有其他对象也同时将被选中。

用户在绘图时，可以将图形对象进行编组创建一种选择集，这样使编辑对象变得更为灵活。

调用使用组编命令的方法如下所示。

命令行：GROUP。

下面使用组编的方法将如图 4-13 所示的所有圆创建为一个对象编组 CIRCLE。

操作步骤

Step 1 在命令行中输入"GROUP"，系统弹出"对象编组"对话框。

Step 2 在"编组标识"选项区的"编组名"文本框中输入编组名"CIRCLE"。

Step 3 单击"新建"按钮，切换至绘图窗口中，选择如图 4-13 所示的所有圆。

Step 4 按下【Enter】键结束对象选择，返回至"对象编组"对话框中，单击"确定"按钮，完成此次对象编组工作。

4.2 复制类工具

AutoCAD 2009 版提供了丰富的图形编辑命令，其中复制类命令是常用的命令，包括复制、镜像、偏移和阵列命令，利用这些命令进行绘图，可以极大地提高绘图效率。

4.2.1 使用复制和镜像命令绘制图形

用户在实际绘图过程中，经常会遇到一些重复和对称图形。复制命令可以将选中的对象连续复制到多个指定的位置；镜像命令可以将绘图量减少为一半。

1. 调用复制命令的方法如下所示

(1) 命令行：COPY。

(2) 工具栏：单击"修改"→"复制"按钮。

(3) 菜单栏：依次选择"修改"→"复制"命令。

2. 调用镜像命令的方法如下所示

(1) 命令行：MIRROR。

（2）工具栏：单击"修改"→"镜像"按钮 ⚠。

（3）菜单栏：依次选择"修改"→"镜像"命令。

下面使用复制和镜像命令实现将如图 4-14 所示的小圆绘制成如图 4-15 所示的效果。

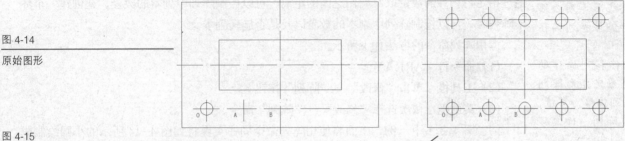

图 4-14
原始图形

图 4-15
最终效果

操作步骤

Step 1 单击"修改"工具栏中的"复制"按钮 ⚏。

该视频可参见本书附属光盘中的 4-15.avi 文件。

Step 2 选取圆心为 O 的圆为复制对象，如图 4-16 所示。指定圆心 O 为复制的基点，然后分别指定点 A 和点 B 为复制的第二点，按【Enter】键结束复制命令。复制结果如图 4-17 所示。

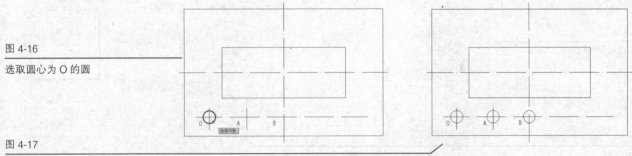

图 4-16
选取圆心为 O 的圆

图 4-17
复制结果

Step 3 单击"修改"工具栏中的"镜像"按钮 ⚠。

Step 4 选取圆 O、圆 A、圆 B 及其圆中心线为复制对象，如图 4-18 所示。指定过 B 点的竖直中心线的两个端点为镜像线的第一点和第二点，默认不删除源对象，镜像结果如图 4-19 所示。

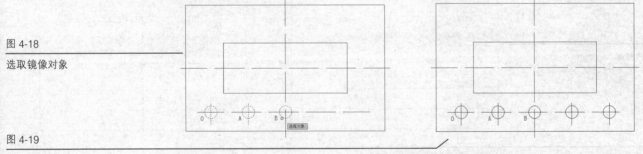

图 4-18
选取镜像对象

图 4-19
镜像结果

Step 5 单击"修改"工具栏中的"镜像"按钮 ⚠。

Step 6 选取如图 4-19 所示的 5 个圆及其圆中心线作为第二次镜像对象，指定矩形的横向中心线为镜像线，即得到最终结果，如图 4-15 所示。

技术点拨

AutoCAD 中很多用于编辑二维图形的命令，同时也适用于文字、表格等对象，如复制、镜像、阵列、旋转等命令。

4.2.2 使用阵列命令绘制图形

用户在实际绘图过程中，经常会遇到一些有规律排布的图形，AutoCAD 提供了图形阵列功能。该功能可以按矩形或环形图案复制对象，创建一个阵列。在创建矩形阵列时，通过指定行、列的数量以及它们之间的距离，可以控制阵列中副本的数量。在创建一个环形阵列时，可以控制阵列中副本的数量以及是否旋转副本。

调用阵列命令的方法如下所示。

(1) 命令行：ARRAY。

(2) 工具栏：单击"修改"→"阵列"按钮 ▦ 。

(3) 菜单栏：依次选择"修改"→"阵列"命令。

请参看 4.2.1 中示例，下面将使用阵列命令同样实现将如图 4-14 所示的小圆绘制成如图 4-15 所示的效果。其中，各圆的相对位置标注结果如图 4-20 所示。

操作步骤

Step 1 单击"修改"工具栏中的"阵列"按钮 ▦ ，系统弹出"阵列"对话框，对其进行如图 4-21 所示的参数设置。

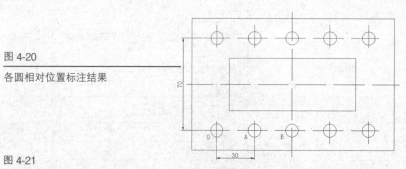

图 4-20

各圆相对位置标注结果

图 4-21

矩形阵列对话框

Step 2 单击"选取对象"按钮 ▦ ，回到绘图区，选取圆 O 及其圆中心线作为阵列对象，如图 4-22 所示。

Step 3 回到"阵列"对话框，单击"确定"按钮完成阵列命令。得到阵列结果如图 4-23 所示。

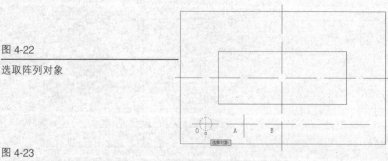

图 4-22

选取阵列对象

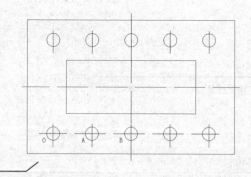

图 4-23

阵列结果

Step 4 在图层管理器中选取中心线型，然后单击"绘图"工具栏中的"直线"按钮 ▨ ，为阵列圆添加中心线即得到如图 4-15 所示的结果。

4.2.3 使用偏移和阵列命令绘制图形

偏移命令用于实现平行复制对象,生成平行线、平行曲线或者同心圆等类似的图形。AutoCAD 可利用两种方式对选中对象进行偏移操作,从而创建新的对象:一种是按指定的距离进行偏移;另一种则是通过指定点来进行偏移。

调用偏移命令的方法如下所示。

(1) 命令行:OFFSET。

(2) 工具栏:单击"修改"→"偏移"按钮 。

(3) 菜单栏:依次选择"修改"→"偏移"命令。

下面通过使用偏移命令将如图 4-24 所示的大圆偏移绘制出一系列同心圆,然后在某一偏移圆与射线的交点处绘制圆,接着通过修剪命令得到适当的圆中心线长度,最后通过阵列命令即得到如图 4-25 所示的效果。

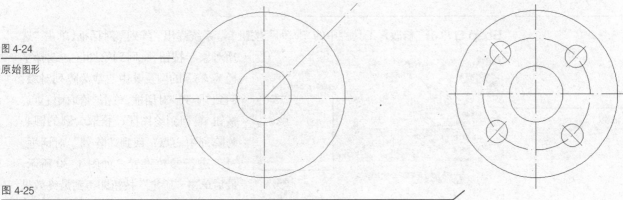

图 4-24

原始图形

图 4-25

最终效果

技术点拨

在当前图层与源图层不同时,可以通过"图层 (L)"选项来改变偏移对象的图层特性。

该视频可参见本书附属光盘中的 4-25.avi 文件。

图 4-26

偏移对象的图层选项

操作步骤

Step 1 在图层管理器中将中心线型置为当前线型,然后单击"修改"工具栏中的"偏移"按钮 。

Step 2 在命令行中输入选项图层代号"L",然后选择当前图层为偏移对象的图层,如图 4-26 所示。

Step 3 指定偏移距离为"10",然后选择大圆为偏移对象。在命令行中输入多个选项的代号"M"并按【Enter】键,指定圆内侧为偏移方向,依次单击 3 次,得到如图 4-27 所示的图形。

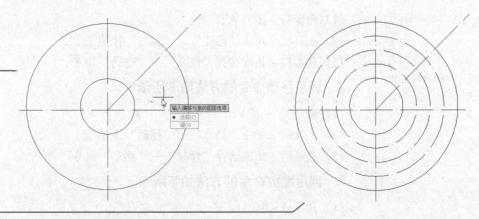

图 4-27

偏移结果

Step 4 在图层管理器中将粗实线线型置为当前,然后单击"绘图"工具栏中的"圆"按钮 。捕捉中间辅助圆与射线的交点为圆心,绘制一个半径为"8"的圆,如图 4-28 所示。

Step 5 单击"修改"工具栏中的"修剪"按钮 ∦。选择射线、第一和第三个辅助圆为修剪对象,选择辅助圆外侧的射线为要修剪掉的对象,完成圆中心线的修剪,如图 4-29 所示。

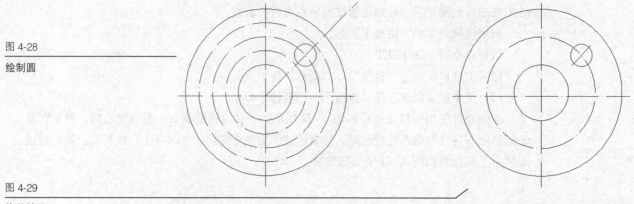

图 4-28

绘制圆

图 4-29

修剪结果

Step 6 单击"修改"工具栏中的"阵列"按钮 ⊞,系统弹出"阵列"对话框,单击"选择对象"按钮 ▣ 回到绘图区,选择半径为"8"的圆及其中心线为阵列对象,回到"阵列"对话框,单击"拾取中心点"按钮 ▣ 回到绘图区,拾取大圆的圆心为阵列中心点,回到"阵列"对话框,对其进行参数设置,如图 4-30 所示。最后单击"确定"按钮即得到最终效果图（见图 4-25）。

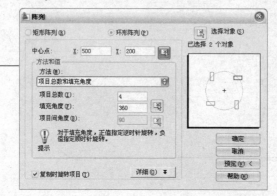

图 4-30

环形阵列对话框

4.2.4 使用旋转、缩放和移动命令绘制图形

用户绘图时,总希望可以编辑已有图形大小和位置。旋转命令可以实现将选中的对象绕指定基点进行旋转;缩放命令可以实现将图形对象按给定的基点和比例因子进行成比例扩大或缩小;移动命令可以实现调整图形的位置,移动过程中不改变对象的相对位置和尺寸。

1．调用旋转命令的方法如下所示

（1）命令行：ROTATE。

（2）工具栏：单击"修改"→"旋转"按钮 ○。

（3）菜单栏：依次选择"修改"→"旋转"命令。

2．调用移动命令的方法如下所示

（1）命令行：MOVE。

（2）工具栏：单击"修改"→"移动"按钮 ○。

（3）菜单栏：依次选择"修改"→"移动"命令。

3．调用缩放命令的方法如下所示

（1）命令行：SCALE。

（2）工具栏：单击"修改"→"缩放"按钮 ○。

（3）菜单栏：依次选择"修改"→"缩放"命令。

下面依次使用旋转、缩放、镜像、移动命令实现将如图 4-31 所示的单个花瓣绘制成如图 4-32 所示的花朵效果。

图 4-31

原始图形

图 4-32

花朵效果

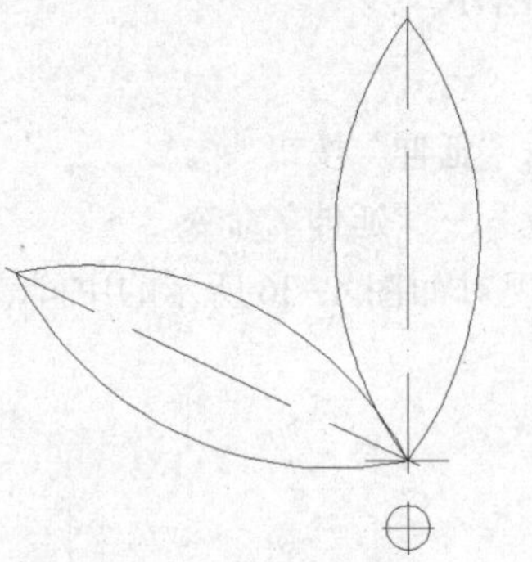

图 4-33

旋转结果

操作步骤

Step 1 单击"修改"工具栏中的"旋转"按钮 ↻。选取中间花瓣及其中心线为旋转对象,指定花瓣下端点为旋转基点。在命令行输入选项复制的代号"C",然后输入旋转角度"65",旋转结果如图 4-33 所示。

Step 2 单击"修改"工具栏中的"缩放"按钮 。选取复制旋转得到的花瓣及其中心线为缩放对象,同样指定花瓣下端点为缩放基点。在命令行输入比例因子"0.8",缩放结果如图 4-34 所示。

该视频可参见本书附属光盘中的 4-32.avi 文件。

Step 3 单击"修改"工具栏中的"镜像"按钮 ▣。选取缩放后的花瓣为镜像对象,指定中间花瓣中心线为镜像线,镜像结果如图 4-35 所示。

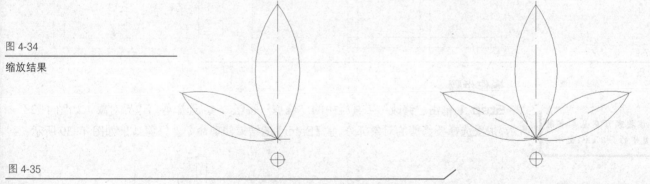

图 4-34

缩放结果

图 4-35

镜像结果

Step 4 单击"修改"工具栏中的"移动"按钮 ▣。选取所有花瓣为移动对象,同样指定中间花瓣下端点为移动基点,接着指定圆与其中心线的上交点为移动的终点位置,即得到花朵效果图(见图 4-32)。

技术点拨

旋转命令的旋转角度和缩放命令的比例因子的指定方式除了在命令行中直接输入外均有"复制(C)"和"参照(R)"两种选项可供选择。

4.3 修剪类工具

用户在绘图的过程中,经常会需要修改已有图形,如把一些超出边界的对象剪掉或是将未到边界的对象延伸等,在 AutoCAD 中提供了修剪类工具,如修剪、延伸、打断等命令,这极大地方便了绘图工作。

4.3.1 使用修剪和延伸命令编辑图形

修剪命令可以将选定的一个或多个对象，在指定修剪边界的一侧部分精确地剪切掉，修剪的对象可以是任意的平面线条。延伸就是使对象的终点落到指定的某个对象的边界上。圆弧、椭圆弧、直线及射线等对象都可以被延伸；有效的边界对象有圆弧、块、圆、椭圆、浮动的视口边界、直线、多段线、射线、面域、样条曲线、构造线及文本等对象。

1. 调用修剪命令的方法如下所示

（1）命令行：TRIM。

（2）工具栏：单击"修改"→"修剪"按钮 ⊹。

（3）菜单栏：依次选择"修改"→"修剪"命令。

2. 调用延伸命令方法如下所示

（1）命令行：EXTEND。

（2）工具栏：单击"修改"→"延伸"按钮 ⊸。

（3）菜单栏：依次选择"修改"→"延伸"命令。

下面使用修剪和延伸命令实现对如图 4-36 所示的中间墙壁的修改，最终得到如图 4-37 所示的效果。

图 4-36

原始图形

图 4-37

墙壁效果

该视频可参见本书附属光盘中的 4-37.avi 文件。

操作步骤

Step 1 单击"修改"工具栏中的"修剪"按钮 ⊹。选择剪切边界对象，如图 4-38 所示，依次选择要修剪的对象部分，按【Enter】键结束修剪命令。修剪结果如图 4-39 所示。

图 4-38

选择剪切边界对象

选择对象：

图 4-39

修剪结果

Step 2 单击"修改"工具栏中的"延伸"按钮 ⊸。选择延伸边界对象，如图 4-40 所示，按【Enter】键结束对象选择。

Step 3 选择中间短边为延伸对象，接着按住【Shift】键选择中间长边外侧为修剪对象，如图 4-41 所示，按【Enter】键结束延伸命令。

Step 4 单击“绘图”工具栏中的“直线”命令按钮 。为中间两条直线封口，最终得到墙壁效果图（见图 4–37）。

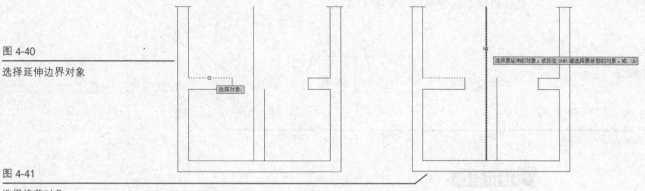

图 4-40
选择延伸边界对象

图 4-41
选择修剪对象

技术点拨

修剪和延伸命令的各选项含义相同。通过【Shift】键可实现两个命令之间的转换。

4.3.2 使用拉长和拉伸命令编辑图形

拉长命令可以改变直线、圆弧、椭圆弧及开放多段线和开放样条曲线等对象的长度，对其进行伸长或缩短操作。拉伸命令可以将选定的对象进行拉伸或移动，而不改变没有选定的部分。

1. 调用拉长命令的方法如下所示

菜单栏：选择“修改”→“拉长”命令。

2. 调用拉伸命令的方法如下所示

（1）命令行：STRETCH。

（2）工具栏：单击“修改”→“拉伸”按钮 。

（3）菜单栏：依次选择“修改”→“拉伸”命令。

下面使用拉长和拉伸命令实现将如图 4–42 所示的箭头修改成如图 4–43 所示的效果。

图 4-42
原始图形

图 4-43
箭头效果图

操作步骤

该视频可参见本书附属光盘中的4-43.avi文件。

Step 1 依次选择“修改”→“拉长”命令。在命令行中输入增量选项的代号“DE”和长度增量“20”，然后选择要拉长的对象，如图 4–44 所示，结果如图 4–45 所示。

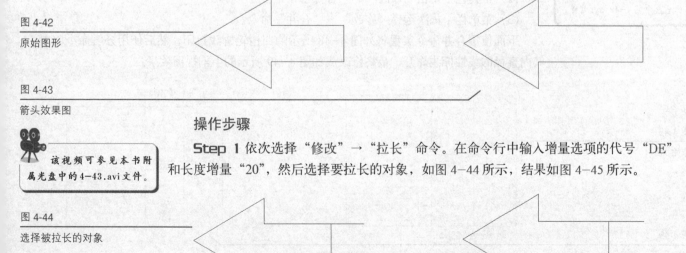

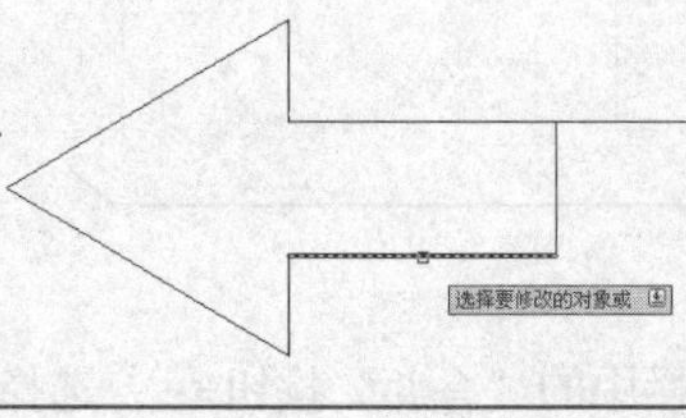

图 4-44
选择被拉长的对象

图 4-45
拉长结果

Step 2 单击"修改"工具栏中的"拉伸"按钮 ▣。选择要拉伸的对象，如图 4-46 所示，指定此线段的端点为拉伸的基点，如图 4-47 所示。接着指定拉长线的右端点为拉伸终点，最终得到箭头效果图（见图 4-43）。

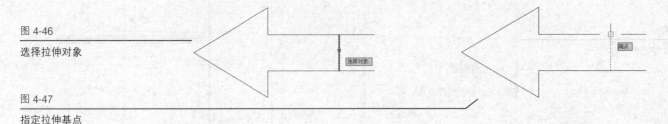

图 4-46

选择拉伸对象

图 4-47

指定拉伸基点

🖱️**技术点拨**

在选取拉伸对象时，若采用点选方式，表现为对其进行移动；若采用交叉窗口方式，则：如果对象都在交叉窗口内，表现为对其进行移动；如果其一部分在交叉窗口内，另一部分在交叉窗口外，对直线而言，表现为位于交叉窗口之外的端点不动，位于交叉窗口之内的端点移动。

4.3.3 使用分解和合并命令编辑图形

分解和合并命令互为一组反命令。其中分解命令可以将矩形、多段线、图块、面域或者尺寸标注等组合对象分解为单个独立的对象，以便单独进行编辑。合并命令则可以将原先本来就是独立的对象或被分解命令分解的独立对象合并成一个对象，该对象可以是圆弧、椭圆弧、直线、多段线以及样条曲线。

1. 调用分解命令的方法如下所示

(1) 命令行：EXPLODE。

(2) 工具栏：单击"修改"→"分解"按钮 📦。

(3) 菜单栏：依次选择"修改"→"分解"命令。

2. 调用合并命令的方法如下所示

(1) 命令行：JOIN。

(2) 工具栏：单击"修改"→"合并"按钮 ➼。

(3) 菜单栏：依次选择"修改"→"合并"命令。

🎥 该视频可参见本书附属光盘中的4-49.avi文件。

下面使用合并命令实现将如图 4-48 所示的凹槽轮廓线封闭，然后使用分解命令将对其内直径的线性标注炸开，最终修改成如图 4-49 所示的半剖视图效果。

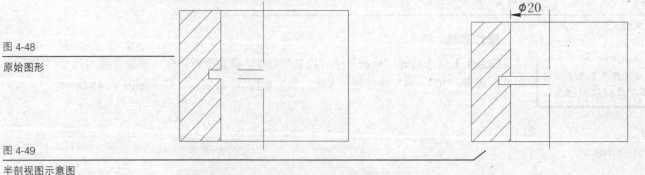

图 4-48

原始图形

图 4-49

半剖视图示意图

操作步骤

Step 1 单击"修改"工具栏中的"合并"按钮 ➼。选择合并源对象，如图 4-50 所示，选择其右边同一水平线上的断线为要合并到源对象的直线，按【Enter】键结束命令，此时原本的两条直线合并成了一条，如图 4-51 所示。

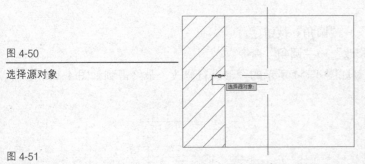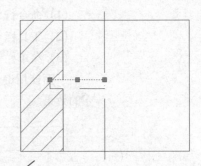

图 4-50

选择源对象

图 4-51

合并结果

Step 2 使用同样的方法，合并下面的直线。

Step 3 依次选择"标注"→"线性"命令。选择内直径轮廓线和中心线的端点为线性标注的延伸线原点，然后在命令行中输入选项文本的代号"T"，接着输入"%%c20"，即得到标注结果，如图 4-52 所示。

Step 4 单击"修改"工具栏中的"分解"按钮 。选择标注结果为分解对象，按【Enter】键结束命令。单击标注结果可见此时尺寸组合已经分解，如图 4-53 所示，按【Esc】键退出选择。

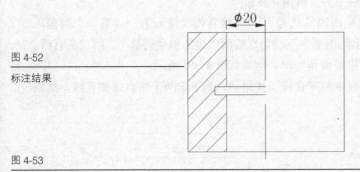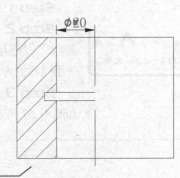

图 4-52

标注结果

图 4-53

尺寸分解示意图

Step 5 单击"修改"工具栏中的"删除"按钮 。选择右端箭头为删除对象，按【Enter】键结束命令，最终得到半剖视图效果（见图 4-49）。

 技术点拨

合并直线时，所要合并的所有直线必须共线，即位于同一无限长的直线上，它们之间可以有间隙。

分解对象后看不出变化，但是对象的颜色或线型等特性可能改变。

4.3.4 使用倒角和圆角编辑图形

倒角命令用于为选定的两条直线或多段线的拐角处绘制斜线。在机件上倒角的主要目的是为了去除锐边，以便装配。倒角多出现在轴端或机件的外缘。

圆角命令是指给两个对象添加指定半径的圆弧使其相连，这两个对象可以是圆弧、圆、椭圆、直线、多段线等，主要用在阶梯轴上，是为了消除阶梯处的应力集中，将两个选定的对象用指定半径的圆弧光滑地连接起来。执行圆角命令时，主要参数就是圆角半径。

1. 调用倒角命令的方法如下所示

（1）命令行：CHAMFER。

（2）工具栏：单击"修改"→"倒角"按钮 。

（3）菜单栏：依次选择"修改"→"倒角"命令。

2. 调用圆角命令的方法如下所示

（1）命令行：FILLET。

（2）工具栏：单击“修改”→“圆角”按钮□。

（3）菜单栏：依次选择“修改”→“圆角”命令。

下面使用倒角和圆角命令对如图 4–54 所示的图形进行修改，最终得到如图 4–55 所示的效果。

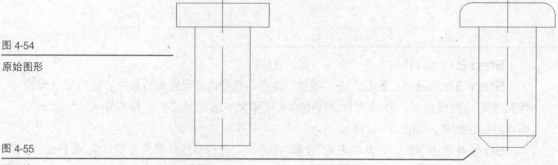

图 4-54
原始图形

图 4-55
最终效果

操作步骤

该视频可参见本书附属光盘中的4–55.avi文件。

Step 1 单击“修改”工具栏中的“倒角”按钮□。

Step 2 在命令行中输入选项距离的代号“D”，接着依次输入第一、第二个倒角距离“5”，然后选择如图 4–54 所示的图形中下端角点的两条边为倒角的第一、第二条直线。使用同样的方法对下端另一角点进行倒角处理，结果如图 4–56 所示。

Step 3 单击“绘图”工具栏中的“直线”按钮□。为下端两个角点添加直线，结果如图 4–57 所示。

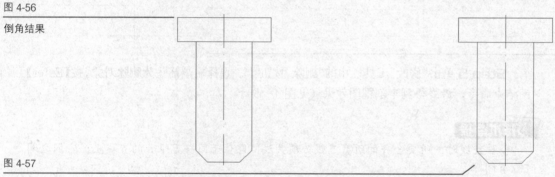

图 4-56
倒角结果

图 4-57
添加直线

Step 4 单击“修改”工具栏中的“圆角”按钮□。

Step 5 在命令行中输入选项半径的代号“R”，接着输入圆角半径值“5”，然后选择如图 4–54 所示的图形中最上端角点的两条边为圆角的第一、第二条直线。使用同样的方法对最上端另一角点进行圆角处理，即得到如图 4–55 所示的效果。

技术点拨

根据机械制图的要求，在倒角处要添加必要的直线，但是在圆角处由于是光滑过渡，则不需要添加任何线条。

4.3.5 使用打断和打断于点编辑图形

打断命令可以删除对象在指定点之间的部分，即可部分删除对象或将对象分解成两部分。对于直线，用打断命令可以从中间截去一部分，使得直线变成两段；对于圆或椭圆，可以用打断命令去除一段弧。

打断于点命令是从打断命令中派生出来的，调用该命令后，系统提示："指定第一个打断点"，指定后即可从该点打断对象。

1. 调用打断命令的方法如下所示

（1）命令行：BREAK。

（2）工具栏：单击"修改"→"打断"按钮。

（3）菜单栏：依次选择"修改"→"打断"命令。

2. 调用打断于点命令的方法如下所示

工具栏：单击"修改"→"打断于点"按钮。

下面使用打断和打断于点命令将一个圆去除一段圆弧和从一点处断开，效果如图 4-58、图 4-59 所示。

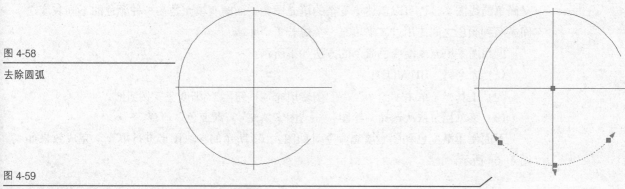

图 4-58
去除圆弧

图 4-59
打断于点效果

操作步骤

该视频可参见本书附属光盘中的4-59.avi文件。

Step 1 单击"修改"工具栏中的"打断"按钮。

Step 2 依据命令行提示，选择一个圆为打断对象，输入选项第一点的代号"F"，然后在打断对象上单击，指定第一、第二个打断点，如图 4-60、图 4-61 所示。

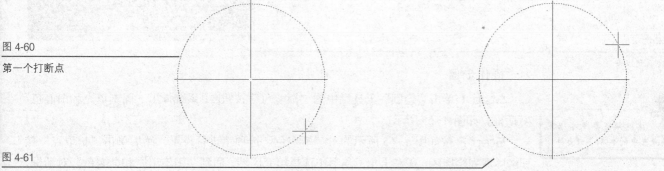

图 4-60
第一个打断点

图 4-61
第二个打断点

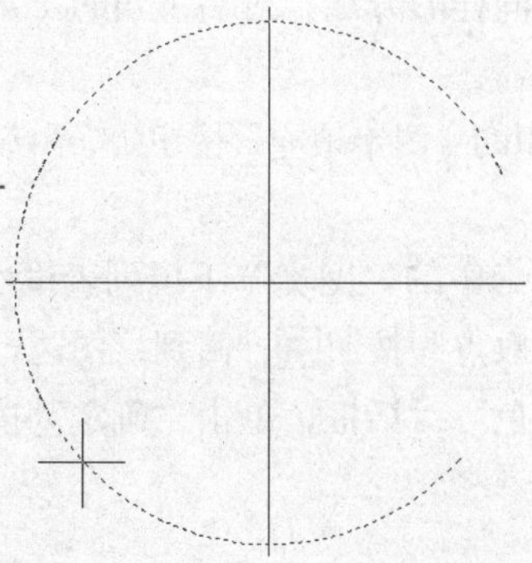

图 4-62
指定打断点

Step 3 单击"修改"工具栏中的"打断于点"按钮。

Step 4 依据命令行提示，选择如图 4-58 所示的图形为打断对象，然后在选择的打断对象上单击，指定第一个打断点，如图 4-62 所示。选择打断点右侧的圆弧，可知如图 4-58 所示的图形已经被打断成两段圆弧，如图 4-59 所示。

技术点拨

对圆或矩形等封闭图形使用打断命令，系统将会自动按逆时针方向把第一个断点和第二个断点之间的部分删除。

在"打断"命令中确定第二个断点时，若在命令行输入 @，可以使第一个断点和第二个断点重合，效果等同于"打断于点"。

4.4 图案填充和渐变色

在 AutoCAD 2009 中，图案填充和渐变色的设置都是在"图案填充和渐变色"对话框中完成的。要重复绘制某些图案以填充图形中的一个或若干个区域，从而表达该区域的特征，这种填充操作称为图案填充。其可以使用预定义填充图案，也可以使用当前线型定义简单的线图案，还可以创建更复杂的填充图案。而渐变填充是在一种颜色的不同灰度之间或两种颜色之间使用过渡来填充一个或若干个区域。

调用图案填充或渐变色命令的方法如下所示。

(1) 命令行：BHATCH。

(2) 工具栏：单击"绘图"→"图案填充"按钮▨/"渐变色"按钮▨。

(3) 菜单栏：依次选择"绘图"→"图案填充"/"渐变色"命令。

下面使用渐变色和图案填充命令对如图 4-63 所示的各块图形进行填充，完成效果如图 4-64 所示。

图 4-63

填充区域

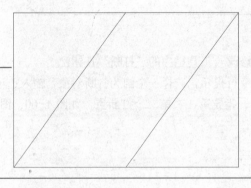
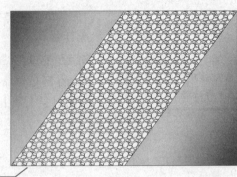

图 4-64

最终填充效果

操作步骤

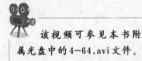

该视频可参见本书附属光盘中的 4-64.avi 文件。

Step 1 单击"绘图"工具栏中的"渐变色"按钮▨，系统弹出"图案填充和渐变色"对话框，如图 4-65 所示。

Step 2 按如图 4-65 所示的对"渐变色"选项卡进行设置，然后单击"拾取点"按钮▨，回到绘图区，在左上角三角形中选择填充区域，回到"图案填充和渐变色"对话框，单击"确定"按钮结束命令。使用同样的方法，对右下角的三角形进行渐变色填充，效果如图 4-66 所示。

Step 3 单击"绘图"工具栏中的"图案填充"按钮▨，系统弹出"图案填充和渐变色"对话框。

Step 4 在"图案填充"选项卡中的"图案"下拉列表框中选择"GRAVEL"选项，其他使用默认设置，然后单击"拾取点"按钮▨，回到绘图区，在中间平行四边形中选择填充区域，回到"图案填充和渐变色"对话框，单击"确定"按钮结束命令。最终效果如图 4-64 所示。

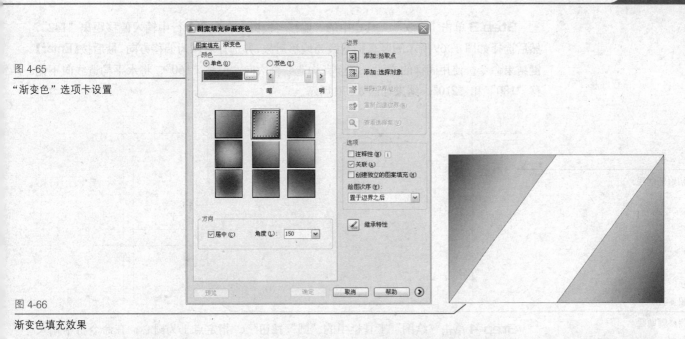

图 4-65

"渐变色"选项卡设置

图 4-66

渐变色填充效果

4.5 综合实例——绘制吊钩

图 4-67

吊钩

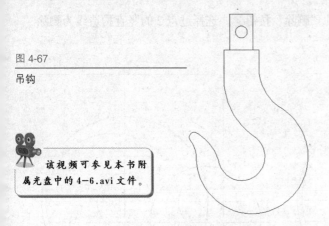

该视频可参见本书附属光盘中的 4-6.avi 文件。

下面使用绘制构造线、直线、圆等绘图命令以及偏移、圆角、修剪等编辑命令绘制如图 4-67 所示的吊钩图形。

操作步骤

Step 1 依次选择"格式"→"图层"命令,系统弹出"图层特性管理器"。单击"新建图层"按钮 ,依次新建两个图层,如图 4-68 所示。

图 4-68

图层特性管理器

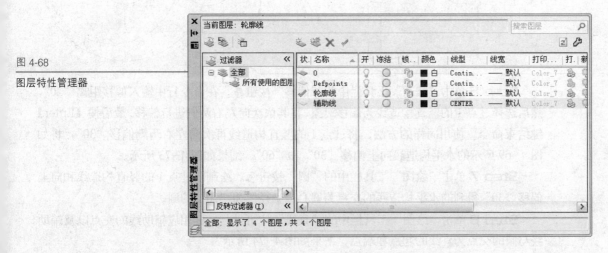

Step 2 将"辅助线"层设置为当前层,然后单击"绘图"工具栏中的"构造线"按钮 。在任意位置绘制水平和竖直构造线,如图 4-69 所示。

Step 3 单击"修改"工具栏中的"偏移"按钮🔾。在命令行中输入偏移距离"142"，然后选择如图4-69所示的竖直构造线为偏移对象，并选择右侧为偏移方向，最后按【Enter】键结束命令。使用同样的方法，将竖直构造线再次向右偏移"160"，将水平构造线向下偏移"180"和"210"，结果如图4-70所示。

图 4-69

初始辅助线

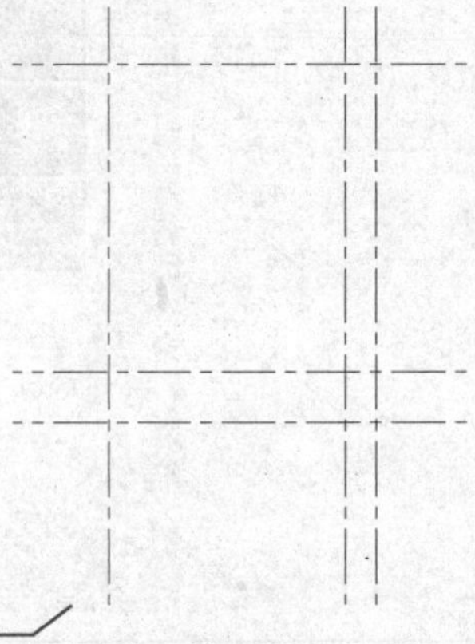

图 4-70

偏移辅助线

Step 4 单击"绘图"工具栏中的"圆"按钮⊙。指定点1为圆心，在命令行中输入半径值"120"，完成绘制圆。使用同样的方法，绘制以点2为圆心，半径值为"40"的圆；以点3为圆心，半径值为"96"的圆；以点4为圆心，半径值为"42"的圆，结果如图4-71所示。

Step 5 单击"修改"工具栏中的"删除"按钮✐。选择过点2的竖直构造线为删除对象，结果如图4-72所示。

图 4-71

绘制系列圆

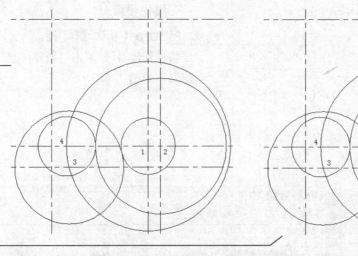

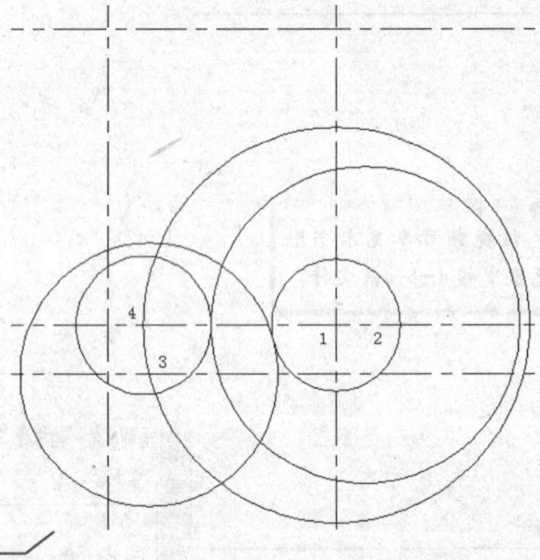

图 4-72

选择删除对象

Step 6 单击"修改"工具栏中的"偏移"按钮🔾。在命令行中输入偏移距离"20"，然后选择过点1的竖直构造线为偏移对象，将其依次向左右两侧进行偏移，最后按【Enter】键结束命令。使用同样的方法，将过点1的竖直构造线再次向左右两侧偏移"30"，将如图4-69所示的水平构造线向上偏移"30"和"60"，结果如图4-73所示。

Step 7 单击"绘图"工具栏中的"圆"按钮⊙。绘制以过点1的竖直构造线和向上偏移"30"得到的水平构造线的交点为圆心、半径值为"10"的圆。

Step 8 单击"绘图"工具栏中的"直线"按钮╱。捕捉相应辅助线的交点以及辅助线与圆的交点为直线的起点和端点，结果如图4-74所示。

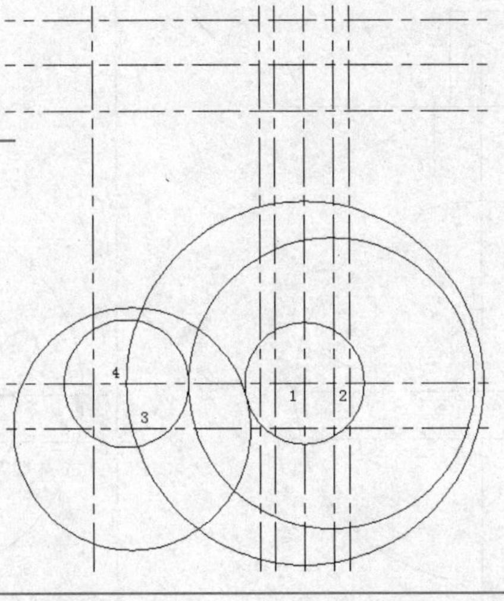

图 4-73

再次偏移辅助线

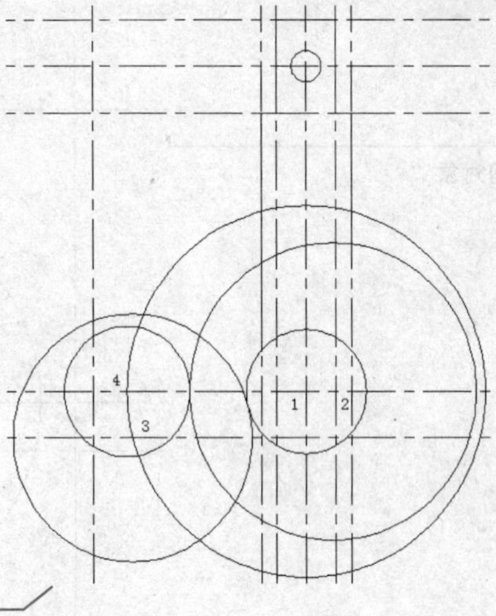

图 4-74

绘制圆和直线

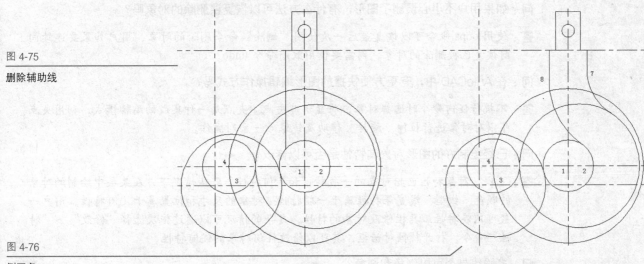

Step 9 单击"修改"工具栏中的"删除"按钮 ✐。删除步骤 6 中得到的 4 条构造线，结果如图 4-75 所示。

Step 10 单击"修改"工具栏中的"圆角"按钮 ◻。在命令行中输入选项半径的代号"R"，指定圆角半径值为"80"，然后选择步骤 7 中绘制的线段 7 和半径为"96"的圆为对象。使用同样的方法，对线段 8 和半径为"40"的圆进行倒圆角，半径值为"120"，结果如图 4-76 所示。

图 4-75

删除辅助线

图 4-76

倒圆角

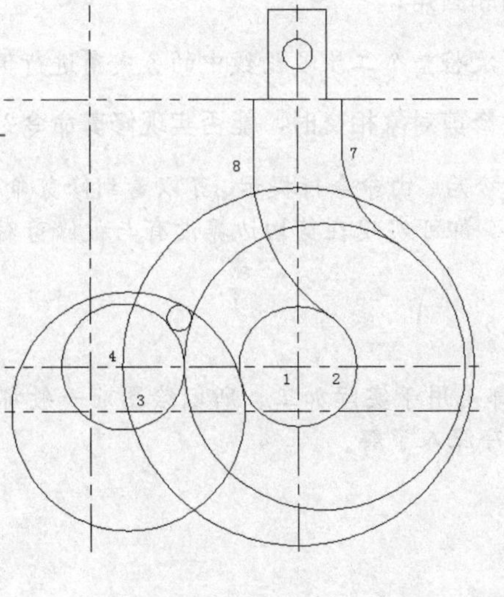

图 4-77

选择 3 个不同的圆

Step 11 单击"绘图"工具栏中的"圆"按钮 ⊙。在命令行中输入选项三点的代号"3P"，然后输入"tan"，选择半径为"42"的圆；再次输入"tan"，选择半径为"96"的圆；再次输入"tan"，选择半径为"80"的圆，结果如图 4-77 所示。

Step 12 单击"修改"工具栏中的"修剪"按钮 ⊶。选择修剪对象，如图 4-78 所示，选择要修剪掉的部分，得到结果如图 4-79 所示。

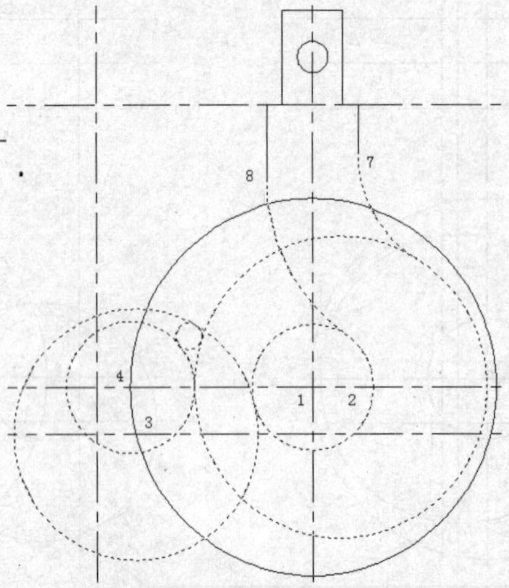

图 4-78
选择修剪对象

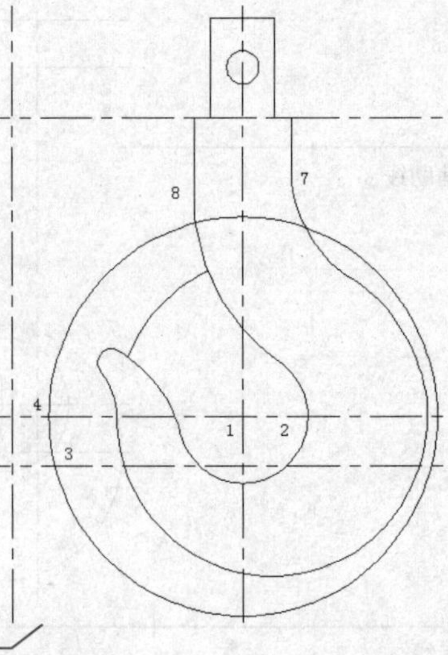

图 4-79
修剪结果

Step 13 单击"修改"工具栏中的"删除"按钮 ✐。删除各辅助线、数字标记和多余的轮廓线，即得到最终结果，如图 4-67 所示。

4.6 工程师坐堂

问：如果用户不小心误删了图形，有什么方法可以恢复误删除的对象吗？

答：使用 oops 命令可以恢复最后一次使用"删除"命令删除的对象，用户如果要连续向前恢复已被删除的对象，则需要使用取消命令 undo。

问：在 AutoCAD 中，有更方便快捷的图形编辑操作方式吗？

答：不执行任何命令时选择对象，将显示其夹点。夹点是一种集成的编辑模式，利用夹点可以对对象进行拉伸、旋转、移动及镜像等一系列操作。

问：已经绘制好的图形对象其特性是否可以修改？

答：可以。对象特性包括对象的一般特性和几何特性。默认情况下，在某层中绘制的对象的颜色、线型、线宽等特性属于一般特性；对象的尺寸和位置属于几何特性。用户一般可以在特性工具栏修改对象的特性，复杂的情况可以通过依次选择"修改"→"特性"命令，打开特性对话框，其可以修改任何对象的任何特性。

问：多段线是否可以倒角和圆角？

答：可以。它可以实现一次将整个二维多段线中的各尖角进行倒角和圆角。

问：当剪切边界没有与被修剪对象相交时，能否实现修剪命令？

答：可以。在调用修剪命令后，由命令行提示，可以看到修剪命令中包含了隐含延伸模式，通过更改此模式设置，即可实现在剪切边界没有与被修剪对象相交时也能实现修剪命令。

问：绘图前需要什么准备？

答：AutoCAD 图纸一般都是用于实际加工，所以绘图前一般都要对产品结构进行详细分析，并做到对绘制顺序深入了解。

Chapter 5

块、外部参照和设计中心

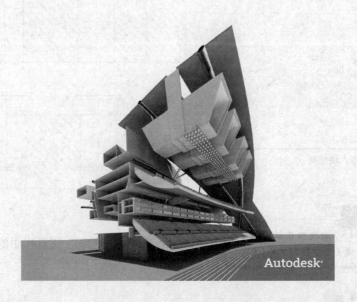

Autodesk

5.1 块的创建与编辑

块是一个或多个对象组成的对象集合，常用于绘制复杂、重复的图形。一旦一组对象组合成块，就可以根据绘图需要将这组对象插入到图中任意指定位置，还可以按不同的比例和旋转角度插入。在 AutoCAD 2009 中，使用块可以提高绘图效率、节省存储空间、便于修改图形和为块添加属性。

5.1.1 使用创建块和插入块命令

块的创建命令用于将一个或多个对象创建为一个新的对象，并按指定的名称保存，以后可将它直接插入到图形中。

生成块的目的是使用块，即需要插入块到图形文件中。块的插入命令用于将已经预先定义好的块或存储的块文件插入到当前图形中。

1. 调用创建块命令的方法如下所示

（1）命令行：BLOCK。

（2）工具栏：单击"绘图"→"创建块"按钮 。

（3）菜单栏：依次选择"绘图"→"块"→"创建"命令。

2. 调用插入块命令的方法如下所示

（1）命令行：INSERT。

（2）工具栏：单击"绘图"→"插入块"按钮 。

（3）菜单栏：依次选择"插入"→"块"命令。

下面首先使用创建块命令将如图 5-1 所示的图形 A 创建成块，然后根据需要将它插入到图形 B 中的指定位置，结果如图 5-2 所示。

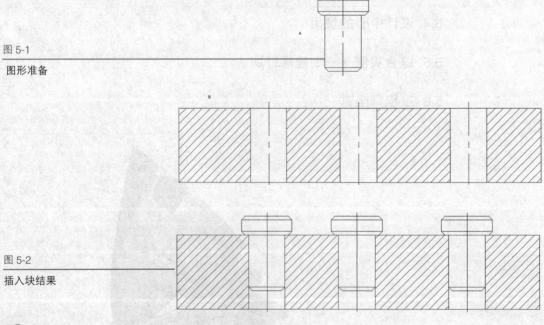

图 5-1

图形准备

图 5-2

插入块结果

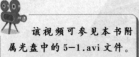

该视频可参见本书附属光盘中的 5-1.avi 文件。

操作步骤

Step 1 单击"绘图"工具栏中的"创建块"按钮 ，系统弹出"块定义"对话框。

Step 2 在"名称"下拉列表框中输入块的名称"螺丝"，然后单击"选择对象"按钮 ，回到绘图区，选择图形 A 为创建块的对象，返回"块定义"对话框。

Step 3 在"基点"选项组中，单击"拾取点"按钮 ，回到绘图区，指定图形 A 的中心点为基点，如图 5-3 所示。返回"块定义"对话框，其他设置如图 5-4 所示。单击"确定"按钮，完成创建块命令。此时，图形 A 被删除，只留下图形 B。

图 5-3

指定基点

图 5-4

"块定义"对话框设置

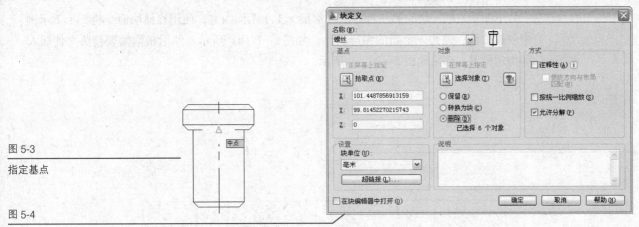

Step 4 单击"绘图"工具栏中的"插入块"按钮 ，系统弹出"插入"对话框。

Step 5 在"名称"下拉列表框中选择块的名称"螺丝"，其他采用默认设置，如图 5-5 所示。

图 5-5

"插入"对话框设置

Step 6 单击"确定"按钮，回到绘图区，指定图形 B 中的某一条中心线与外轮廓的交点为插入点，如图 5-6 所示，完成插入块命令。使用同样的方法，插入块到另外两条中心线与外轮廓的交点处，即得到如图 5-2 所示的结果。

图 5-6

指定插入点位置

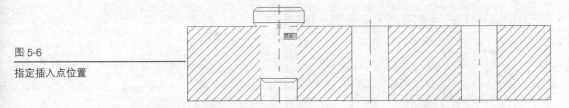

技术点拨

"保留"选项表示创建块以后，将选定对象保留在图形中作为区别对象；"转换为块"选项表示创建块以后，将选定对象转换成图形中的块实例；"删除"选项表示创建块以后，从图形中删除选定的对象。

创建块时的基准点是插入块时的插入点，同时也是块被插入时旋转或缩放的基准点。

5.1.2 使用存储块和插入块命令

块的存储命令允许用类似块的创建命令的方法组合一组对象，但不同的是，块的存储命令将对象输出成一个新的、独立的图形文件。

调用存储块命令的方法如下所示。

命令行：WBLOCK。

下面学习插入块的另一种方法，承接 5.1.1 示例内容，使用存储块命令将 5.1.1 示例中创建的块存储为一个新的图形文件，如图 5-7（a）所示，然后根据需要将块文件插入到指定位置，结果如图 5-7（b）所示。

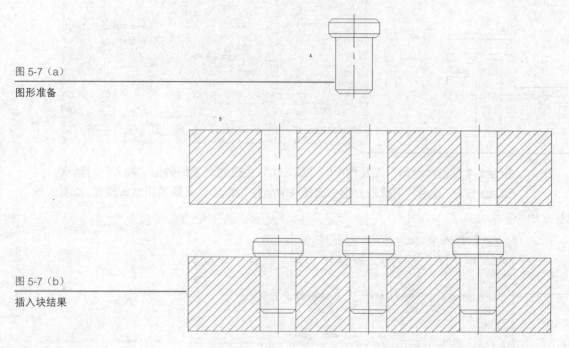

图 5-7（a）

图形准备

图 5-7（b）

插入块结果

操作步骤

Step 1 在命令行中输入"WBLOCK"，系统弹出"写块"对话框。

Step 2 在"源"选项组中，选择"块"单选按钮，然后在其后的下拉列表框中选择 5.1.1 示例中创建的块"螺丝"，然后在"目标"选项组的"文件名和路径"下拉列表框中输入文件名和路径"F：\ 螺丝 .dwg"，其他采用默认设置，如图 5-7 所示。单击"确定"按钮完成操作。此时，打开 F 盘便可看到文件"F：\ 螺丝 .dwg"。

该视频可参见本书附属光盘中的 5-8.avi 文件。

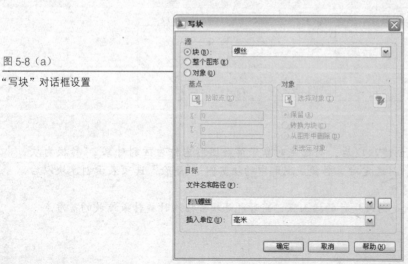

图 5-8（a）

"写块"对话框设置

技术点拨

"块"选项表示使用当前图形中已经存在的块创建一个新的图形文件；"整个图形"选项表示使用当前的全部图形创建一个新的图形文件；"对象"选项表示使用当前图形中的部分对象创建一个新图形。

Step 3 单击"绘图"工具栏中的"插入块"按钮，系统弹出"插入"对话框。

Step 4 单击"名称"下拉列表框后面的"浏览"按钮，打开"选择图形文件"对话框。按步骤 2 中输入的文件名和路径"F:\螺丝.dwg"，找到文件"F:\螺丝.dwg"并打开，回到"插入"对话框，其他采用默认设置，如图 5-8 所示。

图 5-8（b）

"插入"对话框设置

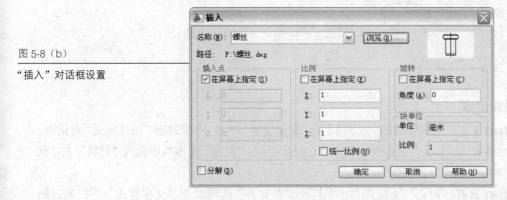

Step 5 单击"确定"按钮，回到绘图区，方法同 5.1.1 示例中的步骤 6 一样指定插入点，即得到结果，如图 5-2 所示。

技术点拨

使用存储块命令的优点是：当整个图形文件被写入到一个新文件中时，该图形文件中没有使用的块、图层、线型和其他一些没有用到的对象，不会被写入到新的文件中。这是因为图形会自动清除一些没有用到的信息，意味着一些没有用到的项目不会被写入到新的图形文件中。

5.2 块属性的编辑与管理

属性是将数据附着到块上的标签或标记，是一种非图形信息，可包含在块定义中的文字对象。标记相当于数据库表中的列名，在数据库列表下面显示了类型、制造商、型号和价格的标记。在定义一个块时，属性必须预先定义而后选定。通常属性用于在块的插入过程中进行自动注释。同时属性数据也可以从图形中提取出来另存到一个文件中。

5.2.1 使用定义属性命令创建带属性的块

用户若想创建带属性的块，则在绘制构成块的单独对象后，必须根据与属性关联的对象的适当位置定义一个或多个块，然后才能在创建块时一并选择对象和所有属性，从而创建一个带属性的块。

调用定义属性命令的方法如下所示。

（1）命令行：ATTDEF。

（2）菜单栏：依次选择"绘图"→"块"→"定义属性"命令。

下面使用定义属性和创建块命令，将如图 5-9 所示的标题栏创建成一个带有两个属性的块，然后使用插入块命令得到如图 5-10 所示的结果。

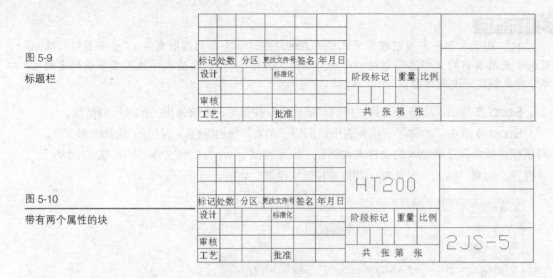

图 5-9
标题栏

图 5-10
带有两个属性的块

操作步骤

该视频可参见本书附属光盘中的5-10.avi文件。

Step 1 依次选择“绘图”→“块”→“定义属性”命令，系统弹出“属性定义”对话框。

Step 2 在“标记”文本框中输入“material”，在“提示”文本框中输入“材料”，在“默认”文本框中输入“HT200”。

Step 3 在“对正”下拉列表框中选择“左对齐”选项，在“文字样式”下拉列表框中选择“Standard”选项，在“文字高度”文本框输入“7”，其他采用默认设置，如图 5-11 所示。

图 5-11
“属性定义”对话框设置

技术点拨

“标记”用于标识图形中每次出现的属性。小写字母会自动转换为大写字母。

“提示”用于指定在插入包含该属性定义的块时显示的提示。

“默认”用于指定默认属性值。

Step 4 单击“确定”按钮，回到绘图区，在如图 5-12 所示的位置指定属性的起点位置，单击即结束命令，结果如图 5-13 所示。

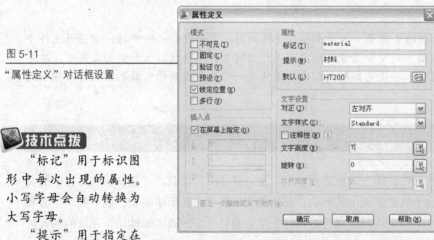

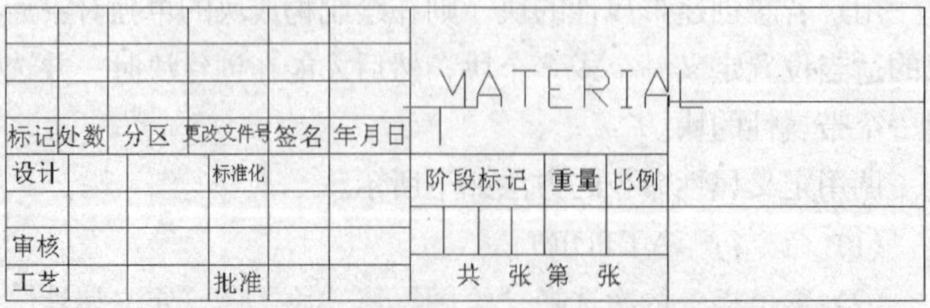

图 5-12
指定“MATERIAL”属性起点

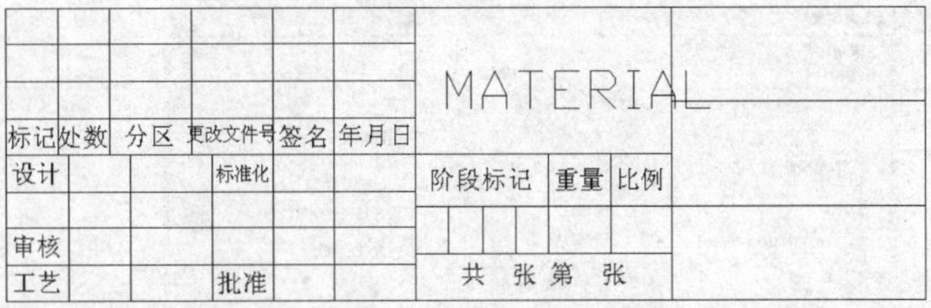

图 5-13

"MATERIAL"属性定义结果

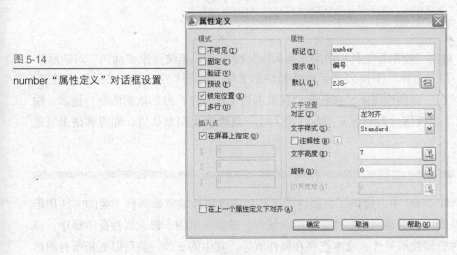

标记	处数	分区	更改文件号	签名	年月日		MATERIAL		
设计			标准化						
						阶段标记	重量	比例	
审核									
工艺			批准				共 张 第 张		

Step 5 采用同样的方法，number"属性定义"对话框设置如图 5-14 所示。

图 5-14

number"属性定义"对话框设置

Step 6 单击"确定"按钮，回到绘图区，在如图 5-15 所示的位置指定属性的起点位置，单击即结束命令，结果如图 5-16 所示。

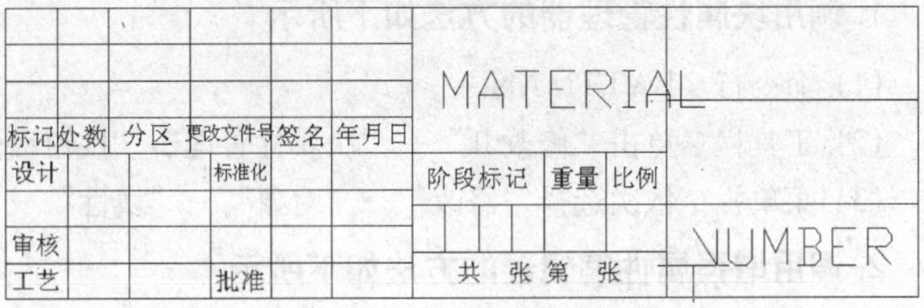

图 5-15

指定"NUMBER"属性起点

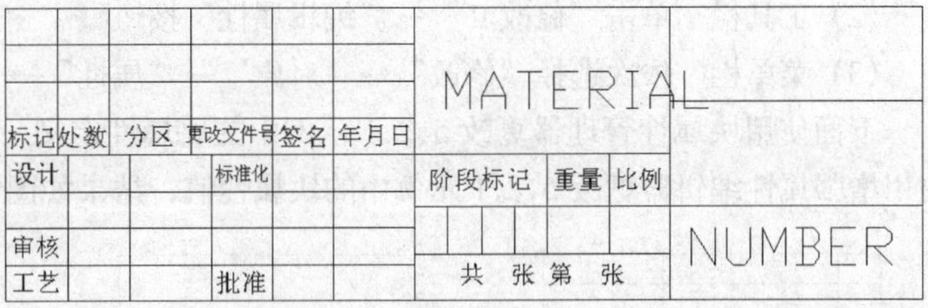

标记	处数	分区	更改文件号	签名	年月日		MATERIAL		
设计			标准化						
						阶段标记	重量	比例	
审核									
工艺			批准				共 张 第 张	NUMBER	

图 5-16

"NUMBER"属性定义结果

标记	处数	分区	更改文件号	签名	年月日		MATERIAL		
设计			标准化						
						阶段标记	重量	比例	
审核									
工艺			批准				共 张 第 张	NUMBER	

Step 7 单击"绘图"工具栏中的"创建块"按钮，系统弹出"块定义"对话框。

Step 8 在"名称"文本框中输入块的名称"标题栏"，然后单击"选择对象"按钮，回到绘图区，选择如图 5-16 所示的所有图形对象和属性为创建块的对象，返回"块定义"对话框。

Step 9 在"基点"选项组中，单击"拾取点"按钮，回到绘图区，指定图形的右下角点为基点，返回"块定义"对话框，其他设置如图 5-17 所示。单击"确定"按钮，完成创建块命令。此时，图形完全被删除。

图 5-17

"块定义"对话框设置

Step 10 单击"绘图"工具栏中的"插入块"按钮，系统弹出"插入"对话框。

Step 11 在"名称"下拉列表框中选择块的名称"标题栏"，其他采用默认设置。单击"确定"按钮，回到绘图区，在任意位置单击指定插入点，然后依据命令行提示，输入"NUMBER"属性值"2JS-5"，"MATERIAL"属性值采用默认值，即得到结果（见图 5-10）。

5.2.2 编辑块属性

在 AutoCAD 2009 中，提供了块属性管理器和增强属性编辑器两种主要的方法用于在创建了带属性的块之后编辑块属性。其中块属性管理器可以用于修改属性提示顺序、标记及其提示名称、属性可见性、文本选项和属性值等，其中的更改，将可以更新所有图形中的图块。而增强属性编辑器则只能用于更改属性值，而且其中的更改仅仅更新所选择的块，不会修改属性定义，所以也不会影响其他的块。

1. 调用块属性管理器的方法如下所示

（1）命令行：BATTMAN。

（2）工具栏：单击"修改Ⅱ"→"块属性管理器"按钮。

（3）菜单栏：依次选择"修改"→"对象"→"属性"→"块属性管理器"命令。

2. 调用增强属性编辑器的方法如下所示

（1）命令行：EATTEDIT。

（2）工具栏：单击"修改Ⅱ"→"编辑属性"按钮。

（3）菜单栏：依次选择"修改"→"对象"→"属性"→"单个"命令。

下面使用块属性管理器更改 5.2.1 示例中的块属性定义，结果如图 5-18 所示。然后使用增强属性编辑器更改 5.2.1 示例中的块属性值，结果如图 5-19 所示。

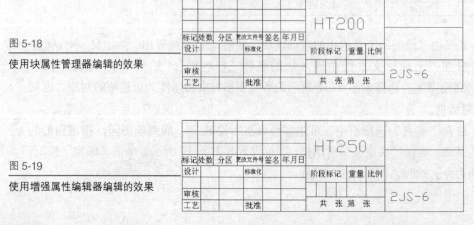

图 5-18

使用块属性管理器编辑的效果

图 5-19

使用增强属性编辑器编辑的效果

该视频可参见本书附属光盘中的5-19.avi文件。

操作步骤

Step 1 依次选择“工具”→“工具栏”→“AutoCAD”→“修改Ⅱ”菜单命令，调出“修改Ⅱ”工具栏。

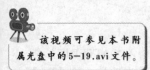

Step 2 单击“修改Ⅱ”工具栏中的“块属性管理器”命令按钮，系统弹出“块属性管理器”对话框，如图5-20所示。

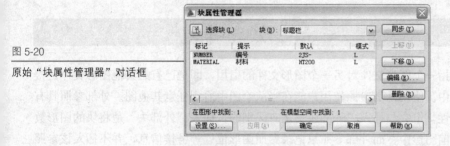

图5-20

原始“块属性管理器”对话框

Step 3 单击“NUMBER”属性行，然后单击“编辑”按钮，系统弹出“编辑属性”对话框。在“属性”选项卡中更改“提示”文本框内容为“图纸编号”，如图5-21所示。在“文字选项”选项卡中更改“高度”文本框内容为“5”，如图5-22所示。

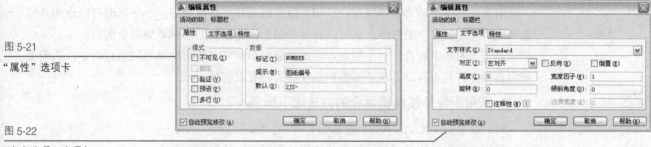

图5-21

“属性”选项卡

图5-22

“文字选项”选项卡

Step 4 单击“确定”按钮，回到“块属性管理器”对话框。然后单击“下移”按钮，结果如图5-23所示。单击“确定”按钮，结束编辑命令。

Step 5 单击“绘图”工具栏中的“插入块”命令按钮，系统弹出“插入”对话框。

Step 6 在“名称”下拉列表框中选择块的名称“标题栏”，其他采用默认设置。单击“确定”按钮，回到绘图区，在任意位置单击指定插入点，然后依据命令行提示，按下【Enter】键，使用默认“MATERIAL”属性值，然后输入“NUMBER”属性值“2JS-6”，即得到结果如图5-18所示。

Step 7 单击“修改Ⅱ”工具栏中的“编辑属性”命令按钮。

Step 8 依据命令行提示，选择步骤（6）插入的块为编辑对象，然后系统弹出“增强属性编辑器”对话框，更改“值”文本框内容为“HT250”，如图5-24所示。

技术点拨

单击“块属性管理器”中的“同步”按钮，可以更新当前文件中已存在的块属性，否则更改只影响新的块的插入。

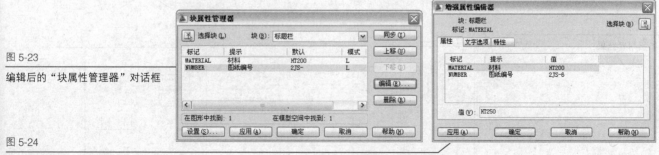

图5-23

编辑后的“块属性管理器”对话框

图5-24

设置“增强属性编辑器”对话框

Step 9 单击"确定"按钮，即得到如图 5-19 所示的结果。

技术点拨

如果一个块有多个属性，而且都希望逐个进行修改，在命令行中输入"ATTEDIT"命令，打开"编辑属性"对话框。在此对话框中可以更容易快速修改每一个属性，按【Tab】键即可选择到下一个属性。

5.3 外部参照的使用

外部参照是指一个图形文件对另一个图形文件的引用，即把已有的其他图形文件链接到当前图形文件中。使用外部参照使用户能在当前绘图中看到任意其他图。外部参照具有和图块相似的属性，但它与插入"外部块"是有区别的，插入"外部块"是将块的图形数据全部插入到当前图形中，而外部参照只记录参照图形位置等链接信息，并不插入该参照图形的图形数据。在绘图过程中，可以将一幅图形作为外部参照附加到当前图形中，这是一种重要的共享数据的方法，也是减少重复绘图的有效手段。

5.3.1 外部参照的附着和剪裁

附着外部参照是为了帮助用户利用其他图形来补充当前图形。一个图形可以作为外部参照同时附着到多个图形中，也可以将多个图形作为参照图形附着到单个图形。

在当前图形中附着外部参照命令完成以后，用户可以使用外部参照剪裁命令，从而根据需要指定剪裁边界以显示外部参照和块插入的有限部分。

1. 调用附着外部参照命令的方法如下所示

(1) 命令行：XATTACH 或 EXTERNALREFERENCES。

(2) 工具栏：单击"参照"→"外部参照附着"按钮。

(3) 菜单栏：依次选择"插入"→"外部参照"/"DWG 参照"菜单命令。

2. 调用剪裁外部参照命令的方法如下所示

(1) 命令行：XCLIP。

(2) 工具栏：单击"参照"→"剪裁外部参照"按钮。

(3) 菜单栏：依次选择"修改"→"剪裁"→"外部参照"命令。

下面首先使用附着外部参照命令在一个空白文件中连续附着 3 个外部参照，结果如图 5-25 所示，然后使用剪裁外部参照命令对这些外部参照进行剪裁以控制其显示，结果如图 5-26 所示。

图 5-25

外部参照附着结果

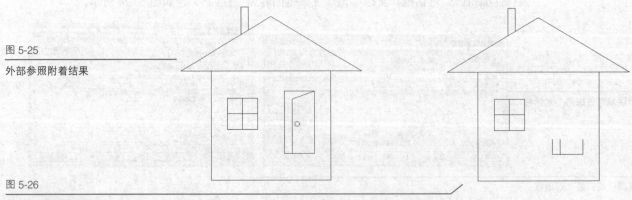

图 5-26

外部参照剪裁结果

操作步骤

该视频可参见本书附属光盘中的5-26.avi文件。

Step 1 依次选择“文件”→“新建”命令，创建一个空白文件“房子”。

Step 2 依次选择“工具”→“工具栏”→“AutoCAD”→“参照”命令，调出“参照”工具栏。

Step 3 单击“参照”工具栏中的“外部参照附着”按钮，系统弹出“选择参照文件”对话框，选择被参照图形文件“外墙”，如图5–27所示。

图5-27
“选择参照文件”对话框

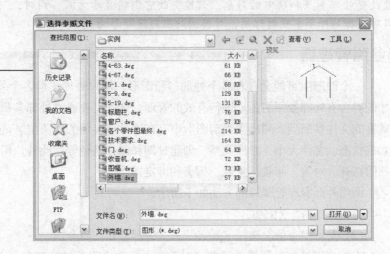

Step 4 单击“打开”按钮结束文件选择，系统弹出“外部参照”对话框，取消选择“在屏幕上指定”复选框，其他采用默认设置，如图5–28所示。

技术点拨

在“外部参照”对话框中，若选择“附加型”单选按钮表示外部参照是可以嵌套的；若选择“覆盖型”单选按钮，则表示外部参照不会嵌套。

Step 5 单击“确定”按钮，完成外部参照“外墙”的附着。

Step 6 重复步骤3、4、5，完成外部参照“窗户”和“门”的附着。

Step 7 单击“修改”工具栏中的“移动”按钮，选择需要调整位置的外部参照为对象，最终使得各外部参照之间的相对位置如图5–25所示。

Step 8 单击“参照”工具栏中的“剪裁外部参照”按钮。依据命令行提示，选择要剪裁的外部参照“门”，按两次【Enter】键，采用默认的“新建边界”和“矩形”选项，然后指定矩形边界的第一、第二角点确定剪裁边界，如图5–29所示，即得到如图5–26所示的结果。

图5-28
“外部参照”对话框

图5-29
指定剪裁边界

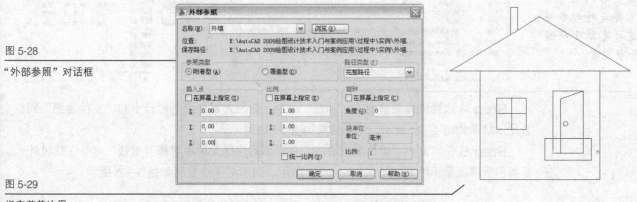

技术点拨

"剪裁外部参照"命令默认为显示剪裁边界中的内容，若想显示剪裁边界外的内容则需要依据命令行提示，选择"反向剪裁"选项。

技术点拨

"剪裁外部参照"命令仅应用于外部参照或块的单个实例，而非定义本身。所以，它不能改变外部参照和块中的对象，只能更改它们的显示方式。同时，"剪裁外部参照"命令只对选择的外部参照起作用，对其他的图形没有影响。

5.3.2 外部参照管理器

一个图形中可能会存在多个外部参照图形，用户必须了解各个外部参照的所有信息，才能对含有外部参照的图形进行有效的管理，这就需要通过外部参照管理器来实现。该管理器的文件参照列表列出了当前图形中存在的外部参照的相关信息，包括外部参照的名称、加载状态、文件大小、参照类型、创建日期和保存路径等。此外，用户还可以进行外部参照的打开、附着、卸载、重载、拆离和绑定操作。

调用外部参照管理器的方法如下所示。

(1) 命令行：XREF。

(2) 菜单栏：依次选择"插入"→"外部参照"命令。

下面使用外部参照管理器首先对 5.3.1 示例中附着的外部参照进行观察，如图 5-30 所示。然后再对其进行卸载、重载、拆离、附着和绑定等操作，从而体会各操作的含义。

操作步骤

Step 1 依次选择"文件"→"打开"命令，打开 5.3.1 示例中新建的文件"房子 .dwg"。

Step 2 依次选择"插入"→"外部参照"命令，系统即弹出外部参照管理器，显示结果如图 5-30 所示。

Step 3 在"窗户"参照名上右击，弹出的快捷菜单如图 5-31 所示。

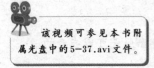

该视频可参见本书附属光盘中的 5-37.avi 文件。

图 5-30

外部参照管理器显示结果

技术点拨

"绑定"表示使外部参照成为图形的固有部分，而不再是外部参照文件。这样有助于将图形发送给审阅者。

图 5-31

快捷菜单

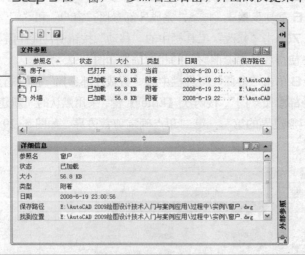

Step 4 选择快捷菜单中的"卸载"命令，此时外部参照管理器中的"文件参照"列表显示结果如图 5-32 所示，图形结果如图 5-33 所示。

Step 5 在"窗户"参照名上右击，在弹出的快捷菜单中选择"重载"命令，此时外部参照管理器显示结果恢复到如图 5-30 所示，图形结果恢复到如图 5-25 所示。

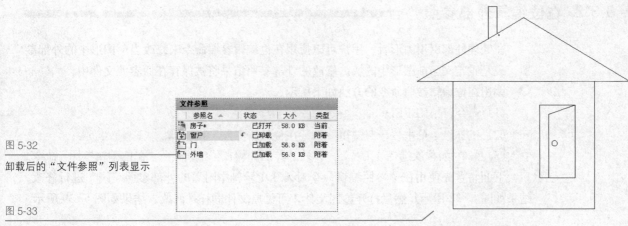

图 5-32

卸载后的"文件参照"列表显示

图 5-33

卸载后的图形显示

Step 6 在"窗户"参照名上右击，在弹出的快捷菜单中选择"拆离"命令，此时外部参照管理器中的"文件参照"列表显示结果如图 5-34 所示，图形结果如图 5-35 所示。

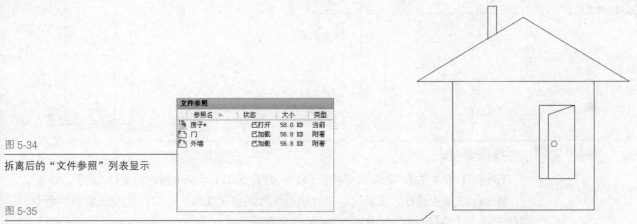

图 5-34

拆离后的"文件参照"列表显示

图 5-35

拆离后的图形显示

Step 7 单击外部参照管理器上的"附着 DWG"按钮，系统弹出"选择参照文件"对话框，选择被参照图形文件"窗户"。然后单击"打开"按钮结束文件选择，系统弹出"外部参照"对话框，采用默认设置，单击"确定"按钮，完成外部参照"窗户"的附着。此时外部参照管理器显示结果再次恢复到如图 5-30 所示，图形结果恢复到如图 5-25 所示。

Step 8 在"窗户"参照名上右击，在弹出的快捷菜单中选择"绑定"命令，系统弹出"绑定外部参照"对话框，如图 5-36 所示。采用默认设置，单击"确定"按钮，此时外部参照管理器中的"文件参照"列表显示结果如图 5-37 所示，图形结果无变化。

图 5-36

"绑定外部参照"对话框

图 5-37

绑定后的"文件参照"列表显示

技术点拨

由上面的例子可以看出：卸载外部参照后，外部参照仍然存在，只是不显示，重载后即可以显示；而拆离外部参照后，则是外部参照已不存在，只能通过再次附着才可以显示。

5.3.3 在位编辑外部参照

在处理外部引用图形时，用户可以使用在位编辑参照命令来修改当前图形中的外部参照，或是重定义当前图形中的块。修改的外部参照结果将被保存在原参照文件中。

调用在位编辑参照命令的方法如下所示。

（1）命令行：REFEDIT。

（2）工具栏：单击"参照编辑"→"在位编辑参照"按钮 。

（3）菜单栏：依次选择"工具"→"外部参照和块在位编辑"→"在位编辑参照"命令。

下面将首先使用在位参照编辑命令对 5.3.1 示例中附着的外部参照"门"进行修改，结果如图 5-38 所示。然后打开参照文件，可见原文件同样被修改，结果如图 5-39 所示。

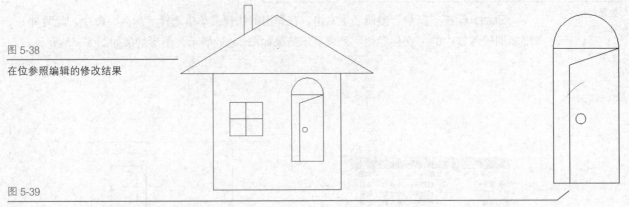

图 5-38

在位参照编辑的修改结果

图 5-39

外部参照"门"原图的修改结果

操作步骤

Step 1 依次选择"文件"→"打开"命令，打开 5.3.1 示例中新建的文件"房子 .dwg"。

Step 2 依次选择"工具"→"外部参照和块在位编辑"→"在位编辑参照"命令，系统即弹出"参照编辑"工具栏，如图 5-40 所示。

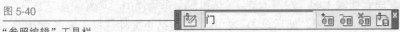

图 5-40

"参照编辑"工具栏

Step 3 依据命令行提示，选择参照"门"，系统即弹出"参照编辑"对话框，如图 5-41 所示。单击"确定"按钮，回到绘图区。此时，其他参照图形呈灰色显示，只有"门"参照图形处于可编辑状态。

该视频可参见本书附属光盘中的 5-39.avi 文件。

Step 4 单击"绘图"工具栏中的"圆弧"按钮 ，捕捉门最上面边的右端点为圆弧的起点，然后在命令行中输入圆心的代号"C"，并捕捉门最上面边的中点为圆心，最后捕捉此边的左端点为圆弧的端点，完成圆弧的绘制，结果如图 5-42 所示。

图 5-41

"参照编辑"对话框

图 5-42

在位编辑结果

Step 5 单击"参照编辑"工具栏中的"保存参照编辑"按钮，系统弹出 AutoCAD 消息对话框，如图 5-43 所示，单击"确定"按钮即完成对参照文件"门"的在位编辑操作。此时所有图形均正常显示，如图 5-38 所示。

Step 6 依次选择"插入"→"外部参照"命令，系统即弹出"外部参照"管理器，此时显示结果如图 5-44 所示，状态显示栏提示参照文件"门"需要重载。

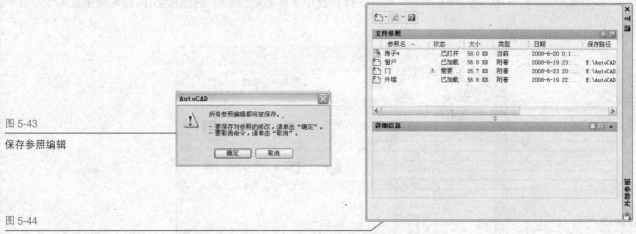

图 5-43

保存参照编辑

图 5-44

"外部参照"管理器显示结果

Step 7 在"门"参照名上右击，在弹出的快捷菜单中选择"重载"命令，此时的状态栏恢复为"已加载"。

Step 8 在"门"参照名上右击，在弹出的快捷菜单中选择"打开"命令，即可以看到外部参照"门"的原文件被修改，结果如图 5-39 所示。

技术点拨

"参照编辑"对话框中的"自动选择所有嵌套的对象"单选按钮表示选定参照中的所有对象将自动包括在参照编辑任务中；若选择"提示选择嵌套的对象"单选按钮，系统将关闭"参照编辑"对话框，进入参照编辑状态后，提示用户在要编辑的参照中选择特定的对象。

5.4 设计中心的使用

设计中心可以认为是一个重复利用和共享图形内容的有效管理工具，对一个绘图项目来讲，重用和分享设计内容是管理一个绘图项目的基础，而且如果工程比较复杂的话，图形数量大、类型复杂，经常会由很多设计人员共同完成，这样，用设计中心对管理块、外部参照、渲染的图像以及其他设计资源文件进行管理就是非常必要的。它提供了观察和重用设计内容的强大工具，图形中的任何内容几乎都可以通过设计中心实现共享，通过设计中心还可以浏览系统内部的资源、网络驱动器的内容，还可以下载有关内容。

5.4.1 设计中心窗口的启动和查找所需内容

"设计中心"窗口分为两部分，左边为树状图，右边为内容区。用户可以在树状图中浏览内容的源，而在内容区显示内容，也可以通过"搜索"对话框查找图形或其他内容，该对话框包括 3 个选项卡，分别是"图形"、"修改日期"和"高级"，分别对应一种搜索方式。

调用启动设计中心窗口命令的方法如下所示。

（1）命令行：ADCENTER。

（2）工具栏：单击"标准"→"设计中心"按钮🔲。

（3）菜单栏：依次选择"工具"→"选项板"→"设计中心"命令。

下面首先使用启动设计中心窗口命令打开设计中心窗口，如图5-45所示。然后使用设计中心窗口的"搜索"按钮查找E盘中文件名是"房子"的图形文件，搜索结果如图5-46所示。

图 5-45

设计中心

操作步骤

Step 1 单击"标准"工具栏中的"设计中心"按钮🔲，系统即弹出设计中心窗口，如图5-45所示。

Step 2 单击设计中心窗口中的"搜索"按钮🔍，打开"搜索"对话框。

Step 3 在"搜索"下拉列表框中选择"图形"选项，在"于"下拉列表框中选择"学习海洋（E：）"选项。

Step 4 选择"图形"选项卡，在"搜索文字"下拉列表框中输入"房子"，在"位于字段"下拉列表框中选择"文件名"选项。

Step 5 单击"立即搜索"按钮，开始搜索，搜索结果如图5-46所示。

该视频可参见本书附属光盘中的5-48.avi文件。

图 5-46

搜索结果

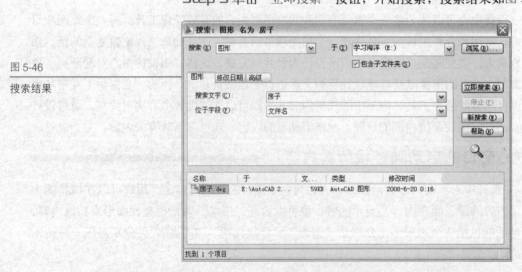

Step 6 在文件名称上右击，弹出一个快捷菜单，如图5-47所示。在此菜单中显示了在"搜索"对话框中可以进行的操作，这些操作的结果与前面讲过的命令相同。

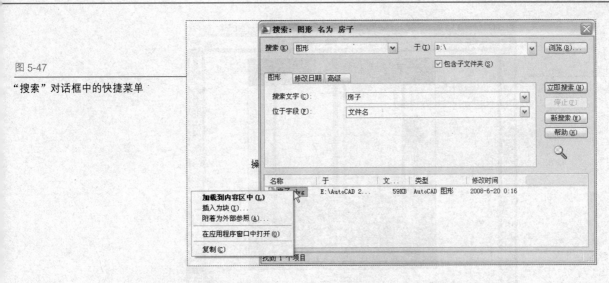

图 5-47

"搜索"对话框中的快捷菜单

Step 7 在弹出的快捷菜单中选择"加载到内容区中"命令，设计中心窗口显示结果变为如图 5-48 所示。

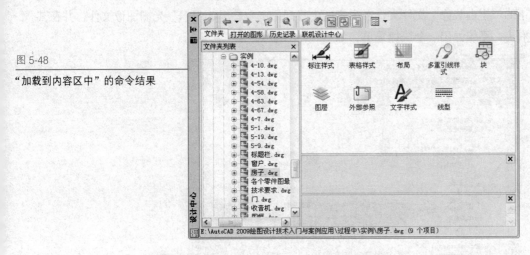

图 5-48

"加载到内容区中"的命令结果

技术点拨

设计中心窗口的"联机设计中心"选项卡中提供了联机设计中心 Web 页中的内容，包括块、符号库、制造商目录和联机目录等信息。此功能的实现需要连接到 Internet，通过它，用户可以访问数以千计的符号、制造商的产品，即内容收集者的站点。

5.4.2 设计中心内容的插入

在设计中心窗口中，用户可以向绘图区插入块，引用光栅图像、引用外部参照、在图形之间复制块、在图形之间复制图层及用户自定义内容等。其调用方法均为找到相应文件所在的文件夹，然后在内容区的相应文件名上右击，在弹出的快捷菜单中选择相应命令。

下面将使用设计中心窗口向新建的空白文件"室内装修"中插入一幅光栅图像，插入效果如图 5-49 所示。

操作步骤

Step 1 依次选择"文件"→"新建"命令，创建一个空白文件"室内装修"。

Step 2 单击"标准"工具栏中的"设计中心"按钮，系统即弹出设计中心窗口。

该视频可参见本书附属光盘中的5-49.avi文件。

图 5-49

插入光栅图像文件

Step 3 在设计中心窗口的"文件夹列表"树状图中定位到"娱乐地带（D：）"盘符下的"室内装修"文件夹，在内容区中找到"室内装修 2.JPG"光栅图像文件，并在其上右击，系统弹出一个快捷菜单，如图 5-50 所示。

图 5-50

光栅图像文件的快捷菜单

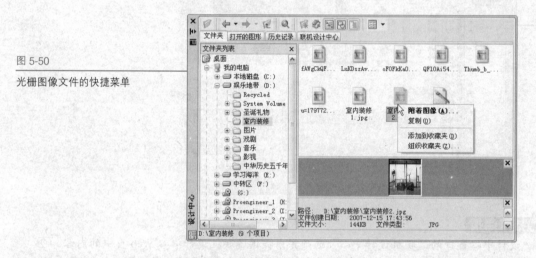

Step 4 选择"附着图像"命令，系统弹出"图像"对话框，取消选择"缩放比例"选项组中的"在屏幕上指定"复选框，其他采用默认设置，如图 5-51 所示。

图 5-51

"图像"对话框

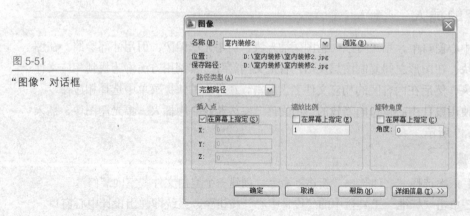

Step 5 单击"确定"按钮，回到绘图区，依据命令行提示，在任意位置单击指定图像插入点，即得到效果如图 5-49 所示。

技术点拨

在设计中心窗口进行图形之间的复制，即首先选中要复制的块，然后右击，在弹出的快捷菜单中选择"复制"命令，即复制到剪切板上，然后通过"粘贴"命令粘贴到当前正在操作的图形中。

5.4.3 将设计中心内容添加到工具选项板

工具选项板不但提供了组织、共享和放置块及填充图案的很有效的方法，还可以包含由第三方开发人员提供的自定义工具。

调用工具选项板命令的方法如下所示。

（1）命令行：TOOLPALETTES。

（2）工具栏：单击"标准"→"工具选项板窗口"按钮 。

（3）菜单栏：依次选择"工具"→"选项板"→"工具选项板"命令。

下面将设计中心窗口中的 Home-Space Planner.dwg 图形文件中的内容添加到"工具选项板"中，效果如图 5-52 所示。

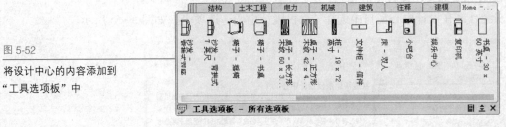

图 5-52

将设计中心的内容添加到"工具选项板"中

操作步骤

Step 1 单击"标准"工具栏中的"设计中心"按钮 ，系统即弹出设计中心窗口。

Step 2 单击工具栏上的"主页"按钮 ，快速定位到"DesignCenter"文件夹。

Step 3 在"DesignCenter"文件夹中找到"Home-Space Planner.dwg"图形文件。在"Home-Space Planner.dwg"图形文件上右击，弹出一个快捷菜单，如图 5-53 所示。

该视频可参见本书附属光盘中的 5-53.avi 文件。

图 5-53

快捷菜单

Step 4 选择"创建工具选项板"命令。此时，系统会自动打开"工具选项板"，并把"Home-Space Planner.dwg"图形文件选项卡添加到工具选项板中，效果如图 5-52 所示。

Step 5 单击"工具选项板"中的"关闭"按钮 后，可以通过单击"标准"工具栏中的"工具选项板窗口"按钮 ，来重新打开"工具选项板"。

5.5 综合实例——创建螺钉块

下面首先使用设计中心调出联机设计中心中的机械紧固零件，如图 5-54 所示，然后使用附着外部参照命令将其附着到一空白文件中并绑定，最后使用创建块命令将其定义成块，命名为"螺钉"，这样很方便于以后任意次的插入螺钉块操作。

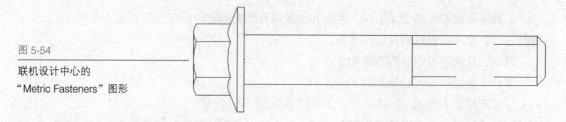

图 5-54

联机设计中心的
"Metric Fasteners" 图形

操作步骤

该视频可参见本书附
属光盘中的 5-61.avi 文件。

Step 1 在用户机与 Internet 相连的状态下，单击"标准"工具栏中的"设计中心"按钮，系统即弹出设计中心窗口。

Step 2 在设计中心窗口中选择"联机设计中心"选项卡，如图 5-55 所示。

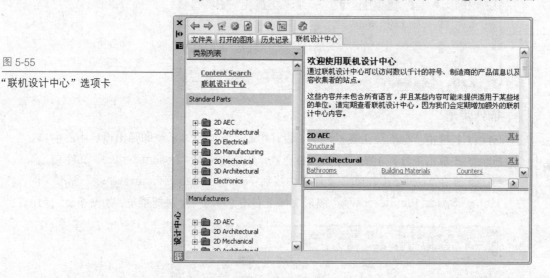

图 5-55

"联机设计中心"选项卡

Step 3 选择类别列表栏中"2D Manufacturing"文件夹，显示有关机械制造的 5 个文件夹，如图 5-56 所示。

Step 4 选择内容区的"Machinery Parts"文件夹，在其目录下选择"Fasteners"文件夹，此时显示出联机设计中心提供的 50 个机械零件图例，选择"Metric Fasteners"图例，在内容区下方的分隔栏内显示了有关"Metric Fasteners"图例的相关内容，如图 5-57 所示。

Step 5 单击"Metric Fasteners"图标下面的 将此符号另存为... 超链接，弹出"文件下载"提示框，然后单击"保存"按钮，打开"另存为"对话框，选择一个保存位置，采用其默认名称"M8X50_HEX_FLANGE_BOLT_SV.dwg"将文件保存。

Step 6 依次选择"文件"→"新建"命令，新建一个以后需要用到创建螺钉块的空白文件"创建螺钉块 .dwg"。

Step 7 依次选择"插入"→"外部参照"命令，系统弹出外部参照管理器。

Step 8 单击外部参照管理器上的"附着 DWG"按钮，系统弹出"选择参照文件"对话框，选择步骤 5 中保存的"M8X50_HEX_FLANGE_BOLT_SV.dwg"文件。

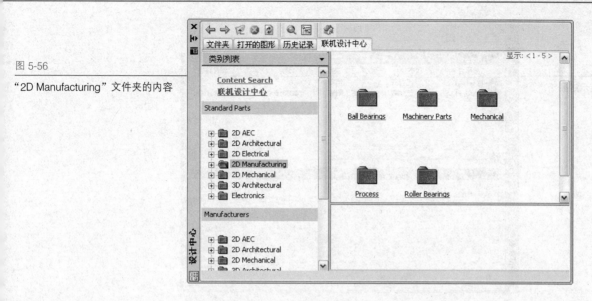

图 5-56

"2D Manufacturing" 文件夹的内容

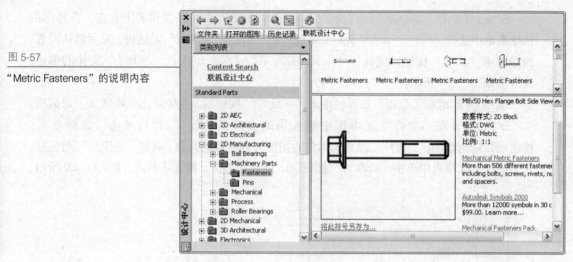

图 5-57

"Metric Fasteners" 的说明内容

Step 9 单击"打开"按钮，系统弹出"外部参照"对话框，取消选择"比例"选项组中的"在屏幕上指定"复选框，如图 5-58 所示，然后单击"确定"按钮，完成外部参照"M8X50_HEX_FLANGE_BOLT_SV.dwg"的附着。

图 5-58

"外部参照" 对话框设置

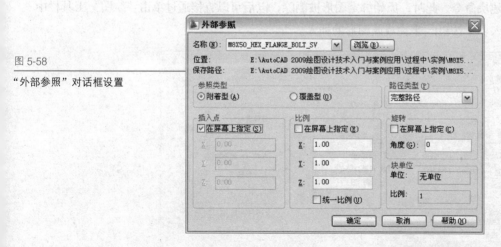

Step 10 此时外部参照管理器中显示出外部参照"M8X50_HEX_FLANGE_BOLT_SV.dwg"，如图 5-59 所示。

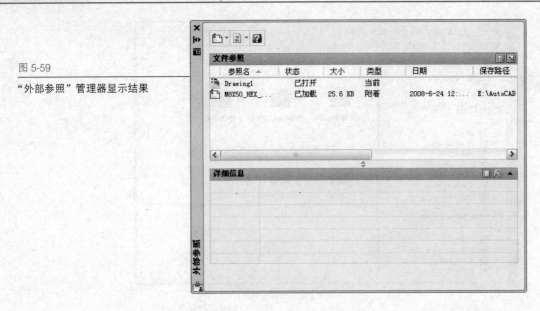

图 5-59

"外部参照"管理器显示结果

Step 11 在"M8X50_HEX_FLANGE_BOLT_SV.dwg"参照名上右击，在弹出的快捷菜单中选择"绑定"命令，此时，系统弹出"绑定外部参照"对话框，采用默认设置，然后单击"确定"按钮，完成"M8X50_HEX_FLANGE_BOLT_SV.dwg"文件的绑定。其结果如图 5-54 所示。

Step 12 单击"绘图"工具栏中的"创建块"按钮，系统弹出"块定义"对话框。

Step 13 在"名称"文本框中输入块的名称"螺钉"，然后单击"选择对象"按钮，回到绘图区，选择步骤 9 中绑定的图形为创建块的对象，返回"块定义"对话框。在"基点"选项组中单击"拾取点"按钮，回到绘图区，指定块基点，如图 5-60 所示。

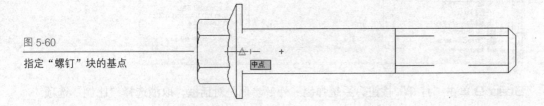

图 5-60

指定"螺钉"块的基点

Step 14 返回"块定义"对话框，其他设置如图 5-61 所示。单击"确定"按钮，完成创建块命令。此时，原始绑定图形被删除，以后可以直接通过单击"绘图"工具栏中的"插入块"按钮来完成此图形的插入。

图 5-61

螺钉"块定义"对话框

5.6 工程师坐堂

问：定义块名称时有什么限制吗？

答：有。不能用 DIRECT、LIGHT、AVE_RENDER、RM_SDB、SH_SPOT 和 OVERHEAD 作为有效的块名称。

问：插入块时，若想使块保持它原有的属性，而不管当前层，有什么方法？

答：将块创建在除了 0 层之外的任意图层，同时，对颜色、线宽和线型进行明确的设置，这样不管是将块插入到其他任何图形还是图层，都将保持其对象特性。

问：创建块与存储块的区别是什么？

答：创建块是在当前图形中合并对象，只能由块所在的图形使用，而不能由其他图形使用。存储块则是创建一个图形文件，随后将它作为块插入到其他图形中，此命令比较适合于将常用的图形创建为块文件保存，建立自己的块库，为以后其他图形的绘制提供方便。

问：是否可以在不改变块属性定义的前提下修改块属性？

答：可以。依次选择"修改"→"对象"→"文字"→"编辑"/"比例"/"对正"命令，可以实现在不改变块属性定义的前提下重新设置所选块的属性。

问：使用外部参照的优、缺点是什么？

答：优点：外部参照图形中对图形对象的更改可以及时反映到当前图形中，确保了用户使用最新的参照信息；外部参照只记录链接信息，所以图形文件相对于插入块来说比较小，尤其是参照图形本身很大时这一优势就更加明显；适合于多个设计者的协同工作。缺点：一旦参照图形存储位置发生变化，宿主图形将会出现错误。

问：绘制标准件有什么捷径吗？

答：有。单击"标准"工具栏中的"工具选项板窗口"按钮，系统弹出"工具选项板"，在"工具选项板"中汇集了各行各业中常用的符号和标准件样例，通过此命令绘制出来的图形还可以右击，在弹出的快捷菜单中选择型号，这对绘制标准件非常方便快捷。

Chapter 6

文字与表格

6.1 文字

6.2 表格

6.3 综合实例——绘制标题栏

6.4 工程师坐堂

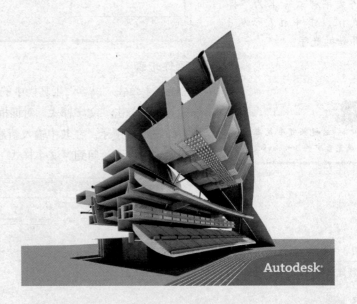

Autodesk

6.1 文字

文字对象是 AutoCAD 图形中非常重要的图形元素之一。在一个完整的图样中，通常都要包含一些文字注释，用于标注图样中的一些非图形信息。例如，机械制图中的技术要求、装配说明，以及工程制图中的材料说明、施工要求等。在 AutoCAD 2009 中有很多组字体、对齐方式和间隔可供使用，使得用户可以很容易地安排文本和编辑文本。

6.1.1 使用"文字样式"对话框创建和设置文字样式

在对图形进行标注前的首要任务就是设置文字样式，在 AutoCAD 中，所有文字都有与之相关联的文字样式。文字样式包括文字"字体"、"字体样式"、"高度"、"宽度系数"、"倾斜角"、"反向"、"倒置"以及"垂直"等参数。为了满足不同对象的标注，在一幅图形中可有多种文字样式，这些文字样式的创建和设置都可以通过"文字样式"对话框中的"新建"、"置为当前"按钮完成。

调用文字样式对话框的方法如下所示。

(1) 命令行：STYLE。

(2) 工具栏：单击"文字"→"文字样式"按钮 。

(3) 菜单栏：依次选择"格式"→"文字样式"命令。

下面首先使用"文字样式"对话框创建一种文字样式"注释"，如图 6-1 所示，然后将它设置为当前样式，供 6.1.2 示例中用做创建单行文本注释的文字样式。

图 6-1

文字样式"注释"设置

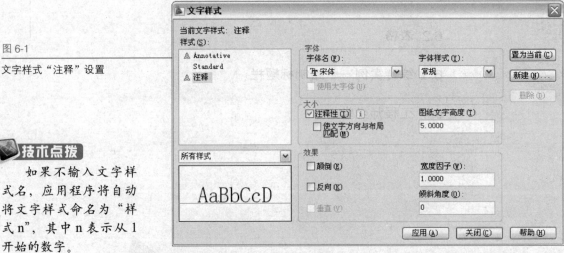

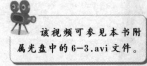

技术点拨

如果不输入文字样式名，应用程序将自动将文字样式命名为"样式 n"，其中 n 表示从 1 开始的数字。

该视频可参见本书附属光盘中的 6-3.avi 文件。

操作步骤

Step 1 单击"文字"工具栏中的"文字样式"按钮 ，系统弹出"文字样式"对话框。

Step 2 单击"文字样式"对话框中的"新建"按钮，系统弹出"新建文字样式"对话框，如图 6-2 所示。在其中输入新建文字样式的名字"注释"，然后单击"确定"按钮，完成样式名的设置，回到"文字样式"对话框。

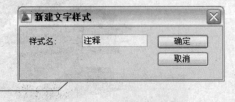

图 6-2

"新建文字样式"对话框

Step 3 在"字体名"下拉列表框中选择"宋体"选项，则"字体样式"下拉列表框中只有"常规"一种样式可供选用。

Step 4 选择"大小"选项组中的"注释性"复选框，然后在"图纸文字高度"文本框中输入高度值"5"。其他采用默认设置，结果如图 6-1 所示。

Step 5 单击"应用"按钮，将设置保存，此时即完成了文本样式"注释"的创建。

Step 6 在文本样式"注释"处在选中状态下，单击"置为当前"按钮，即将它设置成为了当前样式。

Step 7 单击"关闭"按钮，回到绘图区。从"文字"工具栏中即可看到当前样式已经改为"注释"，如图 6-3 所示。

图 6-3

当前样式显示

技术点拨

如果用户想在某种文字样式中能够变化文本高度的话，可以将该样式的"文字高度"设置为 0，这样在任何时候创建文本标注，命令行都会提示输入文字高度。如果设置了文字高度，AutoCAD 2009 将按此高度标注文字，而不再提示指定高度。

6.1.2 创建和编辑文本标注

文本标注可视情况选择是创建单行文本还是多行文本。可以使用单行文字创建一行或多行文字，其中，每行文字都是独立的对象，可对其进行重定位、调整格式或进行其他修改。而多行文字又称段落文字，是一种更易于管理的文字对象，可以由两行以上的文字组成，而且各行文字都是作为一个整体处理。在机械制图中，常使用多行文字功能创建较为复杂的文字说明，如图样的技术要求等。

1. 调用创建单行文字命令的方法如下所示

（1）命令行：DTEXT。

（2）工具栏：单击"文字"→"单行文字"按钮 AI。

（3）菜单栏：依次选择"绘图"→"文字"→"单行文字"命令。

2. 调用创建多行文字命令的方法如下所示

（1）命令行：MTEXT。

（2）工具栏：单击"文字"→"多行文字"按钮 AI；或"绘图"→"多行文字"按钮 AI。

（3）菜单栏：依次选择"绘图"→"文字"→"多行文字"命令。

3. 调用编辑单行/多行文字命令的方法如下所示

（1）命令行：DDEDIT。

（2）工具栏：单击"文字"→"编辑"按钮 AI。

（3）菜单栏：依次选择"修改"→"对象"→"文字"→"编辑"命令。

下面承接 6.1.1 示例，首先使用"文字样式"对话框再创建一种文字样式"斜体"，如图 6-4 所示，然后用"注释"样式完成单行文本的创建，用"斜体"样式完成多行文本的创建，结果如图 6-5 所示。

图 6-4

文本样式"斜体"设置

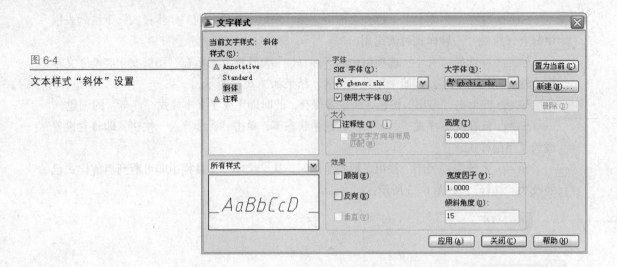

图 6-5

创建文本标注效果

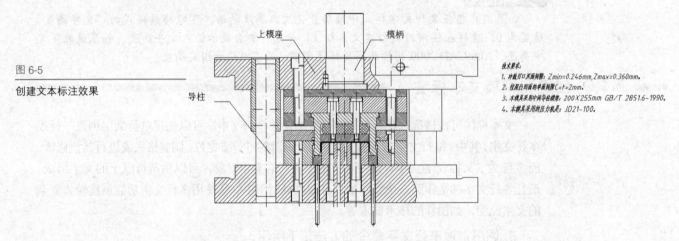

操作步骤

Step 1 单击"文字"工具栏中的"文字样式"按钮，系统弹出"文字样式"对话框。

Step 2 单击"文字样式"对话框中的"新建"按钮，系统弹出"新建文字样式"对话框，在其中输入新建文字样式的名字"斜体"，然后单击"确定"按钮，完成样式名的设置，回到"文字样式"对话框。

Step 3 在"字体名"下拉列表框中选择"gbenor.shx"选项，此时下方的"使用大字体"复选框显示为可选择状态，单击将其选中，则原本显示"字体名"的位置显示为"SHX 字体"，原本显示"字体样式"的位置显示为"大字体"，在"大字体"下拉列表框中选择"gbcbig.shx"选项。

Step 4 在"高度"文本框中输入"5"，；在"倾斜角度"文本框中输入"15"。其他采用默认设置，结果如图 6-4 所示。

Step 5 单击"应用"按钮，将设置保存，此时即完成了文本样式"斜体"的创建。

Step 6 单击"关闭"按钮，回到绘图区。此时的当前样式仍然为"注释"样式。

Step 7 依次选择"绘图"→"文字"→"单行文字"命令。此时，命令行显示如图 6-6 所示。

图 6-6

命令行显示

```
命令: dtext
当前文字样式: "注释" 文字高度: 5.0000 注释性: 是
指定文字的起点或 [对正(J)/样式(S)]:
```

Step 8 在绘图区适当位置单击，以指定文字的起点，然后按下【Enter】键采用默

该视频可参见本书附属光盘中的 6-6.avi、6-11.avi 文件。

认的旋转角度值 "0"，此时绘图区显示文本输入框，如图6-7所示，然后输入注释文本 "模柄"。

Step 9 按下【Enter】键，然后将鼠标指针移到另一个需要输入注释文本的地方单击，则输入框转移到此处，结果如图6-8所示，然后输入注释文本 "上模座"。

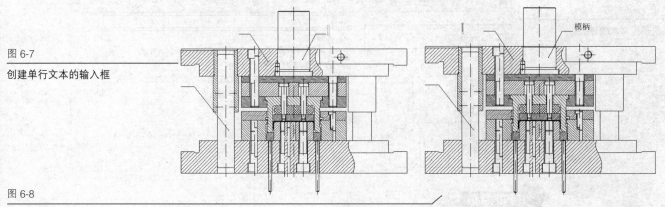

图 6-7

创建单行文本的输入框

图 6-8

单击转移输入框

Step 10 使用同样的方法转移输入框到下一个需要输入注释文本的地方，然后输入注释文本 "导柱"，按两下【Enter】键结束命令，结果如图6-9所示，至此完成单行文本的创建。

Step 11 在 "文字" 工具栏的 "当前样式" 下拉列表框中选择 "斜体" 样式，如图6-10所示，使得接下来输入的多行文本的样式是斜体样式。

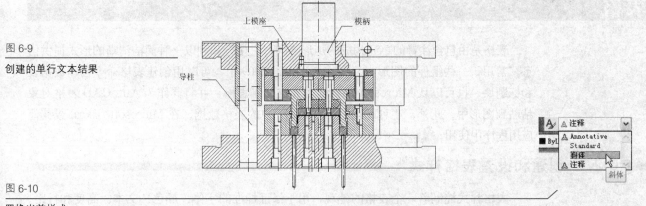

图 6-9

创建的单行文本结果

图 6-10

置换当前样式

Step 12 单击 "绘图" 工具栏中的 "多行文字" 按钮 。

Step 13 依据命令行提示，在绘图区适当位置单击指定输入框的两个角点，然后显示多行文字编辑器，如图6-11所示。

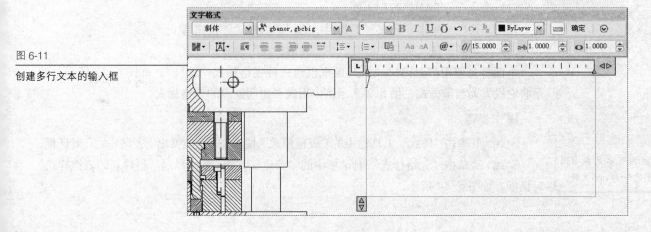

图 6-11

创建多行文本的输入框

Step 14 在输入框中输入多行文本内容，如图 6-12 所示，然后单击"确定"按钮，即得到如图 6-5 所示的效果。

图 6-12

输入的多行文本内容

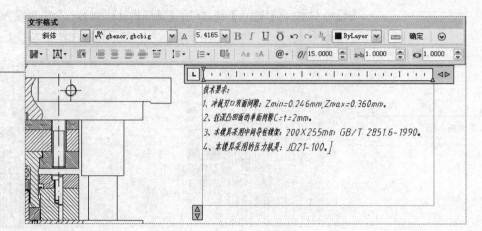

技术点拨

AutoCAD 2009 提供了符合标注要求的字体文件：gbenor.shx、gbeitc.shx 和 gbcbig.shx 文件。其中，gbenor.shx 和 gbeitc.shx 文件分别用于标注直体和斜体字母与数字；gbcbig.shx 则用于标注中文。

多行文本中的某些特殊字符可以通过输入框，在弹出的快捷菜单中选择"符号"命令，然后查找。

6.2 表格

表格是由包含注释的单元构成的矩形阵列，它使行和列以一种简洁清晰的形式提供信息，常用于一些组件的图形中。在 AutoCAD 2009 中，可以用创建表格命令创建数据表和标题块，也可以从 Microsoft Excel 中直接复制表格，并将其作为 AutoCAD 表格对象粘贴到图形中。此外，还可以输出 AutoCAD 中的表格数据，在 Microsoft Excel 或其他应用程序中使用。

6.2.1 创建和设置表格样式

表格样式控制着一个表格的外观，用于保证标准的字体、颜色、文本、高度和行距。用户可以使用默认的表格样式"Standard"，也可以创建自己的表格样式。表格样式的创建和设置都是通过"表格样式"对话框中的"新建"和"置为当前"按钮完成的。

调用表格样式对话框的方法如下所示。

(1) 命令行：TABLESTYLE。

(2) 工具栏：单击"样式"工具栏中的"表格样式"按钮 。

(3) 菜单栏：依次选择"格式"→"表格样式"命令。

下面首先使用"表格样式"对话框创建一种表格样式"统计"，如图 6-13 所示，然后将它设置为当前样式，供 6.2.2 示例中用做创建明细表的表格样式。

操作步骤

该视频可参见本书附属光盘中的 6-15.avi 文件。

Step 1 单击"样式"工具栏中的"表格样式"按钮 ，系统弹出"表格样式"对话框。

Step 2 单击"表格样式"对话框中的"新建"按钮，系统弹出"创建新的表格样式"对话框，如图 6-14 所示。

图 6-13

表格样式"统计"预览效果

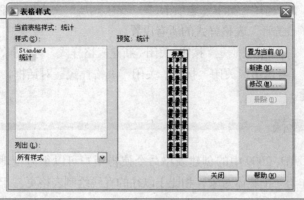

技术点拨

　　基础样式是一种模板，新样式的创建都是在一种基础样式的基础上进行修改而完成的。

图 6-14

"创建新的表格样式"对话框

　　Step 3 在其中输入新建表格样式的名称"统计"，采用默认的基础样式"Standard"，然后单击"继续"按钮，弹出"新建表格样式"对话框。在该对话框中可以设置数据、表头和标题的样式。

　　Step 4 在"单元样式"下拉列表框中选择"数据"选项。

　　Step 5 选择"常规"选项卡，在"对齐"下拉列表框中选择"正中"选项，在"边页距"选项组的"水平"和"垂直"文本框中均输入"0"，不选择"创建行/列时合并单元格"复选框，其余为默认设置，如图 6-15 所示。

图 6-15

"常规"选项卡设置

　　Step 6 选择"文字"选项卡，然后单击"文字样式"右边的按钮 ⌷⌷⌷，弹出"文字样式"对话框。在"文字样式"对话框中，选择字体为"仿宋_GB2312"，默认字体样式为"常规"，然后依次单击"应用"和"关闭"按钮，回到"新建表格样式"对话框。

　　Step 7 在"文字高度"文本框中输入"5"，其余为默认设置。

　　Step 8 "边框"选项卡中的所有设置均采用默认设置。至此完成了"数据"单元样式的设置。

　　Step 9 使用同样的方法，重复步骤 5、6 和 7，将"表头"单元样式依次设置成同样的参数。

　　Step 10 在"单元样式"下拉列表框中选择"标题"选项。

　　Step 11 选择"常规"选项卡，在"对齐"下拉列表框中选择"正中"选项，在"边页距"选项组的"水平"和"垂直"文本框中均输入"0"，选择"创建行/列时合并单元格"复选框，其余为默认设置。

Step 12 选择"文字"选项卡，在"文字高度"文本框中输入"6"，其余为默认设置。至此完成了"统计"表格样式的所有设置。

Step 13 单击"确定"按钮，关闭"新建表格样式"对话框，回到"表格样式"对话框。

Step 14 单击"关闭"按钮，关闭"表格样式"对话框，至此完成了"统计"表格样式的创建。

6.2.2 创建和编辑表格

AutoCAD 2009 中的创建表格命令使得用户可以很方便地绘制出自己想要的表格，而且表格作为一个整体对象，相比于以往的直线绘制表格更易于文字输入和编辑。在任意表格单元双击即可输入文字；选择某一个表格单元，然后通过"特性"选项板、夹点和快捷菜单都可以很方便地编辑选定的表格单元。

调用创建表格命令的方法如下所示。

(1) 命令行：TABLE。

(2) 工具栏：单击"绘图"工具栏中的"表格"按钮 ▦。

(3) 菜单栏：依次选择"绘图"→"表格"命令。

下面承接 6.2.1 示例，首先将 6.2.1 示例中创建的"统计"表格样式置为当前，然后使用创建表格命令创建一个"零件统计"表格，如图 6-16 所示。

图 6-16

"零件统计"表格效果

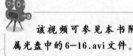
该视频可参见本书附属光盘中的6-16.avi文件。

操作步骤

Step 1 在"样式"工具栏中的"表格样式"下拉列表框中选择"统计"样式为当前样式。

Step 2 单击"绘图"工具栏的"表格"按钮 ▦，系统弹出"插入表格"对话框，设置其参数，如图 6-17 所示。

图 6-17

"插入表格"对话框设置

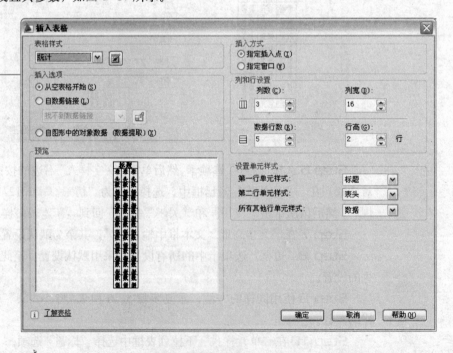

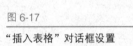
技术点拨

在如图 6-19 所示的多行文字编辑器内可以通过其中的"对齐"按钮对文字的对正方式进行再设置。

Step 3 单击"确定"按钮，回到绘图区，依据命令行提示在任意位置单击指定插入点，则插入一张空表格，并显示多行文字编辑器，如图 6-18 所示。

Step 4 输入"零件统计"，然后按【Enter】键，输入光标转移到"表头"行，如图 6-19 所示。

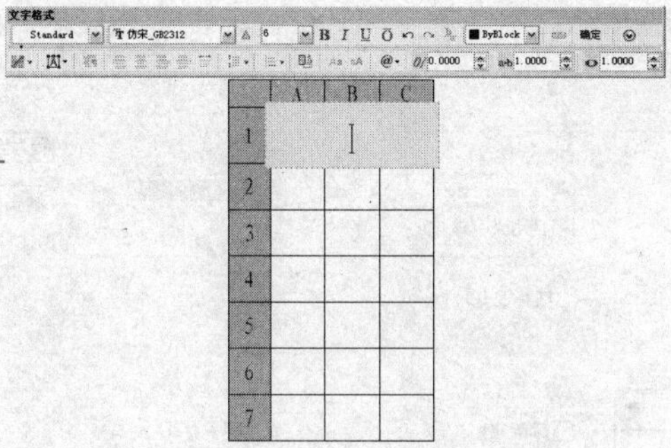

图 6-18

输入"标题"内容

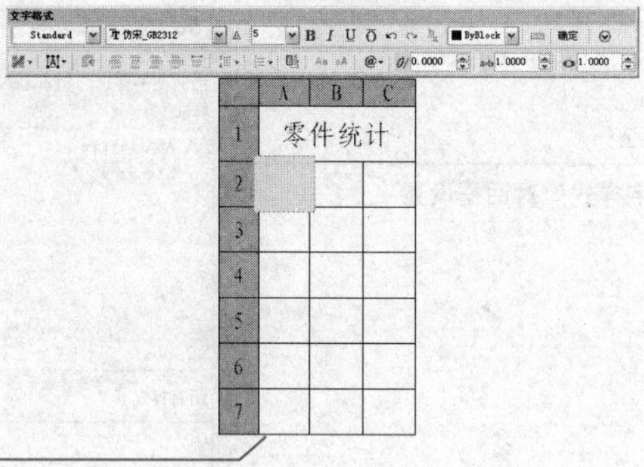

图 6-19

输入"表头"内容

Step 5 输入"序号",然后按【Enter】键,输入光标转移到"数据"行,采用同样的方法,依次在各数据行输入数字"1"～"5"。

Step 6 分别在"表头"行的第二、第三列单元中双击,激活多行文字编辑器,分别输入"名称"和"数量",即得到如图 6-16 所示的结果。

技术点拨

选中整个表格后右击,在弹出的快捷菜单中选择"输出"命令可以实现从 AutoCAD 表格到 Microsoft Excel 表格的转换和保存。

6.3 综合实例——绘制标题栏

技术点拨

只有在已经创建了其他表格样式的情况下,"基础样式"下拉列表框才可以选择。

下面首先使用"表格样式"对话框创建一种表格样式"标题栏",并将它设置为当前样式,然后插入表格并编辑,得到标题栏效果如图 6-20 所示。

操作步骤

Step 1 单击"样式"工具栏中的"表格样式"按钮 ,系统弹出"表格样式"对话框。

Step 2 单击"新建"按钮,系统弹出"创建新的表格样式"对话框,如图 6-21 所示。

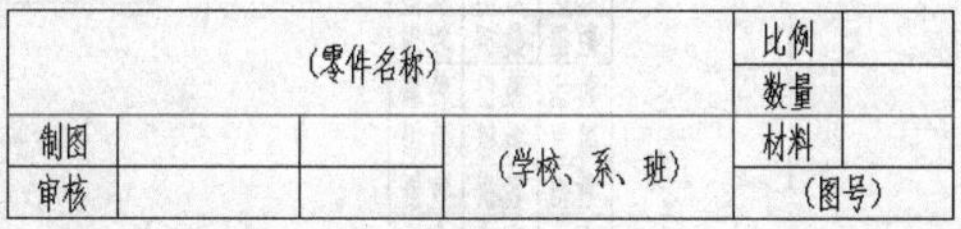

图 6-20

标题栏绘制结果

图 6-21

"创建新的表格样式"对话框

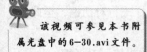

该视频可参见本书附属光盘中的 6-30.avi 文件。

Step 3 在其中输入新建表格样式的名称"标题栏",采用默认的基础样式"Standard",然后单击"继续"按钮,弹出"新建表格样式"对话框。

Step 4 在"表格方向"下拉列表框中选择"向上"选项;在"单元样式"下拉列表框中选择"数据"选项。

Step 5 选择"常规"选项卡,在"对齐"下拉列表框中选择"正中"选项,在"边页距"选项组的"水平"和"垂直"文本框中均输入"0",不选择"创建行/列时合并单元格",其余为默认设置。

Step 6 选项"文字"选项卡,然后单击"文字样式"右边的按钮 ,弹出"文字样式"对话框。

Step 7 在"字体名"下拉列表框中选择"gbenor.shx"选项,此时下方的"使用大字体"复选框显示为可选择状态,单击将其选中,则原本显示"字体名"的位置显示为"SHX 字体",原本显示"字体样式"的位置显示为"大字体",在"大字体"下拉列表框中选择"gbcbig.shx"选项。其他均采用默认设置,如图 6-22 所示。

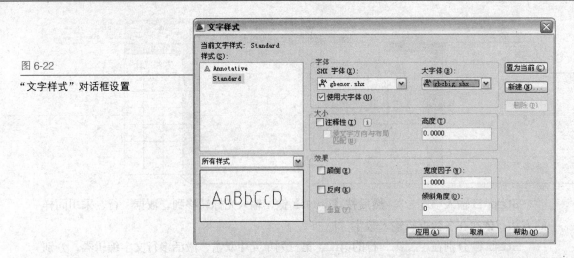

图 6-22

"文字样式"对话框设置

Step 8 依次单击"应用"和"关闭"按钮，回到"新建表格样式"对话框。在"文字高度"文本框中输入"5"，其余为默认设置。

Step 9 "边框"选项卡中的所有设置均采用默认设置。至此完成了"数据"单元样式的设置。

Step 10 使用同样的方法，重复步骤 5～9，分别将"标题"和"表头"单元样式设置成相同的参数。

Step 11 单击"确定"按钮，关闭"新建表格样式"对话框，回到"表格样式"对话框，显示"标题栏"表格样式预览效果如图 6-23 所示。

图 6-23

"标题栏"表格样式预览效果

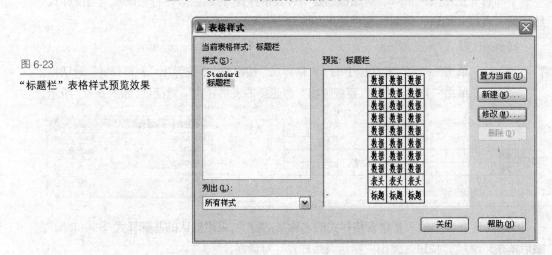

Step 12 依次单击"置为当前"和"关闭"按钮，关闭"表格样式"对话框，至此完成了"标题栏"表格样式的创建和设置为当前样式。

Step 13 单击"绘图"工具栏的"表格"按钮，系统弹出"插入表格"对话框。

Step 14 选中"指定插入点"单选按钮。然后在"第一行单元样式"、"第二行单元样式"和"所有其他行单元样式"的下拉列表框中均选择"数据"选项。设置"列数"为"6"、"列宽"为"15"、"数据行数"为"2"、"行高"为"1"。其他采用默认设置，如图 6-24 所示。

Step 15 单击"确定"按钮，关闭"插入表格"对话框，回到绘图区，依据命令行提示在任意位置单击指定插入点，则插入一张空表格，并显示多行文字编辑器，如图 6-25 所示。不输入任何文字，直接单击"确定"按钮，关闭多行文字编辑器。

图 6-24

"插入表格"对话框设置

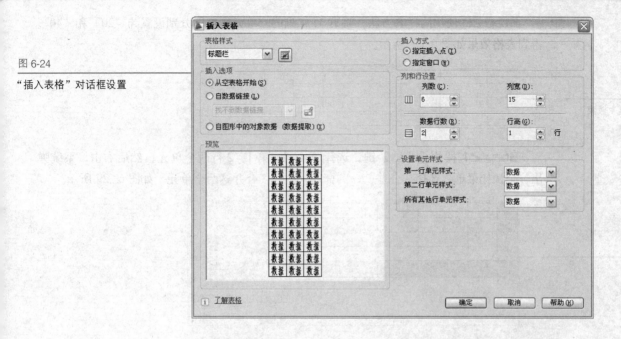

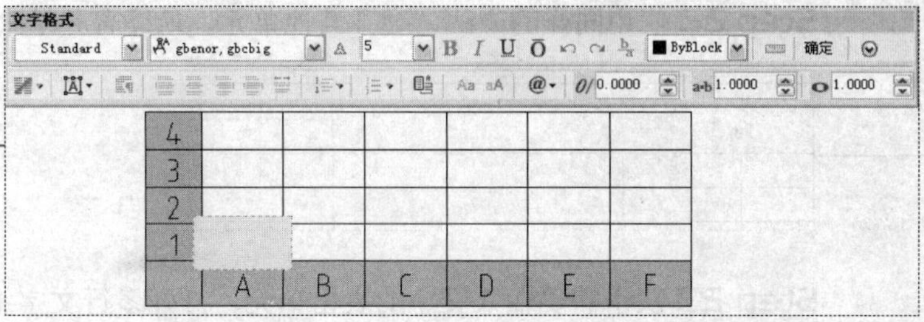

图 6-25

多行文字编辑器及表格

Step 16 单击"标准"工具栏中的"特性"按钮 🗐，系统弹出"特性"选项板。

Step 17 选择步骤 15 中得到的整个空表格，则"特性"选项板显示出此表格的各种属性，如图 6-26 所示。

Step 18 在"表格高度"文本框中输入"28"，按【Enter】键确认，完成整个表格的高度设置。

Step 19 单击第 2 列中的任一单元，此时，"特性"选项板显示出此表格单元的各种属性，在"单元宽度"文本框中输入"25"，按【Enter】键确认，完成此列表格的单元宽度设置，如图 6-27 所示。

图 6-26

"特性"选项板

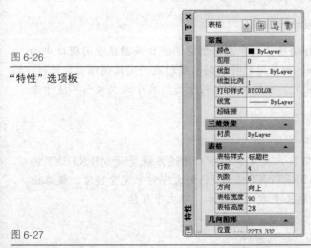

图 6-27

表格"单元宽度"设置

Step 20 使用同样的方法，将第 3、4 列的"单元宽度"分别设置为"20"和"40"。得到表格效果如图 6-28 所示。

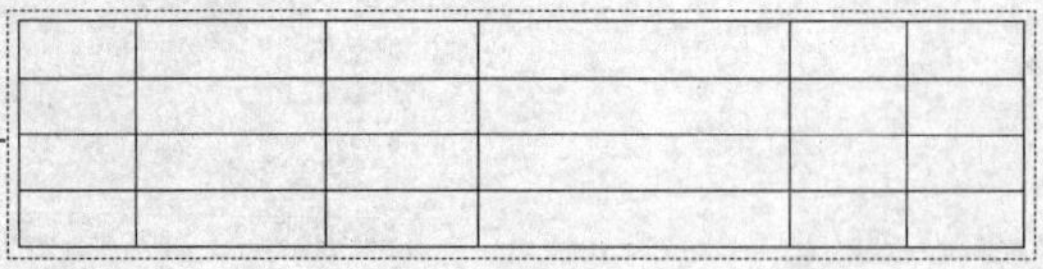

图 6-28

修改"单元宽度"效果

Step 21 按住【Shift】键，选择第 4 列的第 1、2 行两个单元，然后右击，系统弹出一个快捷菜单，选择"合并"→"全部"命令，合并这两个单元，如图 6-29 所示。

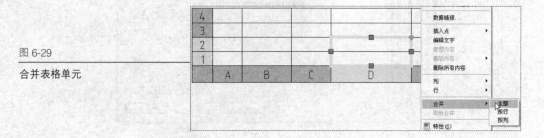

图 6-29

合并表格单元

Step 22 使用同样的方法，合并其他单元，最终合并结果如图 6-30 所示。

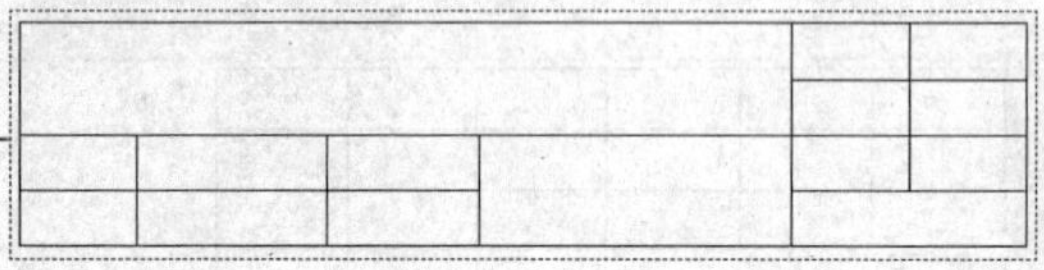

图 6-30

表格合并结果

Step 23 双击需要输入文字的表格单元，打开多行文字编辑器，分别输入各表格单元内容，即得到标题栏效果（见图 6-20）。

技术点拨

表格样式均带有标题行和表头行，所以插入的表格至少具有 3 行。在"插入表格"对话框中设置"数据行数"时，要注意考虑默认的标题行和表头行。

当选择整个表格时，"特性"选项板中显示的"表格高度"和"表格宽度"是整个表格的高度和宽度，并非行高和列宽。

6.4 工程师坐堂

问：在 AutoCAD 2009 中，注释性文本与一般文本有什么不同？

答：注释性文本可以根据当前注释比例自动确定文字在模型空间视口或图纸空间视口中的显示大小，而一般文本则不会。例如，如果用户将绘制的图形成一定比例缩放，此时，注释性文本将自动调节文字大小，避免了一般文本相对于图形太小或太大而不适于查看的问题。

问：文本是否可以镜像？

答：可以。其方法与一般的镜像过程相似，只是文本还可以通过系统变量 MIRRTEXT 的值来控制文字对象的镜像方向。若 MIRRTEXT 值为 1，则文字对象完全镜像，镜像出的文字变得不可读；若设其值为 0，则文字方向不镜像，即文字可读。

问：编辑文本标注的快捷方式是什么？

答：在文本标注上双击，单行文本即变成可编辑状态；多行文本即打开多行文字编辑器，可以更方便地编辑文本。

问：编辑表格的快捷方式是什么？

答：选中表格，然后通过夹点进行编辑。不过此方法不适于精确编辑。

问：创建表格样式时，是否必须要设置"标题"、"表头"和"数据"3个单元样式？

答：不是。如果用户希望插入的表格只具有一种或两种单元样式，则只需设置用到的单元样式即可。

问：有时修改表格高度和单元高度不成功是怎么回事？

答：这可能是因为系统要求表格的最小行高是一个文字行的缘故。如果用户设置的高度小于一个文字行的高度值，则会修改不成功。文字行的高度值受表格样式中设置的文字高度制约。

Chapter 7

尺寸标注

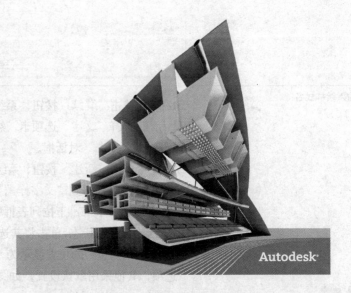

Autodesk

7.1 尺寸标注的创建

一张完整的图纸除需要用图形和文字来表示对象之外，还需要用尺寸标注来说明尺寸大小。尺寸标注既是机械图样中不可缺少的内容，也是绘制机械图样时最容易出错的环节。对传达有关设计元素的尺寸和材料等信息有着非常重要的作用。在 AutoCAD 2009 系统中，提供了十余种标注工具用以标注不同类型的图形对象。工程图样中一个完整的尺寸标注由延伸线（即尺寸界线）、尺寸线、箭头和尺寸文字等 4 个要素组成。这些要素的格式和外观由尺寸标注样式决定，其尺寸大小则由系统自动测量得出。

7.1.1 尺寸标注样式的创建

如同创建文本标注一样，用户在进行尺寸标注之前，首先要创建相应的尺寸标注样式。如果用户不创建新的尺寸标注样式而直接进行标注，系统将使用默认的 Standard 样式。

尺寸标注样式的创建是在"标注样式管理器"对话框中完成的，此对话框中还可以完成尺寸标注样式的修改、替代和更新等。

调用标注样式管理器的方法如下所示。

（1）命令行：DIMSTYLE。

（2）工具栏：单击"标注"工具栏中的"标注样式"按钮 。

（3）菜单栏：依次选择"格式"→"标注样式"/"标注"→"样式"命令。

下面将使用标注样式管理器创建一种标注样式"GB"，预览效果如图 7-1 所示，此样式将用于以后各种类型的尺寸标注的创建。

操作步骤

Step 1 单击"标注"工具栏中的"标注样式"按钮 ，系统弹出"标注样式管理器"对话框。单击"新建"按钮，系统弹出"创建新标注样式"对话框，在"新样式名"文本框中输入样式名"GB"，其他采用默认设置，如图 7-2 所示。

该视频可参见本书附属光盘中的 7-1.avi 文件。

图 7-1

"GB"标注样式的预览效果

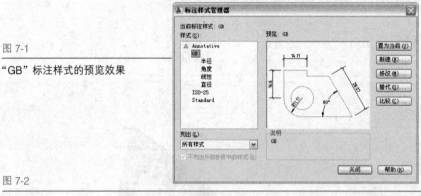

图 7-2

输入新样式名

Step 2 单击"继续"按钮，系统弹出"新建标注样式：GB"对话框。

Step 3 选择"文字"选项卡，然后单击"文字样式"下拉列表框后面的设置按钮 ，系统弹出"文字样式"对话框。

Step 4 单击"新建"按钮，系统弹出"新建文字样式"对话框，输入样式名"GB"。单击"确定"按钮，回到"文字样式"对话框。

Step 5 在"字体名"下拉列表框中选择"gbenor.shx"选项，此时下方的"使用大字体"复选框显示为可选择状态，单击将其选中，则原本显示"字体名"的位置显示为"SHX 字体"，原本显示"字体样式"的位置显示为"大字体"，在"大字体"下拉列表框中选择"gbcbig.shx"选项，其他采用默认设置，如图 7-3 所示

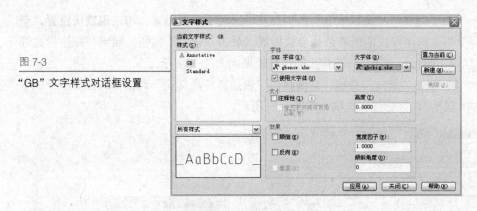

图 7-3

"GB"文字样式对话框设置

Step 6 依次单击"应用"和"关闭"按钮,回到"新建标注样式:GB"对话框。在"文字样式"下拉列表框中选择步骤 5 中新建的文字样式"GB",其他采用默认设置,如图 7-4 所示。

Step 7 选择"线"选项卡,将"基线间距"微调框中的值改为"7";"超出尺寸线"微调框中的值改为"2.25";"起点偏移量"微调框中的值改为"2",其他采用默认设置,如图 7-5 所示。

图 7-4

"文字"选项卡设置

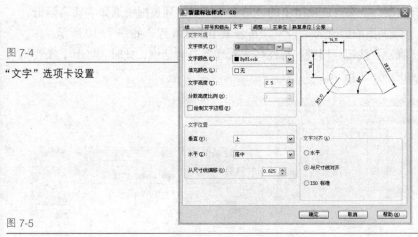

图 7-5

"线"选项卡的设置

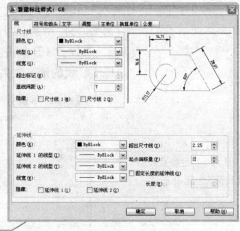

Step 8 选择"符号和箭头"选项卡,选择"弧长符号"选项组中的"标注文字的上方"单选按钮,其他采用默认设置,如图 7-6 所示。

Step 9 选择"主单位"选项卡,在"小数分隔符"下拉列表框中选择"句点"选项,其他采用默认设置,如图 7-7 所示。

图 7-6

"符号和箭头"选项卡的设置

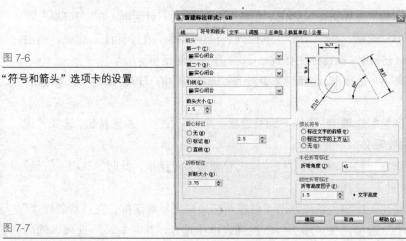

图 7-7

"主单位"选项卡的设置

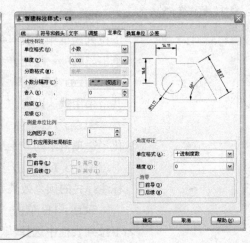

Step 10 "调整"、"换算单位"和"公差"选项卡不做设置，均采用默认设置，至此完成了"GB"标注样式的所有公共参数设置。单击"确定"按钮，回到"标注样式管理器"对话框，此时，"GB"标注样式的预览效果如图7-8所示。

Step 11 单击"新建"按钮，系统弹出"创建新标注样式"对话框，在"用于"下拉列表框中选择"线性标注"选项，如图7-9所示。

图 7-8

"GB"标注样式预览效果

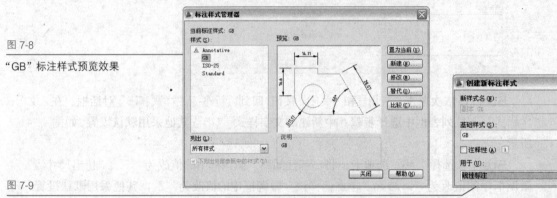

图 7-9

创建"GB"标注样式的"线性标注"

Step 12 单击"继续"按钮，系统弹出"新建标注样式：GB：线性"对话框，选择"符号和箭头"选项卡，在"箭头"选项组中的"第一个"下拉列表框中选择"建筑标记"选项，将"箭头大小"微调框的值改为"1.5"，其余采用默认设置，如图7-10所示。

Step 13 单击"确定"按钮，回到"标注样式管理器"对话框，此时，"GB：线性"标注样式的预览效果如图7-11所示。

图 7-10

"GB：线性"标注样式的"符号和箭头"选项卡

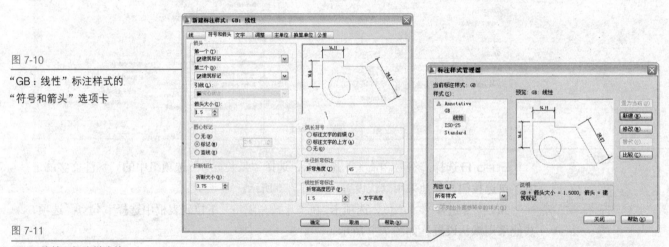

图 7-11

"GB：线性"标注样式的预览效果

Step 14 单击"新建"按钮，系统弹出"创建新标注样式"对话框，在"基础样式"下拉列表框中选择"GB"选项，在"用于"下拉列表框中选择"直径标注"选项，然后单击"继续"按钮，系统弹出"新建标注样式：GB：直径"对话框。

Step 15 选择"文字"选项卡，选择"文字对齐"选项组中的"ISO标准"单选按钮，其余采用默认设置。

Step 16 选择"调整"选项卡，选择"调整选项"中的"文字"单选按钮，选择"优化"选项组中的"手动放置文字"复选框。

Step 17 单击"确定"按钮，回到"标注样式管理器"对话框，此时，"GB：直径"标注样式的预览效果如图7-12所示。

Step 18 单击"新建"按钮，系统弹出"创建新标注样式"对话框，在"基础样式"下拉列表框中选择"GB"选项，在"用于"下拉列表框中选择"半径标注"选项，然后单击"继续"按钮，系统弹出"新建标注样式：GB：半径"对话框。

Step 19 重复步骤 15 和步骤 16,使"GB:半径"和"GB:直径"具有相同的参数设置。

Step 20 单击"确定"按钮,回到"标注样式管理器"对话框,此时,"GB:半径"标注样式的预览效果如图 7-13 所示。

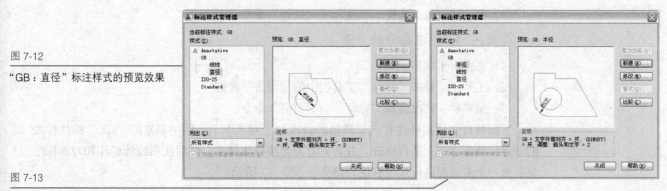

图 7-12

"GB:直径"标注样式的预览效果

图 7-13

"GB:半径"标注样式的预览效果

Step 21 单击"新建"按钮,系统弹出"创建新标注样式"对话框,在"基础样式"下拉列表框中选择"GB"选项,在"用于"下拉列表框中选择"角度标注"选项,然后单击"继续"按钮,系统弹出"新建标注样式:GB:角度"对话框。

Step 22 选择"文字"选项卡,选择"文字对齐"选项组中的"水平"单选按钮,其他采用默认设置。

Step 23 单击"确定"按钮,回到"标注样式管理器"对话框,此时,"GB:角度"标注样式的预览效果如图 7-14 所示。

图 7-14

"GB:角度"标注样式的预览效果

Step 24 选择"样式"树状图中的"GB",即得到总体效果(见图 7-1)。

技术点拨

"标注样式管理器"对话框中的"修改"命令用于修改已存在的标注样式,其各选项与"新建标注样式"对话框完全相同;"替代"命令用于创建当前标注样式的替代样式,各选项也与"新建标注样式"对话框完全相同,用户可以改变选项的设置来覆盖最初的设置,但这种修改只对指定的尺寸标注起作用,而不影响当前尺寸变量的设置;"比较"命令用于比较两个尺寸标注样式在参数上的区别或浏览一个尺寸标注样式的参数设置。

7.1.2 线性标注与对齐标注

线性标注用于标注图形对象的线性距离或长度,其中包括水平标注、垂直标注和旋转标注 3 种类型。水平标注用于标注对象上的两点在水平方向上的距离,尺寸线沿水平方向放置;垂直标注用于标注对象上的两点在垂直方向的距离,尺寸线沿垂直方向放置;旋转标注用于标注对象上的两点在指定方向上的距离,尺寸线沿旋转角度方向放置。

对齐标注是线性标注的一种特殊形式,它的尺寸线平行于两点的连线,适用于连线的倾斜角度未知时标注两点之间的实际长度。

1. 调用线性标注命令的方法

（1）命令行：DIMLINEAR。

（2）工具栏：单击“标注”工具栏中的“线性”按钮。

（3）菜单栏：依次选择“标注”→“线性”命令。

2. 调用对齐标注命令的方法

（1）命令行：DIMALIGNED。

（2）工具栏：单击“标注”工具栏中的“对齐”按钮。

（3）菜单栏：依次选择“标注”→“对齐”命令。

下面将首先使用标注样式管理器的修改命令对 7.1.1 示例中创建的“GB”标注样式的“标注特征比例”进行修改，并将其置为当前标注样式，然后使用线性标注和对齐标注命令对一个多边形进行尺寸标注，结果如图 7-15 所示。

操作步骤

该视频可参见本书附属光盘中的7-15.avi文件。

Step 1 单击“标注”工具栏中的“标注样式”按钮，系统弹出“标注样式管理器”对话框。

Step 2 在“样式”树状图中选择“GB”，然后单击“修改”按钮，系统弹出“修改标注样式：GB”对话框。

Step 3 选择“调整”选项卡，将“标注特征比例”选项组中“使用全局比例”微调框中的值改为“2”，其他采用默认设置，如图 7-16 所示。

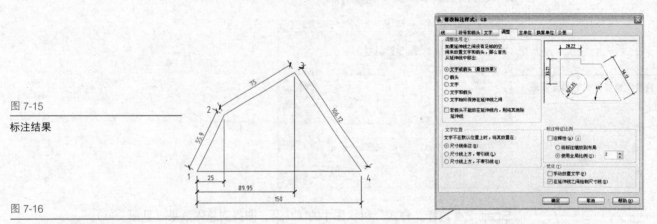

图 7-15

标注结果

图 7-16

修改“使用全局比例”的值

Step 4 单击“确定”按钮，回到“标注样式管理器”对话框。然后单击“置为当前”按钮将其置为当前标注样式。单击“关闭”按钮，回到绘图窗口。

Step 5 依次选择“工具”→“工具栏”→“AutoCAD”→“标注”命令，弹出“标注”工具栏。

Step 6 单击“标注”工具栏中的“线性”按钮。依据命令行提示，依次选择点 1 和点 2 为延伸线原点，然后向垂直方向拖动尺寸线，在适当位置单击确定，结果如图 7-17 所示。

图 7-17

线性标注点 1、2 间的水平距离

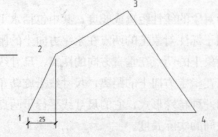

Step 7 使用同样的方法，依次线性标注点 1、3 间的水平距离和点 1、4 间的水平距离，结果如图 7-18 所示。

Step 8 单击"标注"工具栏中的"对齐"按钮。依据命令行提示，依次选择点 1和点 2 为延伸线原点，然后向外拖动尺寸线，在适当位置单击确定，结果如图 7-19 所示。

图 7-18

线性标注结果

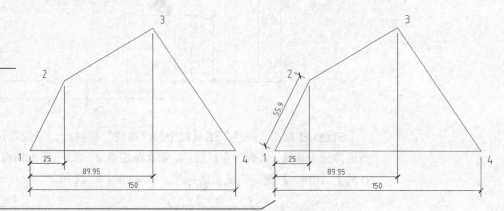

图 7-19

对齐标注点 1、2 间的长度

Step 9 使用同样的方法，依次线性标注点 2、3 间的长度和点 3、4 间的长度，即得到结果（见图 7-15）。

技术点拨

若在调用线性标注或对齐标注命令之后直接按【Enter】键，则光标会变为拾取框，且命令行提示"选择标注对象："，选择对象后，系统会自动以所选对象的两个端点为延伸线的原点进行标注。

此过程中会出现的部分选项的含义为："多行文字"选项用于进入多行文字编辑器确定尺寸上方的文字内容；"文字"选项用于以单行文字的形式输入标注文字；"角度"选项用于设置尺寸文本的倾斜角度；"旋转"选项用于指定尺寸线的旋转角度。

7.1.3 基线标注和连续标注

基线标注是以某一个尺寸标注的第一条延伸线为基线，创建另一个尺寸标注，这种方法通常应用于机械设计和建筑设计中；而连续标注则是创建一系列首尾相连的标注，每个连续标注都是从前一个标注的第二条延伸线处开始。

1. 调用基线标注命令的方法

（1）命令行：DIMBASELINE。

（2）工具栏：单击"标注"工具栏中的"基线"按钮。

（3）菜单栏：依次选择"标注"→"基线"命令。

2. 调用连续标注命令的方法

（1）命令行：DIMCONTINUE。

（2）工具栏：单击"标注"工具栏中的"连续"按钮。

（3）菜单栏：依次选择"标注"→"连续"命令。

下面将在 7.1.2 示例中修改后的"GB"标注样式下，使用基线标注和连续标注命令对一幅图形进行尺寸标注，结果如图 7-20 所示。

操作步骤

Step 1 单击"标注"工具栏中的"线性"按钮。依据命令行提示，依次选择点 6和点 1 为延伸线第一、第二原点，然后向水平方向拖动尺寸线，在适当位置单击确定，完成基准标注。

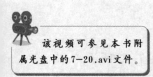
该视频可参见本书附属光盘中的 7-20.avi 文件。

图 7-20

标注结果

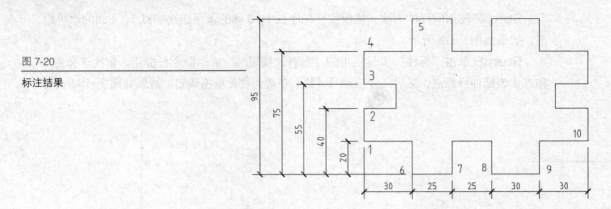

Step 2 单击"标注"工具栏中的"基线"按钮。系统默认以步骤 1 中指定的第一条延伸线为基线，依据命令行提示，依次单击点 2、点 3、点 4 和点 5 为第二条延伸线原点，按两下【Enter】键，完成基线标注，结果如图 7-21 所示。

图 7-21

基线标注结果

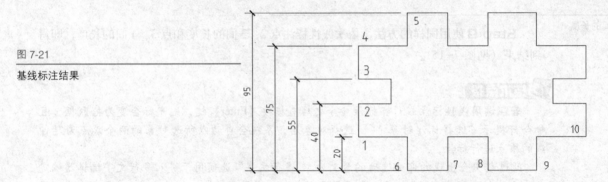

Step 3 单击"标注"工具栏中的"线性"按钮。依据命令行提示，依次选择点 1 和点 6 为延伸线第一、第二原点，然后向垂直方向拖动尺寸线，在适当位置单击确定，完成基准标注。

Step 4 单击"标注"工具栏中的"连续"按钮。系统默认以步骤 3 中指定的第二条延伸线为起点，依据命令行提示，依次单击点 7、点 8、点 9 和点 10 为第二条延伸线原点，按两下【Enter】键，完成连续标注，即得到总体结果（见图 7-20）。

技术点拨

基线标注和连续标注都必须在标注前创建一个基准标注。这个基准标注可以是线性标注、对齐标注和角度标注等。基线标注和连续标注结果的尺寸线和基准标注的尺寸线方向一致，不可改变。

7.1.4 快速标注

快速标注可使用户交互地、动态地、自动化地进行尺寸标注。在快速尺寸标注命令中可以同时选择多个圆或圆弧标注直径或半径，也可同时选择多个对象进行基线标注和连续标注，选择一次即可完成多个标注，因此可节省时间，提高工作效率。

调用快速标注命令的方法如下所示。

（1）命令行：QDIM。

（2）工具栏：单击"标注"工具栏中的"快速标注"按钮。

（3）菜单栏：依次选择"标注"→"快速标注"命令。

下面将使用快速标注命令完成对 7.1.3 示例中图形的标注，如图 7-22 所示。

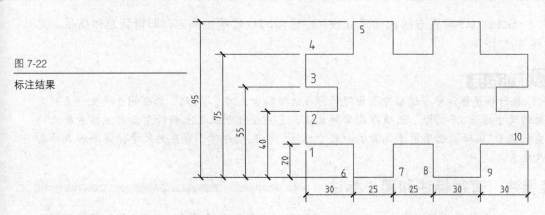

图 7-22

标注结果

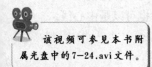
操作步骤

Step 1 单击"标注"工具栏中的"快速标注"按钮 。

Step 2 依据命令行提示，选择要标注的几何图形，如图 7-23 所示的虚线。

Step 3 按【Enter】键，结束图形选择，然后在命令行中输入基线选项的代号"B"，进入基线标注模式。

Step 4 在命令行中输入基准点选项的代号"P"，然后在图形中捕捉点 6，以指定新的基准点，如图 7-24 所示。

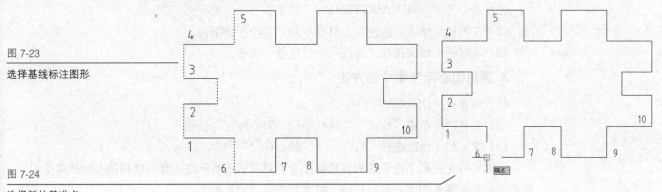

图 7-23

选择基线标注图形

图 7-24

选择新的基准点

Step 5 沿水平方向拖动尺寸线，在适当的位置单击确定，即得到基线标注结果（见图 7-21）。

Step 6 单击"标注"工具栏中的"快速标注"按钮 。

Step 7 依据命令行提示，选择要标注的几何图形，如图 7-25 所示的虚线。

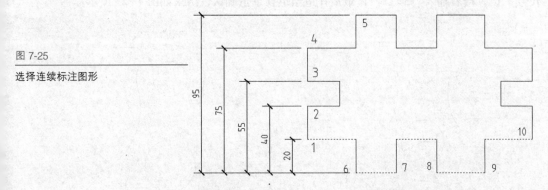

图 7-25

选择连续标注图形

Step 8 按【Enter】键，结束图形选择，然后在命令行中输入连续选项的代号"C"，进入连续标注模式。

Step 9 在命令行中输入基准点选项的代号"P"，然后在图形中捕捉点 1，以指定新的基准点。

Step 10 垂直方向拖动尺寸线，在适当的位置单击确定，即得到总体结果（见图 7-22）。

技术点拨

执行快速标注命令过程中会出现的部分选项的含义为："并列"选项用于产生一系列交错的尺寸标注；"坐标"选项即指坐标标注，它用于标明位置点相对于当前坐标系原点的坐标值；"编辑"选项用于编辑多个尺寸标注，并且允许对已存在的尺寸标注添加或移去尺寸点。

7.1.5 半径标注、直径标注和圆心标注

半径标注和直径标注分别是标注圆或圆弧的半径和直径尺寸。而圆心标记就是用于给指定的圆或圆弧画出圆心符号，标记圆心，其标记可以为短十字线，也可以是中心线。

1. 调用半径标注命令的方法

（1）命令行：DIMRADIUS。

（2）工具栏：单击"标注"工具栏中的"半径"按钮⊙。

（3）菜单栏：依次选择"标注"→"半径"命令。

2. 调用直径标注命令的方法

（1）命令行：DIMDIAMETER。

（2）工具栏：单击"标注"工具栏中的"直径"按钮⊘。

（3）菜单栏：依次选择"标注"→"直径"命令。

3. 调用圆心标注命令的方法

（1）命令行：DIMCENTER。

（2）工具栏：单击"标注"工具栏中的"圆心标记"按钮⊕。

（3）菜单栏：依次选择"标注"→"圆心标记"命令。

下面将首先使用半径标注和直径标注命令对图形进行标注，然后使用圆心标注命令对图形中的圆和圆弧的圆心进行标注，结果如图 7-26 所示。

操作步骤

Step 1 单击"标注"工具栏中的"半径"按钮⊙。

Step 2 依据命令行提示，选择圆弧 1 为标注对象，然后在命令行中输入文字选项的代号"T"，接着输入"3-<>"，最后在适当位置单击确认，结果如图 7-27 所示。

该视频可参见本书附属光盘中的 7-25.avi 文件。

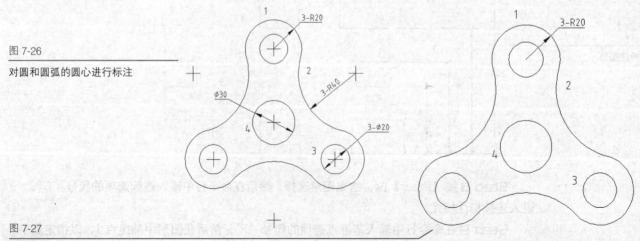

图 7-26
对圆和圆弧的圆心进行标注

图 7-27
对圆弧 1 进行标注

Step 3 使用同样的方法，标注圆弧 2，结果如图 7-28 所示。

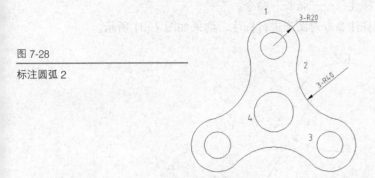

图 7-28

标注圆弧 2

Step 4 单击"标注"工具栏中的"直径"按钮。

Step 5 依据命令行提示，选择圆 3 为标注对象，然后在命令行中输入文字选项的代号"T"，接着输入"3-<>"，最后在适当位置单击确认。

Step 6 单击"标注"工具栏中的"直径"按钮。依据命令行提示，选择圆 4 为标注对象，然后在适当位置单击确认，结果如图 7-29 所示。

Step 7 单击"标注"工具栏中的"圆心标记"按钮，依据命令行提示，选择圆弧 1 为标注对象，即出现圆弧 1 的圆心标记，如图 7-30 所示。

Step 8 使用同样的方法，标注其他各圆和圆弧，即得到最终标注结果（见图 7-26）。

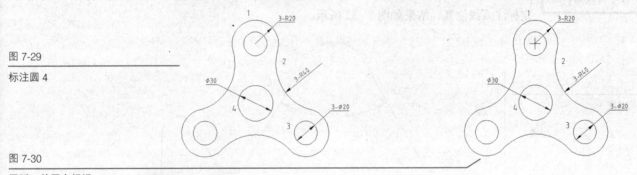

图 7-29

标注圆 4

图 7-30

圆弧 1 的圆心标记

技术点拨

在进行半径标注和直径标注的过程中，用户可以使用"多行文字"和"文字"选项重新确定尺寸文字。若用户输入尺寸文本仍包含默认测量值，可以使用尖括号"<>"表示默认；若完全更改默认测量值，只有给输入的尺寸文字加前缀 R 或 %%C，才能使标出的半径或直径尺寸包含相应的符号。

7.1.6 角度标注和弧长标注

角度标注用于测量圆和圆弧角度、两条不平行直线间的角度，或者三点间的角度。

弧长标注用于测量圆弧或多段线弧线段上的距离。弧长标注常用于测量凸轮的外围长度或电缆的长度。默认情况下，弧长标注会显示一个圆弧符号。

1. 调用角度标注命令的方法

（1）命令行：DIMANGLAR。

（2）工具栏：单击"标注"工具栏中的"角度"按钮。

（3）菜单栏：依次选择"标注"→"角度"命令。

2. 调用弧长标注命令的方法

（1）命令行：DIMARC。

（2）工具栏：单击"标注"工具栏中的"弧长标注"按钮⌒。

（3）菜单栏：依次选择"标注"→"弧长"命令。

下面使用角度标注和弧长标注命令对图形进行标注，结果如图7-31所示。

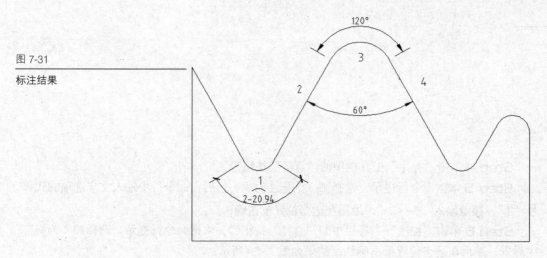

图7-31

标注结果

操作步骤

Step 1 单击"标注"工具栏中的"角度"按钮△。

Step 2 依据命令行提示，选取直线2和直线4为标注对象，然后在适当位置单击指定标注弧线位置，结果如图7-32所示。

该视频可参见本书附属光盘中的7-30.avi文件。

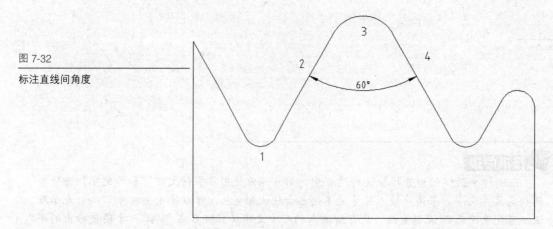

图7-32

标注直线间角度

Step 3 单击"标注"工具栏中的"角度"按钮△。

Step 4 依据命令行提示，选取圆弧3为标注对象，然后在适当位置单击指定标注弧线位置，结果如图7-33所示。

Step 5 单击"标注"工具栏中的"弧长标注"按钮⌒。

Step 6 依据命令行提示，选取圆弧1为标注对象，然后在适当位置单击指定弧长标注位置，即得到最终结果（见图7-31）。

技术点拨

在弧长标注过程中出现的部分选项的含义为："部分"选项用于标注指定圆弧中的两点间的弧长长度；"引线"选项用于在弧长尺寸和圆弧之间添加引线对象，需注意的是仅当圆弧的包含角度大于90°时才显示此项。

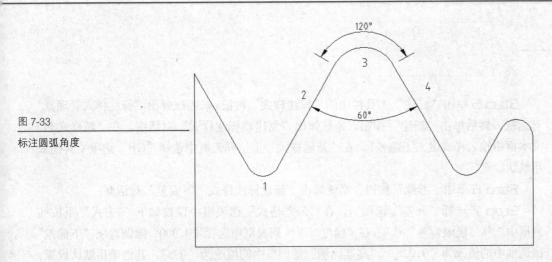

图 7-33

标注圆弧角度

7.1.7 形位公差标注和公差标注

形位公差和公差在机械图形中非常重要，直接影响加工的难易程度。形位公差表示特征的形状、轮廓、方向、位置和跳动的允许偏差；公差表示零件尺寸的允许偏差。可以通过特征控制框来添加形位公差，这些框中包含单个标注的所有公差信息，通常由形位公差符号、框、形位公差值、材料状况和基准代号等组成。而公差的标注则需要特定的标注样式来控制公差类型。

调用形位公差标注命令的方法如下所示。

(1) 命令行：TOLERANCE。

(2) 工具栏：单击"标注"工具栏中的"公差"按钮 。

(3) 菜单栏：依次选择"标注"→"公差"命令。

下面将首先使用形位公差标注命令对图形进行形位公差标注，然后使用标注样式管理器创建一种公差标注样式"下偏差"，并对图形进行公差标注，结果如图 7-34 所示。

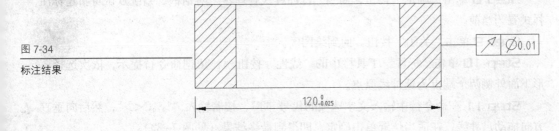

图 7-34

标注结果

$120_{-0.025}^{0}$

操作步骤

Step 1 单击"标注"工具栏中的"公差"按钮 ，系统弹出"形位公差"对话框。

Step 2 单击"符号"选项组中的第一个黑色框，并在打开的"特征符号"对话框中选择 符号。

Step 3 单击"公差 1"选项组前面的黑色框，添加直径符号，并在中间的文本框中输入公差值"0.01"，然后单击"确定"按钮，关闭"形位公差"对话框，回到绘图区，在图形右表面的适当位置单击指定形位公差位置，结束命令。

Step 4 单击"绘图"工具栏中的"直线"按钮 ，在形位公差和图形右表面之间添加水平引线，即完成形位公差的完整标注，结果如图 7-35 所示。

图 7-35

形位公差标注结果

Step 5 单击"标注"工具栏中的"标注样式"按钮，系统弹出"标注样式管理器"对话框。然后单击"新建"按钮，系统弹出"创建新标注样式"对话框，在"新样式名"文本框中输入样式名"下偏差"，在"基础样式"下拉列表框中选择"GB"选项，其他采用默认设置。

Step 6 单击"继续"按钮，系统弹出"新建标注样式：下偏差"对话框。

Step 7 选择"公差"选项卡，在"公差格式"选项组中设置如下："方式"下拉列表框中选择"极限偏差"选项；在"精度"下拉列表框中选择"0.000"微调选项；"下偏差"微调框中的值改为"0.025"；"高度比例"微调框中的值改为"0.5"，其他采用默认设置，如图 7-36 所示。

图 7-36

"公差"选项卡的设置

Step 8 单击"确定"按钮，回到"标注样式管理器"对话框，系统默认将新建标注样式置为当前。

Step 9 单击"关闭"按钮，回到绘图区。

Step 10 单击"标注"工具栏中的"线性"按钮。依据命令行提示，依次选择图形下面外侧两个端点为延伸线原点。

Step 11 在命令行中输入文字选项的代号"T"，接着输入"%%C<>"，然后向垂直方向拖动尺寸线，在适当位置单击确定，即得到最终结果（见图 7-34）。

技术点拨

"形位公差"对话框中的"高度"文本框用于设置投影公差带的值，投影公差带控制固定垂直部分延伸区的高度变化，并且以位置公差控制公差精度；其后的"延伸公差带"黑色框用于在投影公差带值的后面插入投影公差符号；"基准标识符"文本框用于创建由参照文字组成的基准标识符号。

7.2 各种引线标注的创建

引线对象是一条线或样条曲线，其一端带有箭头，另一端带有多行文字对象或块。在某些情况下，有一条短水平线（又称为基线）将文字或块（或特征控制框）连接到引线上。它可以创建带有一个或多个引线、多种格式的注释文字及多行旁注或说明的标注，还可以用于标注特定的尺寸和形位公差等。

7.2.1 多重引线标注样式的创建

如同创建尺寸标注一样，用户在进行多重引线标注之前，首先要创建相应的多重引线标注样式。如果用户不创建新的标注样式而直接进行标注，系统将使用默认的 Standard 样式。多重引线标注样式的创建是在"多重引线样式管理器"对话框中完成的，在此对话框中还可以进行已有多重引线标注样式的修改。

调用多重引线样式管理器的方法如下所示。

(1) 命令行：MLEADERSTYLE。

(2) 工具栏：单击"标注"或"多重引线"工具栏中的"多重引线样式"按钮 。

(3) 菜单栏：依次选择"格式"→"多重引线样式"命令。

下面使用多重引线样式管理器创建一种多重引线标注样式"编号"，预览效果如图 7-37 所示。

操作步骤

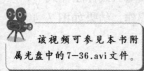

该视频可参见本书附属光盘中的 7-36.avi 文件。

Step 1 单击"标注"工具栏中的"多重引线样式"按钮 ，系统弹出"多重引线样式管理器"对话框。

Step 2 单击"新建"按钮，系统弹出"创建新多重引线样式"对话框。在"新样式名"文本框中输入名称"编号"，其他采用默认设置。

Step 3 单击"继续"按钮，系统弹出"修改多重引线样式：编号"对话框。

Step 4 选择"引线格式"选项卡，在"箭头"选项组中设置如下：在"符号"下拉列表框中选择"点"选项；在"大小"微调框中输入值"1.5"，其他采用默认设置，结果如图 7-38 所示。

图 7-37

"编号"多重引线样式效果

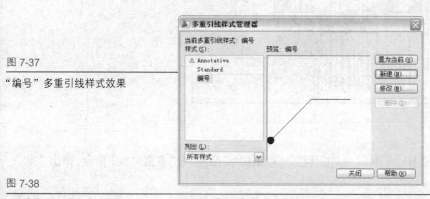

图 7-38

"引线格式"选项卡的设置

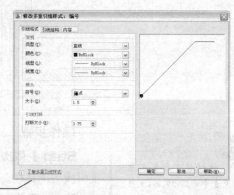

Step 5 选择"内容"选项卡，在"文字样式"下拉列表框中选择"GB"选项，将"文字高度"微调框中的值改为"5"，然后在"连接位置－左"和"连接位置－右"下拉列表框中均选择"第一行底部"选项，其他采用默认设置，结果如图 7-39 所示。

图 7-39

"内容"选项卡的设置

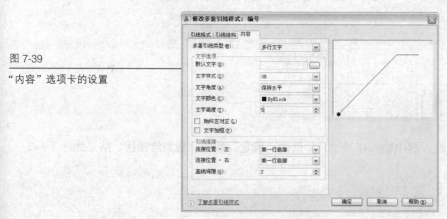

Step 6 单击"确定"按钮，回到"多重引线样式管理器"对话框，即得到预览效果（见图7-36）。

Step 7 单击"关闭"按钮，即完成多重引线标注样式"编号"的创建。

技术点拨

注意引线对象不应与自动生成的、作为尺寸线一部分的引线相混清。

7.2.2 多重引线标注的创建和编辑

多重引线对象通常包含箭头、水平基线、引线或曲线和多行文字对象或块。

调用多重引线标注命令的方法如下所示。

（1）命令行：MLEADER。

（2）工具栏：单击"多重引线"工具栏中的"多重引线"按钮 ⌐。

（3）菜单栏：依次选择"标注"→"多重引线"命令。

下面将使用多重引线标注命令在7.2.1示例中创建的"编号"多重引线标注样式下，对一幅主视图的部分零件进行编号操作，然后对标注结果进行对齐操作，结果如图7-40所示。

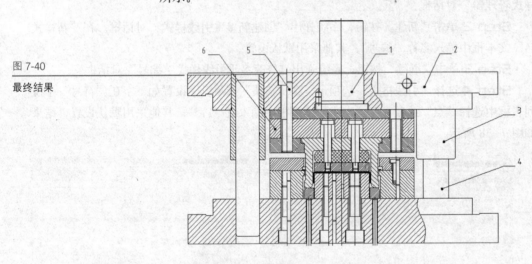

图 7-40

最终结果

该视频可参见本书附属光盘中的7-39.avi文件。

操作步骤

Step 1 依次选择"工具"→"工具栏"→"AutoCAD"→"多重引线"命令，弹出"多重引线"工具栏。

Step 2 单击"多重引线"工具栏中的"多重引线"按钮 ⌐。

Step 3 依据命令行提示，在图形某一个零件上单击以指定引线箭头的位置，然后在适当位置单击以指定引线基线的位置，此时，系统弹出"多行文字编辑器"，如图7-41所示。

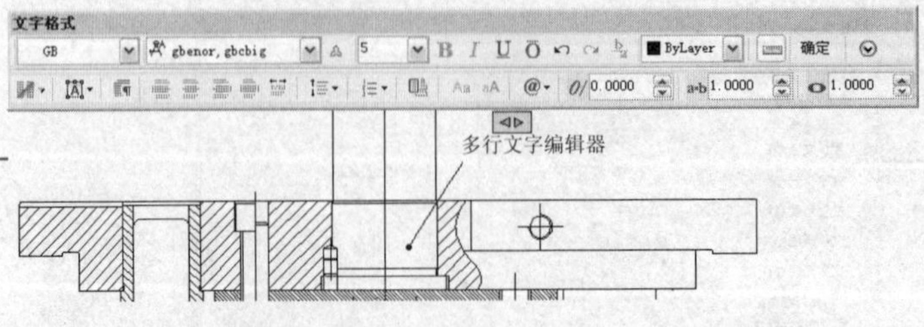

图 7-41

在"多行文字编辑器"
中输入引线文字

多行文字编辑器

Step 4 在输入框中输入序号"1"，单击"确定"按钮，回到绘图区，结果如图7-42所示。

调用多重引线命令后，直接按【Enter】键，可以对多重引线的引线类型、引线基线、内容类型和最大节点数进行再设置，效果相当于修改当前多重引线标注样式。

图 7-42

多重引线 1 标注结果

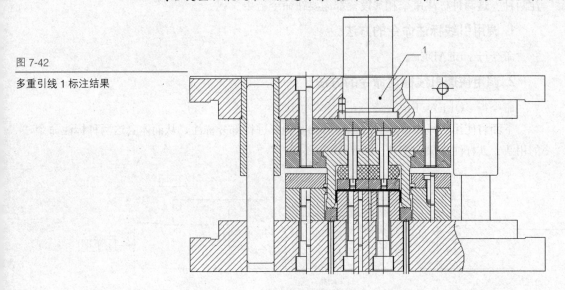

Step 5 使用同样的方法，在相应位置单击，标注其他零件为 2～6，结果如图 7-43 所示。

图 7-43

多重引线标注结果

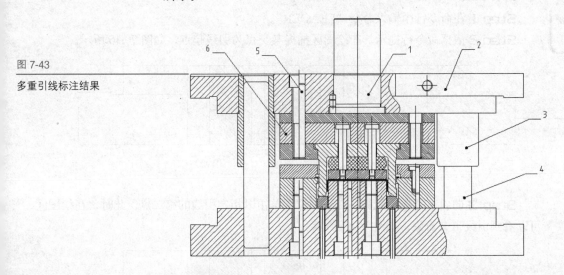

Step 6 单击"多重引线"工具栏中的"多重引线对齐"按钮。

Step 7 选择多重引线 1、2、5 和 6 为编辑对象，接着选择多重引线 1 为要对齐到的多重引线，然后沿水平方向拖动鼠标以指定对齐方向，如图 7-44 所示，单击确认则完成了多重引线对齐命令。

图 7-44

指定对齐方向

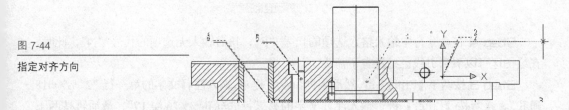

Step 8 使用同样的方法，将多重引线 3 和 4 在垂直方向上对齐，即得到最终标注结果（见图 7-40）。

7.2.3 引线标注和快速引线标注

在 AutoCAD 2009 中，引线标注除了多重引线标注外，还有引线标注和快速引线标注两种。这两种标注命令和其设置都需要在命令行中实现。

1. 调用引线标注命令的方法

命令行：LEADER。

2. 调用快速引线标注命令的方法

命令行：QLEADER。

下面将使用引线和快速引线标注命令对图形进行部分标注，从而体会这两种标注命令的用法，其标注效果如图 7–45 所示。

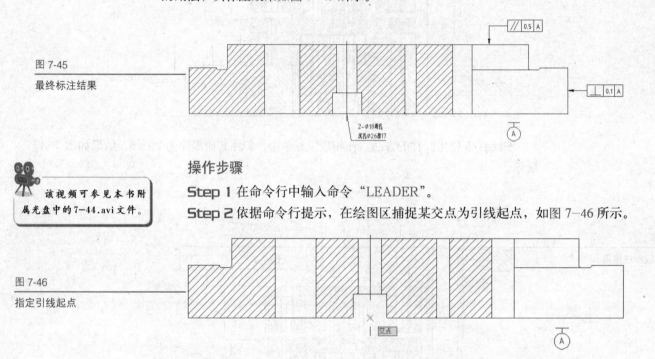

图 7-45

最终标注结果

操作步骤

该视频可参见本书附属光盘中的7-44.avi文件。

Step 1 在命令行中输入命令“LEADER”。

Step 2 依据命令行提示，在绘图区捕捉某交点为引线起点，如图 7–46 所示。

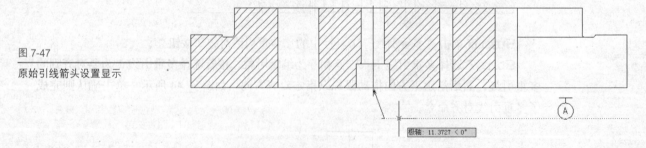

图 7-46

指定引线起点

Step 3 向斜下方拖动鼠标，在适当位置单击以指定引线的第二点，此时，在绘图区可以看到引线带有箭头，如图 7–47 所示。

图 7-47

原始引线箭头设置显示

Step 4 在命令行中输入格式选项的代号“F”，接着输入无选项的代号“N”，此时，在绘图区可以看到引线已经没有了箭头。

Step 5 按两下【Enter】键，然后依据命令行提示，输入注释文字的第一行“2–%%C18 通孔”，接着按【Enter】键，输入注释文字的第二行“沉孔 %%26 深 17”，最后再按两下【Enter】键，即结束命令，结果如图 7–48 所示。

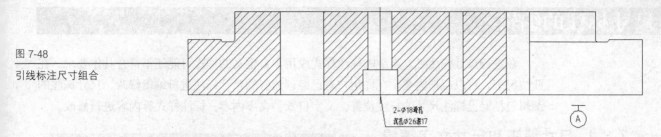

图 7-48

引线标注尺寸组合

2-φ18通孔
沉孔φ26深17

Ⓐ

Step 6 在命令行中输入命令"LEADER"。

Step 7 依据命令行提示，在绘图区捕捉右表面上一点为引线起点，然后向水平方向拖动鼠标，在适当位置单击以指定引线的第二点。

Step 8 按【Enter】键选择"注释"选项，再次按【Enter】键选择"选项"选项，然后在命令行输入公差选项的代号"T"，系统弹出"形位公差"对话框。

Step 9 单击"符号"下的黑色框，系统弹出"特征符号"对话框，选择"垂直度"符号⊥，回到"形位公差"对话框，然后在"公差1"文本框中输入"0.1"，在"基准1"文本框中输入"A"，最后单击"确定"按钮，即完成引线公差的标注，结果如图7-49所示。

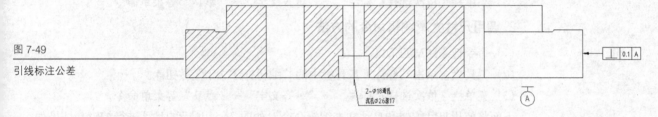

图 7-49

引线标注公差

2-φ18通孔
沉孔φ26深17

Ⓐ

⊥ 0.1 A

Step 10 在命令行中输入命令"QLEADER"。

Step 11 按【Enter】键选择"设置"选项，系统弹出"引线设置"对话框，选择"注释"选项卡，选择"公差"单选按钮，其他采用默认设置，如图7-50所示。

图 7-50

"引线设置"对话框

Step 12 单击"确定"按钮，回到命令行提示，在图形上表面的适当位置单击以指定第一个引线点，然后依次向上和向左拖动鼠标在适当位置单击指定引线点，系统即弹出"形位公差"对话框。

Step 13 单击"符号"下的黑色框，系统弹出"特征符号"对话框，选择"平行度"符号∥，回到"形位公差"对话框，在"公差1"文本框中输入"0.5"，在"基准1"文本框中输入"A"，

最后单击"确定"按钮，即得到最终标注结果如图7-45所示。

🖱️ **技术点拨**

快速引线命令的"引线设置"对话框中显示的注释类型，在引线命令的"选项"选项中都有对应的选项可供选择。

7.3 尺寸标注的编辑

在进行尺寸标注时，系统的标注样式或用户自定义的样式可能还不符合具体要求，在此情况下，可以根据需要，允许用户对已经创建好的尺寸标注进行编辑修改。尺寸标注的编辑包括对已标注尺寸的标注位置、文字位置、文字内容、标注样式等内容进行修改。

7.3.1 尺寸编辑和尺寸文字编辑

通过尺寸编辑命令，用户可以修改一个或多个尺寸标注对象上的文字内容、方向、位置以及倾斜延伸线。此命令可以同时对多个尺寸标注进行编辑。

尺寸文本编辑命令用于移动和旋转标注文字。可以使其位于尺寸线上面左端、右端或中间，也可使文本倾斜一定的角度。

1. 调用尺寸编辑命令的方法

（1）命令行：DIMEDIT。

（2）工具栏：单击"标注"工具栏中的"编辑标注"按钮。

（3）菜单栏：依次选择"标注"→"对齐文字"→"默认"等菜单命令。

2. 调用尺寸文本编辑命令的方法

（1）命令行：DIMTEDIT。

（2）工具栏：单击"标注"工具栏中的"编辑标注文字"按钮。

（3）菜单栏：依次选择"标注"→"对齐文字"→"默认"等菜单命令。

下面将使用尺寸编辑和尺寸文本编辑命令对如图 7-51 所示的尺寸进行编辑，结果如图 7-52 所示。

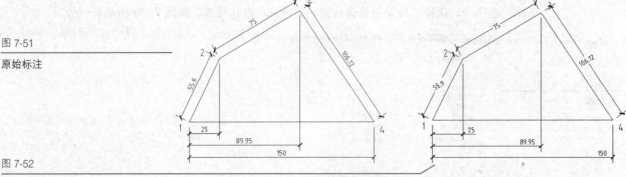

图 7-51

原始标注

图 7-52

最终编辑结果

操作步骤

Step 1 单击"标注"工具栏中的"编辑标注"按钮。

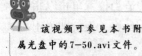

该视频可参见本书附属光盘中的 7-50.avi 文件。

Step 2 在命令行输入旋转选项的代号"R"，接着指定标注文字的角度"30"，然后回到绘图区，选择编辑对象，如图 7-53 所示。

Step 3 按【Enter】键结束选择对象，即完成了尺寸编辑命令，结果如图 7-54 所示。

Step 4 单击"标注"工具栏中的"编辑标注文字"按钮。

技术点拨

尺寸编辑命令过程中的部分选项的含义为："新建"选项用于打开多行文字编辑器以修改标注文字的内容；"旋转"选项用于改变尺寸文本行的倾斜角度。尺寸文本的中心不变，而使文本沿给定的角度方向倾斜排列；"倾斜"选项用于调整长度型尺寸延伸线的倾斜角度。

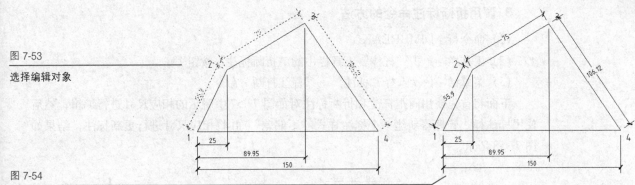

图 7-53

选择编辑对象

图 7-54

尺寸编辑结果

Step 5 选择尺寸"25"为编辑对象，然后拖动鼠标将标注文字移出尺寸线范围，在适当位置单击，即得到结果如图 7-55 所示。

Step 6 单击"标注"工具栏中的"编辑标注文字"按钮。

Step 7 选择尺寸"89.95"为编辑对象，然后在命令行中输入右对齐选项的代号"R"，按【Enter】键，即得到结果如图 7-56 所示。

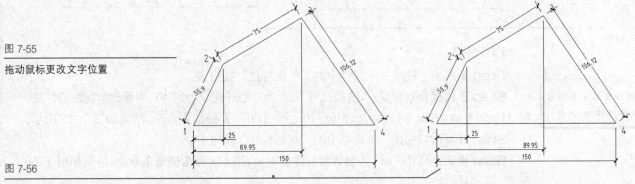

图 7-55

拖动鼠标更改文字位置

图 7-56

文字右对齐结果

Step 8 使用同样的方法，编辑尺寸"150"，即得到最终编辑结果（见图 7-52）。

7.3.2 更新标注、间距标注和折断标注

更新标注、间距标注和折断标注命令是对已创建尺寸标注的编辑。其中，更新标注命令可以实现两个尺寸样式之间的变换，即将已标注的尺寸以新的当前尺寸样式显示出来。尺寸更新命令作为改变尺寸样式的工具，可使标注的尺寸样式灵活多样，从而满足各种尺寸标注的需要，而无须对尺寸进行反复修改。间距标注命令可以自动调整图形中现有的平行线性标注和角度标注，以使其间距相等或在尺寸线处相互对齐。折断标注命令可以使标注、尺寸延伸线或引线不显示，以符合制图要求。

1. 调用更新标注命令的方法

（1）命令行：DIMSTYLE。

（2）工具栏：单击"标注"工具栏中的"标注更新"按钮。

（3）菜单栏：依次选择"标注"→"更新"命令。

2. 调用间距标注命令的方法

（1）命令行：DIMSPACE。

（2）工具栏：单击"标注"工具栏中的"等距标注"按钮。

（3）菜单栏：依次选择"标注"→"标注间距"命令。

3. 调用折断标注命令的方法

（1）命令行：DIMBREAK。

（2）工具栏：单击“标注”工具栏中的“折断标注”按钮。

（3）菜单栏：依次选择“标注”→“标注打断”命令。

下面将首先使用间距标注和折断标注对如图 7–57 中所示的相应尺寸进行编辑，然后使用标注样式管理器新建一个标注样式“下偏差”，并将相应尺寸进行更新标注，结果如图 7–58 所示。

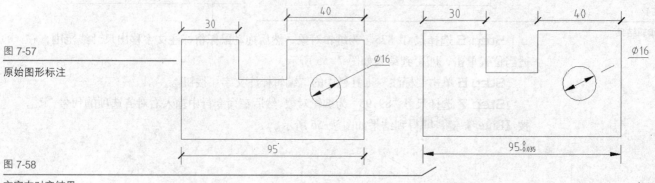

图 7-57
原始图形标注

图 7-58
文字右对齐结果

操作步骤

该视频可参见本书附属光盘中的7-56.avi文件。

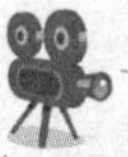

Step 1 单击“标注”工具栏中的“等距标注”按钮。

Step 2 依据命令行提示，选择尺寸“30”为基准标注，尺寸“40”为要产生间距的标注，按【Enter】键，在命令行输入间距值“0”，按【Enter】键结束命令，结果如图 7–59 所示。

Step 3 单击“标注”工具栏中的“折断标注”按钮。

Step 4 选择尺寸“16”为要折断标注的对象，按【Enter】键结束命令，结果如图 7–60 所示。

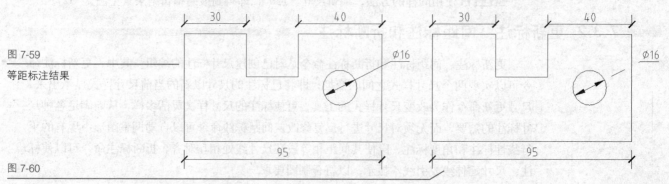

图 7-59
等距标注结果

图 7-60
折断标注结果

Step 5 单击“标注”工具栏中的“标注样式”按钮，系统弹出“标注样式管理器”对话框。然后单击“新建”按钮，系统弹出“创建新标注样式”对话框，在“新样式名”文本框中输入样式名“下偏差”，在“基础样式”下拉列表框中选择“GB”选项，其他采用默认设置。

Step 6 单击“继续”按钮，系统弹出“新建标注样式：下偏差”对话框。

Step 7 选择“公差”选项卡，在“公差格式”选项组中设置如下：“方式”下拉列表框中选择“极限偏差”选项；“精度”下拉列表框中选择“0.000”选项；“下偏差”微调框中的值改为“0.035”；“高度比例”微调框中的值改为“0.5”，其他采用默认设置，如图 7–61 所示。

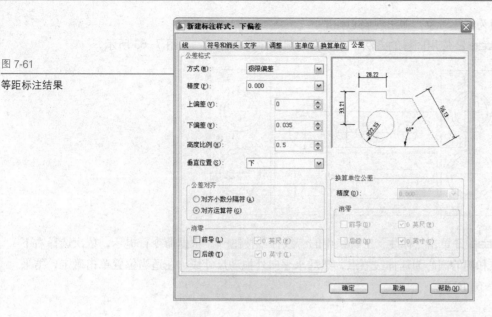

图 7-61

等距标注结果

Step 8 单击 "确定" 按钮, 回到 "标注样式管理器" 对话框, 系统默认将新建标注样式置为当前样式。

Step 9 单击 "关闭" 按钮, 回到绘图区。

Step 10 单击 "标注" 工具栏中的 "标注更新" 按钮 ⊢。

Step 11 在命令行输入应用选项的代号 "A", 然后选择尺寸 "95" 为要更新的对象, 即得到结果 (见图 7-58)。

技术点拨

在更新标注命令过程中出现的部分选项的含义为: "保存" 选项用于以新名保存当前样式; "恢复" 选项用于恢复某标注样式为当前样式; "状态" 选项用于在命令行文本窗口中详细列出当前标注样式的变量设置情况; "变量" 选项用于列出某个标注样式或选定标注的系统变量设置, 但是不修改当前设置; "应用" 选项用于将当前标注样式应用于选定对象。

7.4 综合实例——标注组合音响模型

下面将使用圆心标注、线性标注、快速标注、直径标注、间距标注和折断标注等命令完成对组合音响模型图形的标注, 结果如图 7-62 所示。

图 7-62

最终标注结果

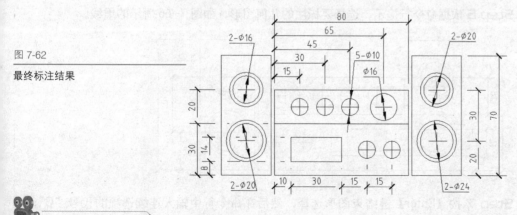

该视频可参见本书附属光盘中的 7-60.avi 文件。

操作步骤

Step 1 单击 "标注" 工具栏中的 "圆心标记" 按钮 ⊕, 依据命令行提示, 选择左上角的圆为标注对象，即出现圆心标记。

Step 2 使用同样的方法，为所有的圆标注圆心标记，如图 7-63 所示。

图 7-63

圆心标注结果

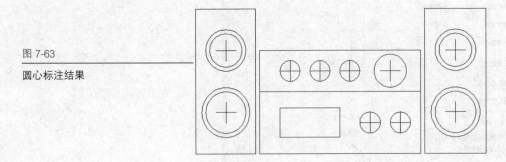

Step 3 单击"标注"工具栏中的"线性"按钮。依据命令行提示，依次选择右下角端点和圆的圆心为延伸线原点，然后水平向外拖动尺寸线，在适当位置单击确定，结果如图 7-64 所示。

图 7-64

线性标注圆心位置

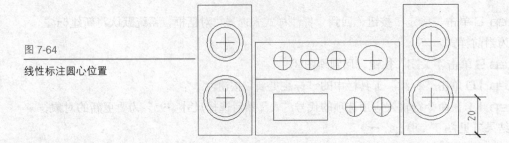

Step 4 使用同样的方法，标注相应尺寸，如图 7-65 所示。

图 7-65

线性标注结果

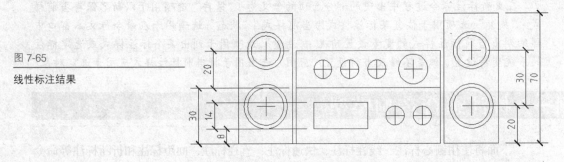

Step 5 单击"标注"工具栏中的"快速标注"按钮。

Step 6 依据命令行提示，选择要标注的几何图形，如图 7-66 所示的虚线。

图 7-66

选择连续标注图形

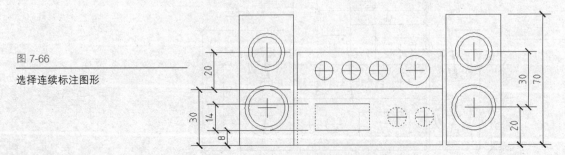

Step 7 按【Enter】键结束图形选择，然后在命令行中输入连续选项的代号"C"，进入连续标注模式。

Step 8 垂直方向拖动尺寸线，在适当的位置单击鼠标左键确定，得到连续标注结果如图 7-67 所示。

图 7-67

连续标注结果

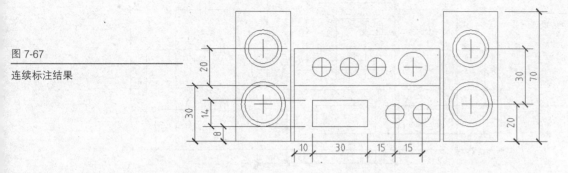

Step 9 单击"标注"工具栏中的"快速标注"按钮。

Step 10 依据命令行提示，选择要标注的几何图形，如图 7-68 中虚线所示。

图 7-68

选择基线标注图形

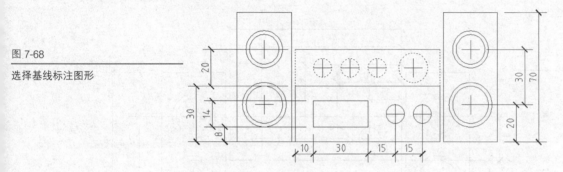

Step 11 按【Enter】键结束图形选择，然后在命令行中输入基线选项的代号"B"，进入基线标注模式。

Step 12 按垂直方向拖动尺寸线，在适当的位置单击确定，得到基线标注结果如图 7-69 所示。

图 7-69

基线标注结果

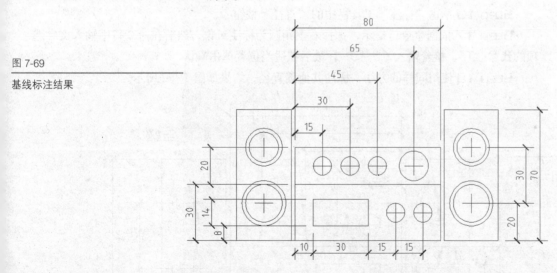

Step 13 单击"标注"工具栏中的"等距标注"按钮。

Step 14 依据命令行提示，选择基线标注结果中的尺寸"15"为基准标注，尺寸"30"、"45"、"65"和"80"为要产生间距的标注，按【Enter】键，在命令行输入间距值"8"，按【Enter】键结束命令，结果如图 7-70 所示。

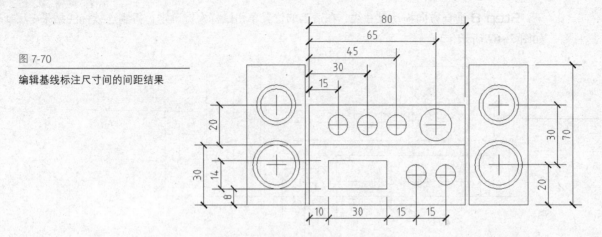

图 7-70

编辑基线标注尺寸间的间距结果

Step 15 使用同样的方法，以间距值"0"，间距标注如图 7-65 所示的所有线性标注尺寸，结果如图 7-71 所示。

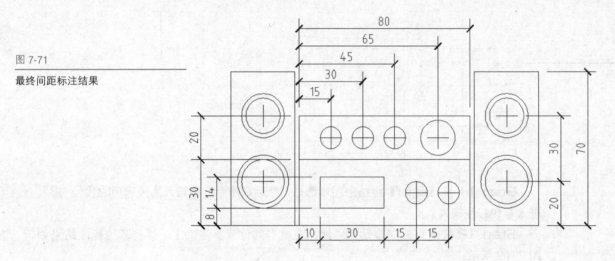

图 7-71

最终间距标注结果

Step 16 单击"标注"工具栏中的"直径"按钮 ⊘。

Step 17 依据命令行提示，选择右上角圆为标注对象，然后在命令行中输入文字选项的代号"T"，接着输入"2-<>"，最后在适当位置单击确认。

Step 18 使用同样的方法，标注其他圆直径，结果如图 7-72 所示。

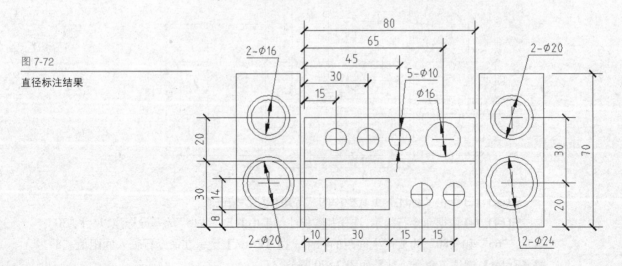

图 7-72

直径标注结果

Step 19 单击"标注"工具栏中的"折断标注"按钮 ⊥。

Step 20 在命令行输入多个选项的代号"M",然后在图形中选择所有线性尺寸为要折断标注的对象,按两下【Enter】键采用默认选项"自动"并结束命令,即得到最终标注结果(见图7-62)。

7.5 工程师坐堂

问:尺寸标注必须遵守的基本规则有哪些?

答:(1) 物体的真实大小应以图形上所标注的尺寸数值为依据,与图形的显示大小和绘图的精确度无关。

(2) 图形中的尺寸以毫米为单位时,不需要标注尺寸单位的代号或名称。如果采用其他单位,则必须注明尺寸单位的代号或名称,如度、厘米、英寸等。

(3) 图形中所标注的尺寸为图形所表示的物体的最后完工尺寸,如果是中间过程的尺寸(如在涂镀前的尺寸等),则必须另加说明。

(4) 物体的每一尺寸,一般只标注一次,并应标注在最能清晰反映该结构的视图上。

问:通常对图形进行尺寸标注的基本步骤是什么?

答:(1) 选择"格式"→"图层"命令,使用打开的"图层特性管理器"对话框建立一个独立的图层,专门用于尺寸标注。

(2) 选择"格式"→"文字样式"命令,使用打开的"文字样式"对话框建立一种文字样式,专门用于尺寸标注。

(3) 选择"格式"→"标注样式"命令,使用打开的"标注样式管理器"对话框创建一种标注样式。

(4) 使用对象捕捉和标注等功能,对图形中的元素进行标注。

问:"新建标注样式"对话框中的"使用全局比例"和"测量单位比例"的含义分别是什么?

答:"使用全局比例"用于对所有的标注样式进行缩放比例,该比例并不改变尺寸的测量值。"测量单位比例"用于确定系统自动测量尺寸中的比例因子,显然该比例会改变尺寸的测量值。

问:如果将图放大4倍,如何才能标出原本的实际尺寸?

答:只要将标注样式中的"测量单位比例"值改为"0.25"即可。

问:若想标注一个下偏差是正值的尺寸,该怎么设置?

答:由于系统自动在上偏差数值前加"+"号,在下偏差数值前加"-"号。如果上偏差是负值或下偏差是正值,都需要在输入的偏差值前加负号。所以要标注一个下偏差为正值的尺寸就需要在输入的下偏差值前面加负号。

问:多重引线、引线和快速引线的用途上有什么不同?

答:引线和快速引线最方便用于标注形位公差;而多重引线没有这个功能,但是多重引线适用于多个多重引线的对齐和合并。

Chapter 8

控制图形显示

Autodesk

8.1 缩放和平移视图

改变视图的最常用的方法就是利用缩放和平移命令。用它们可以在绘图区放大或缩小图像显示，或者改变观察位置。

8.1.1 缩放视图

在 AutoCAD 中，通过缩放视图功能，可以帮助用户更准确地观察图形和局部图形，而且不会改变图形的真实尺寸。

缩放视图命令包含许多类型，当在命令行中输入"ZOOM"命令时，其会显示："指定窗口的角点，输入比例因子 (nX 或 nXP)，或者 [全部 (A)/中心 (C)/动态 (D)/范围 (E)/上一个 (P)/比例 (S)/窗口 (W)/对象 (O)]< 实时 > :"，这些缩放命令类型从"缩放"命令的子菜单中也可以找到。

其中每一个选项都是一种缩放视图命令，其含义如下：

◆ "全部"选项用于在当前视口中缩放显示整个图形。在平面视图中，所有图形将被缩放到栅格界限和当前范围两者中较大的区域中。

◆ "中心"选项用于缩放显示由圆心和放大比例（或高度）所定义的窗口。高度值较小时增加放大比例。高度值较大时减小放大比例。

◆ "动态"选项用于缩放显示在视图框中的部分图形。视图框表示视口，可以改变它的大小，或在图形中移动。移动视图框或调整它的大小，将其中的图像平移或缩放，以充满整个视口。

◆ "范围"选项用于缩放显示图形范围，并尽最大可能显示所有对象。

◆ "上一个"选项用于缩放显示上一个视图。最多可恢复此前的 10 个视图。

◆ "比例"选项用于以指定的比例因子缩放显示。

◆ "窗口"选项用于缩放显示由两个角点定义的矩形窗口框定的区域。

◆ "对象"选项用于缩放以便尽可能大地显示一个或多个选定的对象并使其位于绘图区域的中心。可以在启动 ZOOM 命令前后选择对象。

◆ "实时"选项用于利用定点设备，在逻辑范围内交互缩放。按住鼠标左键向上拖动是放大图形，反向拖动为缩小图形。

以上缩放命令中较为常用的命令有：实时、范围、窗口和动态。下面主要讲解实时缩放和动态缩放，其他缩放命令的操作方法基本类似，在此不再一一讲解。

1. 调用实时缩放命令的方法如下所示

(1) 命令行：ZOOM。

(2) 工具栏：单击"标准"→"实时缩放"按钮🔍。

(3) 菜单栏：依次选择"视图"→"缩放"→"实时"命令。

2. 调用动态缩放命令的方法如下所示

(1) 命令行：ZOOM → D。

(2) 工具栏：单击"缩放"→"动态缩放"按钮🔍。

(3) 菜单栏：依次选择"视图"→"缩放"→"动态"命令。

下面将使用实时缩放和动态缩放命令来对一幅图形进行缩放操作，如图 8-1 所示，从而体会缩放命令的基本操作，结果如图 8-2 所示。

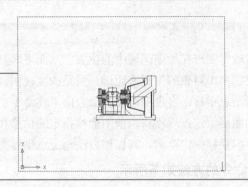
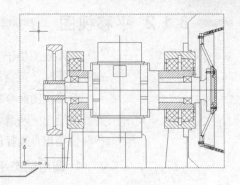

图 8-1

原始图形

图 8-2

最终显示结果

操作步骤

Step 1 单击"标准"工具栏上的"实时缩放"按钮 🔍。此时，光标指针显示形状为 🔍⁺。

Step 2 将其大约放在绘图窗口的纵向中心位置，然后垂直向上拖动鼠标到绘图窗口的边界处，此时，显示结果如图 8-3 所示。按下【Enter】键则结束命令。

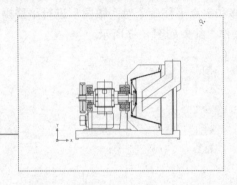

图 8-3

实时缩放结果

Step 3 依次选择"工具"→"工具栏"→"AutoCAD"→"缩放"命令，弹出"缩放"工具栏。

Step 4 单击"缩放"工具栏中的"动态缩放"按钮 🔍。

Step 5 此时，光标指针的形状变为"×"，系统弹出一个平移视图框，将其拖动到所需位置，如图 8-4 所示。

Step 6 单击使光标"×"变成一个箭头，这时上下拖动箭头，视图框会跟着上下移动而不改变大小；而左右拖动箭头，视图框以左边线为基准变化大小，从而便可重新确定视区的大小。拖动箭头到如图 8-5 所示的位置单击，然后按【Enter】键结束命令，即得到如图 8-2 所示的图形显示结果。

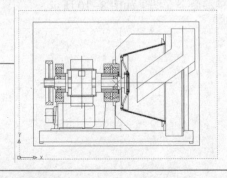
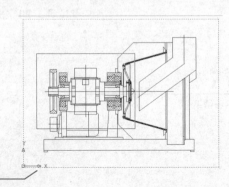

图 8-4

指定平移视图框位置

图 8-5

指定缩放视图框位置

当前图形区域用于确定缩放因子。移动窗口高度的 1/2 距离表示缩放比例为 100%。在窗口的中点按住拾取键并垂直移动到窗口顶部则放大 100%。反之，在窗口的中点按住拾取键并垂直向下移动到窗口底部则缩小 100%。

8.1.2 平移视图

平移视图用于重新确定图形在绘图区域中的位置，从而更容易看清图形中的一些具体部分。此时，不会改变图形中对象的位置或比例，只是改变视图。

平移视图命令包括动态平移、定点平移和四个方向平移命令。其中，动态平移可根据需要在绘图区随意移动图形；定点平移将当前图形按指定的位移和方向进行平移；方向平移则按照用户选择的方向平移一定距离，其操作方法与定点平移类似。

1. 调用动态平移命令的方法如下所示

（1）命令行：PAN。

（2）工具栏：单击"标准"→"实时平移"按钮 。

（3）菜单栏：依次选择"视图"→"平移"→"实时"命令。

2. 调用定点平移命令的方法如下所示

菜单栏：依次选择"视图"→"平移"→"定点"命令。

下面将使用实时平移和定点平移命令对一幅图形进行平移操作，如图 8-6 所示，从而体会平移命令的基本操作，结果如图 8-7 所示。

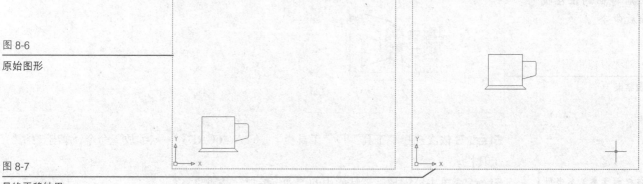

图 8-6

原始图形

图 8-7

最终平移结果

操作步骤

该视频可参见本书附属光盘中的 8-7.avi 文件。

Step 1 单击"标准"工具栏中的"实时平移"按钮 。

Step 2 此时，光标指针形状变为 ，将手形光标放在图形中单击并拖动到大约窗口高度的中心位置，如图 8-8 所示，按【Enter】键即完成实时平移命令。

Step 3 依次选择"视图"→"平移"→"定点"命令。在图形右下方位置单击以指定定点平移命令的基点，然后向 45°角方向拖动鼠标，在如图 8-9 所示的位置单击指定第二点位置，即完成定点平移命令，结果如图 8-10 所示。

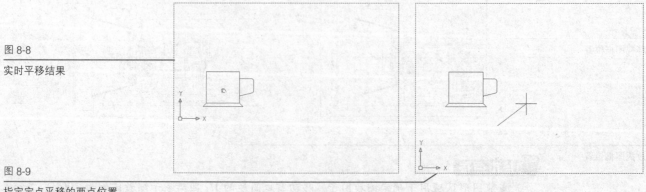

图 8-8

实时平移结果

图 8-9

指定定点平移的两点位置

定点平移命令有两种方法：一是通过指定两个点，让第一个点的位置移动到第二个点的位置；二是指定位移值，让图形在 X 轴方向和 Y 轴方向移动。

Step 4 依次选择"视图"→"平移"→"定点"命令。在命令行中输入"40，-20"，然后按两下【Enter】键，即得到结果如图 8-7 所示。。

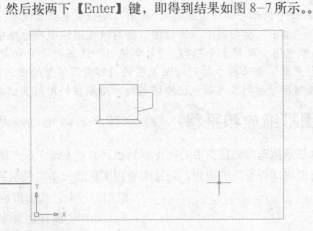

图 8-10

定点平移结果

在当前视图中，按住三键鼠标的中键（也称鼠标的滚轮）任意拖动鼠标便可实时移动图形，而滚动三键鼠标的中键可实现对图形的实时缩放。

8.2 鸟瞰视图

鸟瞰视图是一种可视化的平移和缩放视图方式，它可以在另外一个独立的窗口中显示整个图形视图，以便可以快速移动到目的区域。在绘图时，如果将鸟瞰视图保持打开的状态，则可以直接平移或缩放，不必再选择或输入命令。

8.2.1 鸟瞰视图的打开

系统默认情况下，鸟瞰视图是处于关闭状态的。

调用鸟瞰视图命令的方法如下所示。

（1）命令行：DSVIEWER。

（2）菜单栏：依次选择"视图"→"鸟瞰视图"命令。

下面将使用鸟瞰视图命令打开一幅图形的鸟瞰视图，效果如图 8-11 所示，同时，绘图区域中的图形如图 8-12 所示，比较两者关系，从中体会"鸟瞰"视图的含义。

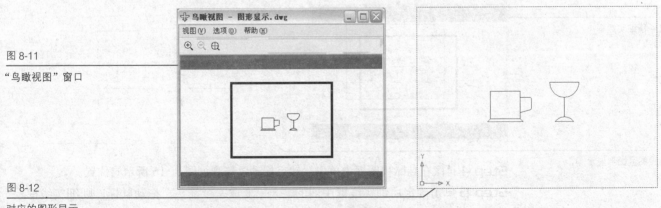

图 8-11

"鸟瞰视图"窗口

图 8-12

对应的图形显示

操作步骤

依次选择"视图"→"鸟瞰视图"命令，即得到效果如图 8-11、图 8-12 所示。

技术点拨

鸟瞰视图窗口中的部分命令含义为："放大"按钮用于拉近视图，将鸟瞰视图放大一倍观察对象局部；"缩小"按钮用于拉远视图，将鸟瞰视图缩小一倍观察更大的区域；"全局"按钮用于在鸟瞰视图中观察整个图形。"自动视口"选项用于自动显示模型空间的当前有效视口；"动态更新"选项用于控制鸟瞰视图的内容是否随着绘图区中图形的改变而改变。"实时缩放"选项用于控制在鸟瞰视图中缩放时，绘图区的图形显示是否适时发生变化。

8.2.2 使用鸟瞰视图框缩放和平移

用户可以任意拖动鸟瞰视图中的视图框到不同的地方而实现鸟瞰视图和绘图区中图形的移动；也可以拖动视框图的边线，通过改变视图框的大小实现图形的缩放，视图框缩小则图形放大，视图框放大则图形缩小。

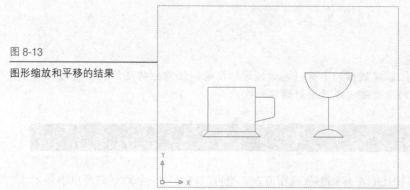

图 8-13

图形缩放和平移的结果

使用鸟瞰视图观察图形的方法与动态缩放命令的方法类似，只是使用鸟瞰视图观察图形时是在一个单独的窗口中进行的，其结果在绘图区的当前视口中。

下面将承接 8.2.1 示例，在打开一幅图形的鸟瞰视图后，通过改变鸟瞰视图框的位置和大小完成图形的缩放和平移，结果如图 8-13 所示。

操作步骤

该视频可参见本书附属光盘中的 8-13.avi 文件。

Step 1 依次选择"视图"→"鸟瞰视图"命令，即打开图形的鸟瞰视图（见图 8-11、图 8-12）。

Step 2 在鸟瞰视图框中，单击则显示区会出现一个中间有"×"的细实线框。细实线框跟随鼠标的移动而移动，拖动鼠标到如图 8-14 所示的位置。

Step 3 单击确定后按【Enter】键，即完成了平移命令，此时，绘图区中图形的位置如图 8-15 所示。

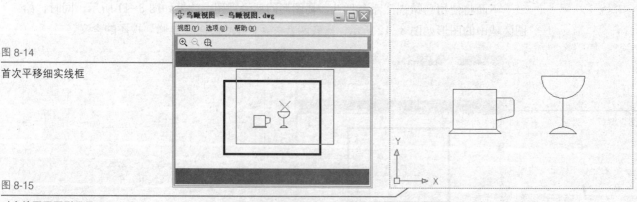

图 8-14

首次平移细实线框

图 8-15

对应绘图区图形显示

Step 4 再次在鸟瞰视图框中单击，然后拖动鼠标到如图 8-16 所示的位置。

Step 5 单击确定后细实线框中间的"×"变成一个箭头，拖动鼠标，则细实线框以左边线为基线改变大小，拖动鼠标到如图 8-17 所示的位置单击，然后按【Enter】键，即得到显示结果（见图 8-13）。

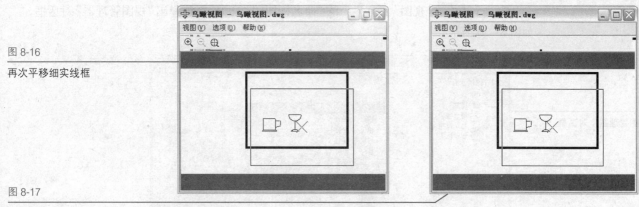

图 8-16

再次平移细实线框

图 8-17

缩放细实线框

技术点拨

　　在鸟瞰视图框中，拖动鼠标即实现了平移，平移的位置和方向由先前的粗黑实线范围框与拖动的细实线框之间的相对位置决定。

　　在鸟瞰视图下的实时平移和缩放是两个相互关联的命令。连续单击便会在实时平移和实时缩放之间来回转变，这样使得对图形的平移与缩放更加快捷。

8.3 命名视图和视口

　　命名视图可以随图形一起保存并随时使用，在构造布局时，可以将命名视图恢复到布局视口中。命名视口可以使用户能够在不同的视图窗口中编辑对象。

8.3.1 视图的创建和使用

　　命名视图中包含特定的比例、位置和方向，可以在布局、打印或者需要参考特定的细节时恢复它们。每个图形任务中，可以恢复每个视口中显示的最后一个视图，最多可恢复前 10 个视图。命名视图的创建和使用都是在视图管理器中完成的。

　　调用视图管理器的方法如下所示。

　　(1) 命令行：VIEW。

　　(2) 工具栏：单击"视图"→"命名视图"按钮 ⚏。

　　(3) 菜单栏：依次选择"视图"→"命名视图"命令。

　　下面将首先使用视图管理器创建两个视图 "A3" 和 "A4"，如图 8-18 所示，然后再将 "A3" 视图置为当前视图，以实现快速定位某一视图的效果，结果如图 8-19 所示。

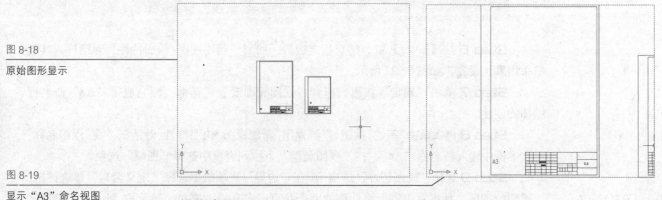

图 8-18

原始图形显示

图 8-19

显示 "A3" 命名视图

操作步骤

Step 1 依次选择"工具"→"工具栏"→"AutoCAD"→"视图"命令，弹出"视图"工具栏。

Step 2 单击"视图"工具栏中的"命名视图"按钮 ，系统弹出"视图管理器"对话框，如图 8-20 所示。

图 8-20

原始"视图管理器"对话框

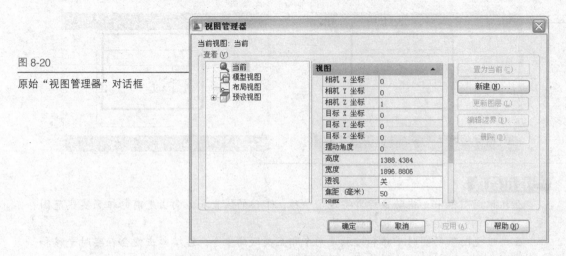

Step 3 单击"新建"按钮，系统弹出"新建视图/快照特性"对话框。

Step 4 在"视图名称"文本框中输入新名称"A3"，在"视图类型"文本框中输入"图幅"。

Step 5 选择"视图特性"选项卡，在"边界"选项组中选择"定义窗口"单选按钮，回到绘图区，捕捉左边图形块外框的两个角点以定义视图窗口，如图 8-21 所示。

图 8-21

指定视图"A3"边界

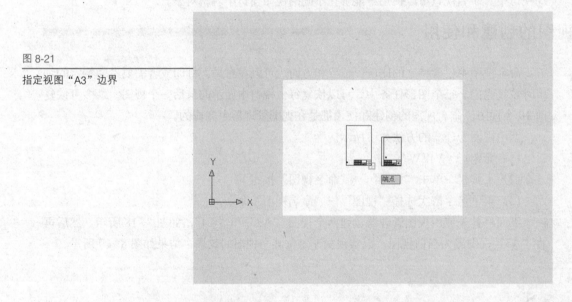

Step 6 按【Enter】键，结束指定边界，回到"新建视图/快照特性"对话框，其他采用默认设置，如图 8-22 所示。

Step 7 单击"确定"按钮，回到"视图管理器"对话框，即完成了"A3"命名视图的创建。

Step 8 再次单击"新建"按钮，系统弹出"新建视图/快照特性"对话框。在"视图名称"文本框中输入新名称"A4"，在"视图类型"下拉列表框中选择"图幅"选项。

Step 9 选择"视图特性"选项卡，在"边界"选项组中选择"定义窗口"单选按钮，回到绘图区，捕捉右边图形块外框的两个角点以定义视图窗口。然后按【Enter】键，结束指定边界，回到"新建视图/快照特性"对话框，其他仍采用默认设置。

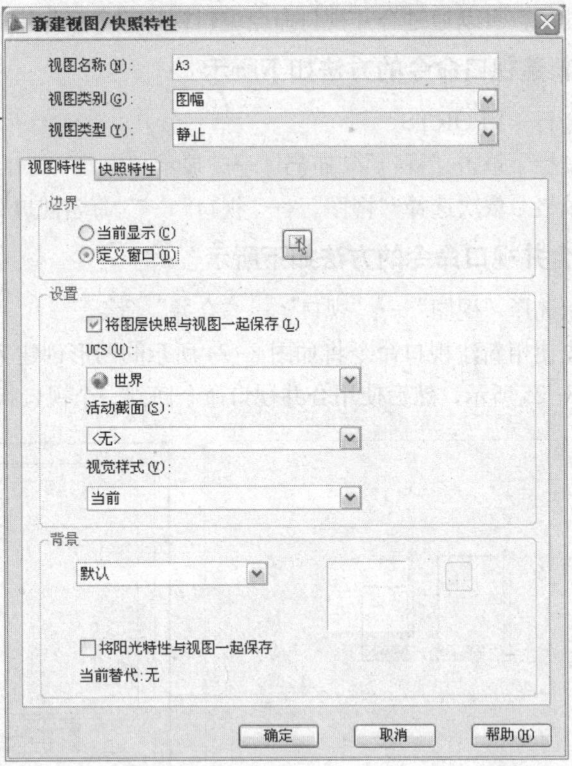

图 8-22

"新建视图/快照特性"对话框设置

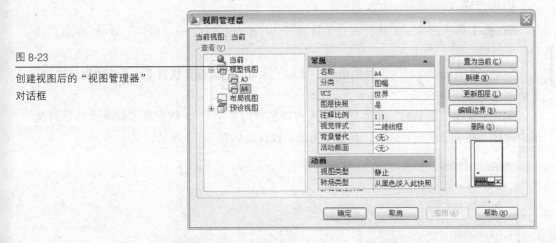

Step 10 单击"确定"按钮,回到"视图管理器"对话框,如图 8-23 所示。

图 8-23

创建视图后的"视图管理器"
对话框

Step 11 在"查看"列表框中选择"A3"视图,单击"置为当前"按钮,然后单击"确定"按钮,回到绘图窗口,即得到"A3"视图的显示结果(见图 8-19)。

技术点拨

创建命名视图时,保存的设置有:比例、中心点、视图方向;指定给视图的视图类别;视图的位置("模型"选项卡或特定的布局选项卡);图形中的图层可见性;用户坐标系;三维透视及视觉样式等。

8.3.2 视口的创建和合并

为了便于在不同视图中编辑对象,可将绘图区分割成几个视口。单击视口所在的绘图区,即激活该视口成为当前视口。只有在当前视口中才能编辑图形,而其他非当前视口中的图形也会做相应的改变。

视口创建后，可以通过合并视口命令编辑视口的个数和排布。

1. 调用新建视口命令的方法如下所示

（1）命令行：VPORTS。

（2）工具栏：单击"视口"/"布局"→"显示'视口'对话框"按钮 🖾。

（3）菜单栏：依次选择"视图"→"视口"→"命名视口"/"新建视口"命令。

2. 调用合并视口命令的方法如下所示

菜单栏：选择"视图"→"视口"→"合并"命令。

下面首先使用新建视口命令将如图 8-24 所示的图形创建为两个视口，经过缩放和平移后，如图 8-25 所示，然后使用合并视口命令回到一个视口状态。

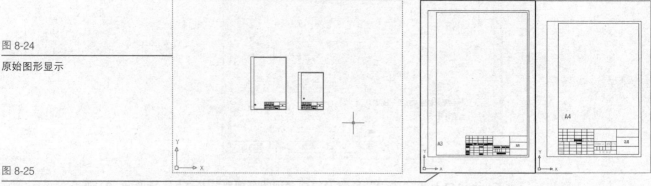

图 8-24

原始图形显示

图 8-25

缩放、平移后的"两个"视口显示

操作步骤

Step 1 依次选择"工具"→"工具栏"→"AutoCAD"→"视口"命令，弹出"视口"工具栏。

该视频可参见本书附属光盘中的 8-27.avi 文件。

Step 2 单击"视口"工具栏中的"显示'视口'对话框"按钮 🖾，系统弹出"视口"对话框。

Step 3 在"新名称"文本框中输入视口名称为"两个"。然后在"标准视口"列表框中选择"两个：垂直"选项，其他采用默认设置，如图 8-26 所示。

图 8-26

"视口"对话框

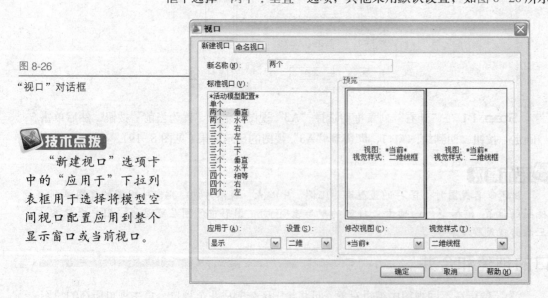

技术点拨

"新建视口"选项卡中的"应用于"下拉列表框用于选择将模型空间视口配置应用到整个显示窗口或当前视口。

Step 4 单击"确定"按钮，回到绘图区，此时图形显示如图 8-27 所示。

Step 5 在左边的视口中单击激活该视口，然后单击"标准"工具栏上的"实时缩放"按钮 。

Step 6 向上拖动鼠标放大图形，并配合按住并拖动鼠标中键实时平移图形，实现将左边的图形块充满整个左视口。

Step 7 使用同样的方法，实现将右边的图形块充满整个右视口，即得到结果如图 8-25 所示。

Step 8 依次选择"视图"→"视口"→"合并"命令。依据命令行提示，选择左视口为主视口，选择右视口为要合并的视口，结果如图 8-28 所示。

图 8-27

"两个"视口显示

图 8-28

合并视口结果

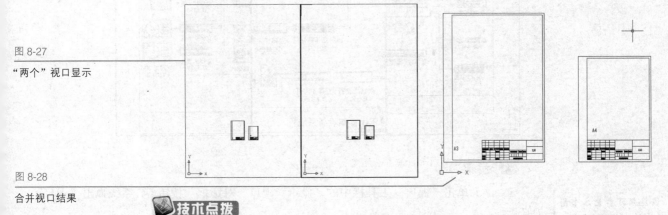

技术点拨

新建视口后再次打开"视口"对话框时，就可以在"命名视口"选项卡中看到该视口，同时以后再新建视口的时候也可以选择应用在该视口。

8.4 综合实例——观察音乐厅音响设备系统

下面将使用鸟瞰视图和命名视口命令对如图 8-28 所示的一幅复杂的音乐厅音响设备系统图进行局部观察，结果如图 8-29 所示。

图 8-29

原始音乐厅音响设备系统图显示

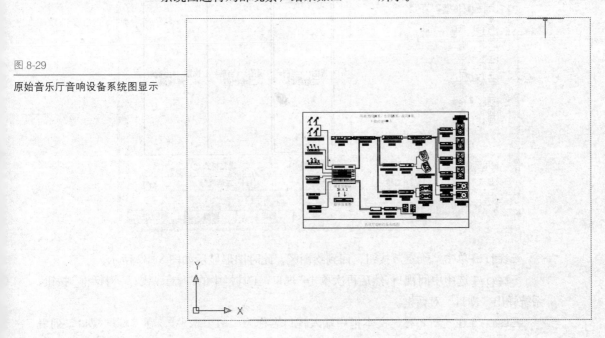

图 8-30

最终显示结果

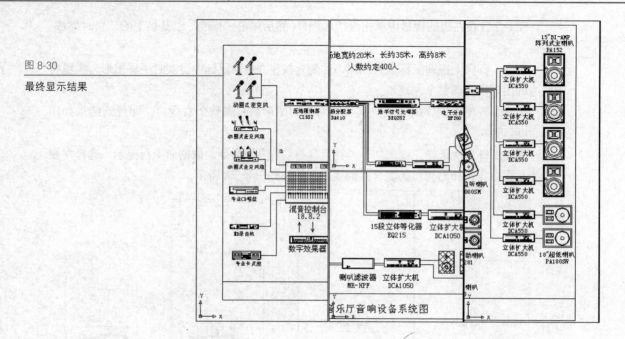

操作步骤

Step 1 单击"视口"工具栏中的"显示'视口'对话框"按钮 ▣，系统弹出"视口"对话框。

Step 2 在"新名称"文本框中输入视口名称为"三个垂直"。然后在"标准视口"列表框中选择"三个：垂直"选项，其他采用默认设置，如图 8-31 所示。

图 8-31

新建"三个垂直"视口的设置

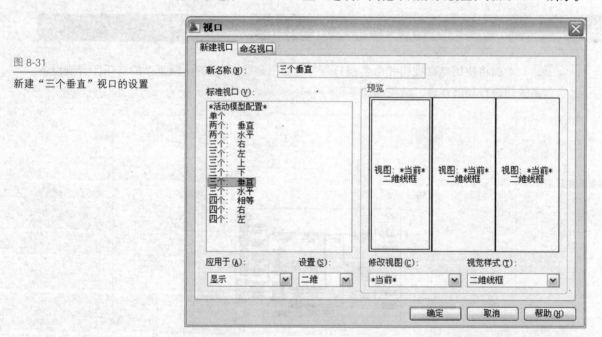

Step 3 单击"确定"按钮，回到绘图区，此时图形显示如图 8-32 所示。

Step 4 选中中间视口，然后再次单击"视口"工具栏中的"显示'视口'对话框"按钮，系统弹出"视口"对话框。

Step 5 在"新名称"文本框中输入视口名称为"两个水平"，在"标准视口"列表框中选择"两个：水平"选项，然后在"应用于"下拉列表框中选择"当前视口"选项，其他采用默认设置。

图 8-32

"三个垂直"视口显示

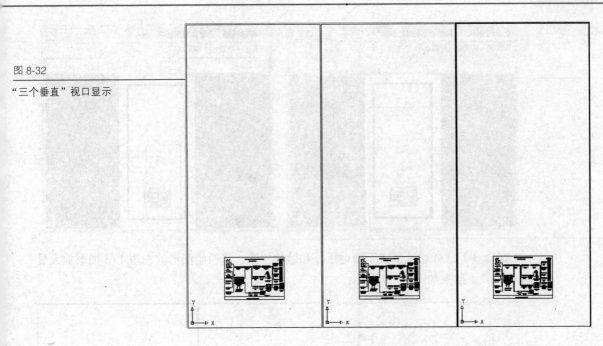

Step 6 单击"确定"按钮，回到绘图区，此时图形显示如图 8-33 所示。

图 8-33

"两个水平"视口显示

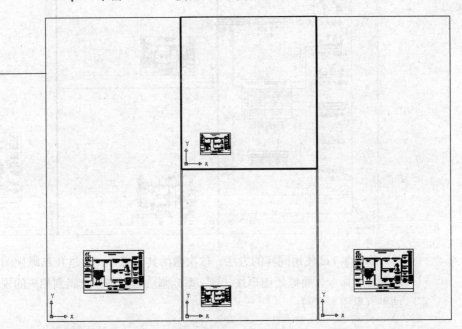

Step 7 依次选择"视图"→"鸟瞰视图"命令，系统即打开鸟瞰视图窗口。

Step 8 在左视口中单击激活该视口，则鸟瞰视图窗口中也相应地显示该视口。

Step 9 在鸟瞰视图框中，单击则显示区会出现一个中间有"×"的细实线框，如图 8-34 所示。细实线框跟随鼠标的移动而移动，但是不能改变大小。

Step 10 单击后细实线框中间的"×"变成一个箭头，如图 8-35 所示。拖动鼠标则细实线框以左边线为基线改变大小，绘图区中的图形随着细实线框的缩小而放大。在某一位置单击，此时，箭头又变回"×"，细实线框又处于只能移动的状态。

图 8-34

平移视图框显示

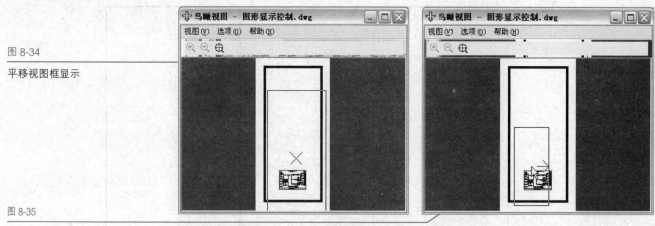

图 8-35

缩放视图框显示

Step 11 这样通过单击不断地平移和缩放视图，将原始图形的左边 1/3 图形放大显示在左视口，结果如图 8-36 所示。

图 8-36

调整左视口后的结果

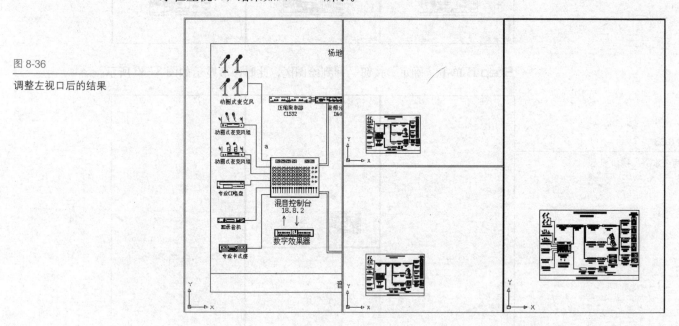

Step 12 使用同样的方法，依次激活其他视口，通过在鸟瞰视图中单击不断变换平移和缩放命令，将原始图形按"H"型分割后的各部分充满到相应的视口中，即得到显示结果（见图 8-29）。

8.5 工程师坐堂

问：在绘图与编辑图形的过程中，有的时候屏幕上会有一些残留标记，怎么消除？

答：可以使用"视图"→"重画"/"重生成"命令。"重画"命令可使系统在显示内存中更新屏幕；而"重生成"命令可以使系统从磁盘调用当前图形的数据来更新屏幕。

问：为什么有的时候图形不可再缩放？

答：这可能是图形已经达到了缩放极限。如果实时缩放命令的光标上的加号消失，则表示将无法继续放大。反之，如果光标上的减号消失，则表示将无法继续缩小。

问：比例缩放命令中的比例因子形式"nX"和"nXP"各表示什么含义？

答："nX"表示根据当前视图指定比例。例如，输入 .5X 使屏幕上的每个对象显示为原大小的 1/2。"nXP"表示相对于图纸空间单位指定比例。例如，输入 .5XP 以图纸空间单位的 1/2 显示模型空间。而默认输入的比例值是相对于图形界限的比例。

问：全部缩放和范围缩放命令有什么异同？

答：在平面视图中，全部缩放命令是将所有图形缩放到栅格界限和当前范围两者中较大的区域中，范围缩放命令则只用于缩放以显示图形范围，并尽最大可能显示所有对象。在三维视图中，全部缩放命令与范围缩放命令等效。

问：当在绘图或编辑图形过程中，突然找不到图形了，怎么办？

答：这很可能是图形没有被看到，并非消失了，可以使用全部缩放命令或范围缩放命令将全部图形显示到屏幕。

问：为什么有时视口不能合并？

答：因为合并视口命令要求需要合并的视口在合并后可以组成一个矩形，如果组成不了，矩形则不可合并。

Chapter 9

绘制与渲染三维实体

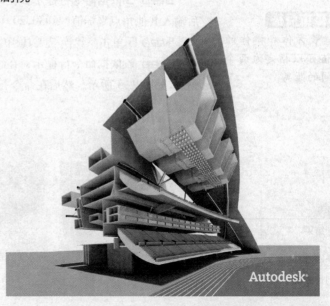

Autodesk·

9.1 绘制基本三维实体

基本三维实体是 AutoCAD 中固有的实体模型，它们包括长方体、圆锥体、圆柱体、球体、圆环体和楔体等，这些基本三维实体还可以用来创建复杂实体。这一节我们就来学习基本实体形的绘制。

■ 9.1.1 绘制长方体和楔体

长方体是一种最常用的三维对象并常用做复杂模型的基础。在 AutoCAD 中，始终将长方体的底面绘制为与当前 UCS 的 XY 平面（工作平面）平行，在 Z 轴方向上指定长方体的高度。

楔体是由长方体一切两半得到的，其操作方法与长方体相同。

1. 调用绘制长方体命令的方法如下所示

（1）命令行：BOX。

（2）工具栏：单击"建模"→"长方体"按钮 □。

（3）菜单栏：依次选择"绘图"→"建模"→"长方体"命令。

2. 调用绘制楔体命令的方法如下所示

（1）命令行：WEDGE。

（2）工具栏：单击"建模"→"楔体"按钮 △。

（3）菜单栏：依次选择"绘图"→"建模"→"楔体"命令。

下面使用绘制长方体和楔体命令绘制图形如图 9-1 所示。

操作步骤

Step 1 依次选择"视图"→"三维视图"→"东南等轴测"命令，调整坐标系为三维显示。

Step 2 依次选择"视图"→"视觉样式"→"概念"命令，调整视觉效果。

Step 3 依次选择"工具"→"工具栏"→"AutoCAD"→"建模"命令，弹出"建模"工具栏。

Step 4 单击"建模"工具栏中的"长方体"按钮 □。

Step 5 依据命令行提示，在命令行中输入长方体的第一个角点坐标值 "0,0,0"，然后输入其他角点坐标值 "@30,20,10"，即得到长方体如图 9-2 所示。

Step 6 单击"建模"工具栏中的"楔体"按钮 △。

Step 7 依据命令行提示，在绘图区捕捉长方体上表面的两个角点为楔体底面的两个角点，如图 9-3 所示。然后在命令行中输入楔体的高度值 "15"，即得到绘制结果，如图 9-1 所示。

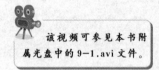
该视频可参见本书附属光盘中的 9-1.avi 文件。

技术点拨

长方体和楔体的高度值可以指定为两个点之间的距离。

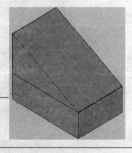

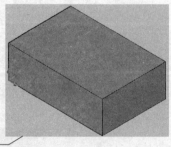

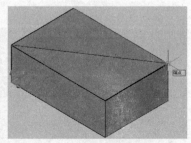

图 9-1

绘制结果

图 9-2

绘制长方体

图 9-3 指定楔体底面角点

■■■ 9.1.2 绘制圆锥体和圆柱体 ──

圆锥体和圆柱体在三维图形中都很常见，底面都可以是圆或椭圆。圆锥体的顶点和圆柱体的顶面中心都可以单独指定，因此可以用一定的倾斜角来绘制圆锥体和圆柱体。

1. 调用绘制圆锥体命令的方法如下所示

（1）命令行：CONE。

（2）工具栏：单击"建模"→"圆锥体"按钮△。

（3）菜单栏：依次选择"绘图"→"建模"→"圆锥体"命令。

2. 调用绘制圆柱体命令的方法如下所示

（1）命令行：CYLINDER。

（2）工具栏：单击"建模"→"圆柱体"按钮□。

（3）菜单栏：依次选择"绘图"→"建模"→"圆柱体"命令。

下面使用绘制圆锥体和圆柱体命令绘制图形如图 9-4 所示。

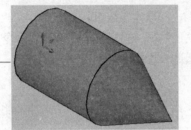

图 9-4
绘制结果

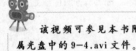

该视频可参见本书附属光盘中的 9-4.avi 文件。

操作步骤

Step 1 依次选择"视图"→"三维视图"→"东南等轴测"命令，调整坐标系为三维显示。

Step 2 依次选择"视图"→"视觉样式"→"概念"命令，调整视觉效果。

Step 3 依次选择"工具"→"工具栏"→"AutoCAD"→"建模"命令，弹出"建模"工具栏。

Step 4 单击"建模"工具栏中的"圆柱体"按钮□。

Step 5 依据命令行提示，在命令行中输入圆柱体的底面中心点坐标值"0,0,0"，接着输入底面半径值"4"，然后输入轴端点选项的代号"A"，接着输入轴端点坐标值"@10,0,0"，即得到圆柱体如图 9-5 所示。

Step 6 单击"建模"工具栏中的"圆锥体"按钮△。

Step 7 依据命令行提示，在绘图区捕捉圆柱体顶面的中心点为圆锥体的底面中心点，如图 9-6 所示。按下【Enter】键，默认底面半径值"4"，即与圆柱体相同半径。然后输入轴端点选项的代号"A"，接着输入轴端点坐标值"@8,0,0"，即得到最终绘制结果（见图 9-4）。

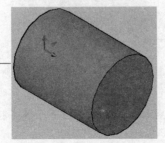

图 9-5
绘制圆柱体

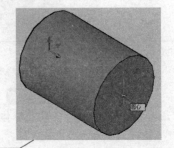

图 9-6
指定圆锥体底面中心点

技术点拨

系统默认圆柱体和圆锥体的底面是平行于 XY 平面的，可是在指定顶面中心和顶点的时候可以使用"轴端点"选项来更改底面方向。

9.1.3 绘制圆环体和球体

圆环体就是一个三维圆环，它可以通过改变圆环体及管体的半径来绘制各种各样的模型。而球体通常很少单独使用，但是可以用做复杂模型的基础，因为它看起来很漂亮。

1. 调用绘制圆环体命令的方法如下所示

（1）命令行：TORUS。

（2）工具栏：单击"建模"→"圆环体"按钮◎。

（3）菜单栏：依次选择"绘图"→"建模"→"圆环体"命令。

2. 调用绘制球体命令的方法如下所示

（1）命令行：SPHERE。

（2）工具栏：单击"建模"→"球体"按钮○。

（3）菜单栏：依次选择"绘图"→"建模"→"球体"命令。

下面使用绘制圆环体和球体命令绘制图形如图 9-7 所述。

操作步骤

该视频可参见本书附属光盘中的 9-7.avi 文件。

Step 1 依次选择"视图"→"三维视图"→"东南等轴测"命令，调整坐标系为三维显示。

Step 2 依次选择"视图"→"视觉样式"→"概念"命令，调整视觉效果。

Step 3 依次选择"工具"→"工具栏"→"AutoCAD"→"建模"命令，弹出"建模"工具栏。

Step 4 单击"建模"工具栏中的"球体"按钮○。

Step 5 依据命令行提示，在命令行中输入球体中心点坐标值"0,0,0"，接着输入球体半径值"10"，即得到球体如图 9-8 所示。

Step 6 单击"建模"工具栏中的"圆环体"按钮◎。

Step 7 依据命令行提示，在绘图区捕捉球体的中心点为圆环体的中心点，如图 9-9 所示。然后输入圆环体半径值"12"，接着输入圆管半径值"2"，即得到最终绘制结果，如图 9-7 所示。

图 9-7

绘制球体

图 9-8

指定圆环体中心点

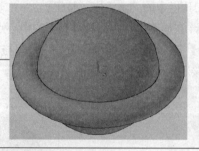

图 9-9 绘制结果

技术点拨

若希望球体搁置在 XY 平面上，则球心的 Z 坐标应等于其半径值。

9.1.4 绘制多段体和棱锥体

绘制多段体与绘制多段线的方法相同。默认情况下，多段体始终带有一个矩形轮廓。多段体是扫掠实体，即使用指定轮廓沿指定路径绘制的实体，其路径可以是直线、二维多段线、圆弧或圆等。

绘制棱锥体的底面是正多边形，其轴端点可以位于三维空间的任意位置。轴端点定义了棱锥体的长度和方向。

1. 调用绘制多段体命令的方法如下所示

（1）命令行：PLOYSOLID。

（2）工具栏：单击"建模"→"多段体"按钮▯。

（3）菜单栏：依次选择"绘图"→"建模"→"多段体"命令。

2. 调用绘制棱锥体命令的方法如下所示

（1）命令行：PYRAMID。

（2）工具栏：单击"建模"→"棱锥体"按钮△。

（3）菜单栏：依次选择"绘图"→"建模"→"棱锥体"命令。

下面使用绘制多段体和棱锥体命令绘制图形如图9-10所示。

操作步骤

Step 1 依次选择"视图"→"三维视图"→"东南等轴测"命令，调整坐标系为三维显示。

Step 2 依次选择"视图"→"视觉样式"→"概念"命令，调整视觉效果。

Step 3 依次选择"工具"→"工具栏"→"AutoCAD"→"建模"命令，弹出"建模"工具栏。

Step 4 单击"建模"工具栏中的"棱锥体"按钮△。

Step 5 在命令行中输入侧面选项的代号"S"，然后输入侧面数"6"。

Step 6 依据命令行提示，在命令行中输入棱锥体底面中心点坐标值"0,0,0"，接着输入棱锥体底面半径值"30"。然后输入顶面半径选项的代号"T"，接着输入顶面半径值"50"，继而输入棱锥体的高度值"-40"，即得到棱锥体如图9-11所示。

Step 7 单击"建模"工具栏中的"多段体"按钮▯。此时，命令行显示："高度=80.0000，宽度=5.0000，对正=居中"。

Step 8 在命令行中输入高度选项的代号"H"，然后输入新值"10"。

Step 9 在命令行中输入对正选项的代号"J"，然后输入左对正选项的代号"L"。

Step 10 依据命令行提示，捕捉如图9-11所示的棱锥体的上表面端点为多段体的起点，如图9-12所示。

Step 11 顺时针依次捕捉上表面的6个点，然后在命令行中输入闭合选项的代号"C"，按下【Enter】键，即得到最终绘制结果，如图9-10所示。

该视频可参见本书附属光盘中的9-10.avi文件。

技术点拨

绘制多段体命令默认"高度=80.0000，宽度=5.0000，对正=居中"；绘制棱锥体命令默认"4个侧面，外切"。如果希望绘制的实体参数不同，则需要首先通过选项修改默认参数设置。

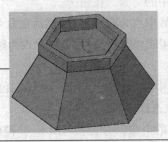

图9-10

绘制棱锥体

图9-11

指定多段体的起点

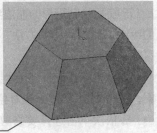

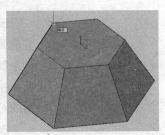

图9-12 绘制结果

技术点拨

绘制多段体命令只需指定二维角点坐标，此外，高度值必须为正且非零。

9.2 通过二维图形创建三维实体

在 AutoCAD 中，可以将二维图形经过旋转或拉伸创建出三维实体，下面我们就来学习利用二维图形创建三维实体的具体过程。

9.2.1 创建拉伸实体

拉伸对象可以是封闭的二维多段线、圆、椭圆、圆环、二维样条曲线、二维实体、宽线、面域、平面三维多段线、三维平面、平面曲面和实体上的平面等。

拉伸可以沿着一条路径进行，这条路径可以是直线、圆、圆弧、椭圆、椭圆弧、多段线或样条曲线，路径对象必须与拉伸对象分处于不同的平面。此外，拉伸还可以做渐变拉伸，这通过指定拉伸的倾斜角实现，倾斜角为正则向内渐变收缩对象，反之，则向外渐变扩张对象。

调用拉伸命令的方法如下所示。

(1) 命令行：EXTRUDE。

(2) 工具栏：单击"建模"→"拉伸"按钮▣。

(3) 菜单栏：依次选择"绘图"→"建模"→"拉伸"命令。

下面使用拉伸命令将一幅二维图形绘制成三维实体，结果如图 9-13 所示。

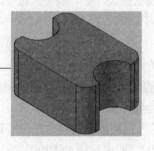

图 9-13

拉伸结果

该视频可参见本书附属光盘中的 9-13.avi 文件。

操作步骤

Step 1 单击"绘图"工具栏中的"矩形"按钮□。

Step 2 依据命令行提示，在任意位置单击指定矩形的第一角点位置，然后在命令行中输入矩形的另一个角点坐标值"@40,30"，即得到一矩形图形。

Step 3 单击"修改"工具栏中的"圆角"按钮□。

Step 4 在命令行中输入选项半径的代号"R"，接着输入圆角半径值"5"，然后选择步骤 2 中绘制矩形的相邻两条边为圆角的第一、第二条直线，完成圆角命令。使用同样的方法，将绘制矩形的 4 个角点均进行圆角处理。

Step 5 单击"绘图"工具栏中的"圆"按钮⊙。

Step 6 捕捉绘制矩形的左边线中点为圆心位置，然后在命令行中输入圆半径值"8"，完成圆的绘制。使用同样的方法，以绘制矩形的右边线中点为圆心，绘制相同半径的圆，结果如图 9-14 所示。

Step 7 单击"修改"工具栏中的"修剪"按钮-/--。选择绘图区中所有图形为要修剪的对象，按【Enter】键结束对象选择。

Step 8 依次单击选择要修剪的对象部分，按【Enter】键结束修剪命令。修剪结果如图 9-15 所示。

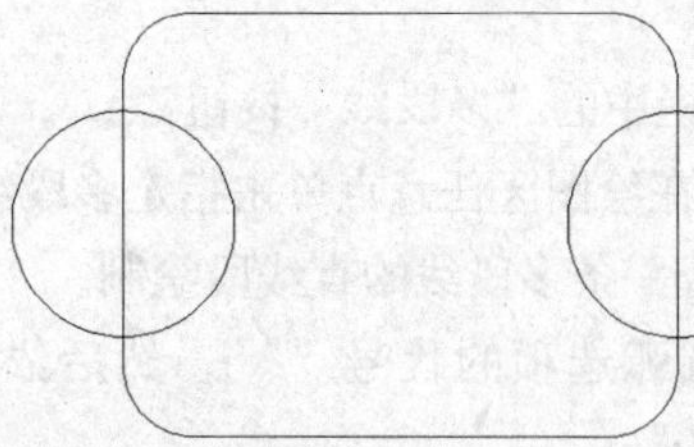

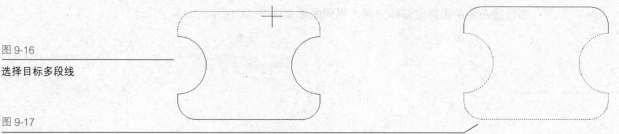

图 9-14

绘制圆

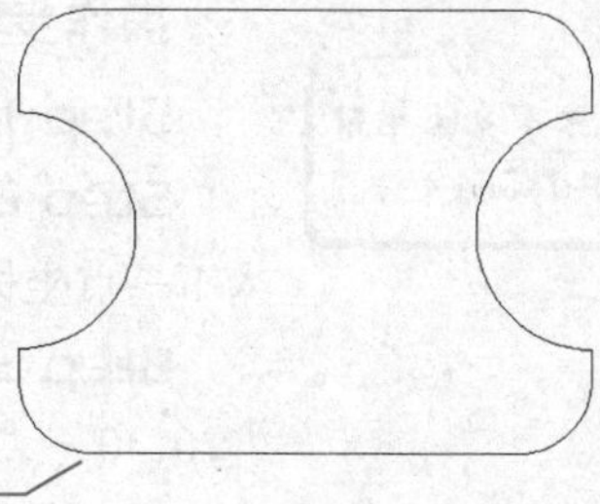

图 9-15

修剪结果

Step 9 依次选择"修改"→"对象"→"多段线"菜单命令，选择最上面的边为对象，如图 9-16 所示，然后在命令行中输入合并选项的代号"J"，接着依次顺时针选择剩余的图形，如图 9-17 所示，按【Enter】键，即完成合并为多段线命令。

图 9-16

选择目标多段线

图 9-17

选择要合并的对象

Step 10 依次选择"视图"→"三维视图"→"东南等轴测"命令，调整坐标系为三维显示。

Step 11 依次选择"视图"→"视觉样式"→"概念"命令，调整视觉效果。

Step 12 依次选择"工具"→"工具栏"→"AutoCAD"→"建模"命令，弹出"建模"工具栏。

Step 13 单击"建模"工具栏中的"拉伸"按钮□。

Step 14 依据命令行提示，选择步骤 9 中合并的多段线为要拉伸的对象，按【Enter】键结束对象选择，然后在命令行中输入拉伸高度值"20"，即得到拉伸实体（见图 9-13）。

技术点拨

如果用直线命令绘制的封闭图形没有转换成多段体，则拉伸结果只能是拉伸为曲面。此外，如果拉伸对象是开放图形的话，其拉伸结果也是曲面。

9.2.2 绘制旋转实体

在 AutoCAD 中，可以通过绕某一轴旋转二维对象来创建三维实体。旋转对象可以是封闭的二维多段线、圆、椭圆、封闭的样条曲线以及面域等。

调用旋转命令的方法如下所示。

（1）命令行：REVOLVE。

（2）工具栏：单击"建模"→"旋转"按钮◎。

（3）菜单栏：依次选择"绘图"→"建模"→"旋转"命令。

下面使用旋转命令将一幅二维图形绘制成三维实体，结果如图 9-18 所示。

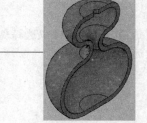

图 9-18

旋转结果

该视频可参见本书附属光盘中的9-18.avi文件。

操作步骤

Step 1 单击"绘图"工具栏中的"多段线"按钮┗。

Step 2 依据命令行提示，在绘图区任意点单击指定多段线起点，然后在命令行中输入下一点坐标值"@10,0"，完成一条多段线的直线段绘制。

Step 3 在命令行中输入圆弧选项的代号"A"，然后依次输入圆弧的端点坐标值"@0,40"、"@0,10"和"@0,20"。

Step 4 在命令行中输入直线选项的代号"L"，然后输入直线的端点坐标值"@-8,0"，按【Enter】键结束命令，即得到图形如图9-19所示。

Step 5 单击"修改"工具栏中的"偏移"按钮▤。

Step 6 指定偏移距离为"3"，然后选择步骤4中绘制的多段线为偏移对象，接着在多段线左侧单击指定偏移方向，得到图形如图9-20所示。

图 9-19

绘制多段线

图 9-20

偏移结果

Step 7 单击"绘图"工具栏中的"直线"按钮▱，绘制直线使两条多段线封闭。

Step 8 依次选择"修改"→"对象"→"多段线"命令，选择步骤4中绘制的多段线为对象，然后在命令行中输入合并选项的代号"J"，接着依次顺时针选择剩余的图形，按【Enter】键，即完成合并为多段线命令。

Step 9 依次选择"视图"→"三维视图"→"西北等轴测"命令，调整坐标系为三维显示。

Step 10 依次选择"视图"→"视觉样式"→"概念"命令，调整视觉效果。

Step 11 依次选择"工具"→"工具栏"→"AutoCAD"→"建模"命令，弹出"建模"工具栏。

Step 12 单击"建模"工具栏中的"旋转"按钮▤。

Step 13 依据命令行提示，选择步骤8中合并的多段线为要旋转的对象，按【Enter】键结束对象选择，接着在绘图区中由下向上捕捉步骤7中绘制的下面直线的两个端点为旋转轴端点的第一、第二点，然后在命令行中输入旋转角度值"180"，即得到旋转实体（见图9-18）。

技术点拨

旋转命令过程中，可以通过选择"对象"选项，使用户可以选择现有的对象来定义旋转轴。轴的正方向从该对象的最近端点指向最远端点。

9.3 三维操作

在 AutoCAD 中，用于二维图形编辑的命令同样可以用于三维实体编辑，而且还提供了一些专门的三维编辑命令，如三维移动、旋转、阵列和镜像等。本节将对这些三维编辑进行示例讲解。

9.3.1 三维移动、旋转和对齐

在三维实体绘制中，同样可以编辑已有实体的方向和位置。三维移动命令可以实现调整实体的位置，而不改变实体的相对位置和尺寸；三维旋转命令可以在三维视图中显示旋转夹点工具并围绕基点旋转对象；三维对齐命令则可以通过添加源点和目标点实现在三维中移动、旋转或缩放对象，使之与其他对象对齐。

1. 调用三维移动命令的方法如下所示

（1）命令行：3DMOVE。

（2）工具栏：单击"建模"→"三维移动"按钮⊕。

（3）菜单栏：依次选择"修改"→"三维操作"→"三维移动"命令。

2. 调用三维旋转命令的方法如下所示

（1）命令行：3DROTATE。

（2）工具栏：单击"建模"→"三维旋转"按钮⊕。

（3）菜单栏：依次选择"修改"→"三维操作"→"三维旋转"命令。

3. 调用三维对齐命令的方法如下所示

（1）命令行：3DALIGN。

（2）工具栏：单击"建模"→"三维对齐"按钮⊟。

（3）菜单栏：依次选择"修改"→"三维操作"→"三维对齐"命令。

下面将首先使用绘制棱锥体和多段体命令绘制 3 个实体，如图 9-21 所示。然后再使用三维移动、旋转和对齐命令对其进行编辑，结果如图 9-22 所示。

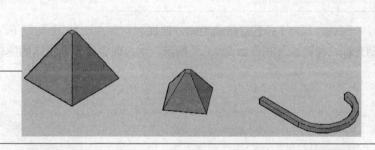

图 9-21

绘制实体

图 9-22

操作结果

该视频可参见本书附属光盘中的9-22.avi文件。

操作步骤

Step 1 依次选择"视图"→"三维视图"→"东南等轴测"命令，调整坐标系为三维显示。

Step 2 依次选择"视图"→"视觉样式"→"概念"命令，调整视觉效果。

Step 3 依次选择"工具"→"工具栏"→"AutoCAD"→"建模"命令，弹出"建模"工具栏。

Step 4 单击"建模"工具栏中的"棱锥体"按钮△。

Step 5 依据命令行提示，在绘图区任意位置单击指定棱锥体底面中心点位置，接着在命令行中输入棱锥体底面半径值"30"。然后输入顶面半径选项的代号"T"，接着输入顶面半径值"2.5"，继而输入棱锥体的高度值"50"，即得到棱锥体 1，如图 9-23 所示。

Step 6 再次单击"建模"工具栏中的"棱锥体"按钮△。

Step 7 依据命令行提示，在绘图区任意位置单击指定棱锥体底面中心点位置，接着在命令行中输入棱锥体底面半径值"20"。然后输入顶面半径选项的代号"T"，接着输入顶面半径值"2.5"，继而输入棱锥体的高度值"30"，即得到棱锥体 2，如图 9-24 所示。

图 9-23

绘制棱锥体 1

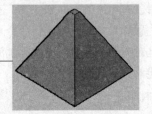
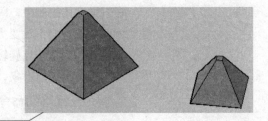

图 9-24

绘制棱锥体 2

Step 8 单击"建模"工具栏中的"多段体"按钮⬚。此时，命令行显示："高度=80.0000，宽度=5.0000，对正＝居中"。

Step 9 在命令行中输入高度选项的代号"H"，然后输入新值"5"。

Step 10 依据命令行提示，在绘图区任意位置单击指定多段体的起点，接着在命令行中输入下一点坐标值"@50,0"，然后输入圆弧选项的代号"A"，接着输入圆弧的端点坐标值"@0,60"，按下【Enter】键，即得到绘制实体（见图 9-21）。

Step 11 单击"建模"工具栏中的"三维旋转"按钮⊕。

Step 12 依据命令行提示，选择步骤 10 中绘制的多段体为旋转对象，接着捕捉多段体的一个端点为旋转基点，如图 9-25 所示。然后将光标悬停在夹点工具的轴控制柄上，直到光标变为黄色，并且黄色矢量显示为与该轴对齐，如图 9-26 所示，则单击拾取旋转轴。

图 9-25

指定旋转基点

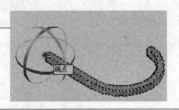
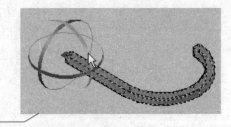

图 9-26

指定旋转轴

Step 13 向右下方移动光标，捕捉旋转起点，如图 9-27 所示。然后向竖直方向移动光标，捕捉旋转端点如图 9-28 所示，单击即完成了多段体的旋转命令。

图 9-27

指定旋转起点

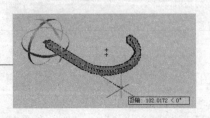
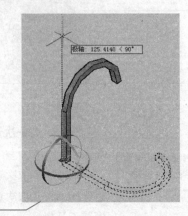

图 9-28

指定旋转端点

Step 14 单击"建模"工具栏中的"三维移动"按钮⊕。

Step 15 依据命令行提示，选择多段体为移动对象，接着捕捉多段体的一个端点为移动基点，如图 9-29 所示，然后捕捉棱锥体 1 上表面的一个端点为移动终点，如图 9-30 所示，单击即完成了多段体的移动命令。

图 9-29
指定移动基点

图 9-30
指定移动终点

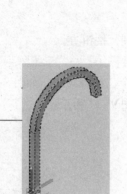

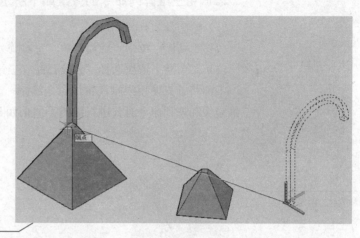

Step 16 单击"建模"工具栏中的"三维对齐"按钮。选择棱锥体 2 为对齐对象，然后捕捉其上表面的一端点为基点，如图 9-31 所示。接着逆时针捕捉与基点连续的两个端点为源点，然后捕捉多段体圆弧段的一端点为第一目标点，如图 9-32 所示，最后仍逆时针捕捉与第一目标点连续的两个端点为第二、第三目标点，即完成了棱锥体 2 的对齐命令，得到结果如图 9-22 所示。

图 9-31
指定对齐基点

图 9-32
指定第一目标点

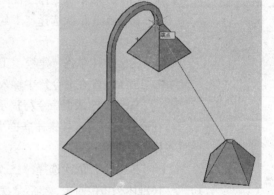

技术点拨

对齐命令中，最多可以给对象添加三对源点和目标点。源点即原来的点，目标点是源点将要移动的位置。如果选择一对或者两对后不想再选择，可以按【Enter】键结束选择即可。

9.3.2 三维镜像和阵列

用户在三维绘图过程中，也经常会遇到一些对称或是有规律排布的图形。三维镜像命令用于创建对象关于某一平面的镜像图像副本；三维阵列命令用于在三维空间中按矩形阵列或环形阵列的方式创建对象的多个副本。在创建矩形阵列时，通过指定行数、列数、层数以及它们之间的距离，可以控制阵列中副本的数量。在创建一个环形阵列时，通过指定阵列的数目、填充角度、旋转轴的起点和终点以及对象在阵列后是否绕着阵列中心旋转，可以控制阵列中副本的数量以及是否旋转副本。

1. 调用三维镜像命令的方法如下所示

（1）命令行：3DMIRROR。

（2）菜单栏：依次选择"修改"→"三维操作"→"三维镜像"命令。

2. 调用三维阵列命令的方法如下所示

（1）命令行：3DARRAY。

（2）工具栏：单击"建模"→"三维阵列"按钮⊞。

（3）菜单栏：依次选择"修改"→"三维操作"→"三维阵列"命令。

下面将首先使用绘制棱锥体命令绘制一个三棱锥实体，如图 9–33 所示。然后再使用三维镜像和阵列命令对其进行编辑，结果如图 9–34 所示。

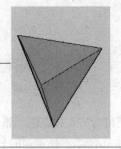

图 9–33

绘制三棱锥实体

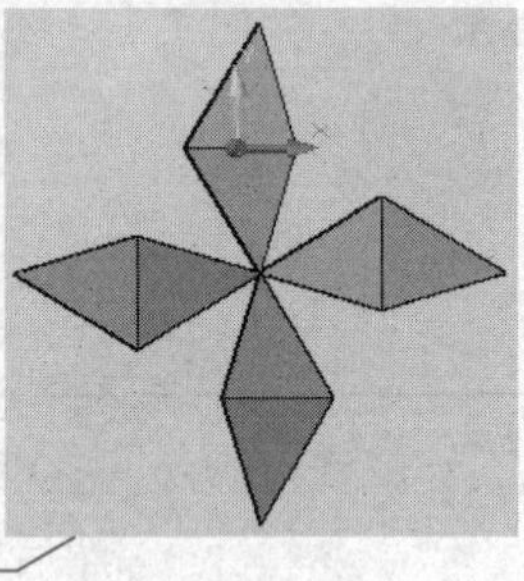

图 9-34

绘制结果

该视频可参见本书附属光盘中的 9-34.avi 文件。

操作步骤

Step 1 依次选择"视图"→"三维视图"→"东南等轴测"命令，调整坐标系为三维显示。

Step 2 依次选择"视图"→"视觉样式"→"概念"命令，调整视觉效果。

Step 3 依次选择"工具"→"工具栏"→"AutoCAD"→"建模"命令，弹出"建模"工具栏。

Step 4 单击"建模"工具栏中的"棱锥体"按钮△。

Step 5 在命令行中输入侧面选项的代号"S"，然后输入新侧面数"3"。

Step 6 依据命令行提示，在绘图区任意位置单击指定棱锥体底面中心点位置，接着在命令行中输入棱锥体底面半径值"15"，然后输入棱锥体的高度值"−50"，即得到棱锥体（见图 9–33）。

Step 7 依次选择"修改"→"三维操作"→"三维镜像"命令。选择上一步绘制的棱锥体为镜像对象，然后依次选择棱锥体底面的三个端点为镜像平面的三个点，如图 9–35 所示。

Step 8 按下【Enter】键默认不删除源对象，即完成了棱锥体的镜像命令，得到图形如图 9–36 所示。

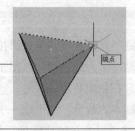

图 9–35

指定镜像平面

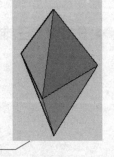

图 9–36

镜像结果

Step 9 单击"建模"工具栏中的"三维阵列"按钮⊞。

Step 10 选择镜像后的两个棱锥体为阵列对象，接着输入环形阵列类型选项的代号

"P"，然后输入阵列项目数目"4"，按两下【Enter】键默认填充角度为"360°"以及旋转阵列对象。

Step 11 指定步骤6中绘制的棱锥体的顶点为阵列中心点，然后向左下方移动鼠标，捕捉旋转轴的第二点，如图9-37所示，以使旋转轴与Y轴平行，即完成了两个棱锥体的阵列命令，得到图形如图9-38所示。

图 9-37

指定旋转轴

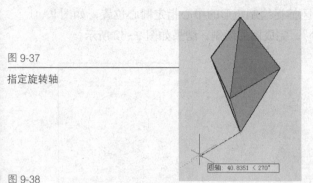

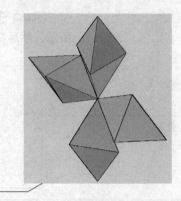

图 9-38

阵列结果

Step 12 依次选择"视图"→"三维视图"→"前视"命令，调整观察角度，即得到操作结果（见图9-34）。

 技术点拨

指定镜像平面时的部分选项含义为："对象"选项表示选择一个已有的二维图形对象定义镜像平面；"Z轴（z）"选项表示根据平面上的一个点和平面法线上的一个点定义镜像平面；"视图（V）"选项表示将镜像平面与当前视口中通过指定点的视图平面对齐；"XY(YZ、ZX)平面"选项用于将镜像平面与一个通过指定点的标准平面（XY、YZ或ZX）对齐。

9.3.3 干涉检查和剖切实体

在AutoCAD中，干涉检查命令是通过从两个或多个实体的公共体积创建临时组合三维实体来亮显重叠的三维实体。而剖切实体命令是通过剖切现有实体来创建新实体，可以通过多种方式定义剪切平面，包括指定点或者选择曲面或平面对象。

1. 调用干涉检查命令的方法如下所示

（1）命令行：INTERFERE。

（2）菜单栏：依次选择"修改"→"三维操作"→"干涉检查"命令。

2. 调用剖切命令的方法如下所示

（1）命令行：SLICE。

（2）菜单栏：依次选择"修改"→"三维操作"→"剖切"命令。

下面将首先通过拉伸二维图形命令绘制实体，然后再分别使用干涉检查和剖切命令对其进行查看，结果如图9-39、图9-40所示。

图 9-39

干涉检查结果

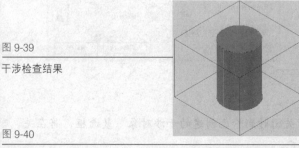

图 9-40

剖切结果

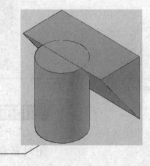

该视频可参见本书附属光盘中的9-40.avi文件。

操作步骤

Step 1 单击“绘图”工具栏中的“矩形”按钮□。

Step 2 依据命令行提示，在绘图区任意位置单击指定矩形的一个角点位置，然后输入另一角点坐标值“@20,20”，完成矩形的绘制。

Step 3 单击“绘图”工具栏中的“圆”按钮⊙。

Step 4 依据命令行提示，在绘图区捕捉绘制矩形的中心指定圆心位置，如图 9-41 所示，然后在命令行中输入圆半径值“5”，完成圆的绘制，结果如图 9-42 所示。

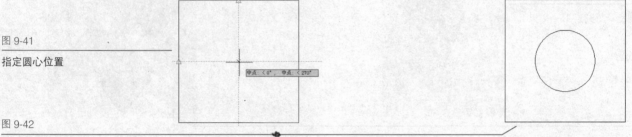

图 9-41
指定圆心位置

图 9-42
绘制二维图形结果

Step 5 依次选择“视图”→“三维视图”→“东南等轴测”命令，使坐标系为三维显示。

Step 6 依次选择“视图”→“视觉样式”→“概念”命令，调整视觉效果。

Step 7 依次选择“工具”→“工具栏”→“AutoCAD”→“建模”命令，弹出“建模”工具栏。

Step 8 单击“建模”工具栏中的“拉伸”按钮。

Step 9 依据命令行提示，选择绘制的矩形和圆为要拉伸的对象，按【Enter】键结束对象选择，然后在命令行中输入拉伸高度值“15”，即得到拉伸实体如图 9-43 所示。

Step 10 依次选择“修改”→“三维操作”→“干涉检查”命令。

Step 11 依据命令行提示，选择绘制的两个拉伸实体为第一组检查对象，按两下【Enter】键结束第一组对象选择和默认跳过第二组对象选择而开始检查，系统弹出“干涉检查”对话框，如图 9-44 所示，此时，在绘图区亮显干涉对象，即得到干涉检查结果（见图 9-39）。

技术点拨

从如图 9-43 所示的拉伸实体中可以看出，拉伸命令不会按照两个图形围成的封闭空间进行拉伸。在 AutoCAD 中有一个“按住并拖动”的命令，这个命令可以按照两个图形围成的封闭空间进行拉伸。

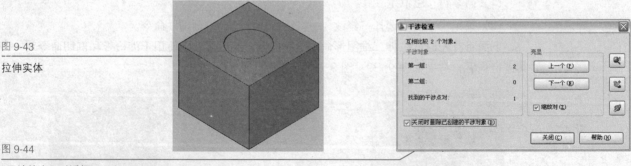

图 9-43
拉伸实体

图 9-44
“干涉检查”对话框

技术点拨

“干涉检查”对话框中，如果不选择“关闭时删除已创建的干涉对象”复选框，将在关闭对话框后生成干涉对象实体。

Step 12 依次选择"修改"→"三维操作"→"剖切"命令。

Step 13 依据命令行提示，选择绘制的拉伸长方体为剖切对象，然后在命令行中输入 Z 轴选项的代号"Z"，接着在绘图区捕捉剖面上的一点，如图 9-45 所示，然后捕捉剖面 Z 轴即法线上的一点，如图 9-46 所示，最后在所需的侧面上指定点，如图 9-47 所示，即完成了剖切命令，得到最终剖切结果（见图 9-40）。

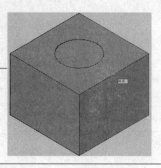

图 9-45

指定通过剖面上的一点

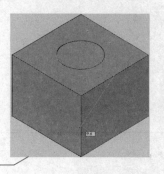

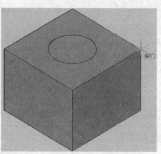

图 9-46

指定 Z 轴上一点

图 9-47 指定所需侧面上一点

 技术点拨

指定剖切平面时的选项含义与指定镜像平面时的选项含义相同，其中，"三点"选项表示通过指定两个点定义剖切平面的角度，其剖切平面均垂直于当前 UCS。

剖切命令将单个实体剖切为两块，从而在平面的两边各创建一个实体。这两个实体可以通过"保留两个侧面"选项均保留。对于每一个选定的实体，剖切命令决不会创建超过两个新复合实体，也不会保留创建它们的原始形式的历史纪录。

9.4 实体编辑

三维实体编辑包括布尔运算、编辑三维实体面和实体边。布尔运算的可用操作有实体的并集、交集和差集；编辑三维实体面的可用操作有拉伸、移动、旋转、偏移、倾斜、复制或更改选定面的颜色等；编辑实体边的可用操作有压印边、复制边和着色边等。

9.4.1 布尔运算

布尔运算即是对三维实体进行求并集、交集和差集的运算。经过布尔运算，可以创建一些复杂的实体。并集运算是将两个或两个以上的实体进行合并，使之成为一个整体；交集运算是将两个或两个以上实体的公共部分建立新的实体，而每个实体的非公共部分将被删除；差集运算是从一个实体中剪去另一个实体，从而达到创建新实体的效果。

1. 调用并集运算命令的方法如下所示

（1）命令行：UNION。

（2）工具栏：单击"实体编辑"→"并集"按钮 ⑩。

（3）菜单栏：依次选择"修改"→"实体编辑"→"并集"命令。

2. 调用交集运算命令的方法如下所示

（1）命令行：INTERSECTION。

（2）工具栏：单击"实体编辑"→"交集"按钮 ⑩。

（3）菜单栏：依次选择"修改"→"实体编辑"→"交集"命令。

3. 调用差集运算命令的方法如下所示

（1）命令行：SUBTRACT。

（2）工具栏：单击"建模"→"差集"按钮⬤。

（3）菜单栏：依次选择"修改"→"实体编辑"→"差集"命令。

下面将首先通过拉伸二维图形命令绘制实体，如图 9-48 所示，然后再分别使用并集运算、交集运算和差集运算命令对其进行编辑，结果如图 9-49～图 9-51 所示。

图 9-48

拉伸实体

图 9-49

并集运算结果

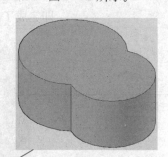

图 9-50

交集运算结果

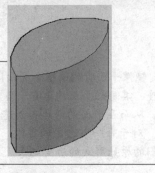

图 9-51

差集运算结果

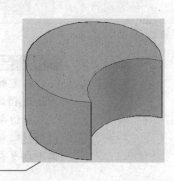

该视频可参见本书附属光盘中的 9-51.avi 文件。

操作步骤

Step 1 单击"绘图"工具栏中的"圆"按钮⊙。

Step 2 依据命令行提示，在绘图区任意位置单击指定圆心位置，然后在命令行中输入圆半径值"10"，完成圆 1 的绘制。

Step 3 再次单击"绘图"工具栏中的"圆"按钮⊙。

Step 4 依据命令行提示，在绘图区捕捉圆 1 的第一象限点为圆心位置，如图 9-52 所示，然后在命令行中输入圆半径值"8"，完成圆 2 的绘制，结果如图 9-53 所示。

图 9-52

指定圆 2 的圆心位置

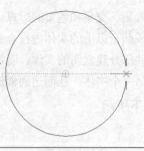

图 9-53

绘制二维图形结果

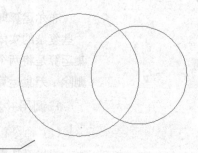

Step 5 依次选择"视图"→"三维视图"→"东南等轴测"命令，调整坐标系为三维显示。

Step 6 依次选择"视图"→"视觉样式"→"概念"命令，调整视觉效果。

Step 7 依次选择"工具"→"工具栏"→"AutoCAD"→"建模"命令，弹出"建模"工具栏。

Step 8 单击"建模"工具栏中的"拉伸"按钮▣。

Step 9 依据命令行提示，选择绘制的两个圆为要拉伸的对象，按【Enter】键结束对象选择，然后在命令行中输入拉伸高度值"10"，即得到拉伸实体（见图 9-48）。

Step 10 单击"建模"工具栏中的"并集"按钮⬤。

Step 11 依据命令行提示，选择创建的两个拉伸实体为并集对象，即得到结果如图 9-49 所示。

Step 12 单击"标准"工具栏中的"放弃"按钮 🔄，取消并集运算操作。

Step 13 单击"建模"工具栏中的"交集"按钮 ⓪

Step 14 依据命令行提示，再次选择创建的两个拉伸实体为交集对象，即得到结果如图 9-50 所示。

Step 15 再次单击"标准"工具栏中的"放弃"按钮 🔄，取消交集运算操作。

Step 16 单击"建模"工具栏中的"差集"按钮 ⓪。

Step 17 依据命令行提示，选择圆 1 的拉伸实体为要从中减去的实体，然后选择圆 2 的拉伸体为要减去的实体，即得到结果如图 9-51 所示。

技术点拨

如果选择两个面域进行差集运算，则两个面域必须位于同一平面上。但是，可以通过在不同的平面上选择面域集，可同时执行多个"差"操作。程序会在每个平面上分别生成减去的面域。如果没有其他选定的共面面域，则该面域将被拒绝。

9.4.2 拉伸、移动和偏移面

拉伸、移动和偏移面命令功能和选项含义都基本相同，只是操作方法略有不同。拉伸面命令是将选定的三维实体对象的面拉伸到指定的高度或沿一路径拉伸。移动面命令是将选定的三维实体对象的面沿指定的高度或距离移动。偏移面命令是将选定的三维实体对象的面按指定的距离或通过指定的点，将面均匀的偏移。它们都可以一次选择多个面，此外高度值是正值则增大实体尺寸或体积，负值则减小实体尺寸或体积。

1.调用拉伸面命令的方法如下所示

（1）命令行：SOLIDEDIT。

（2）工具栏：单击"实体编辑"→"拉伸面"按钮 ▣。

（3）菜单栏：依次选择"修改"→"实体编辑"→"拉伸面"命令。

2.调用移动面命令的方法如下所示

（1）命令行：SOLIDEDIT。

（2）工具栏：单击"实体编辑"→"移动面"按钮 ⋆⊓。

（3）菜单栏：依次选择"修改"→"实体编辑"→"移动面"命令。

3.调用偏移面命令的方法如下所示

（1）命令行：SOLIDEDIT。

（2）工具栏：单击"实体编辑"→"偏移面"按钮 ⊡。

（3）菜单栏：依次选择"修改"→"实体编辑"→"偏移面"命令。

下面首先使用绘制长方体命令绘制一个实体，如图 9-54 所示，然后依次使用拉伸面、移动面和偏移面命令对其进行编辑，结果如图 9-55 ～图 9-57 所示。

图 9-54

绘制实体

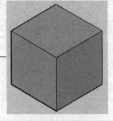

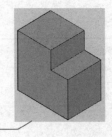

图 9-55

拉伸面结果

图 9-56

移动面结果

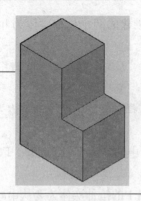
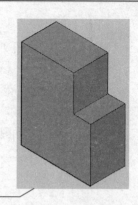

图 9-57

偏移面结果

该视频可参见本书附属光盘中的 9-57.avi 文件。

操作步骤

Step 1 依次选择"视图"→"三维视图"→"东南等轴测"命令，调整坐标系为三维显示。

Step 2 依次选择"视图"→"视觉样式"→"概念"命令，调整视觉效果。

Step 3 依次选择"工具"→"工具栏"→"AutoCAD"→"建模"命令，弹出"建模"工具栏。

Step 4 依次选择"工具"→"工具栏"→"AutoCAD"→"实体编辑"命令，弹出"实体编辑"工具栏。

Step 5 单击"建模"工具栏中的"长方体"按钮□。

Step 6 依据命令行提示，在绘图区任意位置单击指定长方体的第一个角点位置，然后在命令行中输入其他角点坐标值"@20,20,20"，即得到长方体（见图 9-54）。

Step 7 单击"实体编辑"工具栏中的"拉伸面"按钮 。

Step 8 依据命令行提示，在绘图区选择长方体的两个面为拉伸面对象，如图 9-58 所示，然后在命令行中输入拉伸高度值"10"，按下【Enter】键默认倾斜角度为"0"，即得到长方体的拉伸面效果如图 9-55 所示。再次按两下【Enter】键即退出面编辑。

Step 9 单击"实体编辑"工具栏中的"移动面"按钮 。

Step 10 依据命令行提示，在绘图区选择长方体的上表面为移动面对象，如图 9-59 所示，接着捕捉上表面的一个端点为移动基点，然后在命令行中输入位移的第二点坐标值"@0,0,10"，即得到移动面效果（见图 9-56）。最后按两下【Enter】键即退出面编辑。

图 9-58

指定拉伸面对象

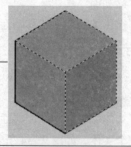

图 9-59

指定移动面对象

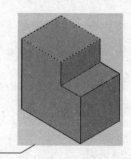

图 9-60

指定偏移面对象

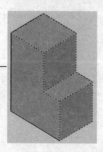

Step 11 单击"实体编辑"工具栏中的"偏移面"按钮 。

Step 12 依据命令行提示，在绘图区选择偏移面对象，如图 9-60 所示，然后在命令行中输入偏移距离"10"，即得到偏移面效果（见图 9-57）。最后按两下【Enter】键即退出面编辑。

技术点拨

在每次面编辑操作完成后，命令行中都会出现一系列面编辑选项，如：拉伸、移动、旋转、偏移、倾斜和复制等，用户可以在此直接输入面编辑命令代号即可进行再次的面编辑操作。

9.4.3 旋转和倾斜面

旋转面命令是将一个、多个面或实体的某部分绕指定的轴做角度的旋转。

倾斜面命令是按一个角度将面进行倾斜。倾斜角的旋转方向由选择基点和第二点（沿选定矢量）的顺序决定，其中正角度将往里倾斜选定的面，负角度将往外倾斜面。默认角度为"0"，可以垂直于平面拉伸面。选择集中所有选定的面将倾斜相同的角度。

1.调用旋转面命令的方法如下所示

（1）命令行：SOLIDEDIT。

（2）工具栏：单击"实体编辑"→"旋转面"按钮 。

（3）菜单栏：依次选择"修改"→"实体编辑"→"旋转面"命令。

2.调用倾斜面命令的方法如下所示

（1）命令行：SOLIDEDIT。

（2）工具栏：单击"实体编辑"→"倾斜面"按钮 。

（3）菜单栏：依次选择"修改"→"实体编辑"→"倾斜面"命令。

下面将使用9.4.1示例中的并集运算结果，如图9-61所示，依次使用旋转面和倾斜面命令对其进行编辑，结果如图9-62、图9-63所示。

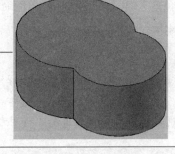

图 9-61

原始图形

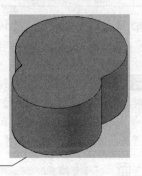

图 9-62

旋转面结果

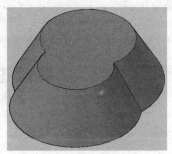

图 9-63 倾斜面结果

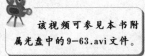

该视频可参见本书附属光盘中的9-63.avi文件。

操作步骤

Step 1 依次选择"视图"→"三维视图"→"东南等轴测"命令，调整坐标系为三维显示。

Step 2 依次选择"视图"→"视觉样式"→"概念"命令，调整视觉效果。

Step 3 依次选择"工具"→"工具栏"→"AutoCAD"→"实体编辑"命令，弹出"实体编辑"工具栏。

Step 4 单击"实体编辑"工具栏中的"旋转面"按钮 。

Step 5 依据命令行提示，在绘图区中选择实体的外表面为旋转对象，如图9-64所示，然后捕捉大圆拉伸体的上表面和下表面的圆心为旋转轴的第一、第二个点，如图9-65所示。

Step 6 在命令行中输入旋转角度"60"，即完成了旋转面命令，结果如图9-62所示。然后按两下【Enter】键即退出面编辑。

Step 7 单击"实体编辑"工具栏中的"倾斜面"按钮 。

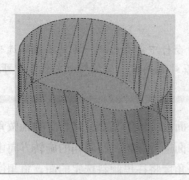
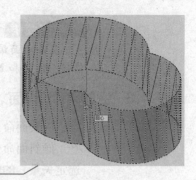

图 9-64

选择旋转面对象

图 9-65

捕捉旋转轴的两个点

Step 8 依据命令行提示，在绘图区中仍选择如图 9-64 所示的外表面为倾斜对象，然后捕捉两个拉伸体交界线的上端点和下端点为倾斜轴的基点和第二个点，如图 9-66、图 9-67 所示。

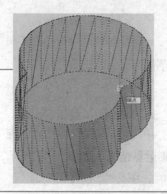
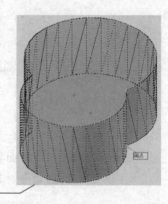

图 9-66

捕捉倾斜轴的基点

图 9-67

捕捉倾斜轴的第二点

Step 9 在命令行中输入旋转角度"-30"，即完成了倾斜面命令，结果如图 9-63 所示。然后按两下【Enter】键即退出面编辑。

 技术点拨

在旋转面命令中指定旋转轴时，可以选择"经过对象的轴"选项，通过选择已有的直线、圆、圆弧等，将旋转轴与选定的直线或圆等的三维轴对齐。接下来在指定旋转角度时，可以选择"参照"选项，通过指定参照起点角度和端点角度，将两者的差值作为旋转角度。

9.4.4 复制和着色面

复制面命令可以复制或删除三维实体对象中的面，复制面时，选定的面将作为面域或体进行复制。着色面命令即是为面改变颜色以区别于其他的面。

1. 调用复制面命令的方法如下所示

（1）命令行：SOLIDEDIT。

（2）工具栏：单击"实体编辑"→"复制面"按钮。

（3）菜单栏：依次选择"修改"→"实体编辑"→"复制面"命令。

2. 调用着色面命令的方法如下所示

（1）命令行：SOLIDEDIT。

（2）工具栏：单击"实体编辑"→"着色面"按钮。

（3）菜单栏：依次选择"修改"→"实体编辑"→"着色面"命令。

下面将使用 9.4.3 示例中的倾斜面结果，如图 9-68 所示，依次使用着色面和复制面命令对其进行编辑，结果如图 9-69、图 9-70 所示。

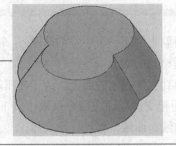 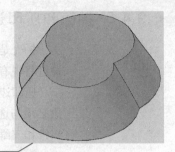

图 9-68

原始图形

图 9-69

着色面结果

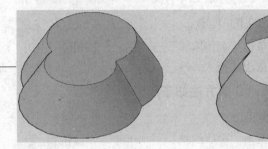

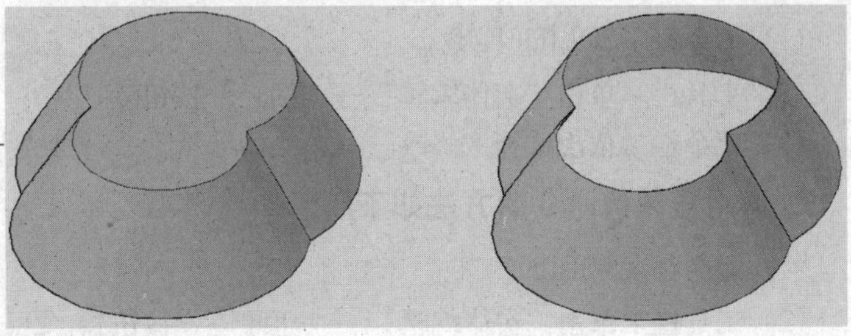

图 9-70

复制面结果

技术点拨

选择面后可以通过"放弃"选项取消选择最近添加到选择集中的面或"删除"选项以从选择集中删除以前选择的面。

如果对着色面进行复制，则复制出的面将不会带有设置的颜色，仍然是随层颜色。

该视频可参见本书附属光盘中的9-70.avi文件。

图 9-71

选择复制面对象

图 9-72

指定复制的基点和第二点

图 9-73

选择着色的颜色

技术点拨

复制出的面非实体，所以不能用于着色面命令。

操作步骤

Step 1 依次选择"视图"→"三维视图"→"东南等轴测"命令，调整坐标系为三维显示。

Step 2 依次选择"视图"→"视觉样式"→"概念"命令，调整视觉效果。

Step 3 依次选择"工具"→"工具栏"→"AutoCAD"→"实体编辑"命令，弹出"实体编辑"工具栏。

Step 4 单击"实体编辑"工具栏中的"复制面"按钮。

Step 5 依据命令行提示，在绘图区中选择实体的外表面为复制对象，如图 9-71 所示，接着捕捉拉伸体交界线的上端点为复制基点，然后向右大约水平方向移动鼠标，如图 9-72 所示，单击即完成了复制面命令，得到复制面结果（见图 9-70）。然后按两下【Enter】键即退出面编辑。

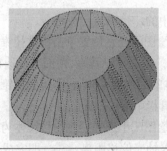 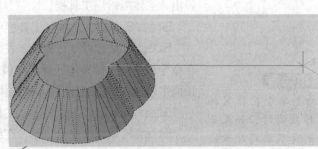

Step 6 单击"实体编辑"工具栏中的"着色面"按钮。

Step 7 依据命令行提示，在绘图区中仍选择如图 9-71 所示的外表面为着色对象，系统弹出"选择颜色"对话框，选择"颜色"为"洋红"，其他采用默认设置，如图 9-73 所示。

Step 8 单击"确定"按钮，即完成了着色面命令，得到着色面结果（见图 9-70）。然后按两下【Enter】键即退出面编辑。

选择颜色

索引颜色　真彩色　配色系统

AutoCAD 颜色索引 (ACI):

ByLayer (L)　ByBlock (K)

颜色(C):

洋红

确定　取消　帮助(H)

9.4.5 抽壳和压印边

抽壳是以指定的厚度在实体对象上创建一个中空的薄壁。一个三维实体只能有一个壳，通过将现有面偏移出其原位置来创建新的面。

压印边命令是将几何图形压印到实体对象的面上。为了使压印操作成功，被压印的对象必须与选定对象的一个或多个面相交。压印边命令仅限于以下对象：圆弧、圆、直线、二维和三维多段线、椭圆、样条曲线、面域、体和三维实体。

1. 调用抽壳命令的方法如下所示

（1）命令行：SOLIDEDIT。

（2）工具栏：单击"实体编辑"→"抽壳"按钮 。

（3）菜单栏：依次选择"修改"→"实体编辑"→"抽壳"命令。

2. 调用压印边命令的方法如下所示

（1）命令行：SOLIDEDIT。

（2）工具栏：单击"实体编辑"→"压印边"按钮 。

（3）菜单栏：依次选择"修改"→"实体编辑"→"压印边"命令。

下面首先使用绘制棱锥体命令绘制一个棱锥体，如图 9-74 所示，然后使用抽壳命令将其编辑为一个中空的壳体，如图 9-75 所示，接着在棱锥体的顶面绘制两个同径圆，并使用压印边命令将其压印在棱锥体上，如图 9-76 所示。

操作步骤

Step 1 依次选择"视图"→"三维视图"→"东南等轴测"命令，调整坐标系为三维显示。

Step 2 依次选择"视图"→"视觉样式"→"概念"命令，调整视觉效果。

Step 3 依次选择"工具"→"工具栏"→"AutoCAD"→"建模"命令，弹出"建模"工具栏。

Step 4 再次依次选择"工具"→"工具栏"→"AutoCAD"→"实体编辑"命令，弹出"实体编辑"工具栏。

Step 5 单击"建模"工具栏中的"棱锥体"按钮 。

Step 6 依据命令行提示，在绘图区任意位置单击指定棱锥体底面中心点位置，接着在命令行中输入棱锥体底面半径值"20"。然后输入顶面半径选项的代号"T"，接着输入顶面半径值"10"，继而输入棱锥体的高度值"30"，即得到棱锥体如图 9-74 所示。

Step 7 单击"实体编辑"工具栏中的"抽壳"按钮 。

Step 8 依据命令行提示，在绘图区中选择绘制的棱锥体为抽壳对象，接着选择要删除的面，如图 9-77 所示，然后输入抽壳偏移距离"3"，即完成了棱锥体的抽壳命令，结果如图 9-75 所示。然后按两下【Enter】键即退出面编辑。

该视频可参见本书附属光盘中的 9-76.avi 文件。

技术点拨

抽壳命令在指定抽壳偏移距离时，如果是正值则是从圆周外开始抽壳，反之，则从圆周内开始抽壳。

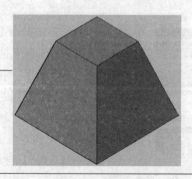

图 9-74

绘制棱锥体

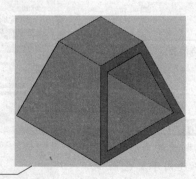

图 9-75

抽壳结果

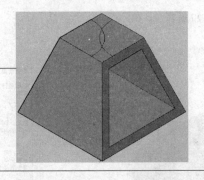

图 9-76

压印结果

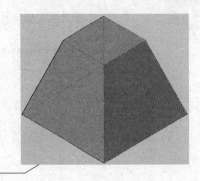

图 9-77

指定要删除的面

Step 9 单击"绘图"工具栏中的"圆"按钮⊘。

Step 10 依据命令行提示，在绘图区中捕捉棱锥体顶面的左上方角点为圆心位置，然后在命令行中输入圆半径值"15"，即完成了圆 1 的绘制。使用同样的方法，以棱锥体顶面的右下方角点为圆心，绘制一个相同半径的圆 2，结果如图 9-78 所示。

Step 11 单击"实体编辑"工具栏中的"压印"按钮◁。

Step 12 依据命令行提示，在绘图区中选择抽壳后的棱锥体为压印实体，接着选择圆 1 为要压印的对象，然后输入删除源对象的选项代号"Y"，即完成了圆 1 的压印命令，结果如图 9-79 所示。继续选择圆 2 为要压印的对象，然后输入删除源对象的选项代号"Y"，即完成了两个圆的压印命令。最后按下【Enter】键结束选择要压印的对象，即得到压印结果（见图 9-76）。

技术点拨

抽壳命令中在选择删除面时，也可以通过直接按下"Enter"键而默认不选择删除面，其结果是得到一个全封闭的中空壳体。

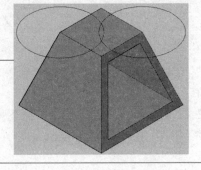

图 9-78

绘制圆

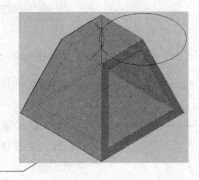

图 9-79

压印圆 1 结果

9.5 实体渲染

渲染就是给场景着色，将场景中的灯光以及对象的材质处理成图像的形式。实体渲染后的图形更加生动逼真，亦能从感观上增强实体的可观察性。在进行渲染处理之前，一般都需要对图形进行光源、材质、贴图和渲染环境等的设置，这将使得模型的渲染图像更加真实。

9.5.1 制作默认的渲染图

默认渲染通常都很有用，其结果有助于确定需要创建什么样的材质和灯光，同时也可以发现模型本身的缺陷。

调用渲染命令的方法如下所示。

（1）命令行：RENDER。

（2）工具栏：单击"渲染"→"渲染"按钮▭。

（3）菜单栏：依次选择"视图"→"渲染"→"渲染"命令。

下面将首先使用绘制长方体命令绘制实体，然后就直接使用渲染命令对其进行渲染，得到长方体的默认渲染效果图如图 9-80 所示。

图 9-80

默认渲染效果图

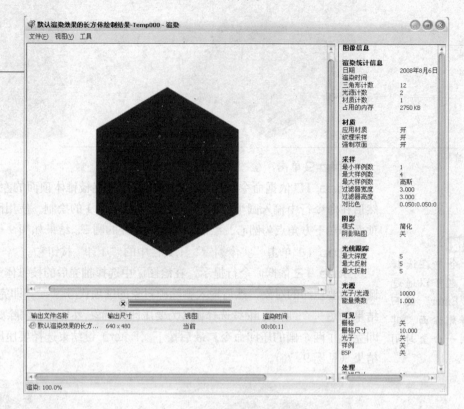

操作步骤

Step 1 依次选择"视图"→"三维视图"→"东南等轴测"命令，调整坐标系为三维显示。

Step 2 依次选择"视图"→"视觉样式"→"概念"命令，调整视觉效果。

Step 3 依次选择"工具"→"工具栏"→"AutoCAD"→"建模"/"渲染"命令，弹出"建模"/"渲染"工具栏。

Step 4 单击"建模"工具栏中的"长方体"按钮□。

Step 5 依据命令行提示，在命令行中输入长方体的第一个角点坐标值"0,0,0"，然后输入其他角点坐标值"@50,50,50"，即完成长方体的绘制。

Step 6 依次选择"视图"→"命名视图"命令。系统弹出"视图管理器"对话框。

Step 7 单击"新建"按钮，系统弹出"新建视图/快照特性"对话框。

Step 8 在"视图名称"文本框中输入新名称"白背景"。

Step 9 在"背景"选项组中的下拉列表框中选择"纯色"，系统弹出"背景"对话框。

Step 10 单击"纯色选项"中的颜色条，系统弹出"选择颜色"对话框，选择颜色为"255，255，255"。

Step 11 单击"确定"按钮，回到"背景"对话框。

Step 12 单击"确定"按钮，回到"新建视图/快照特性"对话框，其他采用默认设置。

Step 13 单击"确定"按钮，回到"视图管理器"对话框，即完成了视图的创建。

Step 14 选中"白背景"命名视图，依次单击"置为当前"和"确定"按钮，回到绘图窗口，绘图背景即变为了白色。

Step 15 单击"渲染"工具栏中的"渲染"按钮，系统弹出"渲染"窗口，等待数秒即得到长方体的默认渲染效果图（见图 9-80）。

🖱️**技术点拨**

　　"渲染"窗口分为3个窗格：图像窗格、统计信息窗格和历史记录窗格。其中位于左上侧的图像窗格中显示了当前窗口中图形的渲染效果；右侧的统计信息窗格中显示了图像的质量、光源和材质等详细信息；左下侧的历史记录窗格中显示了当前渲染图像的名称、大小和渲染时间等信息。

　　默认背景下渲染出的图像背景是黑色，可以使用"命名视图"命令创建一个白色背景的视图窗口，来改变渲染效果图的背景颜色。

9.5.2　渲染环境和高级渲染设置

　　通过设置渲染环境，可以设置雾化或深度效果，这种效果与大气效果非常相似。

　　高级渲染设置命令是通过设置"高级渲染设置"选项板中的渲染参数实现的，该选项板分为从常规设置到高级设置的若干部分。其中"常规"部分包含了影响模型的渲染方式、材质和阴影的处理方式以及反走样执行方式的设置；"光线跟踪"部分控制如何产生着色；"间接发光"部分控制光源特性、场景照明方式以及是否进行全局照明和最终采集，还可以使用诊断控件来帮助了解图像没有按照预期效果进行渲染的原因。

1. 调用渲染环境设置命令的方法如下所示

（1）命令行：RENDERENVIRONMENT。

（2）工具栏：单击"渲染"→"渲染环境"按钮🔲。

（3）菜单栏：依次选择"视图"→"渲染"→"渲染环境"命令。

2. 调用高级渲染设置命令的方法如下所示

（1）命令行：RPREF。

（2）工具栏：单击"渲染"→"高级渲染设置"按钮🔲。

（3）菜单栏：依次选择"视图"→"渲染"→"高级渲染设置"命令。

　　下面将首先使用绘制圆环体命令绘制实体，然后通过使用渲染环境设置和高级渲染设置命令对其进行前期设置，最后使用渲染命令即得到圆环体的渲染效果图如图9-81所示。

图 9-81

圆环体的渲染效果图

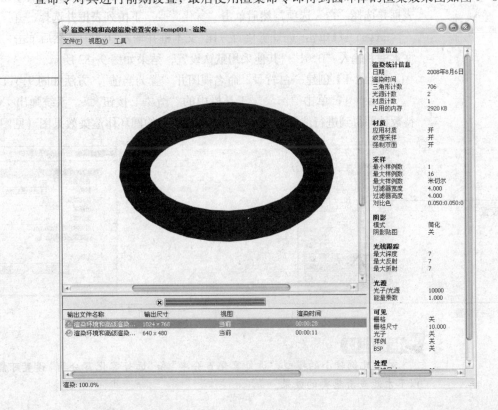

技术点拨

在"高级渲染设置"选项板中也可以找到"渲染"命令按钮，它就在"渲染预设"下拉列表框的右边。

该视频可参见本书附属光盘中的9-81.avi文件。

操作步骤

Step 1 依次选择"视图"→"三维视图"→"东南等轴测"命令，调整坐标系为三维显示。

Step 2 依次选择"视图"→"视觉样式"→"概念"命令，调整视觉效果。

Step 3 依次选择"工具"→"工具栏"→"AutoCAD"→"建模"/"渲染"菜单命令，弹出"建模"/"渲染"工具栏。

Step 4 单击"建模"工具栏中的"圆环体"按钮◎。

Step 5 依据命令行提示，在命令行中输入圆环体的中心点坐标值"50,50,50"，接着输入圆环体半径值"30"，然后输入圆管半径值"5"，即完成圆环体的绘制。

Step 6 单击"渲染"工具栏中的"高级渲染设置"按钮，系统弹出"高级渲染设置"选项板。

Step 7 单击"渲染预设"下拉列表框并选择"高"选项，然后单击"输出尺寸"下拉列表框并选择"1024×768"，其他采用默认设置，结果如图9-82所示。

技术点拨

"高级渲染设置"选项板中的一些常用参数含义如下：

"渲染预设"下拉列表框中从最低质量到最高质量列出的标准渲染预设有"草图"、"低"、"中"、"高"和"演示"，此外，用户还可以通过最下面的"管理渲染预设"命令自定义"渲染预设"类型。

"渲染过程"下拉列表框中包括的选项有"视图"、"修剪"和"选择"。其中"视图"选项用于设置渲染对象为当前视图；"修剪"选项用于设置渲染对象为一个修剪窗口；"选择"选项用于设置渲染对象为渲染过程中选择的渲染对象。

"输出文件名称"文本框用于指定文件名和要存储渲染图像的位置。

"输出尺寸"下拉列表框用于设置渲染图像的当前输出分辨率。

Step 8 单击"渲染"工具栏中的"渲染环境"按钮，系统弹出"渲染环境"对话框。

Step 9 单击"启用雾化"下拉列表框并选择"开"选项，接着单击"颜色"下拉列表框并选择"白"选项，然后单击"雾化背景"下拉列表框并选择"开"选项。

Step 10 单击"近处雾化百分比"文本框并输入"0.001"，然后单击"远处雾化百分比"文本框并输入"0.01"，其他采用默认设置，结果如图9-83所示。

Step 11 创建"白背景"命名视图并"置为当前"，方法如同9.5.1示例中所讲。

Step 12 单击"渲染"工具栏中的"渲染"按钮，系统弹出"渲染"窗口，等待数秒即得到进行渲染环境和高级渲染设置后的圆环体渲染效果图（见图9-81）。

图 9-82

高级渲染参数设置

图 9-83

"渲染环境"对话框设置

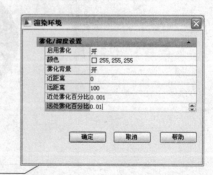

技术点拨

对于比例较小的模型，"近处雾化百分率"和"远处雾化百分率"设置可能需要设置在1.0以下才能查看想要的效果。

技术点拨

"渲染环境"对话框中的部分参数含义如下：

"雾化背景"选项不仅对背景进行雾化，也对几何图形进行雾化。背景主要是显示在模型后面的背景幕。背景可以是单色、多色渐变色或位图图像。

"近距离"/"远距离"文本框用于指定雾化开始/结束处到相机的距离，其中近距离设置不能大于远距离设置。

"近处雾化百分比"/"远处雾化百分比"文本框用于指定近/远距离处雾化的不透明度。

9.5.3 创建光源

当使用默认选项渲染时，AutoCAD 使用一个位于观察者身后的光源，其光线照在视图中的对象上。但是，这远远不够，而且不逼真。适当的光源可以影响到实体各个表面的明暗情况，并且能够产生阴影。在 AutoCAD 2009 中，用户可以创建点光源、聚光灯和平行光，而且还可以对光源的地理位置和阳光特性进行设置。

1. 调用创建点光源命令的方法如下所示

(1) 命令行：POINTLIGHT。

(2) 工具栏：单击"渲染"→"光源"按钮→"新建点光源"按钮 ♡。

(3) 工具栏：单击"光源"→"新建点光源"按钮 ♡。

(4) 菜单栏：依次选择"视图"→"渲染"→"光源"→"新建点光源"命令。

2. 调用创建聚光灯命令的方法如下所示

(1) 命令行：SPOTLIGHT。

(2) 工具栏：单击"渲染"→"光源"按钮→"新建聚光灯"按钮 ♦。

(3) 工具栏：单击"光源"→"新建聚光灯"按钮 ♦。

(4) 菜单栏：依次选择"视图"→"渲染"→"光源"→"新建聚光灯"命令。

3. 调用创建平行光命令的方法如下所示

(1) 命令行：DISTANTLIGHT。

(2) 工具栏：单击"渲染"→"光源"按钮→"新建平行光"按钮 ♦。

(3) 工具栏：单击"光源"→"新建平行光"按钮 ♦。

(4) 菜单栏：依次选择"视图"→"渲染"→"光源"→"新建平行光"命令。

下面将首先使用绘制棱锥体命令绘制实体，然后再分别使用创建点光源、聚光灯和平行光命令为其创建光源并进行渲染，分别得到棱锥体的渲染效果如图 9-84～图 9-86 所示。

图 9-84

点光源渲染效果

图 9-85

聚光灯渲染效果

图 9-86 平行光渲染效果

操作步骤

Step 1 依次选择"视图"→"三维视图"→"东南等轴测"命令，调整坐标系为三维显示。

Step 2 依次选择"视图"→"视觉样式"→"概念"命令，调整视觉效果。

Step 3 依次选择"工具"→"工具栏"→"AutoCAD"→"建模"/"渲染"/"光源"命令，分别弹出"建模"/"渲染"/"光源"工具栏。

Step 4 单击"建模"工具栏中的"棱锥体"按钮△。

Step 5 依据命令行提示，在命令行中输入棱锥体底面中心点坐标值"0,0,0"，接着输入棱锥体底面半径值"20"。然后输入顶面半径选项的代号"T"，接着输入顶面半径值"10"，继而输入棱锥体的高度值"50"，即得到棱锥体如图 9-87 所示。

Step 6 单击"光源"工具栏中的"新建点光源"按钮，系统弹出"光源－视口光源模式"对话框，如图 9-88 所示。选择"关闭默认光源（建议）"选项，系统关闭该对话框。

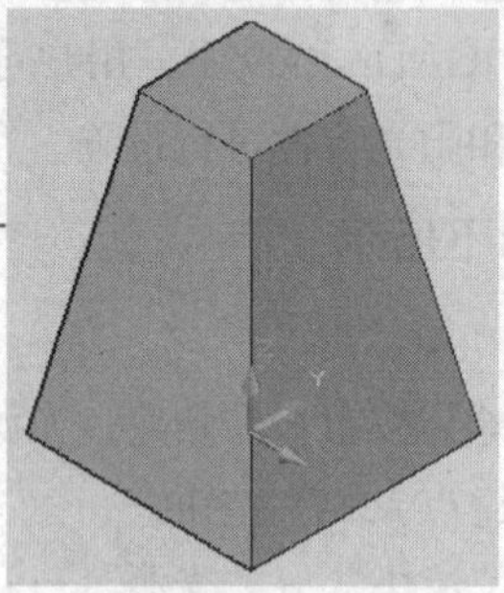

图 9-87

创建棱锥体

图 9-88

"光源－视口光源模式"对话框

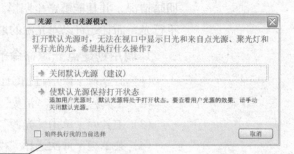

Step 7 依据命令行提示，在命令行中输入点光源位置坐标值"50,50,80"，然后按下【Enter】键默认退出，即完成了点光源的简单创建，如图 9-89 所示。

技术点拨

点光源可以用来模拟灯泡发出的光，它从其所在位置向所有方向发射光线，它的强度随着距离的增加以一定的衰减类型衰减。

点光源在局部区域中可以替代环境光，将点光源与聚光灯组合起来可以达到通常所需要的光效果。

Step 8 单击"渲染"工具栏中的"渲染"按钮，系统弹出"渲染"窗口，等待数秒即得到棱锥体的点光源渲染效果（见图 9-84）。

Step 9 单击"修改"工具栏中的"删除"按钮，删除刚创建的点光源。

Step 10 单击"光源"工具栏中的"新建聚光灯"按钮。

Step 11 依据命令行提示，在命令行中输入聚光灯光源位置坐标值"50,50,80"，接着输入目标位置坐标值"10,10,50"，然后按下【Enter】键默认退出，即完成了聚光灯的简单创建，如图 9-90 所示。

图 9-89

创建点光源

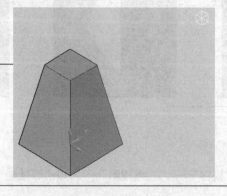

图 9-90

创建聚光灯

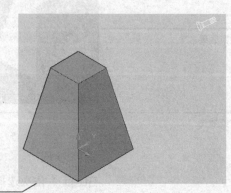

聚光灯发射有方向的圆锥形光，它发出的光方向和圆锥尺寸是可以调节的。它的强度也是随着距离的增加以一定的衰减类型衰减。

它适用于高亮显示模型中的几何特征和区域。

Step 12 单击"渲染"工具栏中的"渲染"按钮，系统弹出"渲染"窗口，等待数秒即得到棱锥体的聚光灯渲染效果（见图9-85）。

Step 13 单击"修改"工具栏中的"删除"按钮 ，删除刚创建的聚光灯。

Step 14 单击"光源"工具栏中的"新建平行光"按钮，系统弹出"光源－光度控制平行光"对话框，如图9-91所示。选择"允许平行光"选项，系统关闭该对话框。

Step 15 依据命令行提示，在命令行中输入光源来向坐标值"－100，－100，100"，接着在绘图区捕捉棱锥体顶面的一个端点为光源去向位置，如图9-92所示，然后按下【Enter】键默认退出，即完成了平行光的简单创建。

图 9-91

"光源－光度控制平行光"对话框

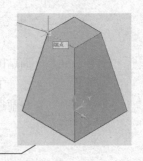

图 9-92

指定光源去向位置

平行光源是指向一个方向发射平行光射线，光射线在指定光源点的两侧无限延伸，并且平行光的强度也是随着距离的增加而衰减。平行光可以穿过不透明的实体照射到其后面的实体上而不会被挡住。

平行光可用做模拟自然光。

Step 16 单击"渲染"工具栏中的"渲染"按钮，系统弹出"渲染"窗口，等待数秒即得到棱锥体的平行光渲染效果（见图9-86）。

创建各种类型的光源过程中出现的部分选项含义如下：

"强度因子"选项用于设置光源的强度或亮度。

"阴影"选项用于控制是否使光源投射阴影，其中"强烈"类型用于显示带有强烈边界的阴影，使用该选项可以相对提高性能；"已映射柔和"类型用于显示带有柔和边界的真实阴影；"已采样柔和"类型用于显示真实阴影和基于扩展光源的较柔和的阴影（半影）。

"衰减"选项用于控制光源的衰减类型、衰减界限等。

"过滤颜色"选项用于控制光源的颜色。

"聚光角"选项用于指定最亮光锥的角度，也称为光束角。

"照射角"选项用于指定完整光锥的角度，也称为现场角。其取值范围为0°～160°。

9.5.4 设置材质和贴图

设置一个合适的材质可以使实体模型更具有真实感，是渲染处理的一个重要部分，会对结果产生很大的影响。在"材质"选项板中还可以设置贴图图案和效果，为材质增加纹理真实感。同时，材质还与灯光相互作用，例如，有光泽的材质在反射光时会产生高光区，这就使其明显区别于表面暗淡的材质。

而设置贴图命令就是在渲染图形时，将设置的材质以一定的方式映射到对象上。贴图类型主要有平面贴图、长方体贴图、球面贴图和柱面贴图。

1. 调用设置材质的方法如下所示

（1）命令行：MATERIALS。

（2）工具栏：单击"渲染"→"材质"按钮 。

（3）菜单栏：依次选择"视图"→"渲染"→"材质"命令。

（4）菜单栏：依次选择"工具"→"选项板"→"工具选项板"→"*－材质样例"选项卡。

2. 调用设置贴图的方法如下所示

（1）命令行：MATERIALMAP。

（2）工具栏：单击"贴图"→"平面贴图"按钮 /"长方体贴图"按钮 /"球面贴图"按钮 /"柱面贴图"按钮 。

（3）工具栏：单击"渲染"→"平面贴图"下三角按钮 →"平面贴图"按钮 /"长方体贴图"按钮 /"球面贴图"按钮 /"柱面贴图"按钮 。

（4）菜单栏：依次选择"视图"→"渲染"→"贴图"→"平面贴图"/"长方体贴图"/"球面贴图"/"柱面贴图"命令。

下面将首先使用绘制长方体命令绘制实体，然后通过使用设置材质和贴图命令对其进行前期设置，最后使用渲染命令即得到长方体的渲染效果图如图 9-93 所示。

图 9-93

长方体的渲染效果图

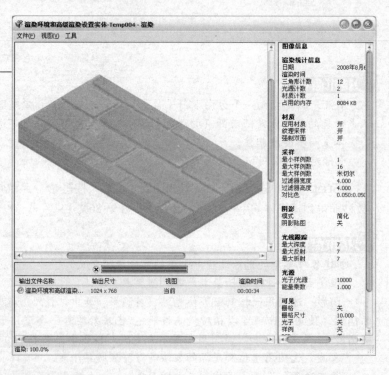

操作步骤

Step 1 依次选择"视图"→"三维视图"→"东南等轴测"命令，调整坐标系为三维显示。

Step 2 依次选择"视图"→"视觉样式"→"概念"命令，调整视觉效果。

Step 3 依次选择"工具"→"工具栏"→"AutoCAD"→"建模"/"渲染"命令，弹出"建模"/"渲染"工具栏。

Step 4 单击"建模"工具栏中的"长方体"按钮 。

Step 5 依据命令行提示，在命令行中输入长方体的第一个角点坐标值"0,0,0"，然

该视频可参见本书附属光盘中的 9-93.avi 文件。

后输入其他角点坐标值"@400,200,40",即完成长方体的绘制。

Step 6 依次选择"工具"→"选项板"→"工具选项板"命令,系统弹出"工具选项板"。

Step 7 单击选项卡名称的最下端空白区,系统弹出快捷菜单,选择"砖石－材质样例",如图9-94所示。

Step 8 在"砖石－材质样例"选项卡中右击"砖石.块体砖石.砖块.组合式.普通"选项,在弹出的快捷菜单中选择"将材质应用到对象"命令,如图9-95所示,然后回到绘图区中选择绘制的长方体为应用对象,即完成了长方体的设置材质命令。

图 9-94

调出"砖石－材质样例"选项卡

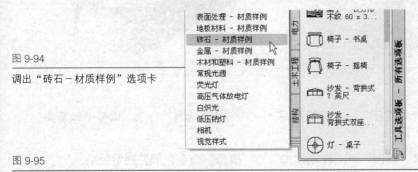

图 9-95

设置材质

Step 9 单击"渲染"工具栏中的"平面贴图"下的"柱面贴图"按钮。

Step 10 依据命令行提示,选择绘制的长方体为应用对象,结果如图9-96所示,然后按【Enter】键默认"接受贴图",即完成了长方体的设置贴图命令。

图 9-96

设置贴图

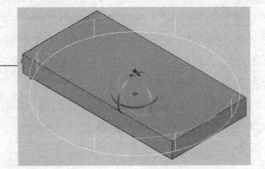

技术点拨

单击"渲染"工具栏中的"材质"按钮,可以弹出"材质"选项板。在此选项板中可以对图形中可用的材质进行管理以及创建新材质,但是却不能方便地选择系统自带的材质库。但是用户可以在"工具选项板"中设置材质之后再利用"材质"选项板对应用的材质进行再设置,以达到更满意的效果。

Step 11 创建"白背景"命名视图并"置为当前",方法如同9.5.1中所讲。

Step 12 单击"渲染"工具栏中的"渲染"按钮,系统弹出"渲染"窗口,等待数秒即得到长方体的渲染效果图(见图9-93)。

9.6 综合实例——绘制剧院

下面首先使用绘制长方体、圆柱体、球体以及三维拉伸、阵列、移动、并集运算、交集运算和抽壳等绘制与编辑三维实体命令,完成一幅剧院实体模型的绘制,结果如图9-97所示。然后使用高级渲染设置、渲染环境设置、设置材质和贴图以及渲染等命令对剧院实体模型进行渲染,效果图如图9-98所示。

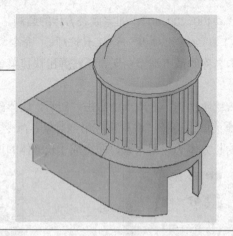

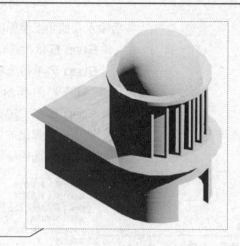

图 9-97

剧院实体模型图

图 9-98

渲染后的效果图

该视频可参见本书附
属光盘中的9-98.avi文件。

操作步骤

Step 1 依次选择"视图"→"三维视图"→"东南等轴测"命令，调整坐标系为三维显示。

Step 2 依次选择"视图"→"视觉样式"→"概念"命令，调整视觉效果。

Step 3 依次选择"工具"→"工具栏"→"AutoCAD"→"建模"命令，弹出"建模"工具栏。

Step 4 再次依次选择"工具"→"工具栏"→"AutoCAD"→"实体编辑"命令，弹出"实体编辑"工具栏。

Step 5 单击"绘图"工具栏中的"矩形"按钮口。

Step 6 依据命令行提示，在命令行中输入第一个角点坐标值"0,0,0"然后输入另一个角点坐标值"@50,50"，即得到一矩形图形，如图9-99所示。

Step 7 单击"绘图"工具栏中的"圆"按钮⊙。

Step 8 捕捉绘制矩形的右下方边线中点为圆心位置，如图9-100所示，然后捕捉此边线的端点以指定圆半径，即完成了圆的绘制。

图 9-99

绘制矩形

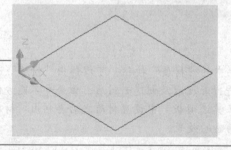

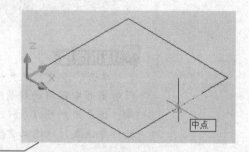

图 9-100

指定圆心位置

Step 9 单击"修改"工具栏中的"修剪"按钮。选择绘制的矩形和圆为剪切边界对象，然后依次单击选择中间交叉的部分为要修剪的对象，即得到修剪结果如图9-101所示。

Step 10 依次选择"修改"→"对象"→"多段线"命令，选择修剪后的矩形为对象，然后在命令行中输入合并选项的代号"J"，接着选择修剪后的圆弧，按【Enter】键，即完成合并为多段线命令。

Step 11 单击"建模"工具栏中的"拉伸"按钮。

Step 12 依据命令行提示，选择合并的多段线为要拉伸的对象，然后在命令行中输入拉伸高度值"30"，即得到拉伸实体如图9-102所示。

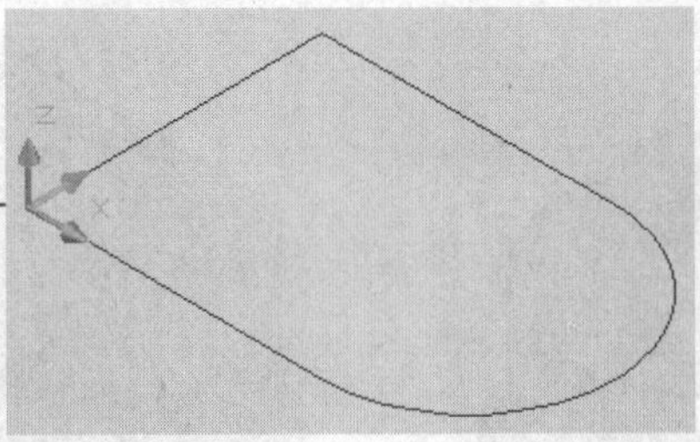

图 9-101

修剪结果

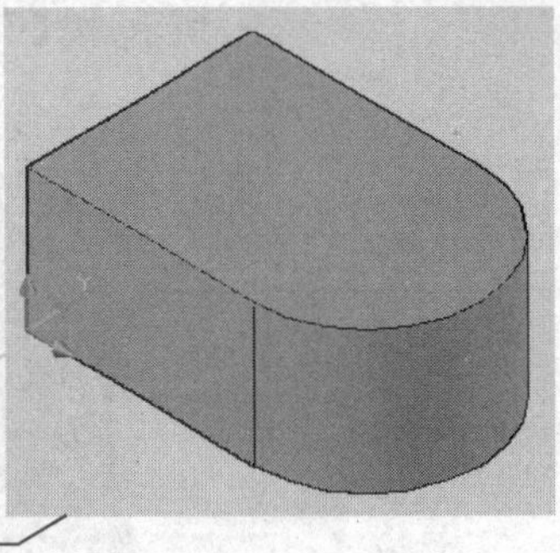

图 9-102

拉伸实体

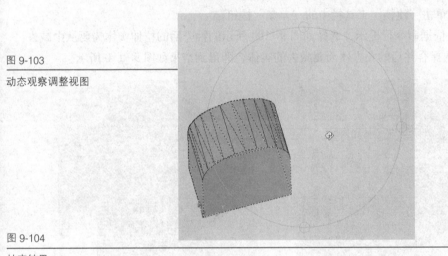

Step 13 单击"实体编辑"工具栏中的"抽壳"按钮 。

Step 14 依据命令行提示，在绘图区中选择如图 9-102 所示的拉伸实体为抽壳对象，接着依次选择"视图"→"动态观察"→"自由动态观察"命令，按住鼠标左键并向左上方拖动，直至显示出拉伸实体的底面，如图 9-103 所示，按【Esc】键退出动态观察状态。

Step 15 选择拉伸实体的底面为要删除的面，然后在命令行中输入抽壳偏移距离"3"，即完成了拉伸实体的抽壳命令，结果如图 9-104 所示。然后按两下【Enter】键即退出面编辑。

图 9-103

动态观察调整视图

图 9-104

抽壳结果

Step 16 依次选择"视图"→"三维视图"→"东南等轴测"命令，回到先前的三维显示状态。

Step 17 单击"建模"工具栏中的"长方体"按钮 。

Step 18 依据命令行提示，捕捉如图 9-100 所示的绘制圆的圆心位置为长方体的第一个角点位置，如图 9-105 所示，然后输入其他角点坐标值"@30,10,20"，即得到长方体如图 9-106 所示。

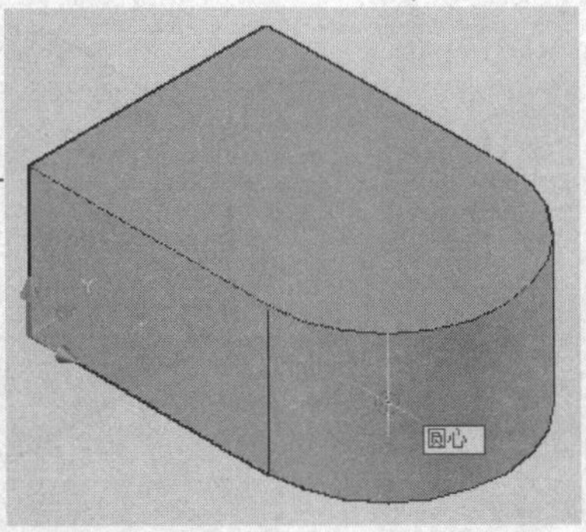

图 9-105

指定长方体的第一角点

图 9-106

绘制长方体

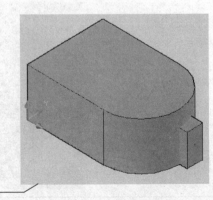

Step 19 依次选择"修改"→"三维操作"→"三维镜像"命令。选择上一步绘制的长方体为镜像对象，然后依次选择长方体侧面的三个点为镜像平面的三个点，如图 9-107

所示,按【Enter】键默认不删除源对象,即完成了棱锥体的镜像命令,结果如图9-108所示。

图 9-107

指定镜像平面的三个点

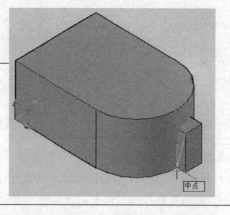
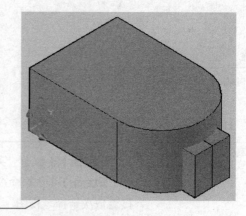

图 9-108

镜像结果

Step 20 单击"建模"工具栏中的"并集"按钮 ◎。

Step 21 依据命令行提示,选择镜像后的两个长方体为并集对象,即得到结果如图 9-109 所示。

Step 22 单击"建模"工具栏中的"差集"按钮 ◎。

Step 23 依据命令行提示,选择如图 9-104 所示的抽壳后的拉伸实体为要从中减去的实体,然后选择合并后的长方体为要减去的实体,即得到结果如图 9-110 所示。

图 9-109

并集运算结果

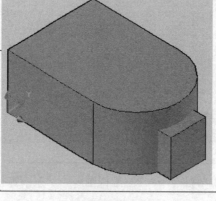
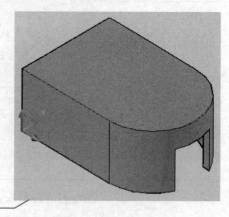

图 9-110

差集运算结果

Step 24 依次选择"修改"→"实体编辑"→"复制边"命令。

Step 25 依次选择抽壳后的拉伸实体的顶面边界线为复制边对象,如图 9-111 所示,接着捕捉复制基点,如图 9-112 所示,然后水平向右移动鼠标并在适当位置单击即完成了复制边命令,结果如图 9-113 所示。

图 9-111

指定复制边对象

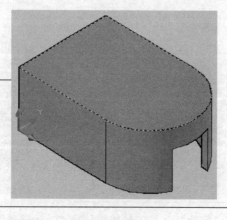
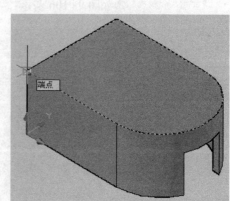

图 9-112

指定复制基点

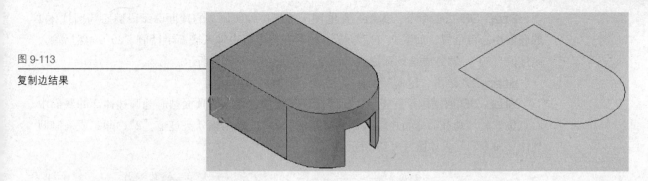

图 9-113

复制边结果

Step 26 依次选择"修改"→"对象"→"多段线"命令。

Step 27 选择复制边结果中的一条线后，系统提示："选定的对象不是多段线，是否将其转换为多段线？＜Y＞"，输入"Y"，然后在命令行中输入合并选项的代号"J"，接着选择复制边结果中的其他所有线，按【Enter】键，即完成合并为多段线命令。

Step 28 单击"修改"工具栏中的"偏移"按钮 。

Step 29 指定偏移距离为"5"，然后选择步骤27中合并的多段线为偏移对象，接着在多段线外侧单击指定偏移方向，得到图形如图 9-114 所示。

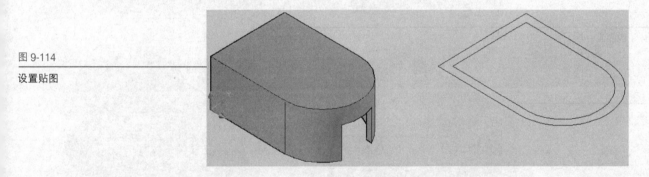

图 9-114

设置贴图

Step 30 单击"修改"工具栏中的"删除"按钮 。删除步骤27中合并的多段线。

Step 31 单击"建模"工具栏中的"三维移动"按钮 。

Step 32 依据命令行提示，选择偏移出的多段线为移动对象，接着捕捉多段线圆弧段的圆心为移动基点，然后捕捉抽壳后的拉伸实体的顶面圆弧段的圆心为移动终点，如图 9-115 所示，单击即完成了多段线的移动命令。

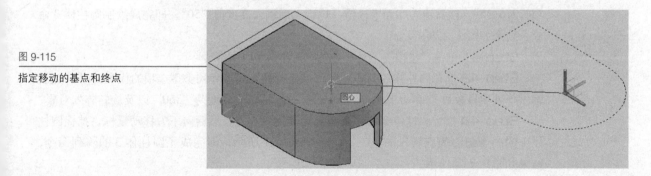

图 9-115

指定移动的基点和终点

Step 33 单击"建模"工具栏中的"拉伸"按钮 。

Step 34 依据命令行提示，选择移动后的多段线为要拉伸的对象，然后在命令行中输入倾斜角选项的代号"T"，接着输入拉伸高度值"5"，即得到拉伸实体2，如图 9-116 所示。

Step 35 单击"建模"工具栏中的"圆柱体"按钮 。

Step 36 依据命令行提示，在绘图区捕捉拉伸实体 2 的顶面圆弧段圆心为圆柱体 1 的底面中心点位置，如图 9-117 所示，接着在命令行中输入底面半径值"20"，然后输入高度值"30"，即完成绘制圆柱体 1 命令，结果如图 9-118 所示。

Step 37 单击"建模"工具栏中的"圆柱体"按钮。

Step 38 依据命令行提示，在绘图区捕捉圆柱体 1 的顶面圆心为圆柱体 2 的底面中心点位置，接着在命令行中输入底面半径值"25"，然后输入高度值"2"，即完成绘制圆柱体 2 命令，结果如图 9-119 所示。

图 9-116

拉伸实体 2

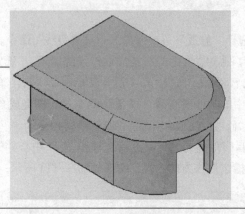
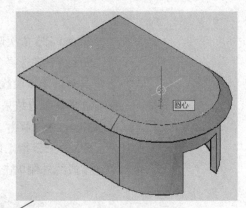

图 9-117

指定圆柱体 1 的底面中心

图 9-118

绘制圆柱体 1

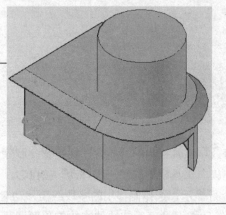
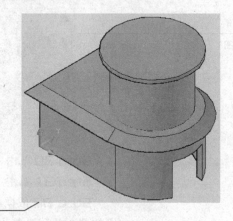

图 9-119

绘制圆柱体 2

Step 39 单击"建模"工具栏中的"圆柱体"按钮。

Step 40 依据命令行提示，在命令行中输入圆柱体 3 的底面中心点坐标值"50,2.5,35"，接着输入底面半径值"1"，然后输入高度值"30"，即完成绘制圆柱体 3 命令，结果如图 9-120 所示。

Step 41 单击"建模"工具栏中的"三维阵列"按钮。

Step 42 选择圆柱体 3 为阵列对象，接着输入环形阵列类型选项的代号"P"，然后输入阵列项目数目"20"，按两下【Enter】键默认填充角度为"360"以及旋转阵列对象。

Step 43 指定圆柱体 2 的顶面圆心为阵列中心点，然后向下方移动鼠标，捕捉圆柱体 1 的底面圆心为旋转轴的第二点，如图 9-121 所示，即完成了圆柱体 3 的阵列命令，结果如图 9-122 所示。

Step 44 单击"建模"工具栏中的"球体"按钮。

Step 45 依据命令行提示，在绘图区中捕捉圆柱体 2 的顶面圆心为球体中心点位置，接着输入球体半径值"20"，即得到球体如图 9-123 所示。

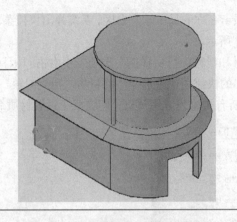

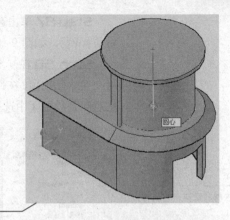

图 9-120

绘制圆柱体 3

图 9-121

指定阵列旋转轴的基点和第二点

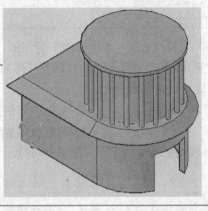

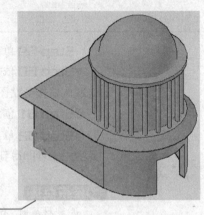

图 9-122

阵列结果

图 9-123

绘制球体

Step 46 单击"建模"工具栏中的"并集"按钮⑩。

Step 47 依据命令行提示，选择圆柱体 1 和球体为并集对象，即得到剧院实体模型如图 9–97 所示。

Step 48 单击"渲染"工具栏中的"高级渲染设置"按钮🖸，系统弹出"高级渲染设置"选项板。

Step 49 单击"渲染预设"下拉列表框并选择"高"选项，然后单击"输出尺寸"下拉列表框并选择"1024×768"选项，其他采用默认设置。

Step 50 单击"渲染"工具栏中的"渲染环境"按钮🖾，系统弹出"渲染环境"对话框。

Step 51 单击"启用雾化"下拉列表框并选择"开"选项，接着单击"颜色"下拉列表框并选择"白"选项，然后单击"雾化背景"下拉列表框并选择"开"选项。

Step 52 单击"近处雾化百分比"文本框并输入"0.001"，然后单击"远处雾化百分比"文本框并输入"0.01"，其他采用默认设置。

Step 53 单击"光源"工具栏中的"新建平行光"按钮🔆，系统首先弹出"光源－视口光源模式"对话框，选择"关闭默认光源（建议）"选项。接着弹出"光源－光度控制平行光"对话框，选择"允许平行光"选项，系统关闭该对话框。

Step 54 依据命令行提示，在命令行中输入光源来向坐标值"500,300,500"，然后按两下【Enter】键默认光源去向位置和退出，即完成了平行光 1 的简单创建。

Step 55 再次单击"光源"工具栏中的"新建平行光"按钮🔆，使用同样的方法，在命令行中输入光源来向坐标值"－500,300,500"，然后按两下【Enter】键默认光源去向位置和退出，即完成了平行光 2 的简单创建。

Step 56 依次选择"工具"→"选项板"→"工具选项板"命令，弹出"工具选项板"。

Step 57 单击选项卡名称的最下端空白区，系统弹出快捷菜单，选择"木材和塑料－材质样例"，如图 9-124 所示。

Step 58 在"木材和塑料－材质样例"选项卡中右击"木材－塑料．成品木器．木材．枫木"选项，在弹出的快捷菜单中选择"将材质应用到对象"命令，如图 9-125 所示，然后回到绘图区中选择所有实体为应用对象，即完成了设置材质命令。

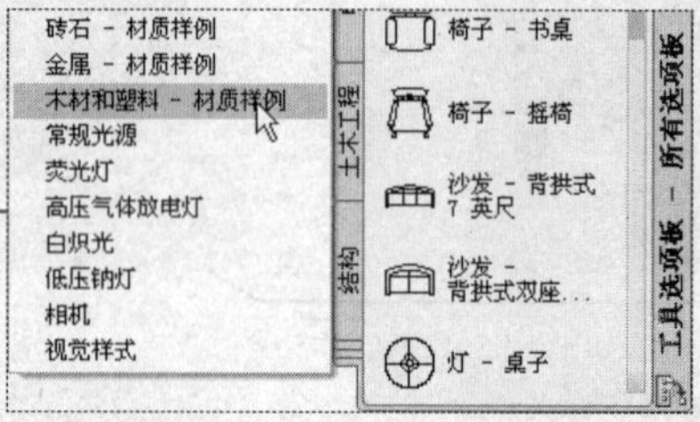

图 9-124

调出"木材和塑料－材质样例"选项卡

图 9-125

设置材质

Step 59 单击"渲染"工具栏中的"平面贴图" ⬛ 下的"柱面贴图"按钮 ⬛。

Step 60 依据命令行提示，仍然在绘图区选择所有实体为应用对象，然后按【Enter】键默认"接受贴图"，即完成了设置贴图命令。

Step 61 创建"白背景"命名视图并"置为当前"，方法如同 9.5.1 中所讲。

Step 62 单击"渲染"工具栏中的"渲染"按钮 ⬛，系统弹出"渲染"窗口，等待大约二十秒即得到剧院实体模型的渲染效果图（见图 9-98）。

技术点拨

设置材质时，有时可能因为实体过于复杂，通过"工具选项板"中的"将材质应用到对象"命令不能选中实体中对象，这时用户可以打开"材质"选项板，再通过该选项板中的"将材质应用到对象"命令尝试再选择一下应用对象，通常都会选得到。

9.7 工程师坐堂

问：在 AutoCAD 2009 中，三维实体是否也可以标注尺寸？

答：在 AutoCAD 2009 中，"标注"菜单中的命令或"标注"工具栏中的标注工具，不仅可以标注二维对象的尺寸，还可以标注三维对象的尺寸。但由于所有的尺寸标注都只能在当前坐标的 XY 平面中进行，因此为了准确标注三维对象中各部分的尺寸，需要不断地变换坐标系。

问：旋转二维图形生成三维实体时，其旋转正向是如何确定的？

答：首先确定轴的正向。如果指定起点和终点，则其正向为从起点指向终点；如果拾取一个对象，则其正向为从拾取点到另一个较远的端点；如果选取的是 X 轴或 Y 轴，则其正向即坐标轴的正向。然后沿轴的正向伸出右手大拇指，观察其余四指的旋向即为旋转正向。

问：为什么有时无法旋转二维图形生成三维实体？

答：这可能是因为系统默认用于旋转生成三维实体的二维图形必须位于旋转轴的一侧的缘故。

问：倒角和圆角命令用于三维实体和二维图形有什么不同？

答：三维实体的倒角和圆角结果是基于面的，得到的是一个倒角或圆角面，这个面还可以通过"修改"→"实体编辑"→"删除面"命令进行删除从而恢复到无倒角或圆角的状态。

问：绘制长方体或棱锥体等的底面时，其方向总是不确定，是怎么回事？

答：其实这些非对称底面的绘制方向是与用户当时的鼠标指向有关的，可以移动鼠标位置变换底面的绘制方向。

问：渲染一幅图的一般操作步骤是什么？

答：渲染是一个多步骤的过程，通常都要经过大量的反复试验才能得到所需要的结果。一般操作步骤则是首先使用默认设置来尝试渲染以发现哪些设置需要更改，然后就是高级渲染设置、渲染环境、设置材质和贴图等以更改所需要的渲染参数设置，最后就是渲染图形。

Chapter 10

绘制与渲染三维实体

10.1 打印样式和页面的设置

10.2 图形的打印与发布

10.3 综合实例——零件图的打印和发布

10.4 工程师坐堂

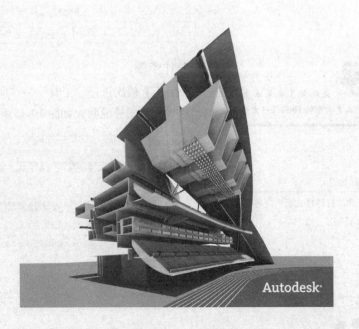

Autodesk®

10.1 打印样式和页面的设置

用户在完成图形的绘制与编辑之后，如果希望在不改变现有图层设置的情况下，改变打印的线型或线型颜色，则有必要进行相应的打印样式设置。同时，如果需要多次打印同一份文件，则保存相应的页面设置会比较方便。这两项内容对"模型"和"布局"选项卡均可用。

10.1.1 打印样式的创建和管理

打印样式是在打印样式表中创建的，它包含颜色相关打印样式表和命名打印样式表两种类型。创建之后还可以通过"打印样式管理器"进行编辑。它可以附着到"模型"和"布局"选项卡上，通过附着不同的打印样式到布局上，可以创建不同外观的打印图纸。

1. 调用创建打印样式命令的方法如下所示

菜单栏：依次选择"工具"→"向导"→"添加打印样式表"命令。

2. 调用编辑打印样式命令的方法如下所示

菜单栏：依次选择"文件"→"打印样式管理器"命令。

下面将使用创建与编辑打印样式命令完成一种颜色相关打印样式的创建和编辑，结果如图 10-1 所示。

图 10-1

"颜色相关"打印样式的编辑结果

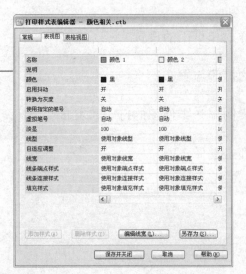

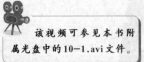

该视频可参见本书附属光盘中的10-1.avi文件。

操作步骤

Step 1 依次选择"工具"→"向导"→"添加打印样式表"命令，系统弹出"添加打印样式表"向导说明，如图 10-2 所示。

图 10-2

"添加打印样式表"向导说明

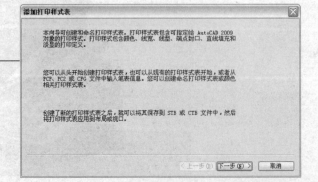

Step 2 单击"下一步"按钮，进入"添加打印样式表 – 开始"对话框，选择创建方式为"创建新打印样式表"，如图 10-3 所示。

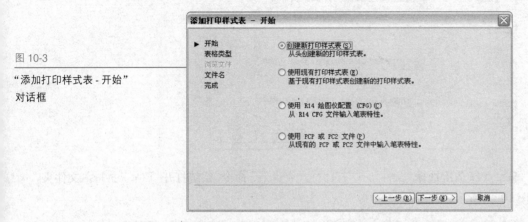

图 10-3

"添加打印样式表 - 开始"
对话框

Step 3 单击"下一步"按钮，进入"添加打印样式表 – 选择打印样式表"对话框，选择表类型为"颜色相关打印样式表"，如图 10-4 所示。

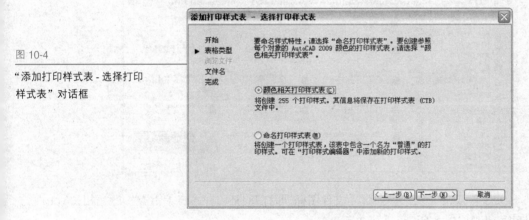

图 10-4

"添加打印样式表 - 选择打印
样式表"对话框

Step 4 单击"下一步"按钮，进入"添加打印样式表 – 文件名"对话框，输入文件名为"颜色相关"，如图 10-5 所示。

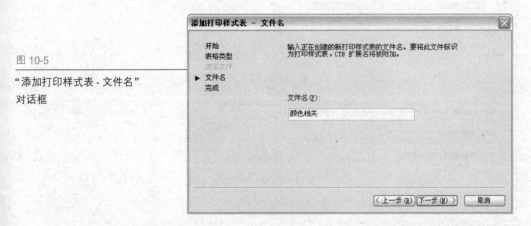

图 10-5

"添加打印样式表 - 文件名"
对话框

Step 5 单击"下一步"按钮，进入"添加打印样式表 – 完成"对话框，如图 10-6 所示，单击"完成"按钮即完成了一种颜色相关打印样式的创建。

图 10-6

"添加打印样式表 - 完成" 对话框

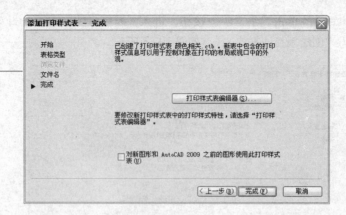

Step 6 依次选择"文件"→"打印样式管理器"命令，系统打开"Plot Styles"文件夹，如图 10-7 所示。

图 10-7

"Plot Styles" 文件夹显示

Step 7 双击"颜色相关 .ctb"文件图标，即打开"打印样式表编辑器 – 颜色相关 .ctb"对话框，如图 10-8 所示。

图 10-8

"打印样式表编辑器 - 颜色
相关 .ctb" 对话框

技术点拨

"打印样式表编辑器"中的"格式视图"选项卡的内容与"表视图"选项卡中的内容基本相同，只是将各个颜色单独进行编辑。

使用"格式视图"进行编辑的操作比"表视图"的操作更简单，可以在对话框中为每一种颜色设置颜色特性，可以对需要使用的颜色特性进行更改再使用。

Step 8 选择"表视图"选项卡，在"颜色 1"列下的"颜色"下拉列表中选择"黑"选项。使用同样的方法，在"颜色 2"列下的"颜色"下拉列表中选择"黑"选项。即得到结果如图 10-1 所示。

技术点拨

图形中可以使用命名或颜色相关打印样式，但两者不能同时使用。需要使用"CONVERTPSTYLES"命令将当前图形从颜色相关打印样式转换为命名打印样式，或从命名打印样式转换为颜色相关打印样式，这取决于图形当前所使用的打印样式。

10.1.2 页面设置

页面设置是打印设备和其他影响最终输出的外观和格式的设置的集合。不仅可以为当前模型或图纸指定页面设置，还可以通过页面设置管理器为当前模型或图纸创建页面设置、修改现有页面设置，或从其他图纸中输入页面设置。

页面设置通常是与模型空间或图纸空间相对应的，即基础样式都针对于不同空间类型，但是基本设置是一样的。

调用页面设置命令的方法如下所示。

(1) 命令行：PAGESETUP。

(2) 工具栏：单击"布局"→"页面设置管理器"按钮 📄。

(3) 菜单栏：依次选择"文件"→"页面设置管理器"命令。

下面将承接 10.1.1 示例，使用页面设置命令在模型空间中创建一种附着有"颜色相关"打印样式的页面设置，结果如图 10-9 所示。

图 10-9

"页面设置 - 模型"对话框

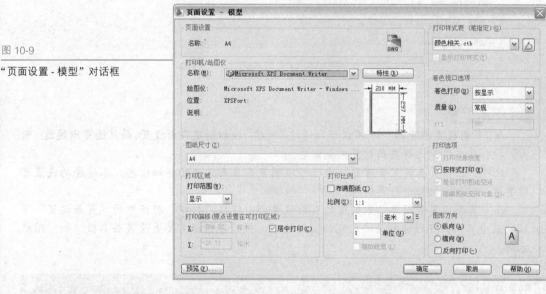

操作步骤

Step 1 依次选择"文件"→"页面设置管理器"命令，系统弹出"页面设置管理器"对话框。

Step 2 单击"新建"按钮，系统弹出"新建页面设置"对话框，在其中输入新建页面设置的名字"A4"，如图 10-10 所示。

Step 3 单击"确定"按钮，系统进入"页面设置－模型"对话框。

Step 4 在"打印机/绘图仪"选项组的"名称"下拉列表中选择"Microsoft XPS Document Writer"选项；在"图纸尺寸"下拉列表框中选择"A4"选项；在"打印偏移"选项组中选择"居中打印"复选框；在"打印比例"选项组中，取消选择"布满图纸"复选框，然后在"比例"下拉列表框中选择"1:1"选项。

Step 5 在"打印样式"下拉列表框中选择"颜色相关 .ctb"选项，系统弹出"问题"对话框，如图 10-11 所示。

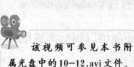

该视频可参见本书附属光盘中的 10-12.avi 文件。

图 10-10

"新建页面设置"对话框

图 10-11

打印样式表的"问题"对话框

Step 6 单击"是"按钮，回到"页面设置－模型"对话框，在"图形方向"选项组中选择"纵向"单选按钮，其他采用默认设置，即得到结果如图 10-9 所示。

Step 7 单击"确定"按钮，回到"页面设置管理器"对话框，如图 10-12 所示，单击"关闭"按钮，即完成了"A4"页面设置的创建。

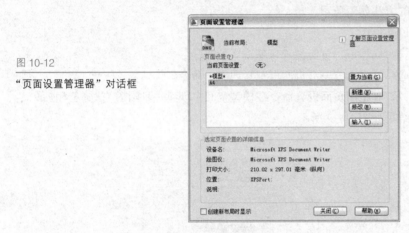

图 10-12

"页面设置管理器"对话框

技术点拨

在"页面设置管理器"中，不仅可以通过"新建"按钮创建页面设置，而且还可以通过"输入"按钮从文件中选择页面设置完成创建。

此外，在"页面设置管理器"中还可以浏览各页面设置的详细信息，不适合的设置可以通过"修改"按钮进行再编辑。

在"页面设置管理器"中创建的页面设置会出现在"打印"对话框的"页面设置"下拉列表中。用户可以选择某一已有的页面设置，然后再根据需要更改某些参数，如：图纸方向。

10.2 图形的打印与发布

图形完成之后不仅可以在不同打印机和绘图仪上进行打印，而且还能够以图纸集或电子图形集的形式进行发布。

10.2.1 在模型空间打印图形

"模型"选项卡提供了一个无限的绘图区域，称为模型空间。用户通常都一直在模型空间中工作，在该空间中可以方便地绘制、查看和编辑模型。当然，在模型空间内也可以进行图形打印，但只能打印当前活动视窗中的视图，也就是说在一张图纸上只能打印一个视图。

调用图形打印命令的方法如下所示。

（1）命令行：PLOT。

（2）工具栏：单击"标准"→"打印"按钮。

（3）菜单栏：依次选择"文件"→"打印"命令。

下面将承接 10.1.2 示例，使用图形打印命令在模型空间中对一幅零件图进行打印，原始图形如图 10-13 所示，预览效果如图 10-14 所示，可以发现本来颜色为红色和黄色的对象均以黑色显示在预览效果中。

图 10-13

原始图形

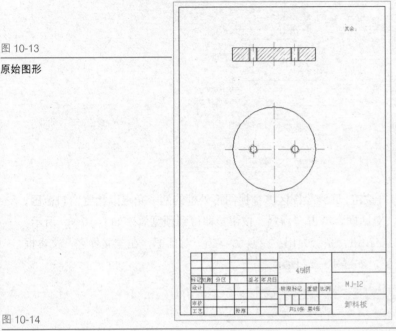

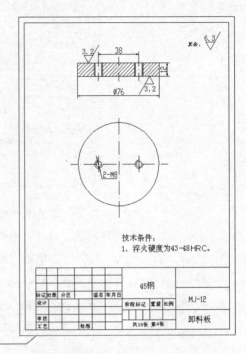

图 10-14

预览效果

操作步骤

Step 1 单击"标准"工具栏中的"打印"按钮，系统弹出"打印－模型"对话框。

Step 2 单击"页面设置"选项组中的"名称"下拉列表框，选择页面设置为 10.1.2 示例中创建的"A4"，如图 10-15 所示。

该视频可参见本书附属光盘中的 10-17.avi 文件。

图 10-15

"A4"页面设置显示

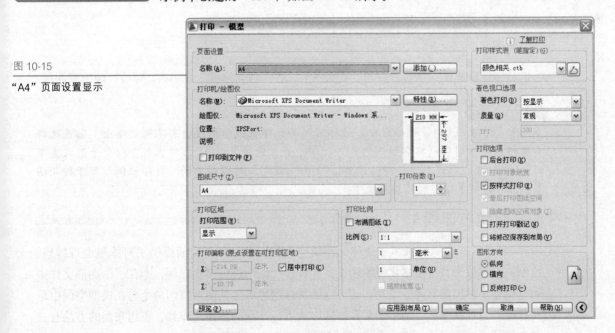

Step 3 单击"打印区域"选项组中的"打印范围"下拉列表框，选择"窗口"选项，此时，"打印－模型"对话框变化为如图 10-16 所示。

图 10-16

修改后的"打印 - 模型"
对话框显示

Step 4 单击"窗口"按钮，回到绘图区。捕捉图形外框的两个角点以指定窗口范围，然后回到"打印 - 模型"对话框，单击"预览"按钮，即得到预览效果如图 10-14 所示。

Step 5 单击"确定"按钮，系统弹出"文件另存为"对话框，在"文件名"文本框中输入名称"10.2.1.xps"，如图 10-17 所示。

图 10-17

"文件另存为"对话框

Step 6 单击"保存"按钮，系统弹出"打印作业进度"显示条，等待打印结束即可。

技术点拨

在"打印 - 模型"对话框中，选择不同的打印机或绘图仪会有不同的输出。如果选择真实的打印机则会以真实图纸的方式打印；如果选择 EPLOT 打印机则会以电子形式发布到 Internet 上，形成电子打印。此外，"打印 - 模型"对话框中的"打印比例"用于控制图形单位与打印单位之间的相对尺寸。

10.2.2 在图纸空间打印图形

"布局"选项卡提供了一个称为图纸空间的区域。图纸空间提供了对图形进行排列、绘制、局部放大及绘制多视图的功能，允许一个图形进行多次布局，即在一个图形文件中可以保存多种出图方式的信息，还可以添加标题栏等。其图形打印命令与在模型空间中是一样的，只是在图纸空间中需要在打印之前进行布局的创建与布置。创建布局的方法有三种，包括新建布局、创建来自样板的布局和创建布局向导。

1. 调用新建布局命令的方法如下所示

（1）命令行：LAYOUT

(2) 工具栏：单击"布局"→"新建布局"按钮▣。

(3) 菜单栏：依次选择"插入"→"布局"→"新建布局"命令。

2. 调用创建来自样板的布局命令的方法如下所示

(1) 命令行：LAYOUT。

(2) 工具栏：单击"布局"→"来自样板的布局"按钮▣。

(3) 菜单栏：依次选择"插入"→"布局"→"来自样板的布局"命令。

3. 调用创建布局向导命令的方法如下所示

(1) 命令行：LAYOUTWIZARD。

(2) 菜单栏：选择"工具"→"向导"→"创建布局"命令。

(3) 菜单栏：依次选择"插入"→"布局"→"创建布局向导"命令。

　　下面将使用创建布局向导命令创建一种布局，接着使用夹点编辑方法和移动等编辑命令对新建的布局进行排列和局部放大，结果如图10-18所示，然后使用图形打印命令完成该图形的打印。

图 10-18

布局编辑结果

操作步骤

Step 1 单击"图层"工具栏中的"图层特性管理器"按钮▤，系统弹出"图层特性管理器"选项板。

Step 2 单击"新建图层"按钮▤，然后在新建的图层名称上单击，输入新名称"布局视口线"，并单击"置为当前"按钮✎，将该图层置为当前，如图10-19所示。

该视频可参见本书附属光盘中的10-26.avi、10-26（2）.avi文件。

图 10-19

图层特性管理器

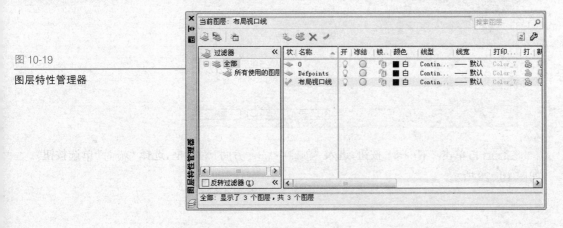

Step 3 依次选择"插入"→"布局"→"创建布局向导"命令，系统弹出"创建布局 – 开始"对话框，在"输入新布局的名称"文本框中输入"一景"，如图 10-20 所示。

图 10-20
"创建布局 - 开始"对话框

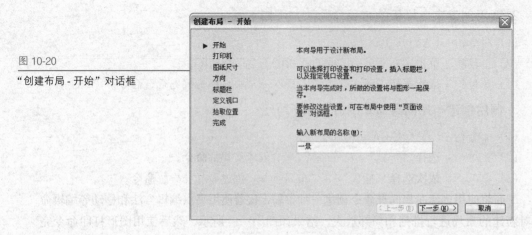

Step 4 单击"下一步"按钮，进入"创建布局 – 打印机"对话框，选择"Microsoft XPS Document Writer"为新布局配置的绘图仪，如图 10–21 所示。

图 10-21
"创建布局 - 打印机"对话框

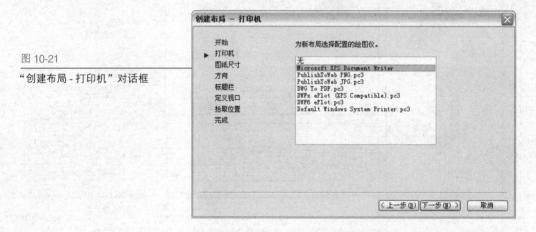

Step 5 单击"下一步"按钮，进入"创建布局 – 图纸尺寸"对话框，选择"A3"为新布局的图纸尺寸，其他采用默认设置，如图 10–22 所示。

图 10-22
"创建布局 - 图纸尺寸"对话框

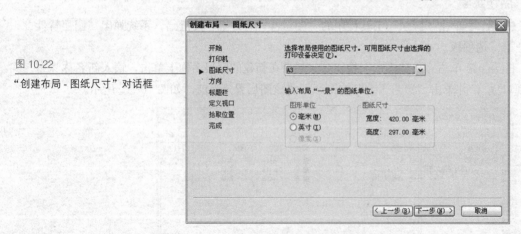

Step 6 单击"下一步"按钮，进入"创建布局 – 方向"对话框，选择"横向"单选按钮，如图 10–23 所示。

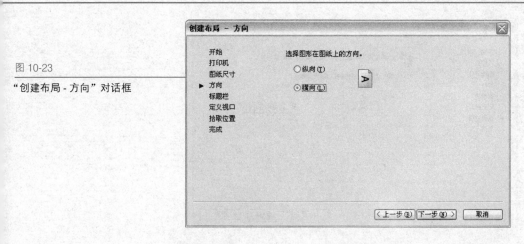

图 10-23

"创建布局 - 方向"对话框

Step 7 单击"下一步"按钮,进入"创建布局 - 标题栏"对话框,采用默认"无"选项,如图 10-24 所示。

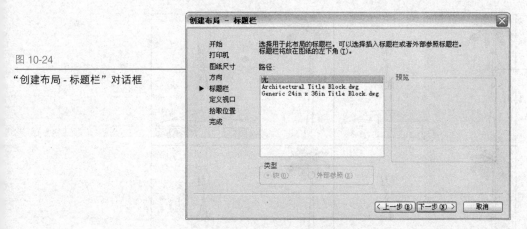

图 10-24

"创建布局 - 标题栏"对话框

Step 8 单击"下一步"按钮,进入"创建布局 - 定义视口"对话框,在"视口配置"选项组中选择"阵列"单选按钮,其他采用默认设置,如图 10-25 所示。

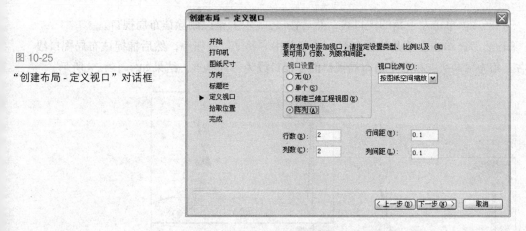

图 10-25

"创建布局 - 定义视口"对话框

Step 9 单击"下一步"按钮,进入"创建布局 - 拾取位置"对话框,如图 10-26 所示。

图 10-26

"创建布局 - 拾取位置"对话框

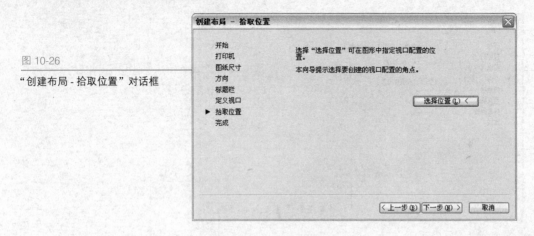

Step 10 不做另行设置，直接单击"下一步"按钮，则进入"创建布局－完成"对话框，单击"完成"按钮即完成了"一景"布局的创建，结果如图 10-27 所示。

图 10-27

"一景"布局的创建结果

Step 11 单击左上角的视口线，然后按【Delete】键以删除该布局视口。

Step 12 单击左下角的视口线，接着单击"移动"按钮✛，然后捕捉该布局视口线的右上角为移动基点和右上角布局视口的左视口线为移动终点，结果如图 10-28 所示。

图 10-28

移动结果

Step 13 单击左视口线以显示夹点，然后使用夹点编辑方法，将视口线移动到图形中树的周围，如图 10-29 所示。

图 10-29

夹点编辑结果

Step 14 单击"移动"按钮⊹，然后捕捉该布局视口线的右上角为移动基点，将该布局视口移动到大约左边空白图纸的中心位置。

Step 15 单击该视口线选中该布局视口，然后单击"状态栏"中的"视口比例"按钮 □0.261370 ▼，在弹出的下拉列表中选择"1:2"选项，如图 10-30 所示，此时，该布局视口变化为如图 10-31 所示。

图 10-30

视口比例列表

图 10-31

布局视口变化结果

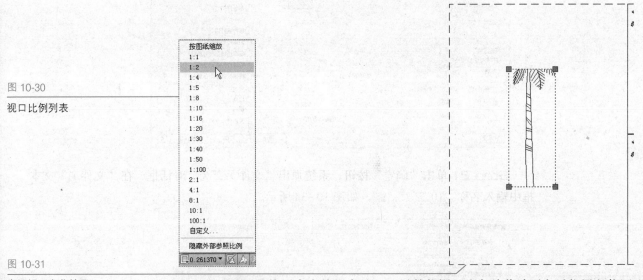

Step 16 再次使用夹点编辑方法，不过是将视口线向外移动到合适位置以将图形中树全部显示出来即可。

Step 17 使用同样的方法和视口比例编辑右下角的布局视口。

Step 18 单击右上角的布局视口，使用夹点编辑方法移动视口线使得与右下角的布局视口竖直对齐，然后单击"视口比例"按钮 □0.261370 ▼，在下拉列表中选择"按图纸缩放"选项，即得到布局编辑效果如图 10-18 所示。

Step 19 单击"0"图层，接着单击"置为当前"按钮 ✔ 将其置为当前图层。然后单击"布局视口线"图层，最后单击"冻结"按钮将其冻结。此时，图纸空间显示结果如图 10-32 所示。

图 10-32

冻结布局视口线后的图纸显示

Step 20 单击"标准"工具栏中的"打印"按钮🖶，系统弹出"打印－一景"对话框，如图 10-33 所示，该对话框中的设置与创建布局时的设置是一致的。

图 10-33

"打印 - 一景"对话框

Step 21 单击"确定"按钮，系统弹出"文件另存为"对话框，在"文件名"文本框中输入名称"10.2.2.xps"，如图 10-34 所示。

图 10-34

"文件另存为"对话框

Step 22 单击"保存"按钮，系统弹出"打印作业进度"显示条，等待打印结束即可。

技术点拨

在创建布局的"创建布局 - 拾取位置"步骤时，可以单击"选取位置"按钮回到"布局"选项卡中，通过指定视口的两个角点位置重新定义视口大小和位置。此时定义的视口是所有视口大小的总和。

使用视口比例进行缩放之前，用户需要将希望显示的对象编辑到相应布局视口的中心，这样在缩放之后才不至于找不到希望显示的对象。

10.2.3 图形的发布

发布提供了一种简单的方法来创建多页图纸集或电子图形集。可以将用于发布的图纸进行组合、重排序、重命名、复制和保存操作。电子图形集是打印的图纸集的数字形式，可以发布到 DWF 文件，也可以发送到页面设置中指定的绘图仪，进行硬拷贝输出或作为打印文件保存。可以将此图纸列表保存为 DSD（图形集说明）文件。保存的图形集可以替换或添加到现有列表中以进行发布。

调用发布命令的方法如下所示。

（1）命令行：PUBLISH。

（2）工具栏：单击"标准"→"发布"按钮 。

（3）菜单栏：依次选择"文件"→"发布"命令。

下面使用发布命令将两份图形文件中的图形以图纸集的形式进行发布，"发布"对话框编辑结果如图 10-35 所示。

图 10-35

"发布"对话框编辑结果

操作步骤

Step 1 单击"标准"工具栏中的"新建"按钮 ，以默认设置，新建一个文件。

Step 2 依次选择"文件"→"发布"命令，系统弹出"发布"对话框。由于该文件未进行任何操作，所以图纸列表框中为空白。

Step 3 单击"添加图纸"按钮 ，然后在相应的文件目录下找到希望添加的图纸"图纸空间打印"和"图形打印"两个文件，结果如图 10-36 所示。

Step 4 按住【Ctrl】键选择如图 10-37 所示的图纸名，然后右击，在弹出的快捷菜单中选择"删除"命令，即得到编辑结果如图 10-35 所示。

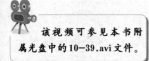

该视频可参见本书附属光盘中的 10-39.avi 文件。

图 10-36

添加图纸结果

10-37

选择需要删除的图纸名

Step 5 单击"发布选项"按钮，系统弹出"发布选项"对话框，如图 10-38 所示，采用默认设置，单击"确定"按钮回到"发布"对话框。

图 10-38

"发布选项"对话框

技术点拨

在"发布选项"对话框中，可以对发布图纸的默认输出位置、常规 DWF 选项、多页 DWF 选项和 DWF 数据选项进行设置以满足用户需要。

Step 6 其他采用默认设置，单击"发布"按钮，系统弹出"发布－保存图纸列表"对话框，单击"是"按钮，系统弹出"列表另存为"对话框，在"文件名"文本框中输入"10.2.3.dsd"名称，如图 10-39 所示。

Step 7 单击"保存"按钮，系统弹出"打印－正在处理后台作业"对话框，单击"确定"按钮，即完成了所选图纸的发布操作，等待后台处理结束即可。

技术点拨

如果用户希望发布的图纸列表曾经保存过，则可以通过"加载图纸列表"命令添加图纸。

此外，在"发布"对话框中还可以通过"上移图纸"和"下移图纸"等命令编辑图纸列表，更改发布的图纸顺序。

图 10-39

"列表另存为"对话框

10.3 综合实例——零件图的打印和发布

下面将首先使用创建布局向导命令新建一个布局，接着使用夹点编辑方法和移动等编辑命令对其进行布置和局部放大，最后在图形打印命令中完成页面设置的添加和打印样式的新建。原始图形如图 10-40 所示，打印预览效果如图 10-41 所示。

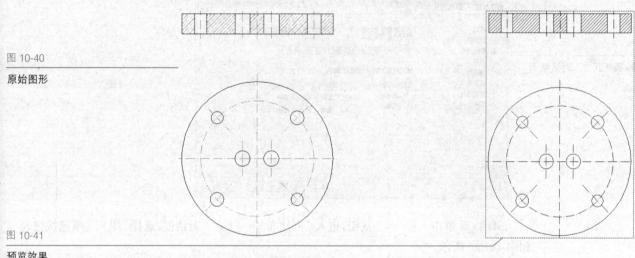

图 10-40

原始图形

图 10-41

预览效果

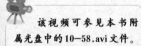

操作步骤

Step 1 单击"图层"工具栏中的"图层特性管理器"按钮，系统弹出"图层特性管理器"选项板。

Step 2 单击"新建图层"按钮，然后在新建的图层名称上单击，输入新名称"布局视口线"，并单击"置为当前"按钮，将该图层置为当前。

Step 3 依次选择"插入"→"布局"→"创建布局向导"命令，系统弹出"创建布局 – 开始"对话框，在"输入新布局的名称"文本框中输入"零件"，如图 10-42 所示。

图 10-42

"创建布局 - 开始"对话框

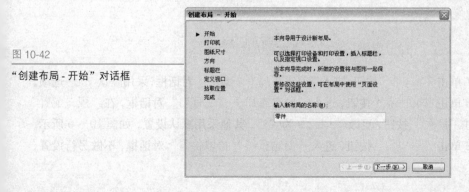

Step 4 单击"下一步"按钮，进入"创建布局－打印机"对话框，选择"Default Windows System Printer.pc3"为新布局配置的绘图仪，如图 10-43 所示。

图 10-43

"创建布局-打印机"对话框

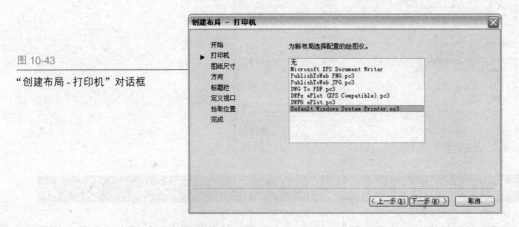

Step 5 单击"下一步"按钮，进入"创建布局－图纸尺寸"对话框，选择"A3"为新布局的图纸尺寸，其他采用默认设置，如图 10-44 所示。

图 10-44

"创建布局 - 图纸尺寸"对话框

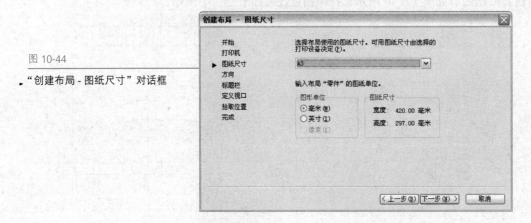

Step 6 单击"下一步"按钮，进入"创建布局－方向"对话框，选择"纵向"单选按钮，如图 10-45 所示。

图 10-45

"创建布局 - 方向"对话框

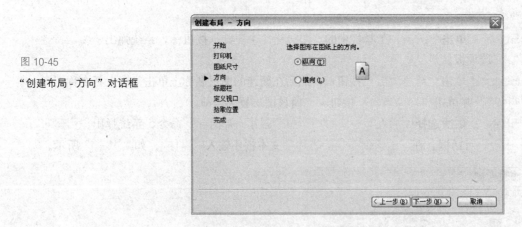

Step 7 单击"下一步"按钮，进入"创建布局－标题栏"对话框，采用默认"无"选项。

Step 8 单击"下一步"按钮，进入"创建布局－定义视口"对话框，在"视口配置"选项组中单击"阵列"按钮，更改"列数"为"1"，其他采用默认设置，如图 10-46 所示。

Step 9 单击"下一步"按钮，进入"创建布局－拾取位置"对话框，不做另行设置，直接单击"下一步"按钮，则进入"创建布局 – 完成"对话框，单击"完成"按钮即完成了"零件"布局的创建，结果如图10–47所示。

用户可以在图形中创建多个布局，每个布局都可以包含不同的打印设置和图纸尺寸。但是，为了避免在转换和发布图形时出现混淆，通常建议每个图形只创建一个布局。

图 10-46

"创建布局 - 定义视口"对话框

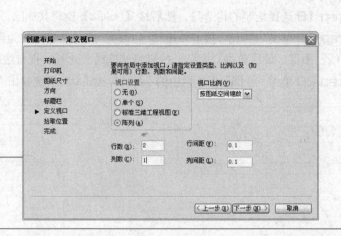

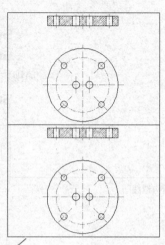

图 10-47

"零件"布局的创建结果

Step 10 单击上视口线以显示夹点，然后使用夹点编辑方法，将视口线移动到图形中主视图的周围，如图10–48所示。

Step 11 单击"移动"按钮 ✥，然后捕捉该布局视口线的某一角点为移动基点，将该布局视口移动到大约上边空白图纸的中心位置。

Step 12 单击该视口线选中该布局视口，然后单击"状态栏"中的"视口比例"按钮 🔲 0.261370 ▾，在弹出的列表中选择"1:1"选项，此时，该布局视口变化如图10–49所示。

图 10-48

夹点编辑结果

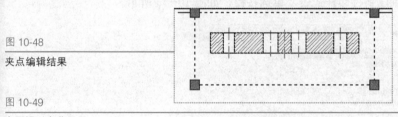

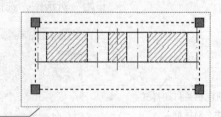

图 10-49

布局视口变化显示

Step 13 再次使用夹点编辑方法，不过是将视口线向外移动到合适位置以将图形中的主视图全部显示出来即可。

Step 14 使用同样的方法和视口比例编辑下布局视口，结果如图10–50所示。

图 10-50

布局视口编辑结果

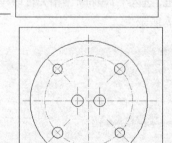

在布局视口调整的过程中，可能原本"长对正，高平齐，宽相等"的三视图发生错位。这时就可以用构造线的方法使三个视图重新对齐。

Step 15 单击"绘图"工具栏中的"构造线"按钮 ✎。

Step 16 捕捉主视图的中心线端点为构造线的通过点，然后绘制一条垂直线，如图10–51所示。

Step 17 单击"移动"命令按钮 ✛，选择下布局视口为移动对象，然后捕捉俯视图的垂直中心线端点为移动基点，将该布局视口移动到与绘制的构造线的交点处，如图10-52所示。

Step 18 选择绘制的构造线，然后按【Delete】键将其删除。

Step 19 单击"0"图层，接着单击"置为当前"按钮 ✔ 将其置为当前图层。然后单击"布局视口线"图层，最后单击"冻结"按钮将其冻结。此时，视口线被隐藏。

Step 20 单击"标准"工具栏中的"打印"按钮 🖨，系统弹出"打印－零件"对话框。

图 10-51

绘制构造线

图 10-52

移动下布局视口

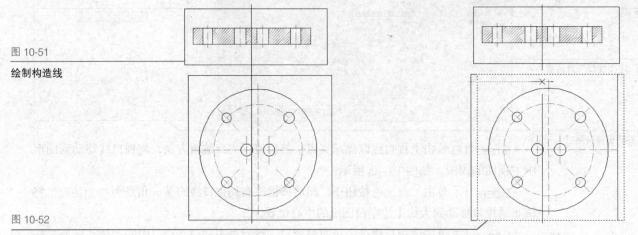

Step 21 选择"打印样式表"→"新建"命令，系统弹出"添加颜色相关打印样式表－开始"对话框，选择"创建新打印样式表"单选按钮，如图10-53所示。

图 10-53

"添加颜色相关打印样式
表-开始"对话框

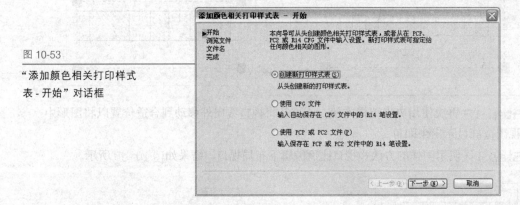

Step 22 单击"下一步"按钮，进入"添加颜色相关打印样式表－文件名"对话框，输入文件名为"零件"，如图10-54所示。

图 10-54

"添加颜色相关打印样式
表-文件名"对话框

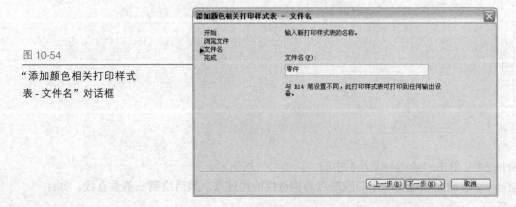

Step 23 单击"下一步"按钮，进入"添加颜色相关打印样式表－完成"对话框，如图 10-55 所示。

Step 24 单击"打印样式表编辑器"按钮，系统弹出"打印样式表编辑器－零件 .ctb"对话框。

图 10-55

"添加颜色相关打印样式
表－完成"对话框

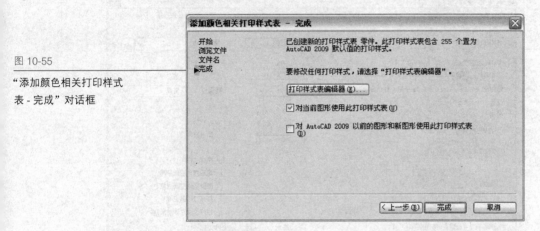

Step 25 选择"表视图"选项卡，然后在"颜色 1"列下的"颜色"下拉列表框中单击，在弹出的下拉列表中选择"黑"选项，结果如图 10-56 所示。

图 10-56

"表视图"编辑结果

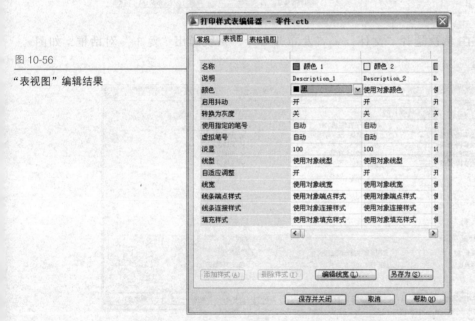

Step 26 单击"保存并关闭"按钮，回到"添加颜色相关打印样式表－完成"对话框。然后单击"完成"按钮则回到"打印－零件"对话框。此时，新建的打印样式已显示在"打印样式表"的显示框内。

Step 27 单击"页面设置"选项组中的"添加"按钮，系统弹出"添加页面设置"对话框，输入"新页面设置名"为"零件"。

Step 28 单击"确定"按钮回到"打印－零件"对话框，结果如图 10-57 所示。

Step 29 单击"预览"按钮，即得到预览效果如图 10-41 所示。

Step 30 单击"关闭预览窗口"按钮⊗，回到"打印－零件"对话框，该对话框中的其他设置与创建布局时的设置是一致的。

Step 31 单击"确定"按钮，系统弹出"文件另存为"对话框，在"文件名"文本框中输入名称"10.3.xps"。

Step 32 单击"保存"按钮，系统弹出"打印作业进度"显示条，等待打印结束即可。

图 10-57

"打印 - 零件"对话框最终显示

Step 33 依次选择"文件"→"发布"命令，系统弹出"发布"对话框，如图10-58所示。

图 10-58

"发布"对话框

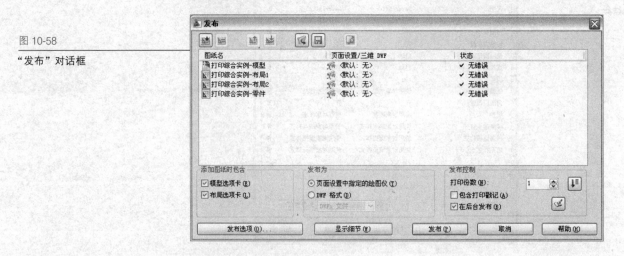

Step 34 按住【Ctrl】键选择"打印综合实例－布局1"和"打印综合实例－布局2"两个图纸，然后右击，在弹出的快捷菜单中选择"删除"命令。

Step 35 其他采用默认设置，单击"发布"按钮，系统弹出"发布－保存图纸列表"对话框，单击"是"按钮，系统弹出"列表另存为"对话框，在"文件名"文本框中输入"10．3.dsd"名称。

Step 36 单击"保存"按钮，系统弹出"打印－正在处理后台作业"对话框，单击"确定"按钮，即完成了所选图纸的发布操作，等待后台处理结束即可

10.4 工程师坐堂

问：为什么有些图形能显示却打印不出来？

答：如果图形绘制在 AutoCAD 自动产生的图层上，就可能出现这种情况。所以应避免在这些图层上绘制实体。

问：为什么有些图形打印出来的线条颜色很浅？

答：如果图形绘制在各种彩色图层上，就会出现这种情况。这需要在打印的时候把各图层的颜色修改为黑色或是通过使用颜色相关打印样式来控制图形的打印方式，确保所有颜色相同的对象以相同的方式打印。

问：如何指定输出图形的比例？

答：可以从实际比例列表中选择比例、输入所需比例或者选择"布满图纸"，以缩放图形将其调整到所选的图纸尺寸。

在审阅草图时，通常不需要精确的比例。可以使用"布满图纸"选项，按照能够布满图纸的最大可能尺寸打印视图。将图形的高度或宽度调整到与图纸相应的高度或宽度。然而大多数图形最终以精确的比例打印。设置打印比例的方法取决于用户是从"模型"选项卡还是"布局"选项卡打印：在"模型"选项卡上，可以在"打印"对话框中建立比例。此比例代表打印的单位与绘制模型所使用的实际单位之比。在布局中，使用两个比例。第一个比例影响图形的整体布局，它通常基于图纸尺寸，比例为 1:1。第二个比例是模型本身的比例，它显示在布局视口中。各视口中的比例代表图纸尺寸与视口中的模型尺寸之比。

问：如何使得图形打印出来戳记？

答：这可以在"页面设置"对话框中选择"打开打印戳记"复选框，然后可以单击"打印戳记编辑"按钮，在弹出的"打印戳记"对话框中进行设置。

问：在 AutoCAD 中如何将 DWG 文件保存为图片格式？

答：通过 AutoCAD 的图片打印命令将文件打印成图片，即在"打印"对话框中的"打印机 / 绘图仪"下拉列表中选择"PublishToWeb JPG.pc3"选项就可以实现此功能。

问：一般什么情况下需要在图纸空间进行打印？

答：因为在"布局"选项卡中可以进行多个视口的打印，所以如果用户需要打印的图形中包含三视图以外的图形，如局部视图，则在图纸空间打印比较方便进行局部放大和位置调整。而且在创建布局的过程中还可以添加标题栏，这样用户只需要制作一个标题栏标准文件用于创建布局，而不需要每次都在模型空间中绘制标题栏。

Chapter 11

AutoCAD 机械设计工程应用 1
——绘制球阀

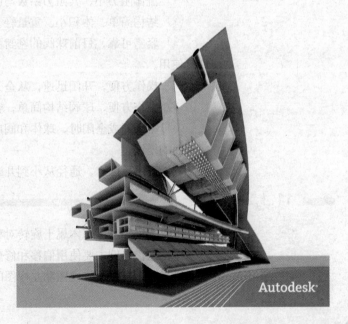

Autodesk·

11.1 实例分析

本章将系统讲解阀体零件从文件新建到打印的整个操作过程。阀体零件的局部打印预览效果图，如图 11-1 所示。

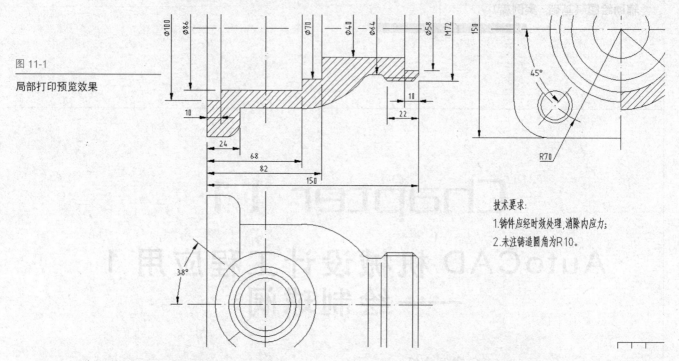

图 11-1

局部打印预览效果

技术要求：
1.铸件应经时效处理,消除内应力;
2.未注铸造圆角为R10。

11.1.1 零件分析

由上图可知，该阀体是球阀中的零部件。在球阀中，该阀体的中心线充当关闭件——球体的旋转轴，以达到开启和关闭的功用。球阀在管路中主要用来做切断、分配和改变介质的流动方向。球阀是近年来被广泛采用的一种新型阀门，已广泛应用于石油、化工、发电、造纸、原子能、航空、火箭等各部门，以及人们日常生活中。

它具有以下优点：

（1）流体阻力小，其阻力系数与同长度的管段相等。

（2）结构简单、体积小、重量轻。

（3）紧密可靠，目前球阀的密封面材料广泛使用塑料、密封性好，在真空系统中也已广泛使用。

（4）操作方便，开闭迅速，从全开到全关只要旋转90°，便于远距离的控制。

（5）维修方便，球阀结构简单，密封圈一般都是活动的，拆卸更换都比较方便。

（6）在全开或全闭时，球体和阀座的密封面与介质隔离，介质通过时，不会引起阀门密封面的侵蚀。

（7）适用范围广，通径从小到几毫米，大到几米，从高真空至高压力都可应用。

11.1.2 设计分析

由上图可知，该阀体属于旋转对称件，整体结构以阶梯孔和表面圆弧过渡为主。根据此结构特点，本例主要使用偏移和修剪命令结合的方法来绘制主视图的阶梯孔，然后使用构造线命令逐步完成俯视图和左视图的绘制。

11.2 操作步骤

根据一般绘图顺序，该绘制过程主要包括绘制前准备、绘制各视图、尺寸标注和图形打印等 4 个步骤。

11.2.1 绘制前准备

绘图前准备阶段主要是完成图形文件的新建与保存、草图设置以及图层设置。

1、图形文件的新建以及草图设置

Step 1 单击"标准"工具栏中的"新建"按钮，系统弹出"选择样板"对话框，如图 11-2 所示，采用默认样板文件，单击"打开"按钮，完成新图形文件的创建。

本章实例视频参见本书附属光盘中的 11-11.avi、11-21.avi、11-47.avi、11-60.avi、11-79.avi、11-102.avi 文件。

图 11-2

"选择样板"对话框

Step 2 依次选择"工具"→"草图设置"命令，系统弹出"草图设置"对话框。

Step 3 选择"捕捉和栅格"选项卡，修改"捕捉 X 轴间距"和"捕捉 Y 轴间距"文本框中的值为"1"，如图 11-3 所示。

Step 4 选择"对象捕捉"选项卡，然后选择"中点"复选框，如图 11-4 所示，最后单击"确定"按钮，即完成新建文件的草图设置。

图 11-3

"捕捉和栅格"选项卡

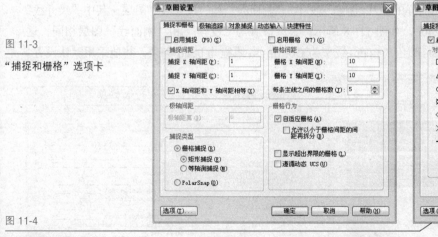

图 11-4

"对象捕捉"选项卡

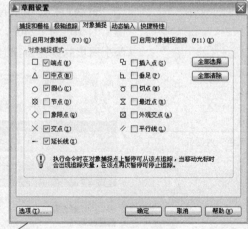

2、图层设置

Step 1 单击"图层"工具栏中的"图层特性管理器"按钮，系统弹出"图层特性管理器"，如图 11-5 所示。

图 11-5

图层特性管理器

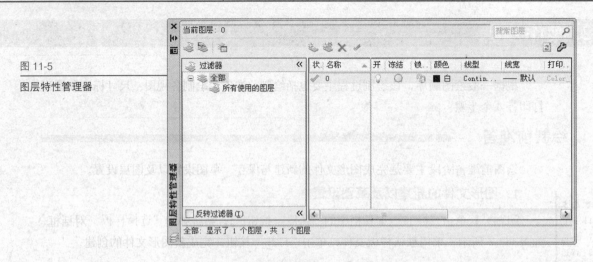

Step 2 单击"新建图层"按钮 🐾，即可创建一个新的图层。在"名称"文本框中输入新的图层名"粗实线"，然后单击该图层对应的"线宽"按钮，系统弹出"线宽"对话框，从中选择"0.50 毫米"选项，如图 11-6 所示。单击"确定"按钮，即完成该图层线宽的设置。

Step 3 单击"新建图层"按钮 🐾，创建一个"细实线"图层。接着单击该图层对应的"颜色"按钮，系统弹出"选择颜色"对话框，从中选取"蓝色"选项，如图 11-7 所示，单击"确定"按钮，即完成该图层颜色的设置。然后设置该图层的线宽为"0.30 毫米"。

图 11-6

"线宽"对话框

图 11-7

"选择颜色"对话框

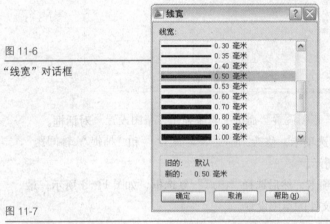

Step 4 使用同样的方法，新建"文字"、"剖面线"和"尺寸线"图层。其中"尺寸线"图层的颜色为"240"，如图 11-8 所示，其余设置与"文字"和"剖面线"图层相同，这两个图层的设置为：颜色为白色；线型为 Contious；线宽为 0.30 毫米，其他采用默认设置。

图 11-8

"选择颜色"对话框

图 11-9

"加载或重载线型"对话框

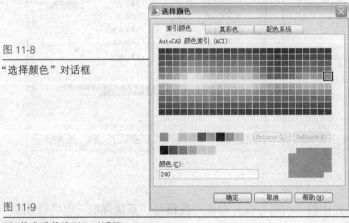

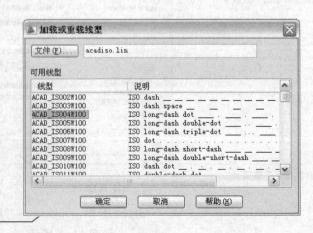

Step 5 使用同样的方法，新建"中心线"图层，并设置颜色为红色。

Step 6 单击该图层对应的"线型"按钮，系统弹出"选择线型"对话框，继续单击"加载"按钮，则弹出"加载或重载线型"对话框，从中选择"ACAD_ISOO4W100"线型，如图 11-9 所示。然后单击"确定"按钮，回到"选择线型"对话框，再次选中刚加载的"ACAD_ISOO4W100"线型，单击"确定"按钮，即完成该图层线型的设置。

Step 7 选中"中心线"图层，然后单击"置为当前"按钮 ✓，将该图层设置为当前图层。此时，图层编辑结果如图 11-10 所示。

图 11-10

图层编辑结果

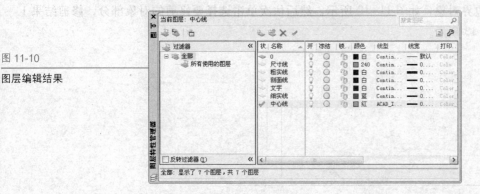

Step 8 依次选择"文件"→"另存为"命令。系统弹出"图形另存为"对话框，在"文件名"下拉列表框中输入名称"阀体"，如图 11-11 所示。

图 11-11

"图形另存为"对话框

Step 9 采用默认的保存目录，单击"保存"按钮，即完成了新建文件的保存。

11.2.2 绘制各视图

绘制机械制图通常包括绘制主视图、俯视图和左视图。接下来，本节将讲解阀体三视图绘制的过程。绘制过程中使用到的命令主要有绘制构造线、直线、射线、圆和圆弧以及偏移、修剪、延伸、镜像、倒角、圆角、复制、缩放和打断等。

1、绘制主视图

Step 1 单击"绘图"工具栏中的"构造线"按钮。

Step 2 在命令行中输入概念中点坐标值"100,400"，然后分别在水平位置和竖直位置单击，完成一条水平构造线和竖直构造线的绘制，按【Enter】键结束命令。

Step 3 单击"图层"工具栏中的"图层控制"按钮，选中"粗实线"图层，将其置为当前图层。

Step 4 单击"修改"工具栏中的"偏移"按钮。

Step 5 依次在命令行中输入图层选项代号"L"和当前选项代号"C"，接着输入偏移距离"42"，然后选择竖直构造线为偏移对象，在该线左侧单击，即完成了偏移线 1 的绘制。

Step 6 按下【Enter】键，默认再次调用偏移命令。接着输入偏移距离"10"，然后选择偏移线 1 为偏移对象，在该线右侧单击，即完成了偏移线 2 的绘制。

Step 7 按下【Enter】键，默认再次调用偏移命令。接着输入偏移距离"50"，然后选择水平构造线为偏移对象，在该线下方单击，即完成了偏移线 3 的绘制。

Step 8 单击"修改"工具栏中的"修剪"按钮-/-。选择三条偏移线和水平构造线为剪切边界对象，如图 11-12 所示，然后依次单击选择要修剪的对象部分，修剪结果 1 如图 11-13 所示。

图 11-12

剪切边界对象选择 1

图 11-13

修剪结果 1

Step 9 单击"修改"工具栏中的"偏移"按钮。使用同样的方法，分别以偏移线 1 为偏移对象，向右偏移 68，以水平构造线为偏移对象，向下偏移 43。

Step 10 单击"修改"工具栏中的"修剪"按钮-/-。选择剪切边界对象，如图 11-14 所示。然后依次单击选择要修剪的对象部分，修剪结果 2 如图 11-15 所示。

图 11-14

剪切边界对象选择 2

图 11-15

修剪结果 2

Step 11 调用偏移命令，使用同样的方法，分别以偏移线 1 为偏移对象，向右偏移 82，以水平构造线为偏移对象，向下偏移 35。

Step 12 调用修剪命令，选择剪切边界对象，如图 11-16 所示。然后依次单击选择要修剪的对象部分，修剪结果 3 如图 11-17 所示。

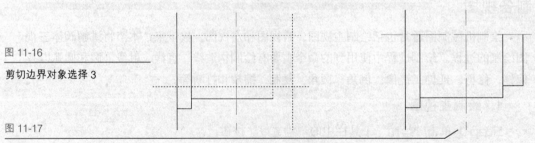

图 11-16

剪切边界对象选择 3

图 11-17

修剪结果 3

Step 13 调用偏移命令，使用同样的方法，分别以偏移线 1 为偏移对象，向右偏移 140 和 150，以水平构造线为偏移对象，向下偏移 20 和 29。

Step 14 调用修剪命令，选择剪切边界对象，如图 11-18 所示。然后依次单击选择要修剪的对象部分，修剪结果 4 如图 11-19 所示。

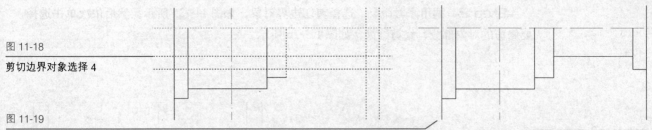

图 11-18

剪切边界对象选择 4

图 11-19

修剪结果 4

Step 15 调用偏移命令，使用同样的方法，分别以偏移线 1 为偏移对象，向右偏移 24，以水平构造线为偏移对象，向下偏移 55 和 75。

Step 16 调用修剪命令，选择剪切边界对象，如图 11-20 所示。然后依次单击选择要修剪的对象部分，修剪结果 5 如图 11-21 所示。

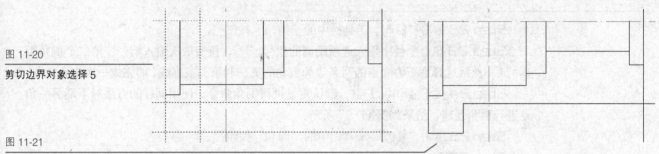

图 11-20

剪切边界对象选择 5

图 11-21

修剪结果 5

Step 17 单击"修改"工具栏中的"延伸"按钮 -/。选择竖直构造线右侧第一条偏移修剪线为延伸边界，下方第二条偏移修剪线为延伸对象，然后按住【Shift】键单击下方第二条偏移修剪线的外侧为修剪对象，结果如图 11-22 所示。

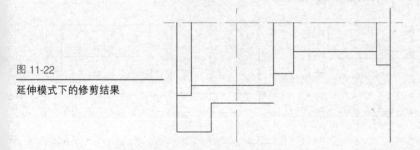

图 11-22

延伸模式下的修剪结果

技术点拨

两直线在不相交情况下也可以进行修剪，在修剪和延伸命令中都可以实现。

Step 18 调用偏移命令，使用同样的方法，分别以最右端偏移线为偏移对象，向左偏移 26，以水平构造线为偏移对象，向下偏移 32 和 36。

Step 19 调用修剪命令，选择剪切边界对象，如图 11-23 所示。然后依次单击选择要修剪的对象部分，修剪结果 6 如图 11-24 所示。

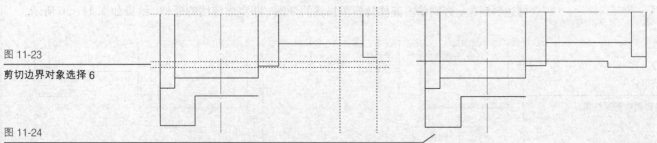

图 11-23

剪切边界对象选择 6

图 11-24

修剪结果 6

Step 20 单击"绘图"工具栏中的"圆"按钮 ⊙。以竖直构造线右侧第一条偏移修剪线与水平构造线的交点为圆心，捕捉延伸模式下修剪线的右端点为半径端点，即完成该圆的绘制。

Step 21 调用修剪命令，选择剪切边界对象，如图 11-25 所示。然后依次单击选择要修剪的对象部分，修剪结果 7 如图 11-26 所示。

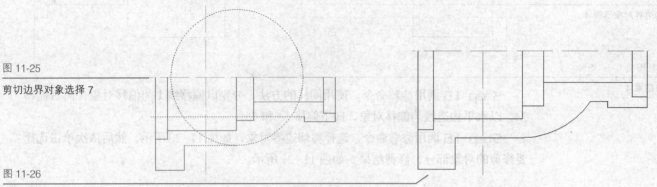

图 11-25

剪切边界对象选择 7

图 11-26

修剪结果 7

Step 22 单击"修改"工具栏中的"倒角"按钮。

Step 23 在命令行中输入选项距离的代号"D"，接着依次输入第一、第二个倒角距离"4"，然后选择右下方角点的两条边为倒角的第一和第二条直线，即完成一次倒角命令。

Step 24 按下【Enter】键，默认重复调用倒角命令。使用同样的方法对下端另一角点进行倒角处理，结果如图 11-27 所示。

Step 25 单击"修改"工具栏中的"圆角"按钮。

Step 26 在命令行中输入选项半径的代号"R"，接着输入圆角半径值"4"，然后选择倒角左边相对的拐角点的两条边为圆角的第一和第二条直线，即完成了一次圆角命令。

Step 27 按下【Enter】键，默认重复调用圆角命令。使用同样的方法对左下方的第二个角点进行半径为"10"的圆角处理，结果如图 11-28 所示。

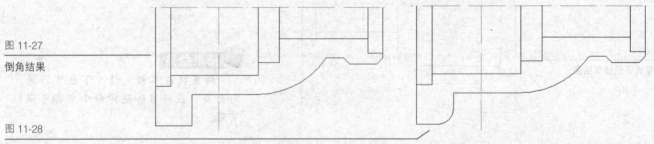

图 11-27

倒角结果

图 11-28

圆角结果

Step 28 调用偏移命令，使用同样的方法，以右下边水平线为偏移对象，向上偏移 2。

Step 29 选中该偏移线，然后单击"图层"工具栏中的"图层控制"下拉按钮，在弹出的下拉菜单中选择"细实线"图层，即将该线设置成了细实线，如图 11-29 所示。

Step 30 单击"修改"工具栏中的"延伸"按钮。选择右下方的两个倒角边为延伸边界对象，分别单击偏移转换图层线的两端，即完成该线的延伸，结果如图 11-30 所示。

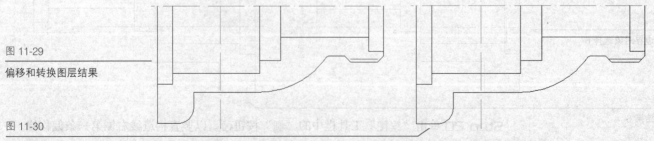

图 11-29

偏移和转换图层结果

图 11-30

延伸结果

Step 31 单击"修改"工具栏中的"镜像"按钮。选择镜像对象，如图 11-31 所示，然后选择水平构造线为镜像线，默认不删除源对象，结果如图 11-32 所示。

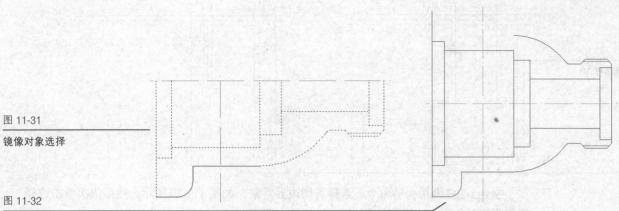

图 11-31

镜像对象选择

图 11-32

镜像结果

Step 32 调用偏移命令，使用同样的方法，分别以竖直构造线为偏移对象，向左右偏移 18 和 22；以水平构造线为偏移对象，向上偏移 54。

Step 33 调用修剪命令，选择剪切边界对象，如图 11-33 所示。然后依次单击选择要修剪的对象部分，修剪结果 8 如图 11-34 所示。

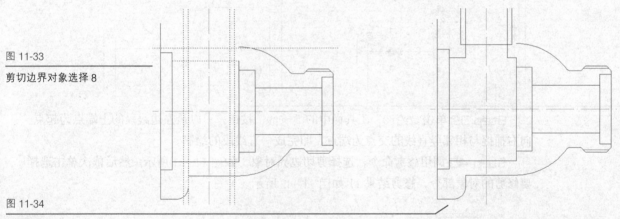

图 11-33

剪切边界对象选择 8

图 11-34

修剪结果 8

Step 34 调用偏移命令，使用同样的方法，分别以竖直构造线为偏移对象，分别以竖直构造线为偏移对象，向左右偏移 26；以水平构造线为偏移对象，向上偏移 80 和 86。

Step 35 调用修剪命令，选择剪切边界对象，如图 11-35 所示。然后依次单击选择要修剪的对象部分，修剪结果 9 如图 11-36 所示。

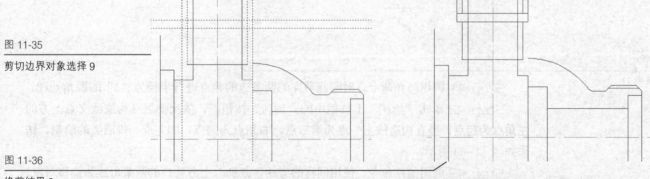

图 11-35

剪切边界对象选择 9

图 11-36

修剪结果 9

Step 36 调用偏移命令，使用同样的方法，分别以竖直构造线为偏移对象，分别以竖直构造线为偏移对象，向左右偏移 36；以水平构造线为偏移对象，向上偏移 104、108 和 112。

Step 37 调用修剪命令，选择剪切边界对象，如图 11-37 所示。然后依次单击选择要修剪的对象部分，修剪结果 10 如图 11-38 所示。

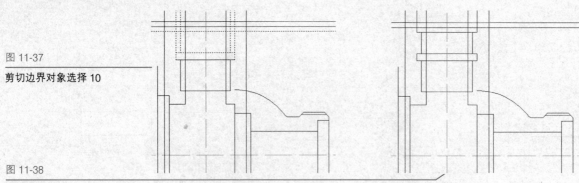

图 11-37

剪切边界对象选择 10

图 11-38

修剪结果 10

Step 38 调用修剪命令，选择剪切边界对象，如图 11-39 所示。然后依次单击选择要修剪的对象部分，修剪结果 11 如图 11-40 所示。

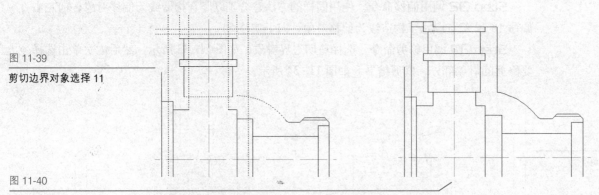

图 11-39

剪切边界对象选择 11

图 11-40

修剪结果 11

Step 39 单击"绘图"工具栏中的"直线"按钮。以最左边线段的上端点为起点，向右捕捉与相邻竖直线的交点为端点，即完成一直线段的绘制。

Step 40 调用修剪命令，选择剪切边界对象，如图 11-41 所示。然后依次单击选择要修剪的对象部分，修剪结果 11 如图 11-42 所示。

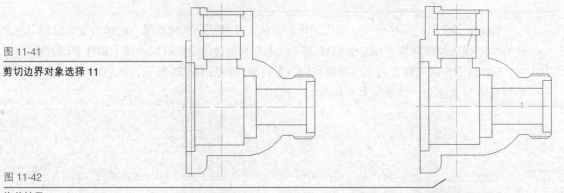

图 11-41

剪切边界对象选择 11

图 11-42

修剪结果 11

Step 41 调用圆角命令，对刚修剪完的两条边的角点进行半径为"4"的圆角处理。

Step 42 单击"绘图"工具栏中的"圆弧"按钮，依次捕捉点构造线交点上方的左角点为起点，竖直构造线上一点为第二点，右角点为端点，即完成一段圆弧的绘制，结果如图 11-43 所示。

Step 43 调用偏移命令，使用同样的方法，分别以上方孔口的两条母线为偏移对象，向外偏移 1。

Step 44 选中该偏移线，然后单击"图层"工具栏中的"图层控制"下拉按钮，在弹出的快捷菜单中选择"细实线"图层，即将该线设置成了细实线，如图 11-44 所示。

Step 45 单击"绘图"工具栏中的"图案填充"命令按钮，系统弹出"图案填充和渐变色"对话框。

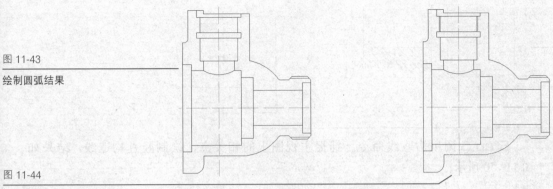

图 11-43

绘制圆弧结果

图 11-44

偏移转换图层结果

Step 46 在"图案填充"选项卡中的"图案"下拉列表框中选择"LINE"选项,"角度"下拉列表框中选择"45",其他使用默认设置,如图 11-45 所示。

图 11-45

"图案填充"选项卡设置

Step 47 单击"拾取点"按钮,回到绘图区,选择填充区域如图 11-46 所示,回到"图案填充和渐变色"对话框,单击"确定"按钮结束命令,结果如图 11-47 所示。

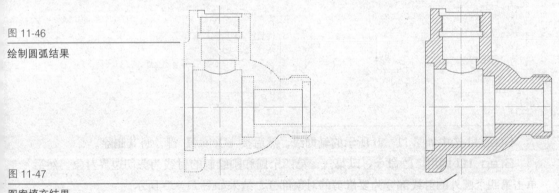

图 11-46

绘制圆弧结果

图 11-47

图案填充结果

2. 绘制俯视图

Step 1 调用偏移命令,依次在命令行中输入图层选项代号"L"和源选项代号"S"。然后使用同样的方法,以水平构造线为偏移对象,向下偏移 190,即完成了俯视图中心线的绘制。

Step 2 单击"修改"工具栏中的"复制"按钮。

Step 3 在主视图中,选取复制对象,如图 11-48 所示,指定主视图中的两条构造线交点为复制基点,然后指定俯视图的构造线交点为复制第二点,如图 11-49 所示。

Step 4 单击"图层"工具栏中的"图层控制"下拉按钮,在弹出的下拉菜单中选中"中心线"图层,将其置为当前图层。

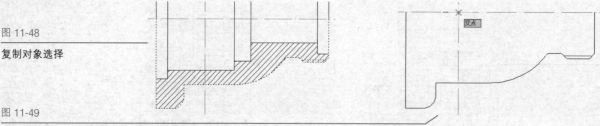

图 11-48

复制对象选择

图 11-49

复制第二点

Step 5 调用构造线命令。捕捉主视图上的相关点，绘制竖直构造线，结果如图 11-50 所示。

图 11-50

绘制相关辅助线

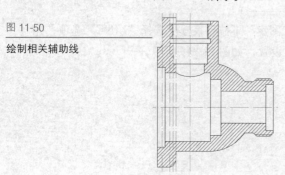

技术点拨

在绘制主视图与俯视图等的相关辅助线时，使用构造线命令可以方便辨认和删除。

Step 6 单击"图层"工具栏中的"图层控制"下拉按钮，在弹出的下拉菜单中选中"粗实线"图层，将其置为当前图层。

Step 7 调用圆命令。在俯视图中，分别以构造线交点为圆心，以上一步绘制的相关辅助线与水平构造线的交点为半径端点，绘制同心圆，结果如图 11-51 所示。

Step 8 依次选择"绘图"→"射线"命令。捕捉右边数第一条辅助线与由内向外数的第三个圆的交点为起点，然后在命令行输入射线通过的另一点坐标值"@11<218"，即完成一条射线的绘制，结果如图 11-52 所示。

图 11-51

绘制相关圆轮廓

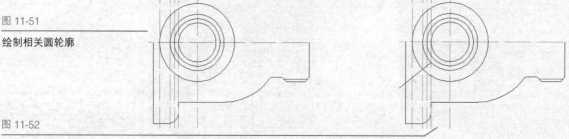

图 11-52

绘制射线

Step 9 选中如图 11-50 所示的辅助线，然后按【Delete】键，将其删除。

Step 10 调用修剪命令。以第三、第四个圆和刚绘制的射线为剪切边界对象，然后单击第四个圆外的射线部分为要修剪的对象部分，结果如图 11-53 所示。

Step 11 选中左边第二条竖直线段，然后使用夹点编辑方法，将其拉伸到与第四个圆的交点处，如图 11-54 所示。

图 11-53

射线修剪结果

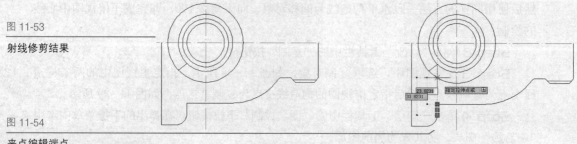

图 11-54

夹点编辑端点

Step 12 调用镜像命令。选择镜像对象，如图 11-55 所示，然后以水平构造线为镜像线，即完成镜像命令，结果如图 11-56 所示。

图 11-55

镜像对象选择

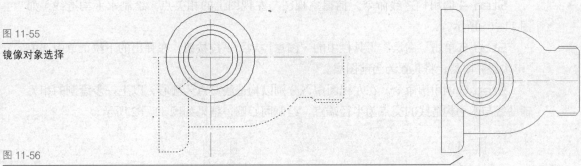

图 11-56

镜像结果

Step 13 调用直线命令。捕捉右边螺纹处的倒角点，绘制三条直线段，如图 11-57 所示。

Step 14 单击"修改"工具栏中的"缩放"按钮□。选择刚绘制的左边直线段为缩放对象，指定该直线与水平构造线的交点为基点。在命令行输入比例因子"0.9"，结果如图 11-58 所示。

图 11-57

绘制直线

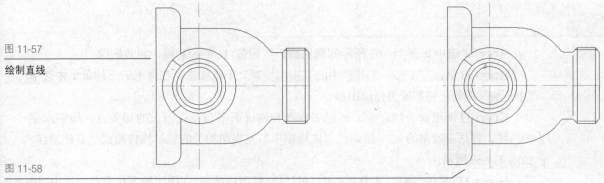

图 11-58

缩放结果

Step 15 单击"修改"工具栏中的"复制"按钮°。

Step 16 选择缩放后的直线为复制对象，指定该直线所对应的倒角点为基点，如图 11-59 所示，然后指定其左侧拐角点为复制第二点，按【Enter】键结束复制命令，结果如图 11-60 所示。

图 11-59

指定复制基点

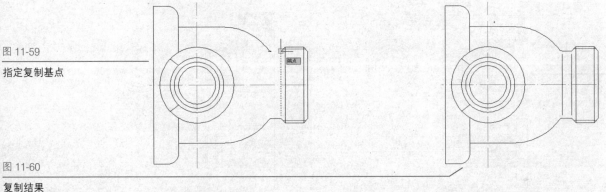

图 11-60

复制结果

3. 绘制左视图

Step 1 调用偏移命令。使用同样的方法，以主视图中的竖直构造线为偏移对象，向右偏移 250。

Step 2 单击"图层"工具栏中的"图层控制"下拉按钮，在弹出的下拉菜单中选中"中心线"图层，将其置为当前图层。

Step 3 调用构造线命令。捕捉右下角的两条构造线交点为起点，在命令行输入通过点坐标"@10<45"，绘制一条辅助线。

Step 4 调用构造线命令。捕捉主视图与左视图上的相关点，绘制水平构造线1如图11-61所示。

Step 5 单击"图层"工具栏中的"图层控制"下拉按钮，在弹出的下拉菜单中选中"粗实线"图层，将其置为当前图层。

Step 6 调用圆命令。在左视图中，分别以构造线交点为圆心，以上一步绘制的相关辅助线与水平构造线的交点为半径端点，绘制同心圆，结果如图11-62所示。

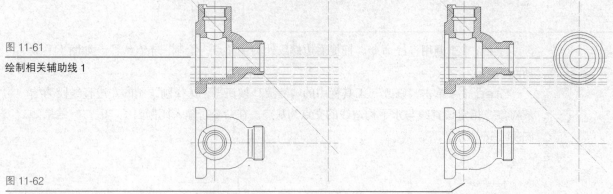

图 11-61

绘制相关辅助线 1

图 11-62

绘制圆轮廓 1

Step 7 选中如图11-61所示的辅助线，然后按【Delete】键，将其删除。

Step 8 单击"图层"工具栏中的"图层控制"下拉按钮，在弹出的下拉菜单中选中"中心线"图层，将其置为当前图层。

Step 9 调用构造线命令。捕捉主视图和俯视图中与左视图上的相关点，绘制水平构造线，并结合绘制的45°辅助线将俯视图中与左视图相关的辅助线转换成竖直辅助线，如图11-63所示。

Step 10 单击"图层"工具栏中的"图层控制"下拉按钮，在弹出的下拉菜单中选中"粗实线"图层，将其置为当前图层。

Step 11 调用直线命令。捕捉相关辅助线的交点为端点，绘制直线。

Step 12 选中如图11-63所示的辅助线，然后按【Delete】键，将其删除，此时，可以清楚地看到上一步绘制的直线结果如图11-64所示。

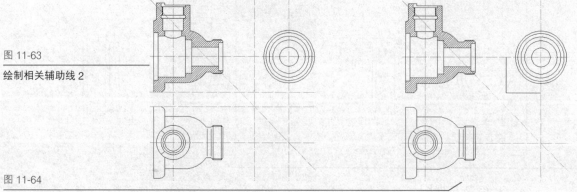

图 11-63

绘制相关辅助线 2

图 11-64

绘制直线轮廓 2

Step 13 单击"图层"工具栏中的"图层控制"下拉按钮，在弹出的下拉菜单中选中"中心线"图层，将其置为当前图层。

Step 14 调用构造线命令。再次捕捉主视图和俯视图中与左视图上的相关点，绘制水平构造线，并结合绘制的45°辅助线将俯视图中与左视图上相关的辅助线转换成竖直辅助线，如图11-65所示。

Step 15 单击"图层"工具栏中的"图层控制"下拉按钮,在弹出的下拉菜单中选中"粗实线"图层,将其置为当前图层。

Step 16 调用直线命令。捕捉相关辅助线的交点为端点,绘制直线。

Step 17 选中如图 11-65 所示的辅助线,然后按【Delete】键,将其删除,此时,可以清楚地看到上一步绘制的直线结果如图 11-66 所示。

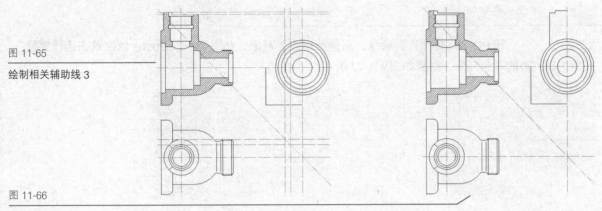

图 11-65

绘制相关辅助线 3

图 11-66

绘制直线轮廓 3

Step 18 单击"图层"工具栏中的"图层控制"下拉按钮,在弹出的下拉菜单中选中"中心线"图层,将其置为当前图层。

Step 19 调用构造线命令。再次捕捉主视图和俯视图中与左视图上相关的点,绘制水平构造线,并结合绘制的 45° 辅助线将俯视图中与左视图上相关的辅助线转换成竖直辅助线,如图 11-67 所示。

Step 20 单击"图层"工具栏中的"图层控制"下拉按钮,在弹出的下拉菜单中选中"粗实线"图层,将其置为当前图层。

Step 21 调用直线命令。捕捉相关辅助线的交点为端点,绘制直线。

Step 22 选中如图 11-67 所示的辅助线,然后按【Delete】键,将其删除,此时,可以清楚地看到上一步绘制的直线结果如图 11-68 所示。

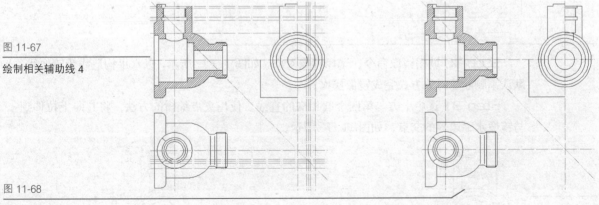

图 11-67

绘制相关辅助线 4

图 11-68

绘制直线轮廓 4

Step 23 调用圆命令。以构造线交点为圆心,绘制半径为 70 的圆,并将其转换到"中心线"图层上。

Step 24 调用射线命令。捕捉构造线交点为起点,在命令行中输入通过点坐标 "@10<225",即完成辅助射线的绘制,然后将其转换到"中心线"图层上,结果如图 11-69 所示。

Step 25 调用圆命令。以刚绘制的半径为 70 的圆与射线的交点为圆心,分别绘制半径为 10 和 12 的圆。然后将半径为 12 的圆转换到"细实线"图层上,结果如图 11-70 所示。

图 11-69

绘制辅助圆和射线

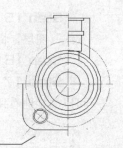

图 11-70

绘制圆

Step 26 调用修剪命令。选择剪切边界对象，如图 11-71 所示，依次单击选择要修剪的对象部分，结果如图 11-72 所示。

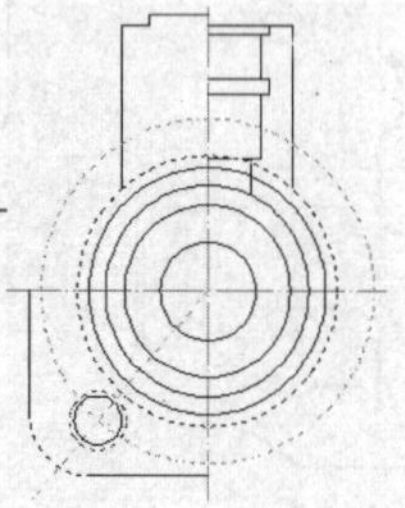

图 11-71

剪切边界对象选择

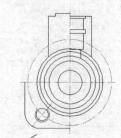

图 11-72

修剪结果

Step 27 单击"修改"工具栏中的"缩放"按钮 。选择修剪后的射线为缩放对象，指定其与辅助圆的交点为基点。在命令行输入比例因子"0.7"，结果如图 11-73 所示。

Step 28 单击"修改"工具栏中的"打断"按钮 。

Step 29 依据命令行提示，选择辅助圆为打断对象，在适当位置单击以指定第一和第二个打断点，即完成辅助圆的打断命令，结果如图 11-74 所示。

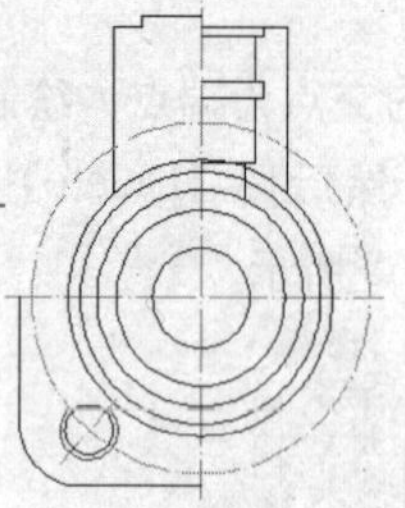

图 11-73

缩放修剪后的射线

图 11-74

打断辅助圆

Step 30 调用镜像命令。选择镜像对象，如图 11-75 所示，以水平构造线为镜像线，默认不删除源对象方式完成镜像操作。

Step 31 选中上方与第四个圆相交的直线，使用夹点编辑的方法，将其向上拉伸到与镜像水平边界的交点，如图 11-76 所示。

图 11-75

镜像对象选择

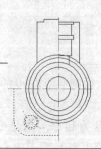
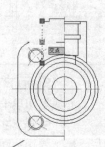

图 11-76

夹点编辑直线

Step 32 调用修剪命令。选择剪切边界对象，如图 11-77 所示，依次单击选择要修剪的对象部分，结果如图 11-78 所示。

Step 33 单击"绘图"工具栏中的"图案填充"按钮 ，系统弹出"图案填充和渐变色"对话框。

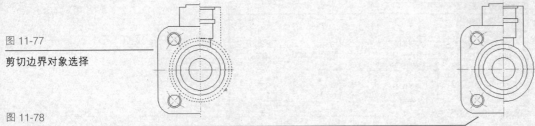

图 11-77

剪切边界对象选择

图 11-78

修剪结果

Step 34 在"图案填充"选项卡中的"图案"下拉列表框中选择"LINE"选项,在"角度"下拉列表框中选择"45",其他使用默认设置,即采用与主视图中的图案填充同样的设置。

Step 35 单击"拾取点"按钮圝,回到绘图区,选择右侧封闭轮廓为填充区域,回到"图案填充和渐变色"对话框,单击"确定"按钮结束命令,即完成左视图的图案填充操作。

Step 36 调用打断命令,将三视图中心线在适当位置打断。

Step 37 选中多余的中心线段,按【Delete】键,将其删除。此时,3 个视图已经绘制完毕,总体效果图如图 11-79 所示。

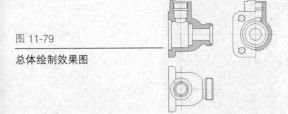

图 11-79

总体绘制效果图

11.2.3 尺寸标注

适当的尺寸标注是机械零件制图中必不可少的内容,它是加工人员的尺寸加工依据。

接下来,本节将对绘制好的阀体三视图进行尺寸标注,其主要内容包括尺寸标注样式的创建和图形尺寸标注。

1. 尺寸标注样式的创建

Step 1 单击"标注"工具栏中的"标注样式"按钮，系统弹出"标注样式管理器"对话框。然后单击"新建"按钮,系统弹出"创建新标注样式"对话框,在"新样式名"文本框中输入样式名"阀体",其他采用默认设置,如图 11-80 所示。

图 11-80

输入新样式名

Step 2 单击"继续"按钮,系统弹出"新建标注样式:阀体"对话框。

Step 3 选择"文字"选项卡,然后单击"文字样式"下拉列表框后面的设置按钮，系统弹出"文字样式"对话框。

Step 4 单击"新建"按钮,系统弹出"新建文字样式"对话框,输入样式名"阀体"。单击"确定"按钮,回到"文字样式"对话框。

Step 5 在"字体名"下拉列表框中选择"gbenor.shx"选项,此时选择其下方的"使用大字体"复选框,则原本显示"字体名"的位置显示为"SHX 字体",原本显示"字体样式"的位置显示为"大字体",在"大字体"下拉列表框中选择"gbcbig.shx"选项,其他采用默认设置,如图 11-81 所示。

图 11-81

"阀体"文字样式设置

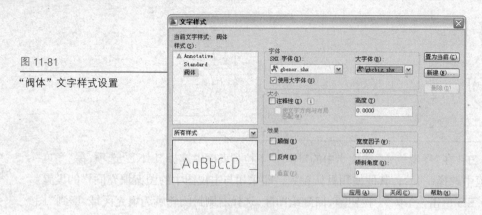

Step 6 依次单击"应用"和"关闭"按钮，回到"新建标注样式：阀体"对话框。在"文字样式"下拉列表框中选择上一步中新建的文字样式"阀体"，其他采用默认设置，如图 11-82 所示。

图 11-82

"文字"选项卡设置

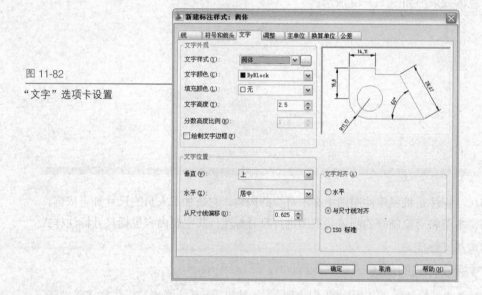

Step 7 选择"线"选项卡，将"基线间距"微调框中的值改为"7"；"超出尺寸线"微调框中的值改为"2.25"；"起点偏移量"微调框中的值改为"2"，其他采用默认设置，如图 11-83 所示。

图 11-83

"新建标注样式：阀体"的"线"
选项卡设置

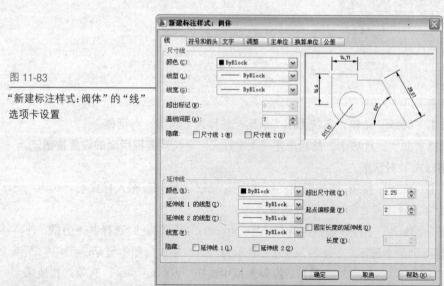

Step 8 选择"主单位"选项卡，在"小数分隔符"下拉列表框中选择"句点"选项，其他采用默认设置，如图 11-84 所示。

Step 9 其余选项卡不做设置，均采用默认设置，至此完成了"阀体"标注样式的所有公共参数设置。单击"确定"按钮，回到"标注样式管理器"对话框，此时，"阀体"标注样式的预览效果如图 11-85 所示。

图 11-84

"新建标注样式：阀体"的"主单位"选项卡

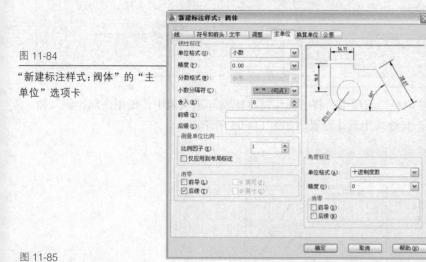

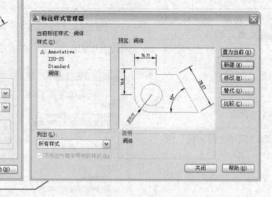

图 11-85

"阀体"标注样式预览效果

Step 10 单击"新建"按钮，系统弹出"创建新标注样式"对话框，在"基础样式"下拉列表框中选择"阀体"选项，在"用于"下拉列表框中选择"直径标注"选项，如图 11-86 所示，然后单击"继续"按钮，系统弹出"新建标注样式：阀体：直径"对话框。

Step 11 选择"文字"选项卡，选择"文字对齐"选项组中的"ISO 标准"单选按钮，其余采用默认设置。

Step 12 单击"确定"按钮，回到"标注样式管理器"对话框，此时，"阀体：直径"标注样式的预览效果如图 11-87 所示。

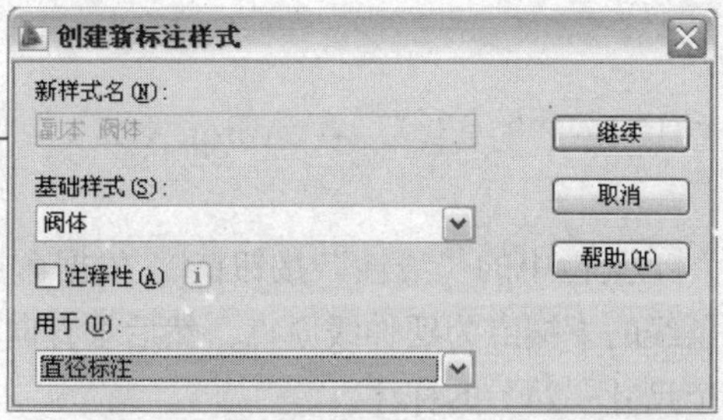

图 11-86

创建"阀体"样式的直径标注

图 11-87

"阀体：直径"标注样式的预览效果

Step 13 单击"新建"按钮，使用同样的方法，采用与"阀体：直径"标注样式同样的设置，创建"阀体：半径"标注样式，其预览效果如图 11-88 所示。

Step 14 单击"新建"按钮，使用同样的方法，创建"阀体"的"角度标注"，在"文字"选项卡中选择"文字对齐"选项组中的"水平"单选按钮，其他采用默认设置。"阀体：角度"标注样式的预览效果如图 11-89 所示。

Step 15 在"样式"树状图中选择"阀体"选项，然后单击"修改"按钮，系统弹出"修改标注样式：阀体"对话框。

图 11-88

"阀体：半径"标注样式
的预览效果

图 11-89

"阀体：角度"标注样式的
预览效果

Step 16 选择"调整"选项卡，将"标注特征比例"选项组中"使用全局比例"微调框中的值改为"2"，其他采用默认设置，如图 11-90 所示。

图 11-90

修改"使用全局比例"值

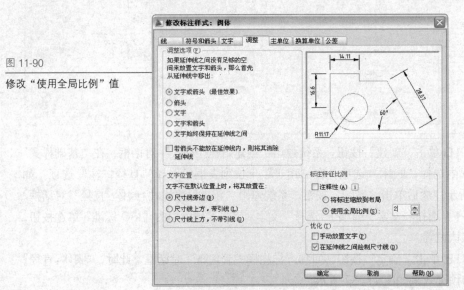

Step 17 单击"确定"按钮，回到"标注样式管理器"对话框。然后单击"置为当前"按钮将其置为当前标注样式。单击"关闭"按钮，则回到绘图窗口。

2．图形尺寸的标注

Step 1 依次选择"工具"→"工具栏"→"AutoCAD"→"标注"命令，弹出"标注"工具栏。

Step 2 单击"标注"工具栏中的"线性"按钮┠。依据命令行提示，依次在主视图中选择最左边线和第二条线的下端点为延伸线原点，然后垂直向下拖动尺寸线，在适当位置单击确定，即完成一个尺寸"24"的标注。

Step 3 单击"标注"工具栏中的"基线"按钮┠。系统默认以上一步中指定的第一条延伸线为基线，依据命令行提示，依次向右捕捉第二条延伸线原点，标注尺寸"68"、"82"和"150"。然后在命令行中输入选择选项的代号"S"，接着选择尺寸"150"为基准标注，再向左捕捉第二条延伸线原点两次，标注尺寸"10"和"22"，按两下【Enter】键，完成基线标注，结果如图 11-91 所示。

Step 4 单击"标注"工具栏中的"线性"按钮┠。依据命令行提示，依次在主视图中选择竖直构造线两侧的端点为延伸线原点，此时在命令行中输入文字选项的代号"T"，接着输入"%%C<>"，然后在垂直方向拖动尺寸线在适当位置单击确认，即完成尺寸"φ36"的标注。

Step 5 调用线性标注命令。使用同样的方法，标注横向尺寸 "φ44"、"M46"、"φ52" 和 "φ72" 以及纵向尺寸 "M72"、"φ58"、"φ64"、"φ40"、"φ70"、"φ86" 和 "φ100"，还有一个线性尺寸 "10"，结果如图 11-92 所示。

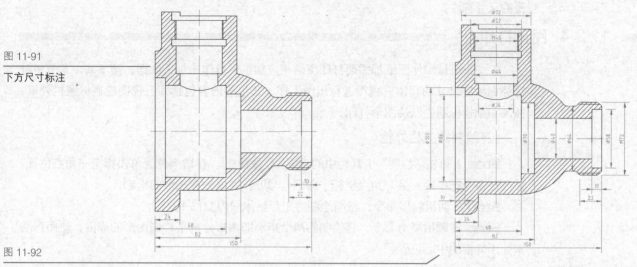

图 11-91

下方尺寸标注

图 11-92

上方和中轴线上尺寸标注

Step 6 调用线性标注命令。在左视图中，使用同样的方法，依次标注竖直构造线左侧的尺寸 "150" 和左右的两个尺寸 "4"。

Step 7 调用基线标注命令。系统默认以右侧尺寸 "4" 的第一条延伸线为基线，使用同样的方法，标注尺寸 "22"、"28" 和 "54"。

Step 8 单击 "标注" 工具栏中的 "半径" 按钮 ⊙。依据命令行提示，选择第 5 个圆为标注对象，在适当位置单击确认完成半径尺寸 "R55" 的标注。使用同样的方法，标注半径尺寸 "R70"。

Step 9 单击 "标注" 工具栏中的 "直径" 按钮 ⊙。

Step 10 依据命令行提示，选择左上方圆为标注对象，然后在命令行中输入文字选项的代号 "T"，接着输入 "4-M20"，最后在适当位置单击确认。

Step 11 单击 "标注" 工具栏中的 "角度" 按钮 △。

Step 12 依据命令行提示，选取水平构造线和修剪后的射线为标注对象，然后在适当位置单击指定标注弧线位置，结果如图 11-93 所示。

Step 13 调用角度标注命令。使用同样的方法，在俯视图中标注尺寸 "38°"，结果如图 11-94 所示。

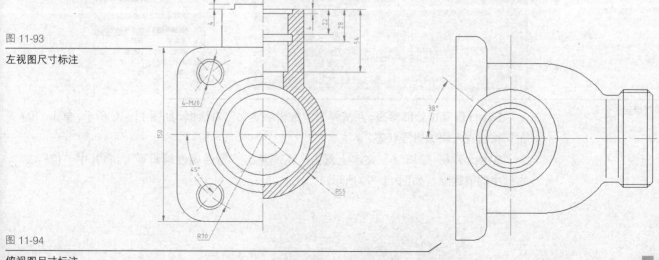

图 11-93

左视图尺寸标注

图 11-94

俯视图尺寸标注

Step 14 依次选择"标注"→"多重引线"命令。依据命令行提示，在主视图中的右端倒角处单击指定引线箭头位置，然后再在适当位置单击指定引线基线的位置，此时，系统弹出"多行文字编辑器"，输入"4-45%%d"，单击"确定"按钮。此时即完成三视图的尺寸标注。

11.2.4 图形打印

每一张机械零件图纸都需要打印交给相应加工人员作为加工依据。接下来，本节将对已经标注完尺寸的阀体三视图进行出图工作，其主要内容包括为三视图绘制标题栏外框、插入和编辑标题栏以及图形打印。

1、绘制标题栏外框

Step 1 单击"绘图"工具栏中的"矩形"按钮□。在适当位置单击指定一角点位置，然后在命令行中输入另一角点坐标"@594,420"，完成一个矩形的绘制。

Step 2 调用偏移命令，将刚绘制的矩形整体向内偏移10。

Step 3 调用移动命令，将绘制的两个矩形即图形外框平移到图形的周围，使图形基本处于外框的中心位置。

2、插入和编辑标题栏

Step 1 选择"插入"→"DWG参照"命令，系统弹出"选择参照文件"对话框，选择被参照图形文件"标题栏"，单击"打开"按钮结束文件选择，系统弹出"外部参照"对话框，采用默认设置，如图11-95所示。

Step 2 单击"确定"按钮，完成外部参照"标题栏"的附着。

Step 3 调用移动命令，将外部参照移动到外框内侧的右下角点处。

Step 4 依次选择"插入"→"外部参照"命令，系统即弹出"外部参照"管理器。在"标题栏"参照名上右击，在弹出的快捷菜单中选择"绑定"命令，如图11-96所示。

Step 5 系统弹出"绑定外部参照"对话框，如图11-97所示。采用默认设置，单击"确定"按钮，完成外部参照文件的绑定。

图 11-95

"外部参照"对话框

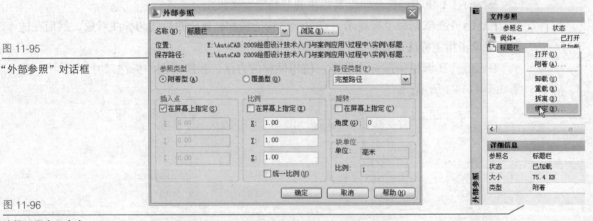

图 11-96

选择"绑定"命令

Step 6 双击外部参照，系统弹出"编辑块定义"对话框，如图11-98所示，单击"确定"按钮进入块编辑器状态。

Step 7 在"2JS-6"文字上双击，系统弹出"增强属性编辑器"，将其中"值"文本框中的值删除，如图11-99所示。

图 11-97

"绑定外部参照"对话框

图 11-98

"编辑块定义"对话框

Step 8 单击"确定"按钮，回到块编辑器状态。然后单击上方的"关闭块编辑器"按钮 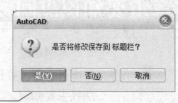，系统弹出询问对话框，如图 11-100 所示，单击"是"按钮，即完成外部参照的编辑。

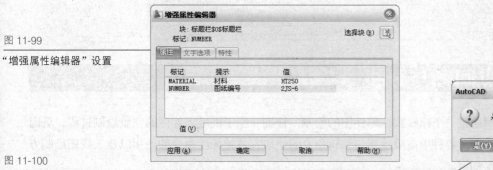

图 11-99

"增强属性编辑器"设置

图 11-100

询问对话框

Step 9 单击"绘图"工具栏中的"多行文字"按钮A。

Step 10 依据命令行提示，在左视图下方空白区域的适当位置单击指定输入框的两个角点，显示多行文字编辑器，修改字号为"7.5"，然后在其中输入内容，如图 11-101 所示，单击"确定"按钮，即完成图形的文字标注。此时，已经完成了图形打印前的所有工作。

图 11-101

输入内容

技术要求
1. 铸件应经时效处理，消除内应力；
2. 未注铸造圆角为R10。

3、图形打印

Step 1 单击"标准"工具栏中的"打印"按钮，系统弹出"打印－模型"对话框。

Step 2 单击"打印机/绘图仪"选项组中的"名称"下拉列表框，在弹出的下拉列表中选择"Default Windows System Printer.pc3"选项。

Step 3 单击"图纸尺寸"下拉列表框，在弹出的下拉列表中选择"A2"选项。

Step 4 单击"打印区域"选项组中的"打印范围"下拉列表框，在弹出的下拉列表中选择"窗口"选项，此时对话框中出现"窗口"按钮，单击该按钮，回到绘图区，选择外框的两个角点以指定窗口范围，然后回到"打印－模型"对话框。

Step 5 取消选择"布满图纸"复选框，然后在"比例"下拉列表框中选择"1∶1"选项。

Step 6 在"打印样式表"下拉列表框中选择"monochrome.ctb"选项。

Step 7 在"图形方向"选项组中选择"横向"单选按钮。此时，"打印－模型"对话框的设置结果如图 11-102 所示。

Step 8 单击"预览"按钮，调整视图即可看到局部预览效果（见图 11-1）。

Step 9 单击"确定"按钮，系统弹出"文件另存为"对话框，采用默认存储路径，在"文件名"下拉列表框中输入名称"11.xps"。单击"保存"按钮，系统弹出"打印作业进度"显示条，等待打印结束即可。

图 11-102

"打印 - 模型"对话框设置

11.3 本章重要知识点回顾与分析

本例通过一个球阀阀体零件图的绘制，详细介绍了机械零件图的完整绘制过程，巩固了图层设置、各种中高级绘图与编辑命令的使用、各种标注命令的使用以及三视图绘制方法等主要知识。

其中，图层设置可以使用户方便地控制对象的显示和编辑，从而提高绘图的效率和准确性。

本例用到的中高级绘图与编辑命令包括绘制构造线、直线、射线、圆和圆弧以及偏移、修剪、延伸、镜像、倒角、圆角、复制、缩放和打断等。其中，绘制构造线、偏移和修剪命令需要重点掌握。

11.4 工程师坐堂

问：如果希望最快捷地重复调用命令时，怎么办？

答：按下【Enter】键，系统默认该操作是重复上一步命令。

问：如果希望快速创建标题栏，怎么办？

答：用户可以将一个绘制好的标题栏存储为块，这样以后绘制的每一幅图形都可以附着该块文件为外部参照。

问：绘制三视图的一般步骤是什么？

答：通常是首先绘制最能表现零件特征的主视图，然后结合主视图绘制俯视图，最后通过绘制 45°辅助线结合俯视图和主视图来绘制左视图。通过已绘图形来辅助绘制未绘图形的方法也最快速。

问：如果两条直线不相交，是否可以以某一条直线为边界进行修剪？

答：可以。在 AutoCAD 2009 中，修剪命令和延伸命令是嵌套在一起的，当两条直线不相交时，在延伸模式下，可以按住【Shift】键再单击要修剪的对象即可以实现以某一条直线为边界进行修剪。

问：在绘图不要求精确时，如果希望改变系统自动测量的尺寸值，怎么办？

答：这时，用户可以在该尺寸上双击，系统弹出"特性"选项板，然后在"文字"选项组中的"文字替代"文本框中输入希望修改成的值即可。

问："monochrome.ctb"打印样式表有什么特点？

答：该打印样式表是系统自带的打印样式表，它是一种颜色相关打印样式表，其设置是将所有颜色更改为黑色。

Chapter 12

AutoCAD 机械设计工程应用 2
——绘制齿轮啮合装配图

12.1 实例分析

12.2 操作步骤

12.3 本章重要知识点回顾与分析

12.4 工程师坐堂

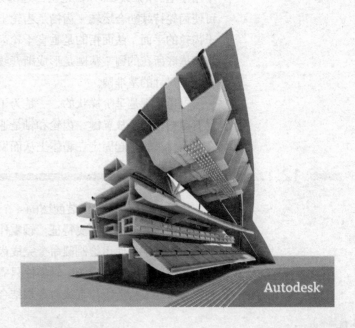

Autodesk®

12.1 实例分析

本章将系统讲解齿轮啮合装配图从单个零件的绘制到生成装配图以及装配图打印的整个操作过程。齿轮啮合装配图的局部打印预览效果图如图 12-1 所示。

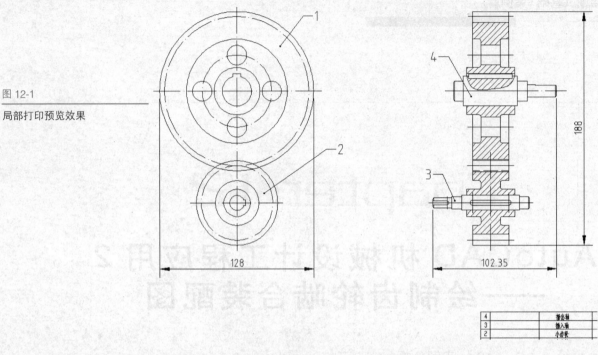

图 12-1

局部打印预览效果

12.1.1 零件分析

由图 12-1 可知，该装配图包括 4 个零件，即大齿轮、小齿轮、插入轴和插出轴。

由齿轮与轴组合成的传动装置，常见于减速器、变速箱和齿轮箱等机械配件中，广泛应用于汽车、机床、冶金、石化和电力等行业。

该装配图中的两个齿轮按其外形和齿线形状称为圆柱直齿轮。齿轮的组成结构一般有轮齿、齿槽、端面、法面、齿顶圆、齿根圆、基圆、分度圆。轮齿简称齿，是齿轮上每一个用于啮合的凸起部分，这些凸起部分一般呈辐射状排列，配对齿轮上的轮齿互相接触，可使齿轮持续啮合运转；齿槽是齿轮上两相邻轮齿之间的空间；端面是圆柱齿轮上，垂直于齿轮的平面；法面指的是垂直于轮齿齿线的平面；齿顶圆是指齿顶端所在的圆；齿根圆是指槽底所在的圆；基圆是形成渐开线的发生线做纯滚动的圆；分度圆是在端面内计算齿轮几何尺寸的基准圆。

轴通常都是呈阶梯状的，一是为了配合不同大小的齿轮，二是为了便于固定。其上布置有键槽，用于放置键，齿轮和轴是通过键连接在一起的。此外，其端部阶梯要与轴承配合进而将齿轮一起固定在箱体上从而发挥传动作用。

12.1.2 设计分析

由图 12-1 可知，该装配图的 4 个零件都属于对称件，而且整体结构简单。齿轮零件主要以圆孔和键槽为主要特征，轴零件主要以阶梯状端面和键槽为主要特征。根据该结构特点，本例主要使用绘制圆命令完成齿轮的主视图，使用构造线、偏移和修剪命令结合的方法来绘制齿轮的左视图；轴零件只需一个视图即能将特征表达清楚，本例主要使用偏移与修剪命令或构造线与直线命令相结合完成轴零件主视图的绘制。

12.2 操作步骤

根据装配图的一般绘图顺序，该绘制过程主要包括制作模板文件、绘制大齿轮零件图、绘制小齿轮零件图、绘制插入轴零件图、绘制插出轴零件图、生成装配图、尺寸标注和图形打印等 8 个步骤。

12.2.1 制作模板文件

绘图前准备阶段主要是完成图形文件的新建与保存、草图设置以及图层设置。

1. 图形文件的新建以及草图设置

Step 1 单击"标准"工具栏中的"新建"按钮，系统弹出"选择样板"对话框，如图 12-2 所示，采用默认样板文件，单击"打开"按钮，完成新图形文件的创建。

本章实例视频参见本书附属光盘中的 12-29.avi、12-44.avi、12-60.avi、12-79.avi、12-92.avi、12-124.avi、12-138.avi 文件。

图 12-2
"选择样板"对话框

Step 2 依次选择"工具"→"草图设置"命令，系统弹出"草图设置"对话框。

Step 3 选择"捕捉和栅格"选项卡，修改"捕捉 X 轴间距"和"捕捉 Y 轴间距"文本框中的值为"1"，如图 12-3 所示。

Step 4 选择"对象捕捉"选项卡，然后选择"中点"复选框，如图 12-4 所示，最后单击"确定"按钮，即完成新建文件的草图设置。

图 12-3
"捕捉和栅格"选项卡

图 12-4
"对象捕捉"选项卡

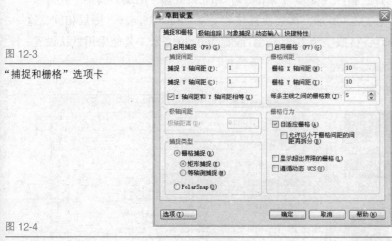

2. 图层设置

Step 1 单击"图层"工具栏中的"图层特性管理器"按钮，系统弹出"图层特性管理器"，如图 12-5 所示。

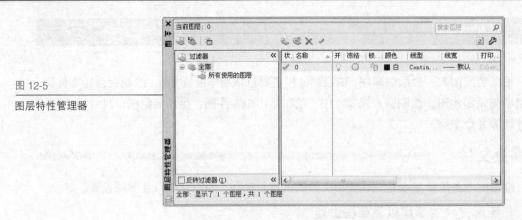

图 12-5

图层特性管理器

Step 2 单击"新建图层"按钮 🐾，即可创建一个新的图层。在"名称"文本框中输入新的图层名"粗实线"，然后单击该图层对应的"线宽"按钮，系统弹出"线宽"对话框，从中选择"0.50 毫米"选项，如图 12-6 所示。单击"确定"按钮，即完成该图层线宽的设置。

Step 3 单击"新建图层"按钮 🐾，创建一个"细实线"图层。接着单击该图层对应的"颜色"按钮，系统弹出"选择颜色"对话框，从中选取"蓝色"，如图 12-7 所示，单击"确定"按钮，即完成该图层颜色的设置。然后设置该图层的线宽为 0.30 毫米。

图 12-6

"线宽"对话框

图 12-7

"选择颜色"对话框

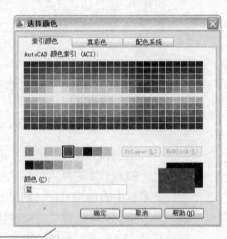

Step 4 使用同样的方法，新建"文字"、"剖面线"和"尺寸线"图层。其中"尺寸线"图层的颜色为"240"，如图 12-8 所示，其余设置与"文字"和"剖面线"图层相同，这两个图层的设置为：颜色为白色；线型为 Contious；线宽为 0.30 毫米，其他采用默认设置。

图 12-8

"选择颜色"对话框

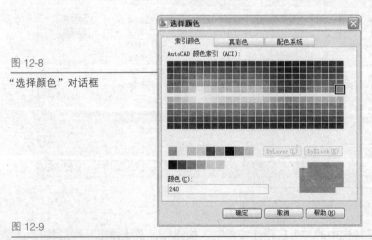

图 12-9

"加载或重载线型"对话框

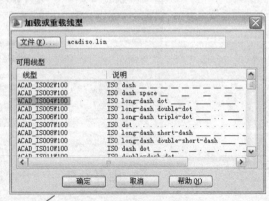

Step 5 使用同样的方法，新建"中心线"图层，并设置颜色为红色。

Step 6 单击该图层对应的"线型"按钮，系统弹出"选择线型"对话框，继续单击"加载"按钮，则弹出"加载或重载线型"对话框，从中选择"ACAD_ISOO4W100"线型，如图 12-9 所示。然后单击"确定"按钮，回到"选择线型"对话框，再次选中刚加载的"ACAD_ISOO4W100"线型，单击"确定"按钮，即完成该图层线型的设置。

Step 7 选中"中心线"图层，然后单击"置为当前"按钮 ，将该图层设置为当前图层。此时，图层编辑结果如图 12-10 所示。

图 12-10

图层编辑结果

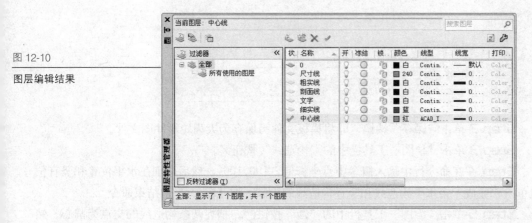

Step 8 依次选择"文件"→"另存为"命令，系统弹出"图形另存为"对话框，采用默认存储路径，在"文件名"文本框中输入名称"模板"，如图 12-11 所示。

图 12-11

"图形另存为"对话框

Step 9 单击"保存"按钮，即完成了模板文件的制作。

12.2.2 绘制大齿轮零件图

本例中，需要用到的各零件图包括大齿轮零件图、小齿轮零件图、插入轴零件图和插出轴零件图。接下来，本节将绘制大齿轮零件图，其包括主视图和左视图的绘制。绘制过程中使用到的命令有绘制构造线、直线和圆以及偏移、修剪、镜像、圆角和打断等。

1. 绘制大齿轮的主视图

Step 1 依次选择"文件"→"另存为"命令，系统弹出"图形另存为"对话框，采用默认存储路径，在"文件名"文本框中输入名称"大齿轮"，如图 12-12 所示。

图 12-12

存储为"大齿轮"图形文件

Step 2 单击"保存"按钮，即将模板文件另保存为大齿轮零件图文件。

Step 3 单击"绘图"工具栏中的"构造线"按钮 ✎。

Step 4 在命令行中输入概念中点坐标值"100,100"，然后分别在水平位置和竖直位置单击，完成一条水平构造线和竖直构造线的绘制。按【Enter】键结束命令。

Step 5 单击"绘图"工具栏中的"圆"按钮 ⊙。捕捉两条构造线的交点为圆心，然后在命令行中输入半径值"29"，即完成该圆的绘制。

Step 6 按下【Enter】键，默认再次调用绘制圆命令。捕捉两条构造线的交点为圆心，绘制半径为 60 的圆，结果如图 12-13 所示。

Step 7 单击"图层"工具栏中的"图层控制"下拉按钮，在弹出的下拉菜单中选中"粗实线"图层，将其置为当前图层。

Step 8 按下【Enter】键，默认再次调用绘制圆命令。使用同样的方法，绘制同心圆，半径值分别为"12"、"19"、"42"和"64"，结果如图 12-14 所示。

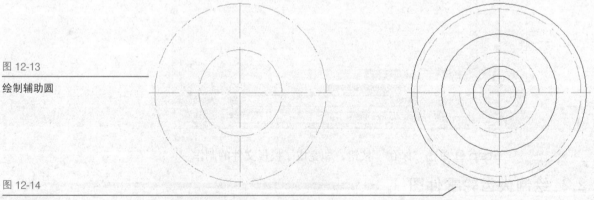

图 12-13

绘制辅助圆

图 12-14

绘制圆轮廓

Step 9 单击"修改"工具栏中的"偏移"按钮 ⊘。

Step 10 依次在命令行中输入图层选项代号"L"和当前选项代号"C"，接着输入偏移距离"14"，然后选择水平构造线为偏移对象，在该线上方单击，即完成了齿轮键槽顶面线的绘制。

Step 11 按下【Enter】键，默认再次调用偏移命令。接着输入偏移距离"3.25"，然后选择竖直构造线为偏移对象，在该线左右两侧单击，即完成了齿轮键槽侧面线的绘制，结果如图 12-15 所示。

Step 12 单击"修改"工具栏中的"修剪"按钮 ⊬。选择三条偏移线和最小圆为剪切边界对象，如图 12-16 所示，然后依次单击选择要修剪的对象部分，修剪结果如图 12-17 所示。

图 12-15

偏移结果

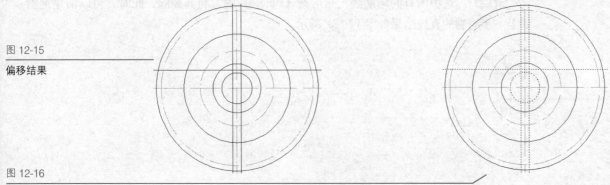

图 12-16

剪切边界对象选择

Step 13 调用绘制圆命令。分别以半径为 29 的辅助圆与两条构造线的 4 个交点为圆心，绘制 4 个半径为"8"的圆。至此，完成了大齿轮零件的主视图绘制，结果如图 12-18 所示。

图 12-17

修剪结果

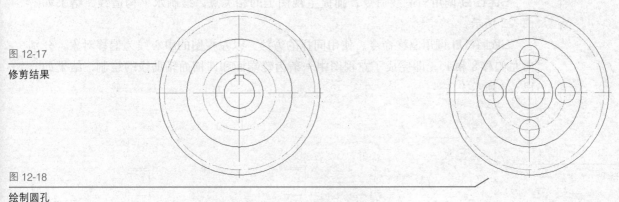

图 12-18

绘制圆孔

2. 绘制大齿轮的左视图

Step 1 单击"图层"工具栏中的"图层控制"下拉按钮，在弹出的下拉菜单中选中"中心线"图层，将其置为当前图层。

Step 2 调用偏移命令。使用同样的方法，以主视图中的竖直构造线为偏移对象，向右偏移 150，即完成了左视图中心线的绘制。

Step 3 调用构造线命令。捕捉主视图上的相关点，绘制水平构造线，结果如图 12-19 所示。

Step 4 调用偏移命令。使用同样的方法，以左视图的中心线为偏移对象，向左偏移 20，即完成了左视图中一条齿轮端面辅助线的绘制，结果如图 12-20 所示。

图 12-19

绘制相关辅助线 1

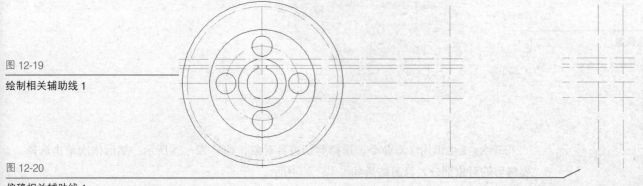

图 12-20

偏移相关辅助线 1

Step 5 单击"图层"工具栏中的"图层控制"下拉按钮，在弹出的下拉菜单中选中"粗实线"图层，将其置为当前图层。

Step 6 调用直线命令。捕捉相关辅助线的交点为端点，绘制直线。

Step 7 选中所有的辅助线，然后按【Delete】键，将其删除，此时，可以清楚地看到上一步绘制的直线结果如图 12-21 所示。

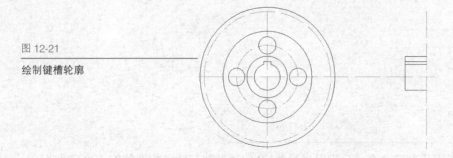

图 12-21

绘制键槽轮廓

Step 8 单击"图层"工具栏中的"图层控制"下拉按钮，在弹出的下拉菜单中选中"中心线"图层，将其置为当前图层。

Step 9 调用构造线命令。捕捉主视图上的相关点，绘制水平构造线，结果如图 12-22 所示。

Step 10 调用偏移命令。使用同样的方法，以左视图的中心线为偏移对象，分别向左偏移8和15，即完成了左视图中一条齿轮端面和凹槽面辅助线的绘制，结果如图 12-23 所示。

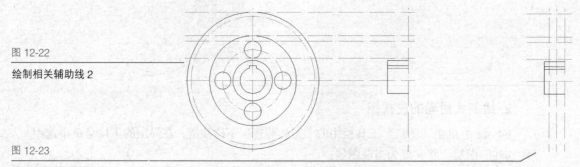

图 12-22

绘制相关辅助线 2

图 12-23

偏移相关辅助线 2

Step 11 单击"图层"工具栏中的"图层控制"下拉按钮，在弹出的下拉菜单中选中"粗实线"图层，将其置为当前图层。

Step 12 调用直线命令。捕捉相关辅助线的交点为端点，绘制直线。

Step 13 选中所有的辅助线，然后按【Delete】键，将其删除，此时，可以清楚地看到上一步绘制的直线结果如图 12-24 所示。

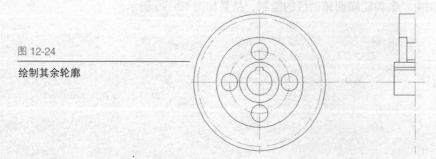

图 12-24

绘制其余轮廓

Step 14 调用修剪命令，选择剪切边界对象，如图 12-25 所示。然后依次单击选择要修剪的对象部分，修剪结果如图 12-26 所示。

图 12-25

剪切边界对象选择

图 12-26

修剪结果

Step 15 单击"修改"工具栏中的"圆角"按钮 ⬜。

Step 16 在命令行中依次输入多个选项和半径的代号"M"和"R",接着输入圆角半径值"4",然后依次选择凹槽轮廓的两个角点的 4 条边为圆角的第一和第二条直线,按【Enter】键结束命令,即完成了二次圆角命令,结果如图 12-27 所示。

Step 17 调用偏移命令,使用同样的方法,以左视图中最上方的水平线为偏移对象,向下偏移 9,即得到齿根圆的轮廓线,结果如图 12-28 所示。

图 12-27

圆角结果

图 12-28

偏移结果

Step 18 调用直线命令。捕捉并追踪主视图中的相关点,如图 12-29 所示,在左视图的适当位置单击以指定起点,然后向右拖动鼠标捕捉与中心线的交点单击确认,完成齿轮分度圆的绘制。

Step 19 调用直线命令。使用同样的方法,绘制圆孔中心线。

Step 20 选中这两条直线,然后单击"图层"工具栏中的"图层控制"下拉按钮,在弹出的下拉菜单中选择"中心线"图层,即将这两条直线设置成了中心线,结果如图 12-30 所示。

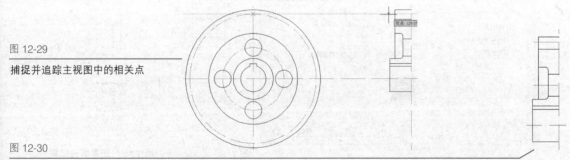

图 12-29

捕捉并追踪主视图中的相关点

图 12-30

绘制结果

Step 21 单击"修改"工具栏中的"镜像"按钮 ⬛。选择镜像对象,如图 12-31 所示,然后选择竖直构造线为镜像线,默认不删除源对象,结果如图 12-32 所示。

图 12-31

镜像对象选择 1

图 12-32

镜像结果 1

Step 22 按下【Enter】键，默认再次调用镜像命令。选择镜像对象，如图12-33所示，然后选择水平构造线为镜像线，默认不删除源对象，结果如图12-34所示。

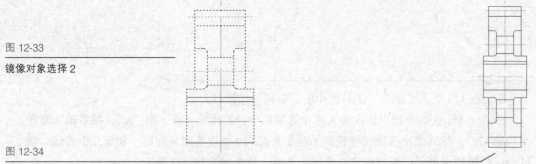

图 12-33

镜像对象选择 2

图 12-34

镜像结果 2

Step 23 单击"图层"工具栏中的"图层控制"下拉按钮，在弹出的下拉菜单中选中"剖面线"图层，将其置为当前图层。

Step 24 单击"绘图"工具栏中的"图案填充"按钮，系统弹出"图案填充和渐变色"对话框。

Step 25 在"图案填充"选项卡中的"图案"下拉列表框中选择"LINE"选项，"角度"下拉列表框中选择"45"，其他使用默认设置，如图12-35所示。

Step 26 单击"拾取点"按钮，回到绘图区，选择填充区域如图12-36所示，回到"图案填充和渐变色"对话框，单击"确定"按钮结束命令，结果如图12-37所示。

图 12-35

"图案填充和渐变色"对话框

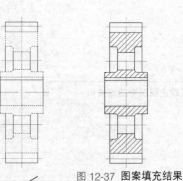

图 12-37 图案填充结果

图 12-36

填充区域选择结果

Step 27 单击"修改"工具栏中的"打断"按钮。

Step 28 依据命令行提示，选择水平构造线为打断对象，在主视图和左视图之间的适当位置单击以指定第一和第二个打断点，将两个视图的水平中心线打断。

Step 29 按下【Enter】键，默认再次调用打断命令。使用同样的方法，分别在构造线的适当位置单击以指定第一和第二个打断点，从而将中心线修剪为合适的长度。

Step 30 选中多余的构造线段，按【Delete】键将其删除，即得到大齿轮零件图的总体效果如图12-38所示。

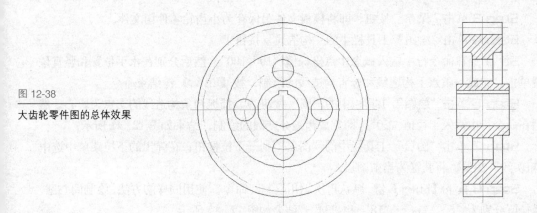

图 12-38

大齿轮零件图的总体效果

Step 31 单击"标准"工具栏中的"保存"按钮 🖫，即完成大齿轮零件图形文件的保存。

12.2.3 绘制小齿轮零件图

接下来，本节将绘制小齿轮零件图，其包括主视图和左视图的绘制。绘制过程中使用到的命令有绘制构造线、直线和圆以及偏移、修剪、镜像、圆角和打断等。

1. 绘制小齿轮的主视图

Step 1 单击"标准"工具栏中的"打开"按钮 🖙，系统弹出"选择文件"对话框，选择先前制作的"模板"图形文件，如图 12-39 所示。

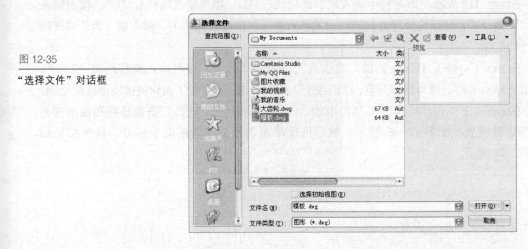

图 12-35

"选择文件"对话框

Step 2 依次选择"文件"→"另存为"命令，系统弹出"图形另存为"对话框，采用默认存储路径，在"文件名"文本框中输入名称"小齿轮"，如图 12-40 所示。

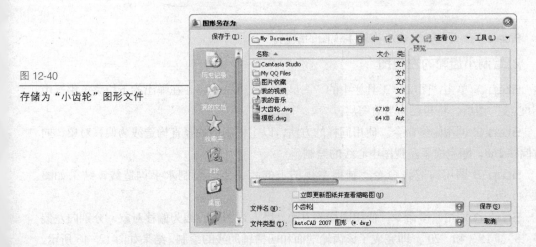

图 12-40

存储为"小齿轮"图形文件

Step 3 单击"保存"按钮，即将模板文件另保存为小齿轮零件图文件。

Step 4 单击"绘图"工具栏中的"构造线"按钮。

Step 5 在命令行中输入概念中点坐标值"100,100"，然后分别在水平位置和竖直位置单击，完成一条水平构造线和竖直构造线的绘制，按【Enter】键结束命令。

Step 6 单击"绘图"工具栏中的"圆"按钮 ⊙。捕捉两条构造线的交点为圆心，然后在命令行中输入半径值"30"，即完成齿轮分度圆的绘制，结果如图 12-41 所示。

Step 7 单击"图层"工具栏中的"图层控制"下拉按钮，在弹出的下拉菜单中选中"粗实线"图层，将其置为当前图层。

Step 8 按下【Enter】键，默认再次调用绘制圆命令。使用同样的方法，绘制同心圆，半径值分别为"6"、"11"、"18"和"34"，结果如图 12-42 所示。

图 12-41

绘制分度圆

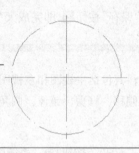
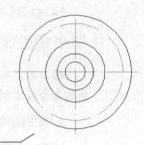

图 12-42

绘制圆轮廓

Step 9 单击"修改"工具栏中的"偏移"按钮。

Step 10 依次在命令行中输入图层选项代号"L"和当前选项代号"C"，接着输入偏移距离"7"，然后选择竖直构造线为偏移对象，在该线右侧单击，即完成了齿轮键槽顶面线的绘制。

Step 11 按下【Enter】键，默认再次调用偏移命令。接着输入偏移距离"2.25"，然后选择水平构造线为偏移对象，在该线上下两侧单击，即完成了齿轮键槽侧面线的绘制。

Step 12 单击"修改"工具栏中的"修剪"按钮。选择三条偏移线和最小圆为剪切边界对象，如图 12-43 所示，然后依次单击选择要修剪的对象部分，修剪结果如图 12-44 所示。

图 12-43

剪切边界对象选择

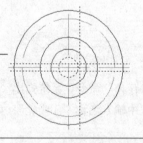
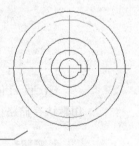

图 12-44

剪切结果

Step 13 至此，完成小齿轮主视图的绘制。

2. 绘制小齿轮的左视图

Step 1 单击"图层"工具栏中的"图层控制"下拉按钮，在弹出的下拉菜单中选中"中心线"图层，将其置为当前图层。

Step 2 调用偏移命令。使用同样的方法，以主视图中的竖直构造线为偏移对象，向右偏移150，即完成了左视图中心线的绘制。

Step 3 调用构造线命令。捕捉主视图上的相关点，绘制水平构造线，结果如图 12-45 所示。

Step 4 调用偏移命令。使用同样的方法，以左视图中心线为偏移对象，分别向左偏移"8"、"15"和"20"，即完成了该齿轮端面和凹槽辅助线的绘制，结果如图 12-46 所示。

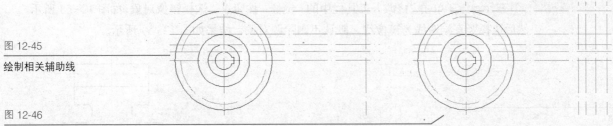

图 12-45
绘制相关辅助线

图 12-46
偏移辅助线结果

Step 5 单击"图层"工具栏中的"图层控制"下拉按钮，在弹出的下拉菜单中选中"粗实线"图层，将其置为当前图层。

Step 6 调用直线命令。捕捉相关辅助线的交点为端点，绘制直线，结果如图 12-47 所示。

Step 7 选中所有辅助线，然后按【Delete】键，将其删除，此时，可以清楚地看到上一步绘制的直线结果如图 12-48 所示。

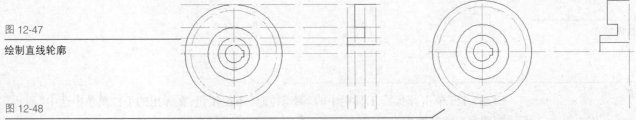

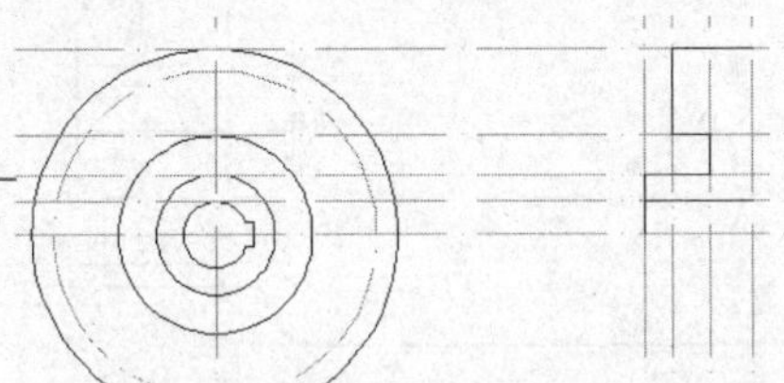

图 12-47
绘制直线轮廓

图 12-48
轮廓显示

Step 8 调用偏移命令，使用同样的方法，以左视图中最上方的水平线为偏移对象，向下偏移 9，即完成齿根圆的轮廓绘制，结果如图 12-49 所示。

Step 9 调用直线命令。捕捉并追踪主视图中的相关点，如图 12-50 所示，在左视图的适当位置单击以指定起点，然后向右拖动鼠标捕捉与中心线的交点单击确认，完成齿轮分度圆的绘制。

Step 10 选中该直线，然后单击"图层"工具栏中的"图层控制"下拉按钮，在弹出的下拉菜单中选择"中心线"图层，即将这两条直线设置成了中心线，如图 12-51 所示。

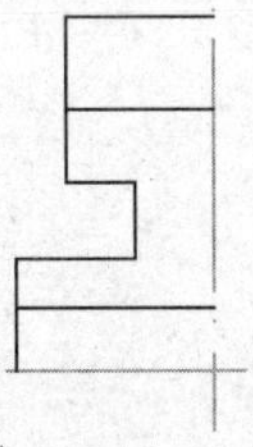

图 12-49
偏移结果

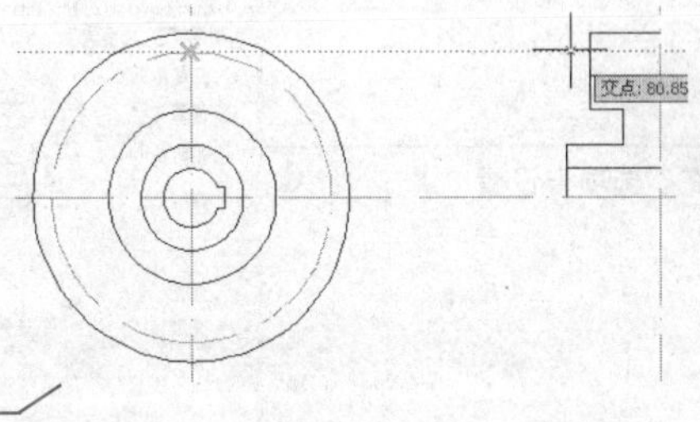

图 12-50
捕捉并追踪主视图中的相关点

Step 11 单击"修改"工具栏中的"圆角"按钮 ☐。

Step 12 在命令行中依次输入多个选项和半径的代号"M"和"R"，接着输入圆角半径值"2"，然后依次选择凹槽轮廓的两个角点的 4 条边为圆角的第一和第二条直线，按【Enter】键结束命令，即完成了二次圆角命令，结果如图 12-52 所示。

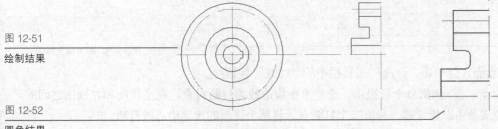

图 12-51
绘制结果

图 12-52
圆角结果

Step 13 单击"修改"工具栏中的"镜像"按钮。选择镜像对象，如图 12-53 所示，然后选择竖直构造线为镜像线，默认不删除源对象，结果如图 12-54 所示。

图 12-53

镜像对象选择 1

图 12-54

镜像结果 1

Step 14 按下【Enter】键，默认重复调用镜像命令。选择镜像对象，如图 12-55 所示，然后选择水平构造线为镜像线，默认不删除源对象，结果如图 12-56 所示。

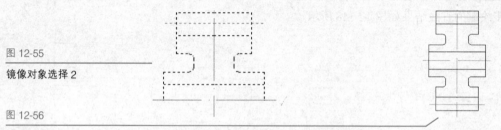

图 12-55

镜像对象选择 2

图 12-56

镜像结果 2

Step 15 单击"图层"工具栏中的"图层控制"下拉按钮，在弹出的下拉菜单中选中"剖面线"图层，将其置为当前图层。

Step 16 单击"绘图"工具栏中的"图案填充"按钮，系统弹出"图案填充和渐变色"对话框。

Step 17 在"图案填充"选项卡中的"图案"下拉列表框中选择"LINE"选项，"角度"下拉列表框中选择"45"，其他使用默认设置，如图 12-57 所示。

Step 18 单击"拾取点"按钮，回到绘图区，选择填充区域如图 12-58 所示，回到"图案填充和渐变色"对话框，单击"确定"按钮结束命令，结果如图 12-59 所示。

图 12-57

"图案填充"选项卡设置

图 12-58

填充区域选择结果

图 12-59　图案填充结果

Step 19 单击"修改"工具栏中的"打断"按钮。

Step 20 依据命令行提示，选择水平构造线为打断对象，在主视图和左视图之间的适当位置单击以指定第一和第二个打断点，将两个视图的水平中心线打断。

Step 21 按下【Enter】键，默认再次调用打断命令。使用同样的方法，分别在构造线的适当位置单击以指定第一和第二个打断点，从而将中心线修剪为合适的长度。

Step 22 选中多余的构造线段，按【Delete】键将其删除，即得到小齿轮零件图的总体效果如图 12-60 所示。

图 12-60

小齿轮零件图的总体效果

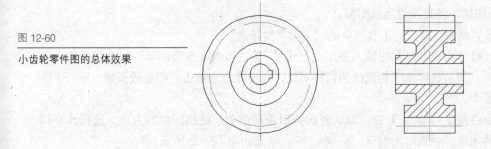

Step 23 单击"标准"工具栏中的"保存"按钮，即完成小齿轮零件图形文件的保存。

12.2.4 绘制插入轴零件图

本节将绘制插入轴零件图，即其主视图的绘制。绘制过程中使用到的命令有绘制构造线、直线和圆以及偏移、修剪、倒角、圆角和打断等。

Step 1 单击"标准"工具栏中的"打开"按钮，系统弹出"选择文件"对话框，选择先前制作的"模板"图形文件，如图 12-61 所示。

图 12-61

选择模板文件

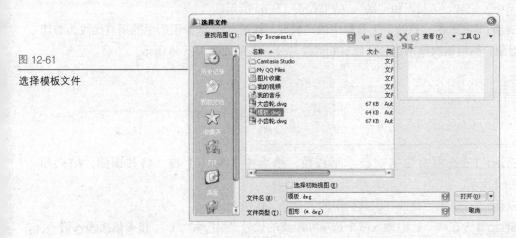

Step 2 依次选择"文件"→"另存为"命令，系统弹出"图形另存为"对话框，采用默认存储路径，在"文件名"文本框中输入名称"插入轴"，如图 12-62 所示。

图 12-62

存储为"插入轴"图形文件

Step 3 单击"保存"按钮，即将模板文件另保存为插入轴零件图文件。

Step 4 单击"绘图"工具栏中的"构造线"按钮。

Step 5 在命令行中输入概念中点坐标值"0,100"，然后在水平位置单击，即完成轴零件中心线的绘制，按【Enter】键结束命令。

Step 6 单击"图层"工具栏中的"图层控制"下拉按钮，在弹出的下拉菜单中选中"粗实线"图层，将其置为当前图层。

Step 7 单击"修改"工具栏中的"偏移"按钮。

Step 8 依次在命令行中输入图层选项代号"L"和当前选项代号"C"，接着输入偏移距离"4"，然后选择水平构造线为偏移对象，在该线上方单击，即完成了插入轴一个阶梯母线的绘制。

Step 9 按下【Enter】键，默认再次调用偏移命令。使用同样的方法，选择水平构造线为偏移对象，分别向上偏移"5"和"6"，结果如图 12-63 所示。

Step 10 调用绘制直线命令。在适当位置单击指定直线的起点和端点，以用做绘制轴端面线的辅助线，结果如图 12-64 所示。

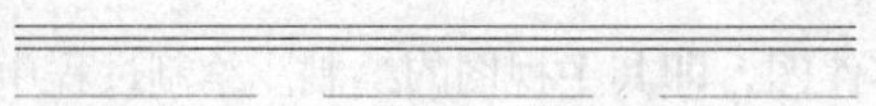

图 12-63

绘制阶梯母线

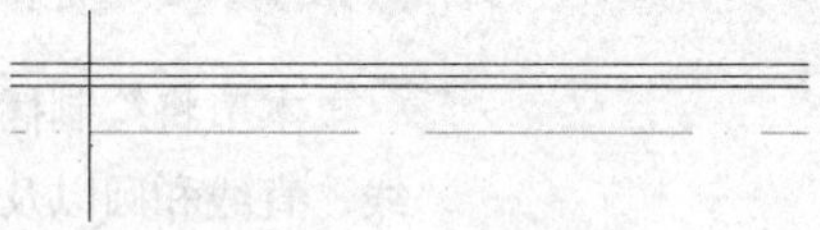

图 12-64

绘制端面辅助线

Step 11 调用偏移命令。使用同样的方法，选择端面辅助线为偏移对象，分别向右偏移"16"、"24"、"72"和"80"，结果如图 12-65 所示。

Step 12 单击"修改"工具栏中的"修剪"按钮。选择图形中的所有线段为剪切边界对象，然后依次单击选择要修剪的对象部分，结果如图 12-66 所示。

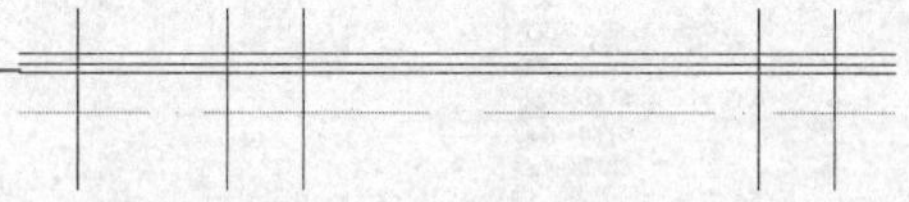

图 12-65

偏移结果

图 12-66

修剪结果

Step 13 选中右边第二条水平线段，然后按【Delete】键，将其删除，结果如图 12-67 所示。

Step 14 单击"修改"工具栏中的"倒角"按钮。

Step 15 在命令行中输入多个选项和距离的代号"M"和"D"，接着依次输入第一、第二个倒角距离"1"，然后依次选择轴两端端面的 4 个角点的 8 条边为圆角的第一和第二条直线，按【Enter】键结束命令，即完成了 4 次倒角命令，结果如图 12-68 所示。

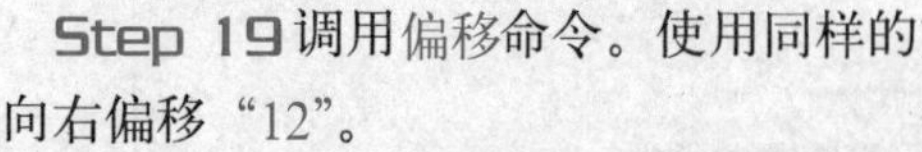

图 12-67

删除结果

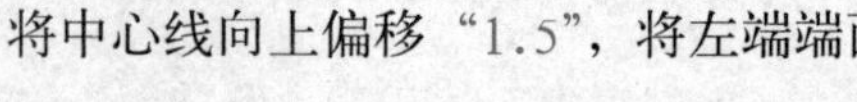

图 12-68

倒角结果

Step 16 单击"修改"工具栏中的"打断"按钮。

Step 17 依据命令行提示，选择水平构造线为打断对象，使用同样的方法，分别在该线的两边的适当位置单击以指定第一和第二个打断点，从而将中心线修剪为合适的长度。

Step 18 选中多余的构造线段，按【Delete】键将其删除。

Step 19 调用偏移命令。使用同样的方法，将中心线向上偏移"1.5"，将左端端面线向右偏移"12"。

Step 20 选中左端端面线的偏移线，然后单击"图层"工具栏中的"图层控制"下拉按钮，在弹出的下拉菜单中选择"中心线"图层，即将该线设置成了中心线，并使用夹点编辑方法调整该线的长度。

Step 21 调用修剪命令，选择剪切边界对象，如图 12-69 所示。然后依次单击选择要修剪的对象部分，修剪结果如图 12-70 所示。

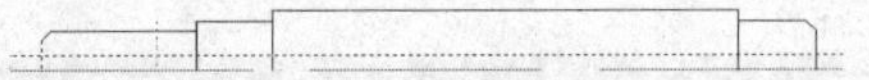

图 12-69

选择剪切边界对象 1

图 12-70

修剪结果 1

Step 22 调用偏移命令。使用同样的方法，分别将中心线为向上偏移"2"，将左端端面线向右偏移"33"和"63"。

Step 23 选中左端端面线的两条偏移线，然后单击"图层"工具栏中的"图层控制"下拉按钮，在弹出的下拉菜单中选择"中心线"图层，即将该线设置成了中心线，并使用夹点编辑方法调整该线的长度。

Step 24 调用修剪命令，选择剪切边界对象，如图 12-71 所示。然后依次单击选择要修剪的对象部分，修剪结果如图 12-72 所示。

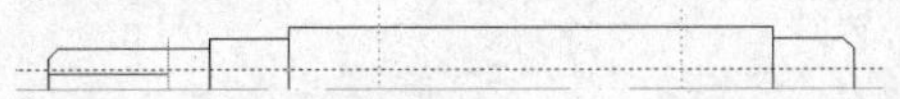

图 12-71

选择剪切边界对象 2

图 12-72

修剪结果 2

Step 25 单击"修改"工具栏中的"镜像"按钮⚖。选择镜像对象，如图 12-73 所示，然后选择竖直构造线为镜像线，默认不删除源对象，结果如图 12-74 所示。

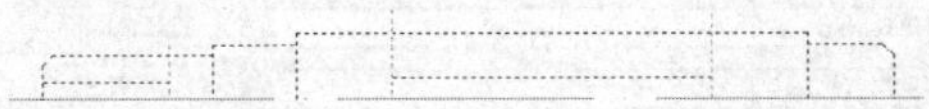

图 12-73

镜像对象选择

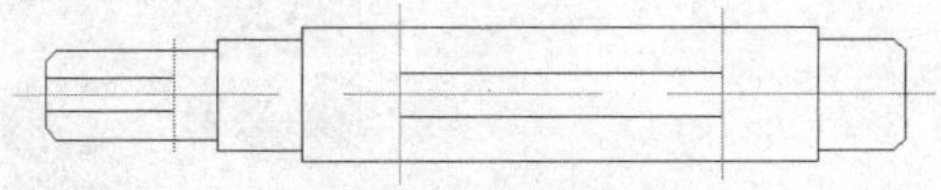

图 12-74

镜像结果

Step 26 单击"绘图"工具栏中的"圆"按钮⊙。捕捉左边偏移中心线和水平构造线的交点为圆心，以及捕捉修剪后的 1.5 毫米偏移线的右端点为半径端点，即完成该圆的绘制，如图 12-75 所示。

Step 27 调用修剪命令，选择上一步绘制的圆和相邻的两条偏移线为剪切边界对象，然后依次单击选择要修剪的对象部分，修剪结果如图 12-76 所示。

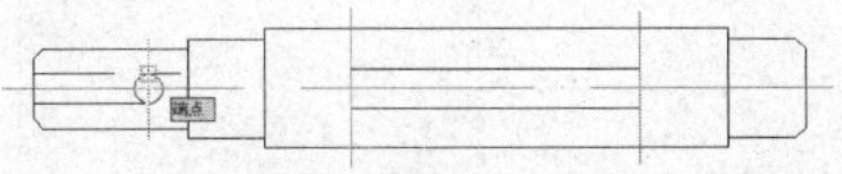

图 12-75

捕捉半径端点

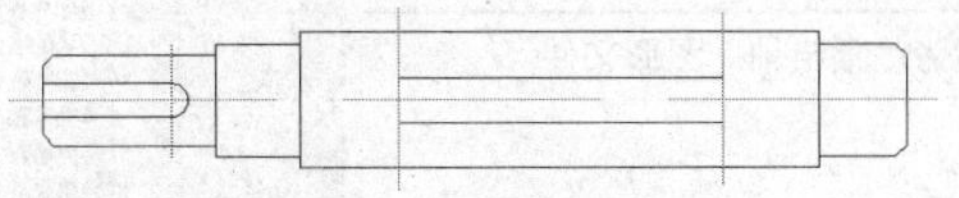

图 12-76

修剪结果

Step 28 调用绘制圆命令。捕捉中间偏移中心线和水平构造线的交点为圆心，以及捕捉修剪后的 2 毫米偏移线的左端点为半径端点，即完成一个圆的绘制。

Step 29 按下【Enter】键，默认再次调用绘制圆命令。使用同样的方法，捕捉右边偏移中心线和水平构造线的交点为圆心，以及捕捉修剪后的 2 毫米偏移线的右端点为半径端点，即完成另一个圆的绘制。

Step 30 调用修剪命令，选择剪切边界对象，如图 12-77 所示。然后依次单击选择要修剪的对象部分，修剪结果如图 12-78 所示。

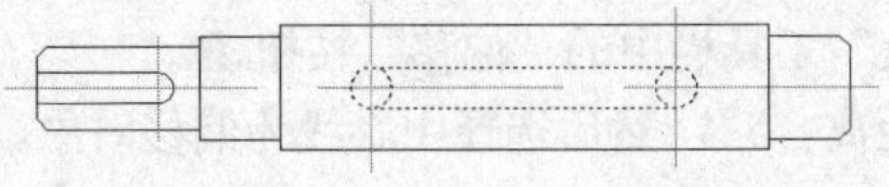

图 12-77

选择剪切边界对象 3

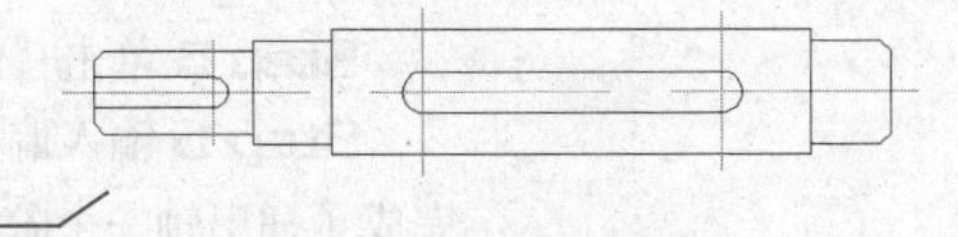

图 12-78

修剪结果 3

Step 31 调用绘制直线命令。捕捉相关倒角点，为轴端倒角面绘制轮廓线。至此即完成了插入轴零件图的绘制，结果如图 12-79 所示。

图 12-79

插入轴零件图总体效果

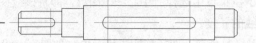

Step 32 单击"标准"工具栏中的"保存"按钮 ，即完成插入轴零件图形文件的保存。

12.2.5 绘制插出轴零件图

接下来，本节将绘制插出轴零件图，即其主视图的绘制。绘制过程中使用到的命令有绘制构造线、直线和圆以及偏移、修剪和倒角等。

Step 1 单击"标准"工具栏中的"打开"按钮 ，系统弹出"选择文件"对话框，选择先前制作的"模板"图形文件，如图 12-80 所示。

图 12-80

选择模板文件

Step 2 依次选择"文件"→"另存为"命令，系统弹出"图形另存为"对话框，采用默认存储路径，在"文件名"文本框中输入名称"插出轴"，如图 12-81 所示。

图 12-81

存储为"插出轴"图形文件

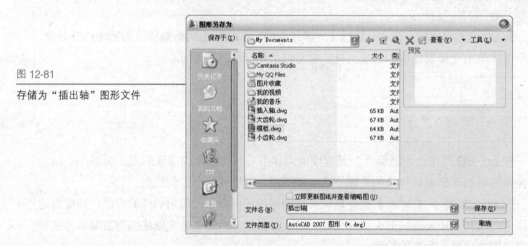

Step 3 单击"保存"按钮，即将模板文件保存为插出轴零件图文件。

Step 4 调用绘制直线命令。在适当位置单击指定直线的起点，然后在命令行中输入端点坐标值"@ 100,0"，即完成插出轴中心线的绘制。

Step 5 单击"修改"工具栏中的"偏移"按钮 。

Step 6 输入偏移距离"5"，然后选择中心线为偏移对象，在该线上下两侧单击，即完成了插出轴一个阶梯的两个母线的绘制。

Step 7 按下【Enter】键，默认再次调用偏移命令。使用同样的方法，将中心线再次分别向上下两侧偏移"8"和"12"，结果如图 12-82 所示。

Step 8 调用绘制直线命令。在适当位置单击指定直线的起点和端点，以用做绘制轴端面线的辅助线，结果如图 12-83 所示。

图 12-82

偏移阶梯母线的辅助线结果

图 12-83

绘制端面辅助线

Step 9 调用偏移命令。使用同样的方法，选择端面辅助线为偏移对象，分别向右偏移 "8"、"53"、"61" 和 "85"，结果如图 12-84 所示。

Step 10 单击 "图层" 工具栏中的 "图层控制" 下拉按钮，在弹出的下拉菜单中选中 "粗实线" 图层，将其置为当前图层。

Step 11 调用绘制直线命令。捕捉相关辅助点为直线端点，绘制轴轮廓线结果如图 12-85 所示。

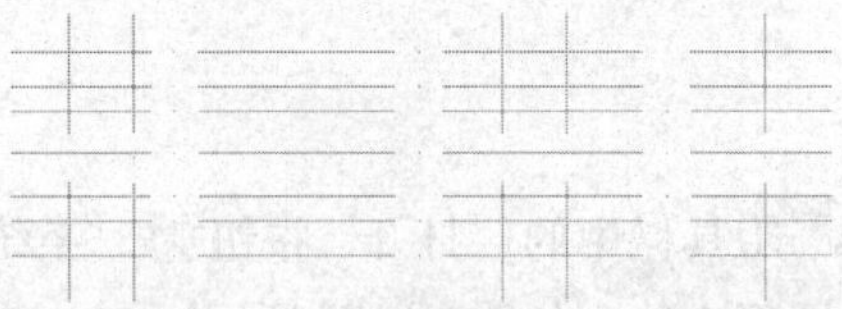

图 12-84

偏移端面辅助线

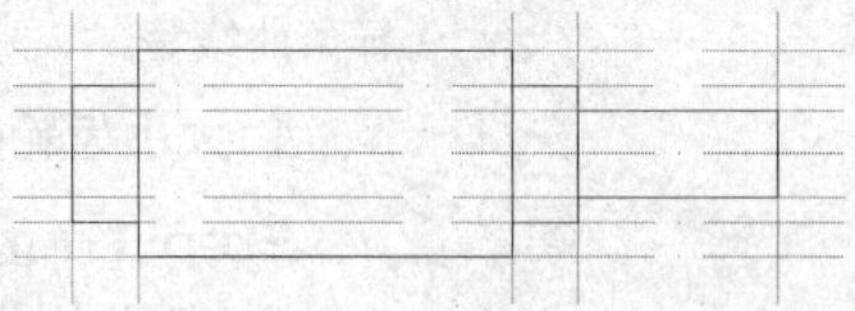

图 12-85

绘制轴轮廓线结果

Step 12 选中所有偏移出的辅助线，然后按【Delete】键，将其删除，此时，可以清楚地看到上一步绘制的直线结果如图 12-86 所示。

Step 13 调用偏移命令。使用同样的方法，再次将端面辅助线分别向右偏移 "15.5"、"45.5" 和 "69"，以及将中心线分别向上下两侧偏移 "1.5" 和 "3"，结果如图 12-87 所示。

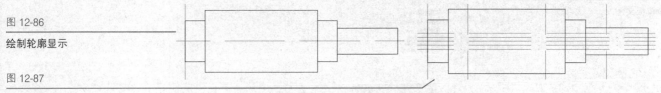

图 12-86

绘制轮廓显示

图 12-87

偏移键槽辅助线

Step 14 调用绘制直线命令。捕捉相关辅助点为直线端点，绘制键槽轮廓线。

Step 15 选中所有偏移出的水平辅助线，然后按【Delete】键，将其删除，此时，可以清楚地看到上一步绘制的直线结果如图 12-88 所示。

Step 16 调用绘制圆命令。分别捕捉三条竖直键槽辅助线与中心线的交点为圆心，以相邻键槽轮廓端点为半径端点，绘制三个圆，结果如图 12-89 所示。

图 12-88

绘制轮廓显示

图 12-89

绘制圆结果

Step 17 调用修剪命令，选择剪切边界对象，如图 12-90 所示。然后依次单击选择要修剪的对象部分，修剪结果如图 12-91 所示。

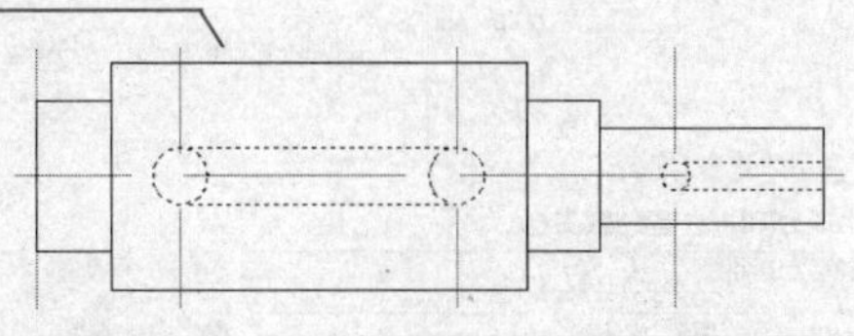

图 12-90

选择剪切边界对象

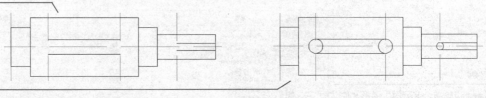

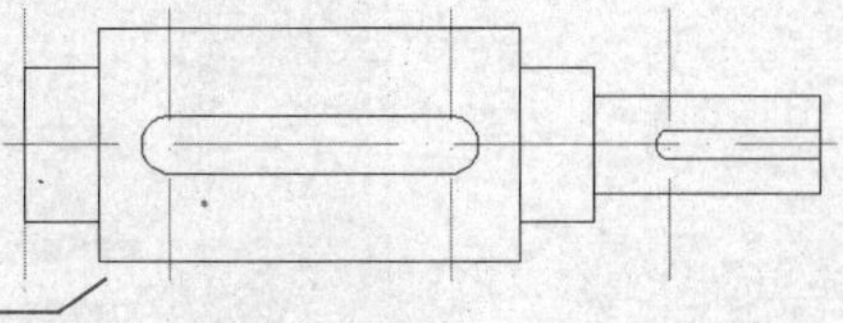

图 12-91

修剪结果

Step 18 选中绘制左端端面辅助线，然后按【Delete】键，将其删除。

Step 19 调用倒角命令。为插出轴的两端角点进行距离为"1"的倒角。

Step 20 调用绘制直线命令。捕捉相关倒角点，为轴端倒角面绘制轮廓线。至此即完成了插出轴零件图的绘制，结果如图 12-92 所示。

图 12-92

插出轴零件图总体效果

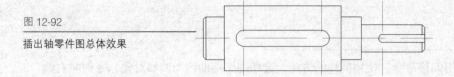

Step 21 单击"标准"工具栏中的"保存"按钮🖫，即完成插出轴零件图形文件的保存。

12.2.6 生成装配图

本节将把绘制好的各零件图，即大齿轮零件图、小齿轮零件图、插入轴零件图和插出轴零件图进行装配操作。装配过程中使用到的命令有复制、粘贴、移动以及偏移、修剪和样条曲线等。

1. 大小齿轮的装配

Step 1 单击"标准"工具栏中的"打开"按钮🖻，系统弹出"选择文件"对话框，选择先前制作的"模板"图形文件，如图 12-93 所示。

图 12-93

选择模板文件

Step 2 依次选择"文件"→"另存为"命令，系统弹出"图形另存为"对话框，采用默认存储路径，在"文件名"文本框中输入名称"齿轮啮合装配图"，如图 12-94 所示。

图 12-94

存储为"齿轮啮合装配图"图形文件

Step 3 单击"保存"按钮，即将模板文件另保存为齿轮啮合装配图文件。

Step 4 单击"图层"工具栏中的"图层特性管理器"按钮，系统弹出"图层特性管理器"。

Step 5 单击"新建图层"按钮，在"名称"文本框中输入新的图层名"虚线"，颜色为白色，线宽为0.30毫米。

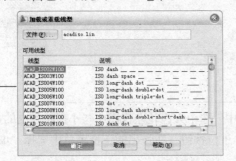

图 12-95

"加载或重载线型"对话框

Step 6 单击该图层对应的"线型"按钮，系统弹出"选择线型"对话框，继续单击"加载"按钮，则弹出"加载或重载线型"对话框，从中选择"ACAD_ISOO2W100"线型，如图 12-95 所示。然后单击"确定"按钮，回到"选择线型"对话框，再次选中刚加载的"ACAD_ISOO2W100"线型，单击"确定"按钮，即完成该图层线型的设置。

Step 7 单击"标准"工具栏中的"打开"按钮，系统弹出"选择文件"对话框，选择先前完成的"大齿轮"图形文件。

Step 8 选中"大齿轮"图形文件的所有线条，然后右击，在弹出的快捷菜单中选择"复制"命令。

Step 9 依次选择"窗口"→"齿轮啮合装配图"命令，将当前绘图窗口切换到该文件窗口，然后右击，在弹出的快捷菜单中选择"粘贴"命令，移动鼠标到合适的位置，单击确认图形放置。

Step 10 单击"标准"工具栏中的"打开"按钮，系统弹出"选择文件"对话框，选择先前完成的"小齿轮"图形文件。

Step 11 选中"小齿轮"图形文件的所有线条，然后右击，在弹出的快捷菜单中选择"复制"命令。

Step 12 依次选择"窗口"→"齿轮啮合装配图"命令，将当前绘图窗口切换到该文件窗口，然后右击，在弹出的快捷菜单中选择"粘贴"命令，移动鼠标到合适的位置，单击确认图形放置。

Step 13 单击"修改"工具栏中的"移动"按钮。选择小齿轮的主视图中的所有线条为移动对象，接着捕捉基点位置如图 12-96 所示，然后捕捉第二点位置如图 12-97 所示，即完成大、小齿轮主视图的装配。

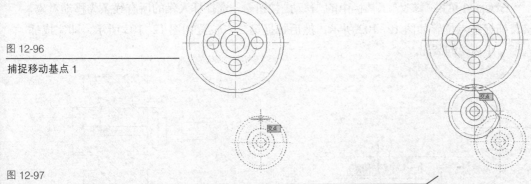

图 12-96

捕捉移动基点 1

图 12-97

捕捉移动终点 1

Step 14 按下【Enter】键，系统默认重复调用移动命令。选择小齿轮的左视图中的所有线条为移动对象，接着捕捉基点位置如图 12-98 所示，然后捕捉第二点位置如图 12-99 所示，即完成大、小齿轮左视图的装配。此时，大、小齿轮的装配效果如图 12-100 所示。

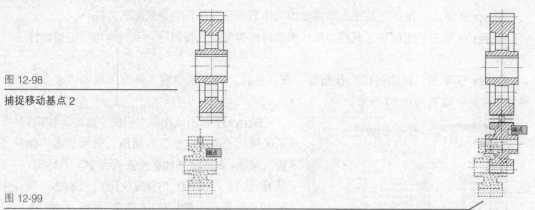

图 12-98

捕捉移动基点 2

图 12-99

捕捉移动终点 2

Step 15 在装配图中，选中大齿轮左视图中与小齿轮相交的齿线，然后单击"图层"工具栏中的"图层控制"下拉按钮，在弹出的下拉菜单中选择"虚线"图层，即将该线设置成了虚线。

2. 插入轴的装配

Step 1 单击"标准"工具栏中的"打开"按钮 📂，系统弹出"选择文件"对话框，选择先前完成的"插入轴"图形文件。

Step 2 选中"插入轴"图形文件的所有线条，然后右击，在弹出的快捷菜单中选择"复制"命令。

Step 3 依次选择"窗口"→"齿轮啮合装配图"命令，将当前绘图窗口切换到该文件窗口，然后右击，在弹出的快捷菜单中选择"粘贴"命令，移动鼠标到合适的位置，单击确认图形放置，结果如图 12-101 所示。

图 12-100

大小齿轮的装配效果

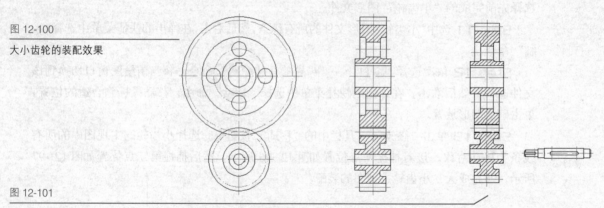

图 12-101

插入轴的图形放置位置

Step 4 单击"修改"工具栏中的"移动"按钮 ✛。选择插入轴的所有线条为移动对象，接着捕捉基点位置如图 12-102 所示，然后捕捉第二点位置如图 12-103 所示，即完成插入轴与小齿轮的装配。

图 12-102

捕捉移动基点 3

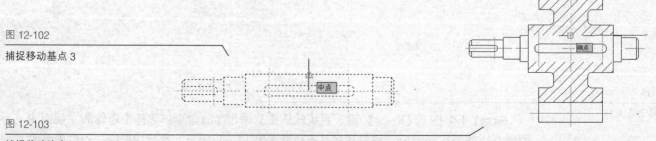

图 12-103

捕捉移动终点 3

Step 5 单击"修改"工具栏中的"修剪"按钮 ⊬。选择剪切边界对象，如图 12-104 所示，然后依次单击选择要修剪的对象部分，结果如图 12-105 所示。

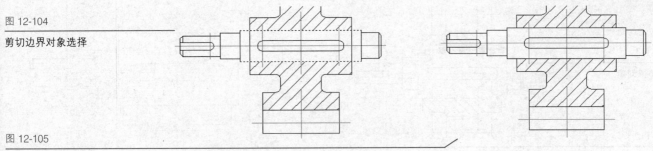

图 12-104

剪切边界对象选择

图 12-105

修剪结果

3. 插出轴的装配

Step 1 单击"标准"工具栏中的"打开"按钮 📂，系统弹出"选择文件"对话框，选择先前完成的"插出轴"图形文件。

Step 2 选中"插出轴"图形文件的所有线条，然后右击，在弹出的快捷菜单中选择"复制"命令。

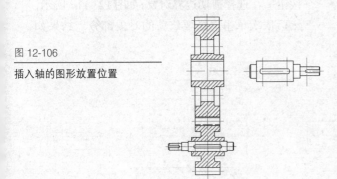

图 12-106

插入轴的图形放置位置

Step 3 依次选择"窗口"→"齿轮啮合装配图"命令，将当前绘图窗口切换到该文件窗口，然后右击，在弹出的快捷菜单中选择"粘贴"命令，移动鼠标到合适的位置，单击确认图形放置，结果如图 12-106 所示。

Step 4 单击"修改"工具栏中的"移动"按钮 ✛。选择插入轴的所有线条为移动对象，接着捕捉基点位置如图 12-107 所示，然后捕捉第二点位置如图 12-108 所示，即完成插出轴与大齿轮的装配。

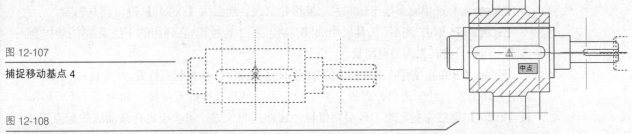

图 12-107

捕捉移动基点 4

图 12-108

捕捉移动终点 4

Step 5 单击"修改"工具栏中的"修剪"按钮 ✂。选择剪切边界对象，如图 12-109 所示，然后依次单击选择要修剪的对象部分，结果如图 12-110 所示。

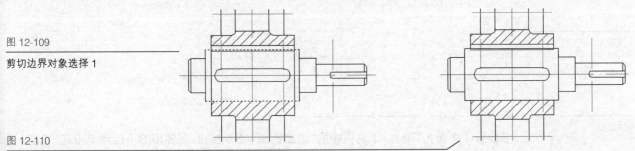

图 12-109

剪切边界对象选择 1

图 12-110

修剪结果 1

Step 6 选中线条如图 12-111 所示，然后按【Delete】键，将其删除。

Step 7 单击"修改"工具栏中的"偏移"按钮 ⬒。

Step 8 输入偏移距离"1.5"，然后选择偏移对象，如图 12-112 所示，在该线上方单击，即完成键一条轮廓线的绘制。

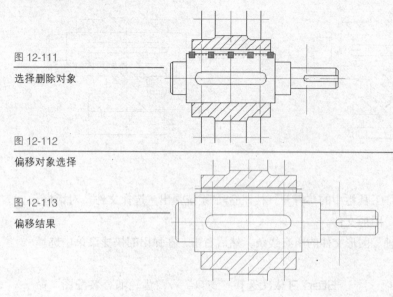

图 12-111

选择删除对象

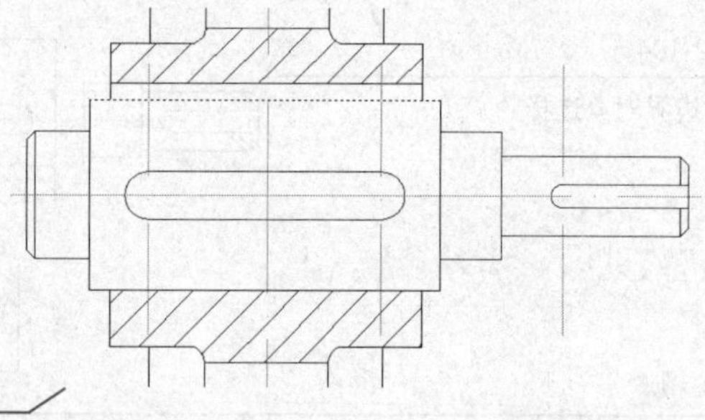

图 12-112

偏移对象选择

Step 9 按下【Enter】键，默认再次调用偏移命令。使用同样的方法，选择同一条偏移对象，向下偏移 2，即完成键另一条轮廓线的绘制。结果如图 12-113 所示。

Step 10 单击"修改"工具栏中的"修剪"按钮╱。选择剪切边界对象，如图 12-114 所示，然后依次单击选择要修剪的对象部分，结果如

图 12-113

偏移结果

图 12-115 所示。

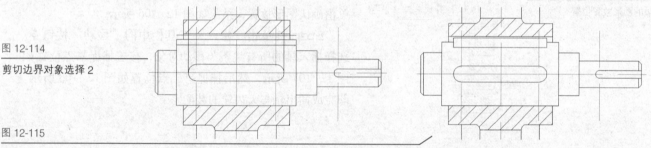

图 12-114

剪切边界对象选择 2

图 12-115

修剪结果 2

Step 11 选中原来插出轴的左边键槽轮廓线，然后按【Delete】键，将其删除。

Step 12 单击"图层"工具栏中的"图层控制"下拉按钮，在弹出的下拉菜单中选中"细实线"图层，将其置为当前图层。

Step 13 单击"绘图"工具栏中的"样条曲线"按钮～。捕捉起点位置，如图 12-116 所示，接着在下方空白处的适当位置指定两个拟合点，然后捕捉端点位置，如图 12-117 所示，按【Enter】键结束指定点，最后将鼠标停留在适当位置，依次给定样条曲线的起点切线方向和端点切线方向，即完成了轴局部剖视线的绘制。

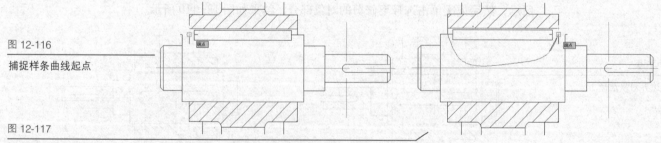

图 12-116

捕捉样条曲线起点

图 12-117

捕捉样条曲线终点

Step 14 单击"图层"工具栏中的"图层控制"下拉按钮，在弹出的下拉菜单中选中"剖面线"图层，将其置为当前图层。

Step 15 单击"绘图"工具栏中的"图案填充"按钮▨，系统弹出"图案填充和渐变色"对话框。

Step 16 在"图案填充"选项卡中的"图案"下拉列表框中选择"LINE"选项，"角度"下拉列表框中选择"45"，其他使用默认设置，如图 12-118 所示。

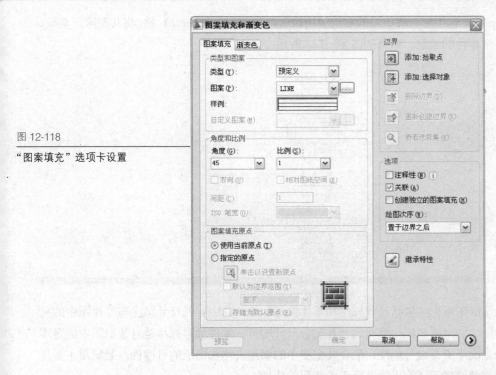

图 12-118

"图案填充"选项卡设置

Step 17 单击"拾取点"按钮 ▨，回到绘图区，选择填充区域如图 12-119 所示，回到"图案填充和渐变色"对话框，单击"确定"按钮结束命令，结果如图 12-120 所示。

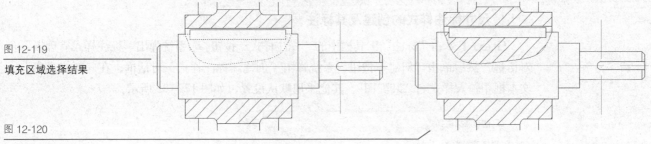

图 12-119

填充区域选择结果

图 12-120

图案填充结果

Step 18 依次选择"绘图"→"射线"命令。捕捉右边键槽圆弧轮廓的端点为起点，绘制一条竖直射线。

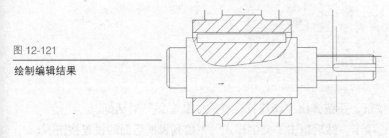

图 12-121

绘制编辑结果

Step 19 调用偏移命令。选择右边阶梯上方的母线为偏移对象，向下偏移"0.5"。

Step 20 选中该偏移线，然后使用夹点编辑的方法，拉伸到适当位置，结果如图 12-121 所示。

Step 21 调用修剪命令，选择剪切边界对象，如图 12-122 所示。然后依次单击选择要修剪的对象部分，修剪结果如图 12-123 所示。

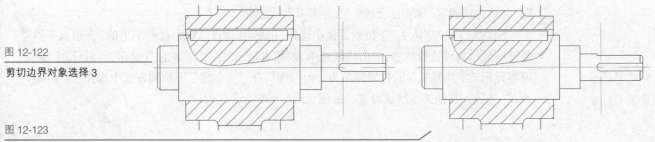

图 12-122

剪切边界对象选择 3

图 12-123

修剪结果 3

Step 21 选中原来插出轴的右边键槽轮廓线，然后按【Delete】键，将其删除。至此，完成了 4 个零件的装配，结果如图 12-124 所示。

图 12-124

零件装配效果

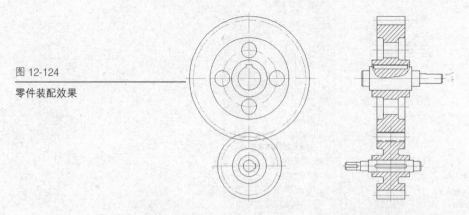

━━ 12.2.7 图形标注 ━━

装配图的图形标注包括尺寸标注和零件编号标注。其中，其尺寸标注与零件图中的尺寸标注不同，它只需要标注空间尺寸和配合尺寸即可。零件编号标注是对装配图中的各零件按照一定次序进行编号标注，配合装配图中的明细表增加图纸的可读性。装配图主要是作为装配人员对加工好的零件进行正确装配的依据。

接下来，本节将对绘制好的齿轮啮合装配图进行图形标注，其主要内容包括尺寸标注样式的创建及其标注和多重引线样式的创建及其编号标注。

1. 尺寸标注样式的创建及其标注

Step 1 单击"标注"工具栏中的"标注样式"按钮，系统弹出"标注样式管理器"对话框。然后单击"新建"按钮，系统弹出"创建新标注样式"对话框，在"新样式名"文本框中输入样式名"装配图"，其他采用默认设置，如图 12-125 所示。

图 12-125

输入新样式名

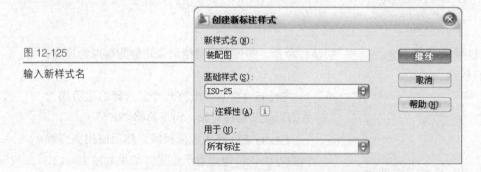

Step 2 单击"继续"按钮，系统弹出"新建标注样式：装配图"对话框。

Step 3 选择"文字"选项卡，然后单击"文字样式"下拉列表框后面的设置按钮，系统弹出"文字样式"对话框。

Step 4 单击"新建"按钮，系统弹出"新建文字样式"对话框，输入样式名"装配图"。单击"确定"按钮，回到"文字样式"对话框。

Step 5 在"字体名"下拉列表框中选择"gbenor.shx"选项，此时下方的"使用大字体"复选框显示为可选择状态，单击将其选中，则原本显示"字体名"的位置显示为"SHX 字体"，原本显示"字体样式"的位置显示为"大字体"，在"大字体"下拉列表框中选择"gbcbig.shx"选项，其他采用默认设置，如图 12-126 所示

图 12-126

"装配图"文字样式设置

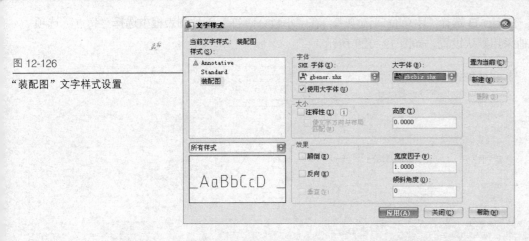

Step 6 依次单击"应用"和"关闭"按钮，回到"新建标注样式：装配图"对话框。在"文字样式"下拉列表框中选择上一步中新建的文字样式"装配图"，其他采用默认设置，如图 12-127 所示。

图 12-127

"文字"选项卡设置

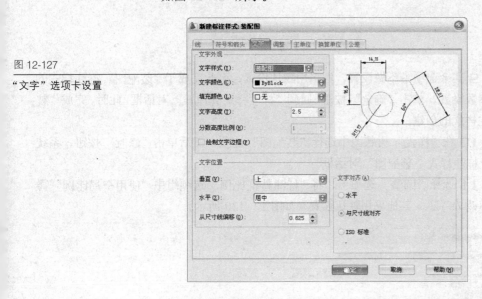

Step 7 选择"线"选项卡，将"基线间距"微调框中的值改为"7"；"超出尺寸线"微调框中的值改为"2.25"；"起点偏移量"微调框中的值改为"2"，其他采用默认设置，如图 12-128 所示。

图 12-128

"线"选项卡设置

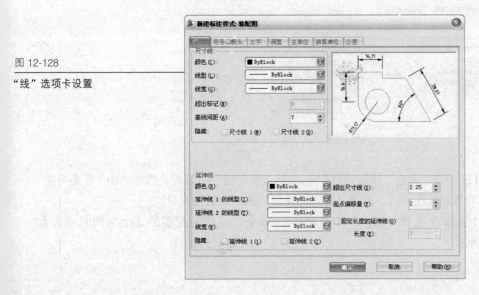

Step 8 选择"主单位"选项卡，在"小数分隔符"下拉列表框中选择"句点"选项其他采用默认设置，如图 12-129 所示。

图 12-129

"主单位"选项卡

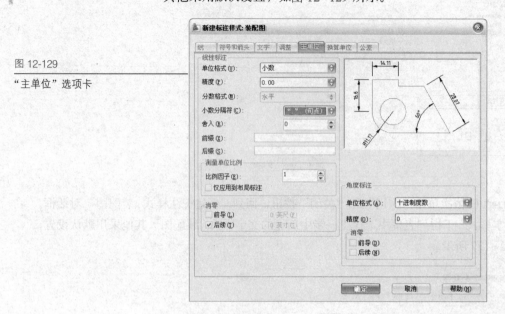

Step 9 其余选项卡不做设置，均采用默认设置，至此完成了"装配图"标注样式的所有公共参数设置。单击"确定"按钮，回到"标注样式管理器"对话框，此时，完成"装配图"标注样式的创建。

Step 10 在"样式"树状图中选择"装配图"选项，然后单击"修改"按钮，系统弹出"修改标注样式：装配图"对话框。

Step 11 选择"调整"选项卡，将"标注特征比例"选项组中"使用全局比例"微调框中的值改为"2"，其他采用默认设置，如图 12-130 所示。

图 12-130

修改"使用全局比例"值

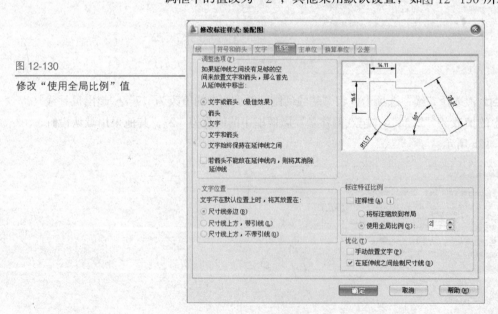

Step 12 单击"确定"按钮，回到"标注样式管理器"对话框。然后单击"置为当前"按钮将其置为当前标注样式。单击"关闭"按钮，则回到绘图窗口。

Step 13 依次选择"标注"→"线性"命令，标注装配图的 3 个空间尺寸，如图 12-131 所示。

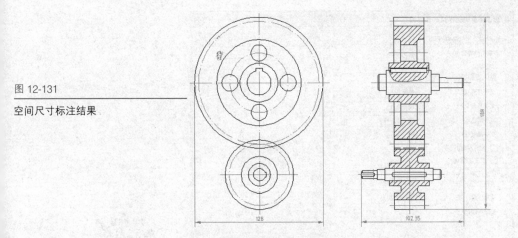

图 12-131

空间尺寸标注结果

2. 多重引线样式的创建及其编号标注

Step 1 依次选择"格式"→"多重引线样式"命令，系统弹出"多重引线样式管理器"对话框。

Step 2 单击"新建"按钮，系统弹出"创建新多重引线样式"对话框。在"新样式名"文本框中输入名称"装配图"，其他采用默认设置。

Step 3 单击"继续"按钮，系统弹出"修改多重引线样式：装配图"对话框。

Step 4 选择"引线格式"选项卡，在"箭头"选项组中的"符号"下拉列表框中选择"小点"选项，其他采用默认设置，结果如图 12-132 所示。

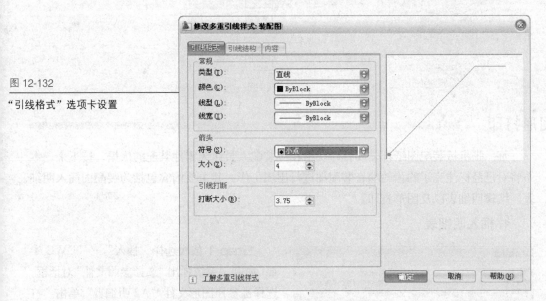

图 12-132

"引线格式"选项卡设置

Step 5 选择"内容"选项卡，在"文字样式"下拉列表框中选择"装配图"选项，将"文字高度"微调框中的值改为"10"，其他采用默认设置，结果如图 12-133 所示。

Step 6 单击"确定"按钮，回到"多重引线样式管理器"对话框，单击"关闭"按钮，即完成多重引线标注样式"装配图"的创建。

Step 7 依次选择"标注"→"多重引线"命令。依据命令行提示，在图形大齿轮零件上单击以指定引线箭头的位置，然后再在适当位置单击以指定引线基线的位置，此时，系统弹出"多行文字编辑器"，在输入框中输入序号"1"，单击"确定"按钮，即完成零件 1 的编号。

图 12-133

"内容"选项卡设置

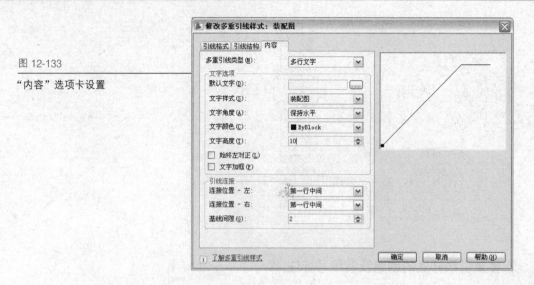

Step 8 使用同样的方法，为其他零件标注编号 2～4，结果如图 12-134 所示。

图 12-134

零件编号结果

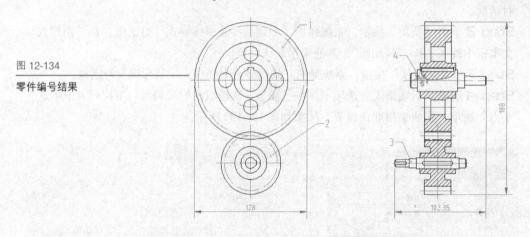

12.2.8 图形打印

每一张机械装配图纸都需要打印交给相应装配人员作为零件装配的依据。接下来，本节将对已经标注完了的齿轮啮合装配图进行出图工作，其主要内容包括为装配图插入明细表、编辑明细表以及图形打印。

1. 插入明细表

图 12-135

"外部参照"对话框

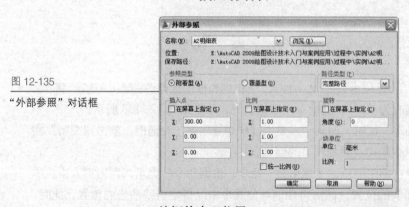

Step 1 依次选择"插入"→"DWG 参照"命令，系统弹出"选择参照文件"对话框，选择被参照图形文件"A2 明细表"，单击"打开"按钮结束文件选择，系统弹出"外部参照"对话框，采用如下设置，如图 12-135 所示。

Step 2 单击"确定"按钮，完成外部参照"A2 明细表"的附着。

Step 3 调用移动命令，将外部参照移动到零件装配图形的周围，使图形基本位于外框的中心位置。

Step 4 依次选择"插入"→"外部参照"命令，系统即弹出"外部参照"管理器。在"A2明细表"参照名上右击，在弹出的快捷菜单中选择"绑定"命令，系统弹出"绑定外部参照"对话框，采用默认设置，单击"确定"按钮，完成外部参照文件的绑定。

2. 编辑明细表

Step 1 单击"绘图"工具栏中的"多行文字"按钮**A**。

Step 2 依据命令行提示，在明细表的适当位置单击指定输入框的两个角点，显示多行文字编辑器，修改字体字号为"5"，然后在其中输入内容"大齿轮"，如图 12-136 所示，单击"确定"按钮，即完成零件 1 的名称输入。

图 12-136

"大齿轮"名称输入

2						
1		大齿轮				
序号	代 号	名 称	数量	材料	单件 总计	备注
					重量	

Step 3 按下【Enter】键，系统默认重复调用多行文字输入命令。使用同样的方法，完成其他 3 个零件的名称输入，结果如图 12-137 所示。此时，已经完成了图形打印前的所有工作。

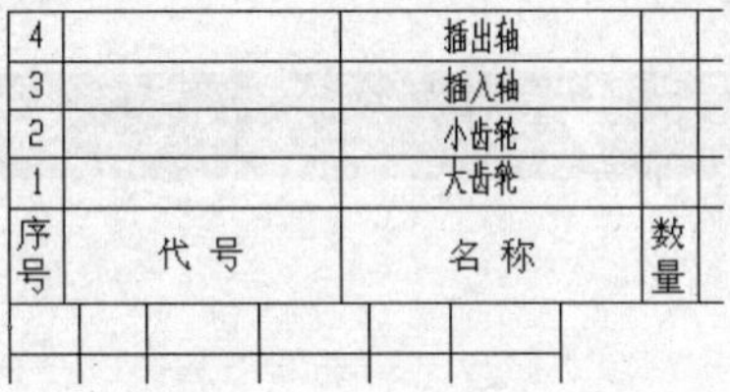

图 12-137

最终编辑结果

4		输出轴	
3		输入轴	
2		小齿轮	
1		大齿轮	
序号	代 号	名 称	数量

3. 图形打印

Step 1 单击"标准"工具栏中的"打印"按钮，系统弹出"打印-模型"对话框。

Step 2 单击"打印机／绘图仪"选项组中的"名称"下拉列表框，在弹出的下拉列表中选择"Default Windows System Printer.pc3"选择。

Step 3 单击"图纸尺寸"下拉列表框，在弹出的下拉列表中选择"A2"选项。

Step 4 单击"打印区域"选项组中的"打印范围"下拉列表框，在弹出的下拉列表中选择"窗口"选项，此时，对话框中出现"窗口"按钮，单击该按钮，回到绘图区，选择外框的两个角点以指定窗口范围，然后回到"打印-模型"对话框。

Step 5 取消选择"布满图纸"复选框，然后在"比例"下拉列表框中选择"1:1"选项。

Step 6 单击"打印样式表"下拉列表框，在弹出的下拉列表中选择"monochrome.ctb"选项。

Step 7 在"图形方向"选项组中选择"横向"单选按钮。此时，"打印-模型"对话框的设置结果如图 12-138 所示。

图 12-138

"打印-模型"对话框设置

Step 8 单击"预览"按钮，调整视图即可看到局部预览效果如图 12-1 所示。

Step 9 单击"确定"按钮，系统弹出"文件另存为"对话框，采用默认存储路径，在"文件名"下拉列表框中输入名称"12.xps"。单击"保存"按钮，系统弹出"打印作业进度"显示条，等待打印结束即可。

12.3 本章重要知识点回顾与分析

本例通过一个齿轮啮合装配图的绘制，详细介绍了机械装配图的完整绘制过程，进一步巩固了零件图的绘制方法，了解了生成装配图的方法等主要知识。

绘制过程中学习到的重要知识点包括各种中高级绘图与编辑命令的使用、装配图的生成方法以及多重引线的标注等主要知识。

本例用到的中高级绘图与编辑命令包括绘制构造线、直线和圆以及偏移、修剪、倒角和圆角等。其中，绘制构造线、偏移、修剪和移动命令需要重点掌握，移动命令是实现零件图生成装配图的重要方法。

12.4 工程师坐堂

问：怎样取消图形选中状态？

答：按下【Esc】键即可取消图形选中状态。

问：为什么有时修剪命令会无法再修剪一些线段？

答：修剪命令要求在剪切边界对象的两侧均有线段时，才可以以此剪切边界对象来进行修剪，当线段只存在一侧时则不可以再修剪。所以，在选择要修剪的对象时，要注意选择顺序，有时顺序不同会有不同的修剪结果。

问：偏移命令中，图层选项的变量值怎么改变？

答：调用偏移命令后，在命令行中输入图层选项的代号"L"，即可进入变量值设置状态。该图层变量一旦改变，将会一直持续为当前变量值，所以要根据需要进行更改。

问：在由零件图生成装配图时，如果希望每一个视图能快速转换为块，怎样办？

答：用户可以在将复制的视图粘贴到装配图文件时右击，在弹出的快捷菜单中选择"粘贴为块"命令，这样可以最快地将每一个粘贴过来的视图转换成块，以便在误操作时便于整体选中。

问：装配图中都需要标注哪些尺寸？

答：通常装配图中只需要标注空间尺寸和一些重要的配合尺寸即可，具体尺寸在零件图中标注。

问：为什么有时附着的外部参照看不到？

答：这与外部参照图形在原文件中的绝对位置有关，用户可以通过使用"范围"缩放命令将其调整到可视范围中。

Chapter 13

AutoCAD 建筑设计工程应用 1
——绘制楼房二层平面图

13.1 实例分析

13.2 操作步骤

13.3 本章重要知识点回顾与分析

13.4 工程师坐堂

Autodesk

13.1 实例分析

本章将从文件新建到图形打印，系统讲解楼房二层平面图的整个操作过程。楼房二层平面图的局部打印预览效果图如图 13-1 所示。

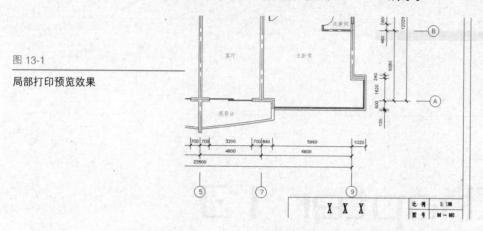

图 13-1

局部打印预览效果

13.1.1 产品分析

楼房二层平面图即属于建筑平面图范畴，它是通过假想用一个水平剖切平面，在某层门窗洞口范围内，将建筑物剖切开，对剖切平面以下的部分做水平正投影得到的平面图。建筑平面图主要表达建筑物的平面正投影形状，房间的布局、形状、大小、用途、墙体的位置和门窗的位置等，是建筑方案设计的主要内容，也是建筑施工图最基本的图样之一。

如今，处处都是高楼大厦，单层建筑已经很少看到，所以，绘制楼房二层平面图具有普遍意义。用户通过本章的学习，可以了解并掌握一般建筑平面图的绘制方法和流程，这对于以后深入学习和绘制建筑平面图有很好的入门作用。

13.1.2 设计分析

由图 13-1 可知，在设计结构上，本例具有对称结构，使用镜像命令即可以完成。在设计内容上主要就是墙体和门窗的绘制和编辑。墙体是建筑物的基本构架，门窗是墙体的通道。

在建筑平面图中，墙体的投影是两条或三条平行线，如果使用一般的直线和偏移命令来绘制这些平行线，一次只能画其中的一条线，而且还要修改线条线型和其接头处的形状，工作量非常大。因此，本例主要使用多线命令和多线编辑命令来完成墙体的绘制和编辑。

在 AutoCAD 2009 中，窗户也可以使用多线命令来绘制；而门的标准图块已经存在于"工具选项板"的"建筑"选项卡中，可以直接插入引用。在门窗安装之后，需要使用多线编辑命令对门窗与墙体的重合部分进行修剪。

多线命令可以一次画出自动处理接头转弯的平行线，而且还可以依据需要的平行线线型和条数等元素特性定义各种多线样式，以方便绘制各种墙体和窗户。其多线编辑命令可以处理不同次绘制的多线之间的接头效果。

13.2 操作步骤

根据一般绘图顺序，该绘制过程主要包括绘制前准备、绘制外墙、绘制内墙和阳台、绘制门窗、绘制玻璃幕墙、文本标注、绘制楼梯、尺寸标注和图形打印等 9 个步骤。

13.2.1 绘制前准备

绘图前准备阶段主要是完成图形文件的新建与保存、草图设置、图层设置多线样式的新建以及线型显示比例设置等工作内容。

1. 图形文件的新建以及草图设置

Step 1 单击"标准"工具栏中的"新建"按钮，系统弹出"选择样板"对话框，如图 13-2 所示，采用默认样板文件，单击"打开"按钮，完成新图形文件的创建。

图 13-2
"选择样板"对话框

Step 2 依次选择"工具"→"草图设置"命令，系统弹出"草图设置"对话框。选择"对象捕捉"选项卡，选中"中点"复选框，如图 13-3 所示，单击"确定"按钮，完成草图设置。

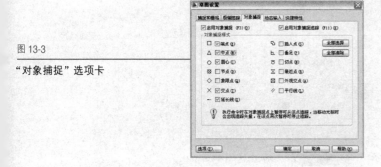

图 13-3
"对象捕捉"选项卡

2. 图层设置

Step 1 单击"图层"工具栏中的"图层特性管理器"按钮，系统弹出"图层特性管理器"。

Step 2 单击"新建图层"按钮，创建 4 个新图层。分别在"名称"文本框中输入新图层名"墙体"、"窗和门"、"文本"和"尺寸"，如图 13-4 所示。

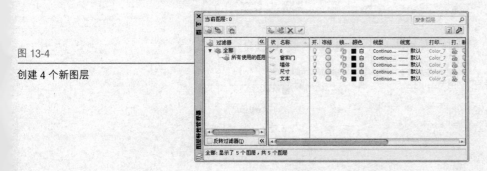

图 13-4
创建 4 个新图层

Step 3 分别单击"窗和门"以及"文本"图层对应的"颜色"按钮，系统弹出"选择颜色"对话框，将其分别设置为"红色"和"蓝色"，单击"确定"按钮，即完成图层颜色的设置。

本章实例视频参见本书附属光盘中的 13-20.avi、13-60.avi、13-95.avi、13-108.avi、13-128.avi、13-135.avi、13-160.avi、13-198.avi 文件。

Step 4 选中"墙体"图层，然后单击"置为当前"按钮 ✓，将该图层设置为当前图层。至此，完成新建文件的图层编辑工作，结果如图 13-5 所示。

图 13-5

图层编辑结果

3.5 个多线样式的新建

Step 1 依次选择"格式"→"多线样式"命令，系统弹出"多线样式"对话框。

Step 2 单击"新建"按钮，在"新样式名"文本框中输入名称"1"，单击"继续"按钮，系统弹出"新建多线样式：1"对话框，如图 13-6 所示。

图 13-6

"新建多线样式：1"对话框

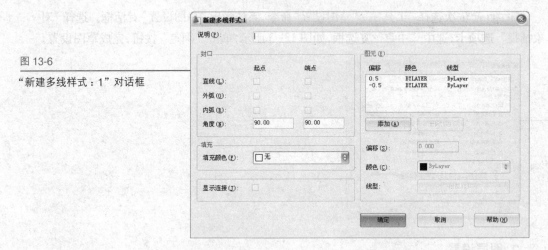

Step 3 对"新建多线样式：1"对话框进行初步设置如图 13-7 所示。

图 13-7

"新建多线样式：1"对话框的初步设置

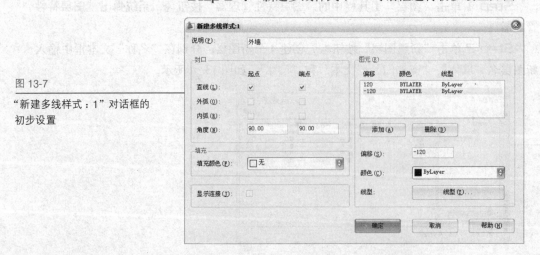

Step 4 单击"添加"按钮，为多线添加新元素，然后设置新元素颜色为"洋红色"。

Step 5 单击"线型"按钮，在弹出的"选择线型"对话框中单击"加载"按钮，继而在弹出的"加载或重载线型"对话框中选择"CENTER"线型，单击"确定"按钮，完成线型加载回到"选择线型"对话框。选中"CENTER"线型，单击"确定"按钮，回到"新建多线样式：1"对话框。至此，完成"新建多线样式：1"对话框的所有设置，如图 13-8 所示。

图 13-8

"新建多线样式：1"对话框的完整设置

技术点拨

如果用户需要新建的多线样式与某个已有样式相似，则可以选中该样式为基础样式，然后单击"新建"按钮。

Step 6 单击"确定"按钮，回到"多线样式"对话框。

Step 7 选中样式 1，使用同样的方法，新建多线样式"2"，弹出对话框，如图 13-9 所示。

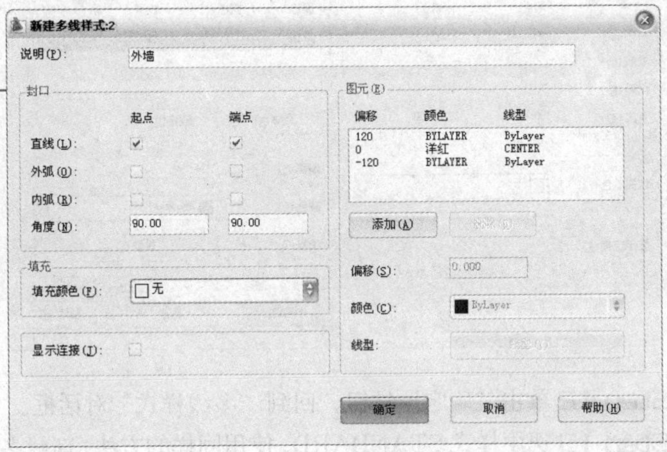

图 13-9

"新建多线样式：2"对话框设置前

技术点拨

"新建多线样式"对话框中的"封口"选项组是用来设置多线起点和端点位置是否有封口线以及封口线的形状的。

Step 8 对"新建多线样式：2"对话框进行设置，如图 13-10 所示。

图 13-10

"新建多线样式：2"对话框设置后

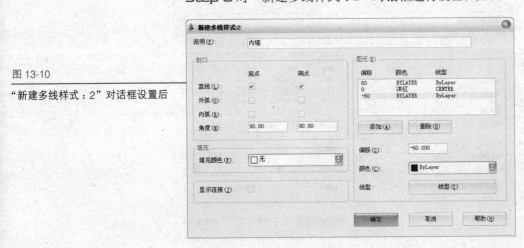

Step 9 单击"确定"按钮，回到"多线样式"对话框。

Step 10 选中样式2，使用同样的方法，新建多线样式"3"，弹出对话框，如图13-11所示。

图 13-11

"新建多线样式：3"对话框设置前

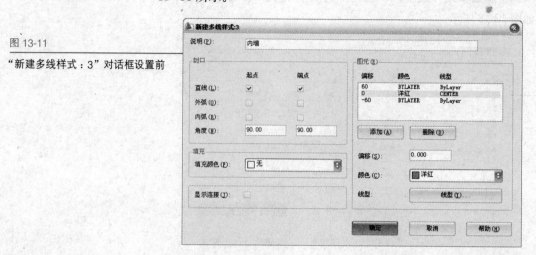

Step 11 对"新建多线样式：3"对话框进行设置，如图13-12所示。

图 13-12

"新建多线样式：3"对话框设置后

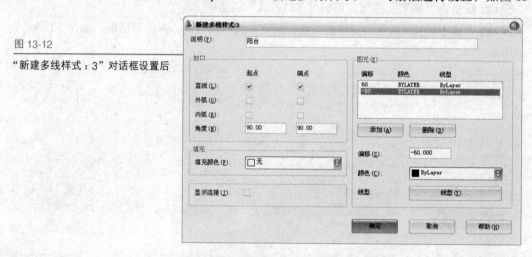

Step 12 单击"确定"按钮，回到"多线样式"对话框。

Step 13 选中样式STANDARD，使用同样的方法，新建多线样式"4"，弹出对话框，对"新建多线样式：4"对话框进行设置，如图13-13所示。

图 13-13

"新建多线样式：4"对话框设置结果

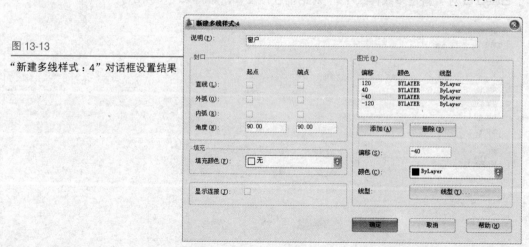

Step 14 单击"确定"按钮，回到"多线样式"对话框。

Step 15 选中样式4，使用同样的方法，新建多线样式"5"，弹出对话框，如图 13-14 所示。

图 13-14

"新建多线样式：5"对话框设置前

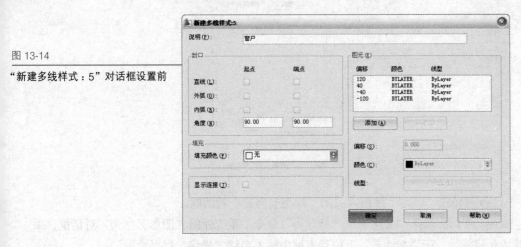

Step 16 对"新建多线样式：5"对话框进行设置，如图 13-15 所示。

图 13-15

"新建多线样式：5"对话框设置后

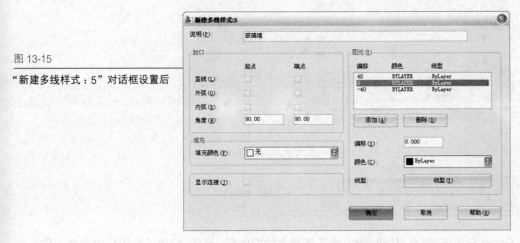

Step 17 单击"确定"按钮，回到"多线样式"对话框，如图 13-16 所示。

Step 18 选中样式1，单击"置为当前"按钮，即完成了所有多线样式的设置。

4. 显示比例设置和文件保存

Step 1 依次选择"格式"→"线型"命令，系统弹出"线型管理器"，如图 13-17 所示。

图 13-16

"多线样式"对话框结果显示

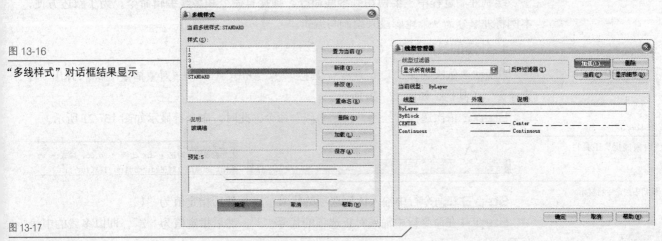

图 13-17

"线型管理器"对话框

Step 2 单击"显示细节"按钮，将"全局比例因子"设置为"50"，如图 13-18 所示。

283

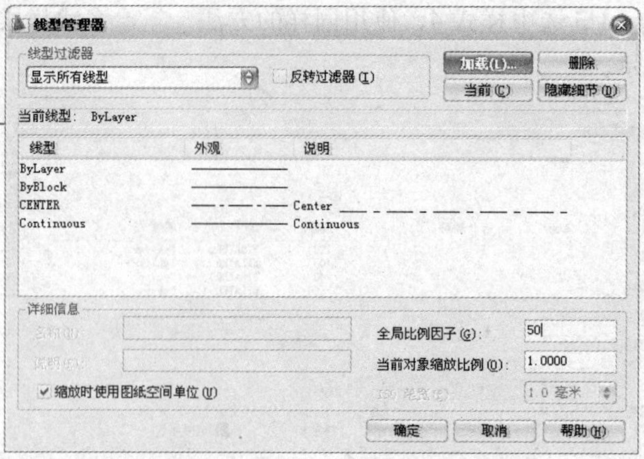

图 13-18

"线型管理器"对话框设置结果

Step 3 单击"确定"按钮，关闭"线型管理器"对话框。

Step 4 依次选择"文件"→"另存为"命令，系统弹出"图形另存为"对话框，采用默认存储路径，在"文件名"下拉列表框中输入名称"楼房二层平面图"，如图 13-19 所示。

图 13-19

"图形另存为"对话框

Step 5 单击"保存"按钮，即完成了新建文件的保存。至此，完成了绘图前的准备工作。

13.2.2 绘制外墙

在实际生活中，外墙是楼房结构中最重要的部分，一旦定形则不可修改，它影响以后的内墙格局。

绘制外墙过程中主要使用到多线命令、捕捉自命令和多线编辑命令。为了叙述方便，本例将外墙分为 9 个轮廓段来绘制与编辑。

1. 外墙的绘制过程

Step 1 依次选择"工具"→"工具栏"→"AutoCAD"→"对象捕捉"命令，弹出"对象捕捉"工具栏，如图 13-20 所示。

Step 2 依次选择"绘图"→"多线"命令。此时，命令行显示如图 13-21 所示。

图 13-20

"对象捕捉"工具栏

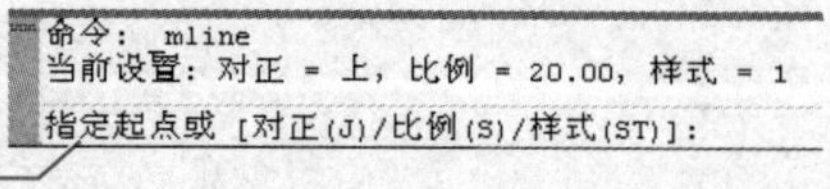

图 13-21

最初多线命令行显示

```
命令: mline
当前设置: 对正 = 上，比例 = 20.00，样式 = 1
指定起点或 [对正(J)/比例(S)/样式(ST)]:
```

Step 3 在命令行中输入比例选项的代号"S"，然后指定值为"1"。

Step 4 在命令行中输入对正选项的代号"J"，然后指定值为"Z"，即以多线的中线对正。

Step 5 依次输入起点坐标"9000，9000"，端点坐标"@900,0"、"@0,10400"、"@10100,0"、"@0,-5420"、"@1300,0"和"@0,-9000"。按【Enter】键，结束命令，得到外墙轮廓 1 如图 13-22 所示。

Step 6 按下【Enter】键，系统默认再次调用"多线"命令。

Step 7 单击"对象捕捉"工具栏中的"捕捉自"按钮，依据命令行提示，捕捉基点为外墙轮廓 1 中线的左上角点，如图 13-23 所示，输入偏移坐标值"@4500,0"指定多线起点位置，以及端点坐标值"@0,-3800"，按【Enter】键，结束命令，完成外墙轮廓 2 的绘制。

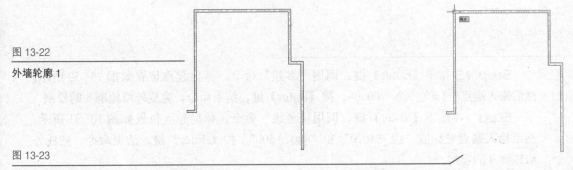

图 13-22

外墙轮廓 1

图 13-23

捕捉外墙轮廓 2 的基点

Step 8 按下【Enter】键，调用"多线"命令。单击"捕捉自"按钮，捕捉基点为外墙轮廓 2 中线的下端点，如图 13-24 所示，然后依次输入坐标值"@-200,0"和"@0,2900"，按【Enter】键，结束命令，完成外墙轮廓 3 的绘制。结果如图 13-25 所示。

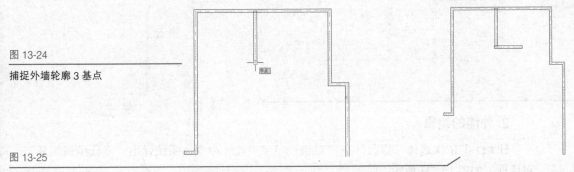

图 13-24

捕捉外墙轮廓 3 基点

图 13-25

绘制外墙轮廓 3 结果

Step 9 按下【Enter】键，调用"多线"命令。捕捉起点位置如图 13-26 所示，然后输入端点坐标值"@-400，0"，按【Enter】键，结束命令，完成外墙轮廓 4 的绘制。

Step 10 按下【Enter】键，调用"多线"命令。捕捉起点位置如图 13-27 所示，然后输入端点坐标值"@-400，0"，按【Enter】键，结束命令，完成外墙轮廓 5 的绘制。

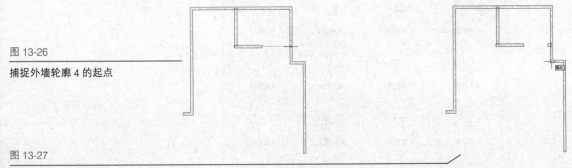

图 13-26

捕捉外墙轮廓 4 的起点

图 13-27

捕捉外墙轮廓 5 的起点

Step 11 按下【Enter】键，调用"多线"命令。捕捉起点位置如图 13-28 所示，然后输入端点坐标值"@-4900，0"，按【Enter】键，结束命令，完成外墙轮廓 6 的绘制。

Step 12 按下【Enter】键，调用"多线"命令。捕捉起点位置，如图 13-29 所示，然后输入端点坐标值"@0,-6600"和"@700,0"，按【Enter】键，结束命令，完成外墙轮廓 7 的绘制。

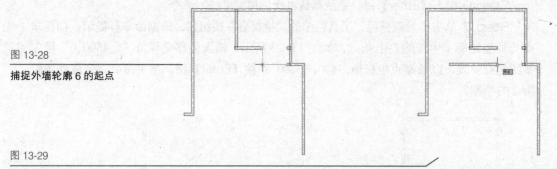

图 13-28

捕捉外墙轮廓 6 的起点

图 13-29

捕捉外墙轮廓 7 的起点

Step 13 按下【Enter】键，调用"多线"命令。捕捉起点位置如图 13-30 所示，然后输入端点坐标值"@-700,0"，按【Enter】键，结束命令，完成外墙轮廓 8 的绘制。

Step 14 按下【Enter】键，调用"多线"命令。捕捉起点位置如图 13-31 所示，然后输入端点坐标值"@-840,0"和"@0,-600"，按【Enter】键，结束命令，完成外墙轮廓 9 的绘制。

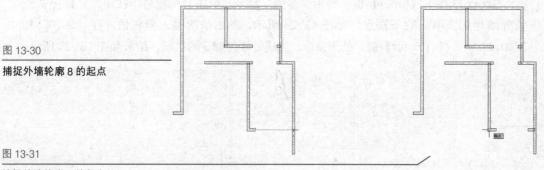

图 13-30

捕捉外墙轮廓 8 的起点

图 13-31

捕捉外墙轮廓 9 的起点

2. 外墙的编辑

Step 1 依次选择"修改"→"对象"→"多线"命令，系统弹出"多线编辑工具"对话框，如图 13-32 所示。

图 13-32

"多线编辑工具"对话框

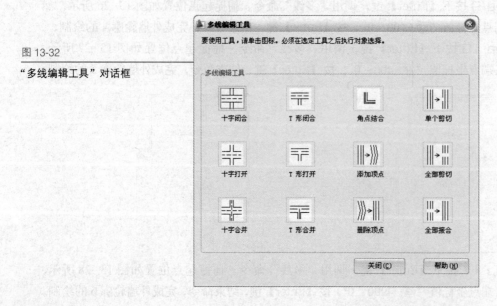

Step 2 单击"T 形合并"按钮，关闭该对话框，回到绘图区。

Step 3 依次单击外墙轮廓 2 和外墙轮廓 1，完成其接头的合并，如图 13-33 所示。

Step 4 接着依次单击外墙轮廓 2 和外墙轮廓 3、外墙轮廓 4 和外墙轮廓 1、外墙轮廓 5 和外墙轮廓 1、外墙轮廓 9 和外墙轮廓 1、外墙轮廓 7 和外墙轮廓 6、外墙轮廓 8 和外墙轮廓 7，完成所有外墙接头的合并，结果如图 13-34 所示。至此，完成绘制外墙工作。

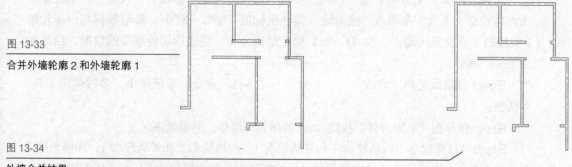

图 13-33

合并外墙轮廓 2 和外墙轮廓 1

图 13-34

外墙合并结果

13.2.3 绘制内墙和阳台

在实际生活中，内墙是可以根据用户需要进行改造的。

绘制内墙过程中同样主要使用到多线命令、捕捉自命令和多线编辑命令。为了叙述方便，本例将内墙分为 3 个轮廓段，将阳台分为两个来绘制与编辑。

1. 内墙的绘制与编辑过程

Step 1 依次选择"绘图"→"多线"命令。

Step 2 在命令行中输入样式选项的代号"ST"，然后指定多线样式名为"2"。

Step 3 在命令行中输入对正选项的代号"J"，然后指定值为"T"，即以多线的上线对正。

Step 4 单击"捕捉自"按钮，捕捉基点为外墙轮廓 1 中线的左上角点，如图 13-35 所示，然后输入偏移坐标值"@0,-3000"指定多线起点位置。

Step 5 依次捕捉多线端点位置，如图 13-36 和图 13-37 所示，最后输入坐标值"@1000,0"，按【Enter】键，结束命令，完成内墙轮廓 1 的绘制，如图 13-38 所示。

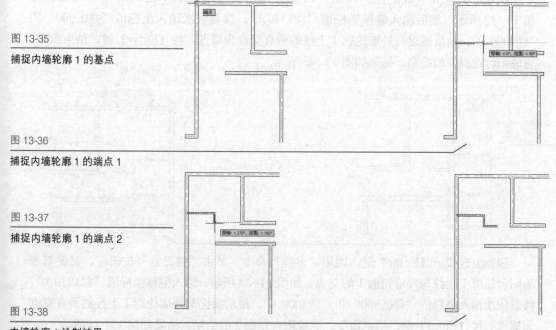

图 13-35

捕捉内墙轮廓 1 的基点

图 13-36

捕捉内墙轮廓 1 的端点 1

图 13-37

捕捉内墙轮廓 1 的端点 2

图 13-38

内墙轮廓 1 绘制结果

Step 6 按下【Enter】键，调用"多线"命令。单击"捕捉自"按钮，捕捉基点为外墙轮廓6上线的左端点，如图13-39所示，接着依次输入坐标值"@0,630"和"@0,-2330"，最后捕捉与外墙轮廓1左边中线的垂直交点为端点，按【Enter】键，结束命令，完成内墙轮廓2的绘制。

Step 7 按下【Enter】键，调用"多线"命令。单击"捕捉自"按钮，捕捉基点为内墙轮廓1下线的左端点，接着输入偏移坐标值"@0,-2000"，最后捕捉与内墙轮廓2中线的垂直交点为端点，按【Enter】键，结束命令，完成内墙轮廓3的绘制，结果如图13-40所示。

Step 8 依次选择"修改"→"对象"→"多线"命令，系统弹出"多线编辑工具"对话框。

Step 9 单击"T形合并"按钮，关闭该对话框，回到绘图区。

Step 10 依次单击内墙轮廓1和外墙轮廓1、内墙轮廓3和外墙轮廓1、内墙轮廓2和外墙轮廓1、内墙轮廓3和内墙轮廓2、外墙轮廓6和内墙轮廓2，完成所有内外墙之间接头的合并，结果如图13-41所示。至此，完成绘制内墙工作。

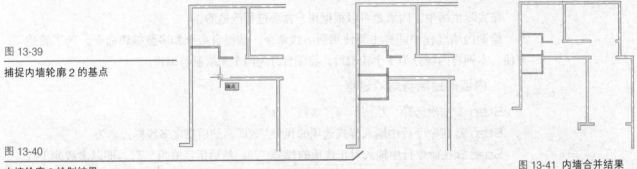

图 13-39

捕捉内墙轮廓2的基点

图 13-40

内墙轮廓3绘制结果

图 13-41 内墙合并结果

2. 阳台的绘制过程

Step 1 依次选择"绘图"→"多线"命令。

Step 2 在命令行中输入样式选项的代号"ST"，然后指定多线样式名为"3"。

Step 3 在命令行中输入对正选项的代号"J"，然后指定值为"B"，即以多线的下线对正。

Step 4 单击"捕捉自"按钮，捕捉基点为外墙轮廓1上线的左上角点，如图13-42所示，然后输入偏移坐标值"@1370,0"，接着依次输入坐标值"@0,900"和"@2000,0"，最后捕捉与外墙轮廓1上线的垂直交点为端点，按【Enter】键，结束命令，完成阳台轮廓1的绘制，结果如图13-43所示。

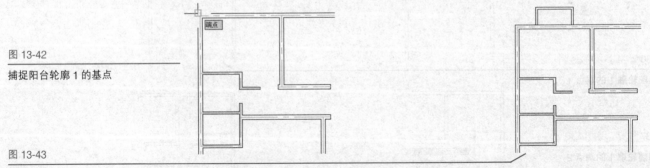

图 13-42

捕捉阳台轮廓1的基点

图 13-43

阳台轮廓1

Step 5 按下【Enter】键，调用"多线"命令。单击"捕捉自"按钮，捕捉基点为阳台轮廓1上线与外墙轮廓1的交点，如图13-44所示，输入偏移坐标值"@1930,0"，接着依次输入坐标值"@0,900"和"@4000,0"，最后捕捉与外墙轮廓1上线的垂直交点为端点，按【Enter】键，结束命令，完成阳台轮廓2的绘制，结果如图13-45所示。

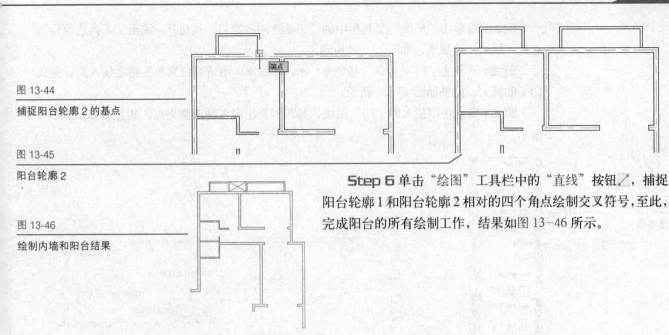

图 13-44

捕捉阳台轮廓 2 的基点

图 13-45

阳台轮廓 2

图 13-46

绘制内墙和阳台结果

Step 6 单击"绘图"工具栏中的"直线"按钮，捕捉阳台轮廓 1 和阳台轮廓 2 相对的四个角点绘制交叉符号，至此，完成阳台的所有绘制工作，结果如图 13-46 所示。

13.2.4 绘制门窗

门窗是楼房的眼睛，在实际生活中有着十分重要的作用。

接下来，本例将对每一个门窗进行绘制和安装，安装即是对门窗与墙体的重合部分进行修剪。在 AutoCAD 2009 中，窗户可以使用多线命令来绘制；而其中的单开门则无须绘制，其标准图块已经存在于"工具选项板"的"建筑"选项卡中，可以直接插入引用，拉门则需要另外绘制后插入。

绘制门窗过程中主要使用到多线命令、捕捉自命令、插入单开门图块和多线编辑命令。为了叙述方便，本例将内窗按照绘制顺序进行编号，总共为 6 扇窗、8 个单开门和 2 个拉门。

1. 窗户 1 和单开门 1 的绘制与安装

Step 1 单击"图层"工具栏中的"图层控制"下拉按钮，在弹出的下拉菜单中选中"窗和门"图层，将其置为当前图层。

Step 2 依次选择"绘图"→"多线"命令。

Step 3 在命令行中输入样式选项的代号"ST"，然后指定多线样式名为"4"。

Step 4 在命令行中输入对正选项的代号"J"，然后指定值为"T"，即以多线的上线对正。

Step 5 单击"捕捉自"按钮，捕捉基点如图 13-47 所示，然后依次输入坐标值"@300,0"和"@800,0"，按【Enter】键，结束命令，完成窗户 1 的绘制，结果如图 13-48 所示。

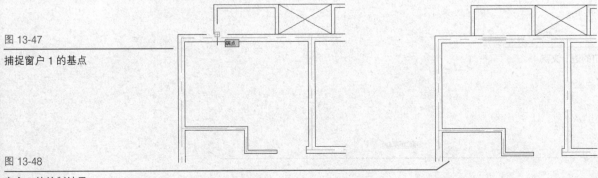

图 13-47

捕捉窗户 1 的基点

图 13-48

窗户 1 的绘制结果

Step 6 单击"标准"工具栏中的"工具选项板窗口"按钮 🗐，调出"工具选项板"，选择"建筑"选项卡，如图 13-49 所示。

Step 7 单击"门－公制"按钮 🖉门·公制，在绘图区中适当位置单击指定插入点，完成门 1 的插入，结果如图 13-50 所示。

Step 8 选中刚插入的"门"图块，其四周会出现各种调整夹点，其含义如图 13-51 所示。

图 13-49

工具选项板

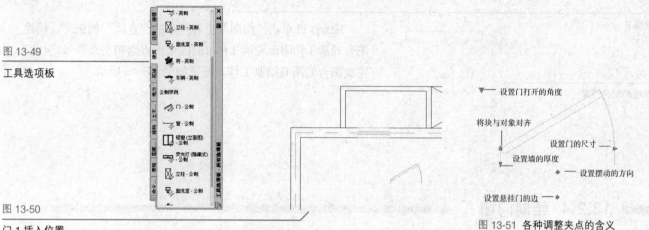

图 13-50

门 1 插入位置

图 13-51 各种调整夹点的含义

Step 9 单击"设置门打开的角度"夹点 ▼，弹出下拉菜单，从中选择"打开 90°角"选项，如图 13-52 所示，结果如图 13-53 所示。

图 13-52

选择"打开 90°角"选项

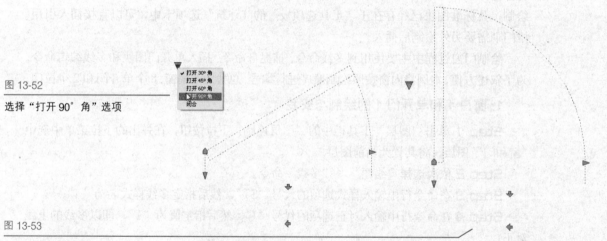

图 13-53

打开角度调整结果

Step 10 单击"设置悬挂门的边"夹点 ◀，如图 13-54 所示，结果如图 13-55 所示。

图 13-54

单击"设置悬挂门的边"夹点

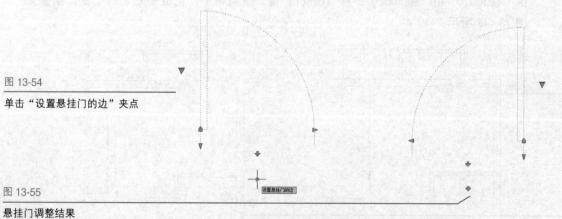

图 13-55

悬挂门调整结果

Step 11 单击"设置摆动的方向"夹点↓，如图 13-56 所示，结果如图 13-57 所示。

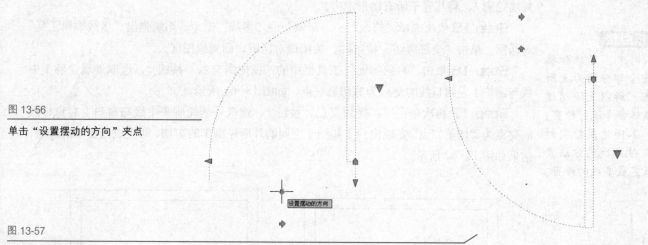

图 13-56

单击"设置摆动的方向"夹点

图 13-57

摆动方向调整结果

Step 12 单击"将块与对象对齐"夹点◤，然后单击"捕捉自"命令按钮 ，捕捉基点如图 13-58 所示，然后输入偏移坐标值"@-150,-240"，完成门 1 的安装，结果如图 13-59 所示。

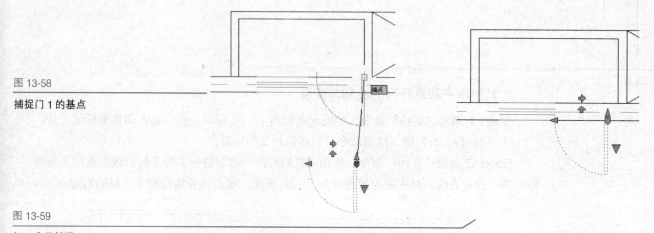

图 13-58

捕捉门 1 的基点

图 13-59

门 1 安装结果

Step 13 单击"绘图"工具栏中的"直线"按钮 ，捕捉窗户 1 的下线和上线的左端点为直线的两个端点，按【Enter】键，结束命令，完成窗户 1 左封口线的绘制。使用同样的方法，绘制窗户 1 的右封口线以及门 1 与外墙轮廓 1 的对齐线，其端点如图 13-60 所示。

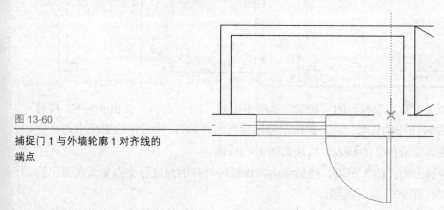

图 13-60

捕捉门 1 与外墙轮廓 1 对齐线的
端点

Step 14 单击"修改"工具栏中的"前置"按钮 🗐，依据命令行提示，选择对象为外墙轮廓1，将其置于所有图形上方。

Step 15 依次选择"修改"→"对象"→"多线"命令，系统弹出"多线编辑工具"对话框。单击"全部剪切"按钮 ‖‖，关闭该对话框，回到绘图区。

Step 16 单击"对象捕捉"工具栏中的"捕捉到交点"按钮 ✕，选取外墙轮廓1中线与窗户1左封口线的交点为剪切第一点，如图 13-61 所示。

Step 17 再次单击"捕捉到交点"按钮 ✕，选取外墙轮廓1中线与窗户1右封口线的交点为剪切第二点，完成窗户1和门1之间的外墙轮廓1的剪切，即完成门窗1的安装，结果如图 13-62 所示。

技术点拨

本例中，窗户和墙体的重合部分因为无所谓交点，所以无法通过多线编辑命令进行修剪，因此，本例使用绘制封口线与对齐线的方法产生交点完成多线的修剪。

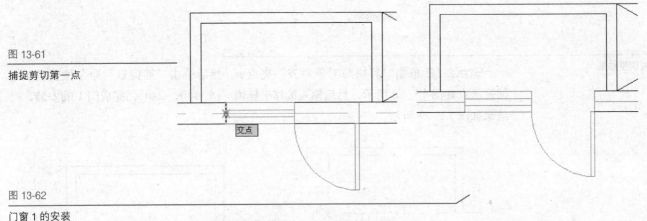

图 13-61

捕捉剪切第一点

图 13-62

门窗1的安装

2. 其他窗户和单开门的绘制与安装

Step 1 调用"多线"命令，捕捉起点如图 13-63 所示，然后输入端点坐标值"@0，-2810"，按【Enter】键，结束命令，完成窗户2的绘制。

Step 2 调用"直线"命令，使用同样的方法，绘制窗户2的下封口线以及门2与外墙轮廓3的对齐线。对齐线的起点如图 13-64 所示，端点为外墙轮廓3上线的右端点。

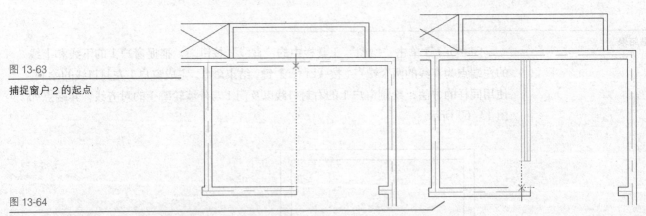

图 13-63

捕捉窗户2的起点

图 13-64

捕捉门2与外墙轮廓3对齐线的起点

Step 3 单击"工具选项板"的"建筑"选项卡中的"门–公制"按钮 🚪 门·公制，接着在命令行中输入旋转选项的代号"R"并指定旋转角度为"90"，然后在绘图区中适当位置单击指定插入点，完成门2的插入，结果如图 13-65 所示。

Step 4 选中插入的"门"图块，然后单击"设置门打开的角度"夹点 ▽，在弹出的下拉菜单中选择"打开90°角"选项。

Step 5 单击"将块与对象对齐"夹点 ♠，然后捕捉门2与外墙轮廓3的对齐线的起点为对齐点，如图 13-66 所示，完成门2的安装。

图 13-65

门 2 插入位置

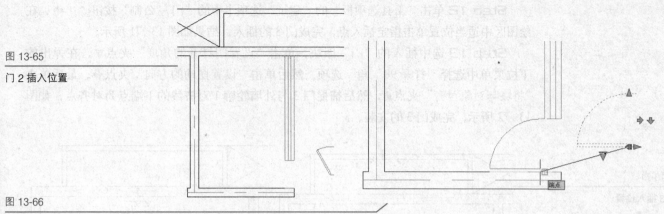

图 13-66

捕捉门 2 的对齐点

Step 6 调用"多线"命令，接着单击"捕捉自"按钮，捕捉基点如图 13-67 所示，然后依次输入坐标值"@360,0"和"@800,0"，按【Enter】键，结束命令，完成窗户 3 的绘制。

Step 7 调用"直线"命令，使用同样的方法，为窗户 3 绘制封口线。

Step 8 与门窗 1 的安装方法相同，即首先调用"前置"命令将外墙轮廓 1 置于所有图形上方，然后调出"多线编辑工具"对话框，从中单击"全部剪切"按钮，回到绘图区修剪窗户 3 之间的外墙轮廓 1 部分，完成窗户 3 的安装，结果如图 13-68 所示。

图 13-67

捕捉窗户 3 的基点

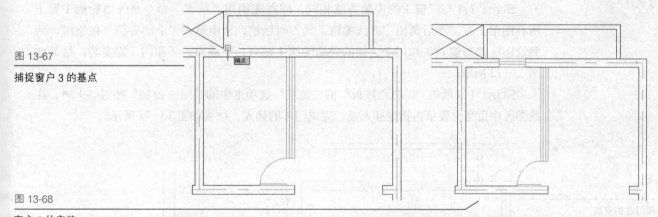

图 13-68

窗户 3 的安装

Step 9 调用"多线"命令。单击"捕捉自"按钮，捕捉基点为窗户 2 上线与外墙轮廓 1 的追踪交点，如图 13-69 所示，然后依次输入坐标值"@1050,0"和"@800,0"，按【Enter】键，结束命令，完成窗户 4 的绘制。

Step 10 调用"直线"命令，使用同样的方法，为窗户 4 绘制左右封口线。

Step 11 单击"修改"工具栏中的"偏移"按钮，依据命令行提示，输入偏移距离为"750"，然后选择窗户 4 的左封口线为偏移对象，在其左侧单击指定偏移方向，完成接下来的门 3 与外墙轮廓 1 对齐线的绘制，结果如图 13-70 所示。

图 13-69

捕捉窗户 4 的基点

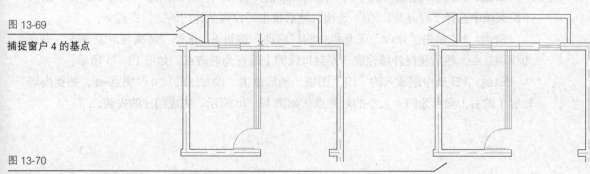

图 13-70

绘制与偏移窗户 4 封口线结果

Step 12 单击"工具选项板"的"建筑"选项卡中的"门－公制"按钮，在绘图区中适当位置单击指定插入点，完成门 3 的插入，结果如图 13-71 所示。

Step 13 选中插入的"门"图块，单击"设置门打开的角度"夹点▽，在弹出的下拉菜单中选择"打开 90°角"选项。然后单击"设置摆动的方向"夹点，最后单击"将块与对象对齐"夹点，然后捕捉门 3 与外墙轮廓 1 对齐线的下端点为对齐点，如图 13-72 所示，完成门 3 的安装。

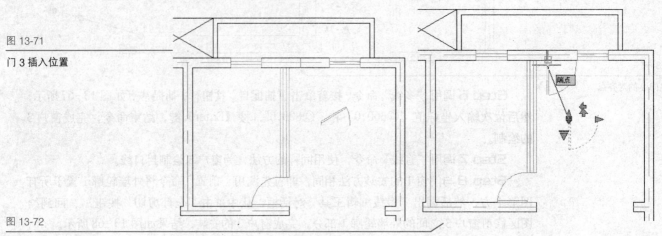

图 13-71

门 3 插入位置

图 13-72

捕捉门 3 的对齐点

Step 14 与门窗 1 的安装方法相同，即首先调用"前置"命令将外墙轮廓 1 置于所有图形上方，然后调出"多线编辑工具"对话框，从中单击"全部剪切"按钮，回到绘图区修剪窗户 4 和门 3 之间的外墙轮廓 1 部分，完成窗户 4 和门 3 的安装，结果如图 13-73 所示。

Step 15 单击"工具选项板"的"建筑"选项卡中的"门－公制"按钮，在绘图区中适当位置单击指定插入点，完成门 4 的插入，结果如图 13-74 所示。

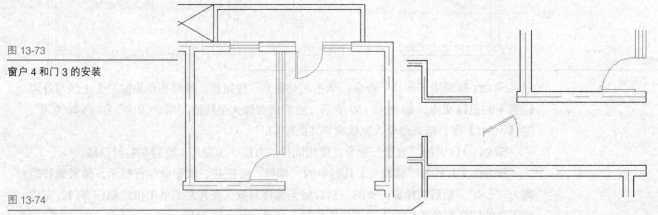

图 13-73

窗户 4 和门 3 的安装

图 13-74

门 4 插入位置

Step 16 选中刚插入的"门"图块，单击"设置门打开的角度"夹点▽，在弹出的下拉菜单中选择"打开 90°角"选项。然后单击"设置悬挂门的边"夹点。

Step 17 单击"修改"工具栏中的"移动"按钮，选择"将块与对象对齐"夹点为移动基点，然后捕捉外墙轮廓 3 左封口线的上端点为对齐点，如图 13-75 所示。

Step 18 选中刚插入的"门"图块，然后单击"设置门的尺寸"夹点◁，捕捉内墙轮廓 1 的右上角点为门 4 大小的对齐点，如图 13-76 所示，完成门 4 的安装。

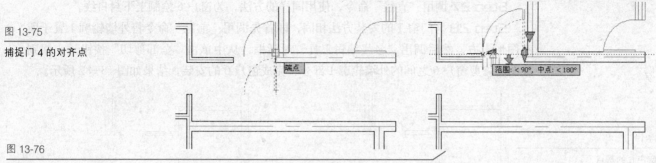

图 13-75
捕捉门 4 的对齐点

图 13-76
捕捉门 4 大小的对齐点

Step 19 单击"门-公制"按钮 ，接着在命令行中输入旋转选项的代号"R"并指定旋转角度为"90"，然后在绘图区中适当位置单击指定插入点，完成门 5 的插入，结果如图 13-77 所示。

Step 20 选中刚插入的"门"图块，然后单击"设置门打开的角度"夹点▼，在弹出的下拉菜单中选择"打开 90°角"选项。

Step 21 调用"移动"命令，选择"将块与对象对齐"夹点为移动基点，然后捕捉内墙轮廓 2 上封口线的左端点为对齐点，完成门 5 的安装，结果如图 13-78 所示。

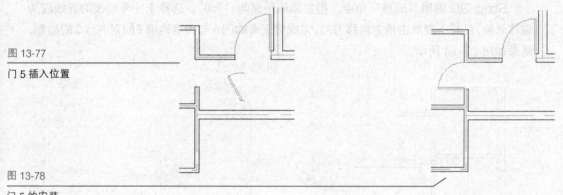

图 13-77
门 5 插入位置

图 13-78
门 5 的安装

Step 22 调用"多线"命令。在命令行中输入对正选项的代号"J"，然后指定值为"Z"，即以多线的中线对正。

Step 23 单击"捕捉自"按钮 ，捕捉基点如图 13-79 所示，然后依次输入坐标值"@0，-660"和"@0，-800"，按【Enter】键，结束命令，完成窗户 5 的绘制。

Step 24 调用"直线"命令，使用同样的方法，为窗户 5 绘制上下封口线。

Step 25 与门窗 1 的安装方法相同，即首先调用"前置"命令将外墙轮廓 1 置于所有图形上方，然后调出"多线编辑工具"对话框，从中单击"全部剪切"按钮 ，回到绘图区修剪窗户 5 之间的外墙轮廓 1 部分，完成窗户 5 的安装，结果如图 13-80 所示。

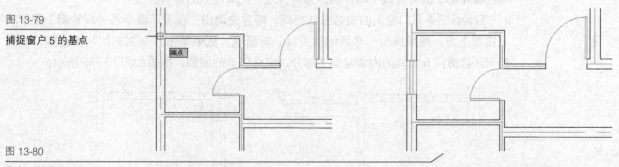

图 13-79
捕捉窗户 5 的基点

图 13-80
窗户 5 的安装

Step 26 调用"多线"命令。单击"捕捉自"按钮 ，捕捉基点如图 13-81 所示，然后依次输入坐标值"@0，-480"和"@0，-800"，按【Enter】键，结束命令，完成窗户 6 的绘制。

Step 27 调用"直线"命令，使用同样的方法，为窗户6绘制上下封口线。

Step 28 与门窗1的安装方法相同，即首先调用"前置"命令将外墙轮廓1置于所有图形上方，然后调出"多线编辑工具"对话框，从中单击"全部剪切"按钮╫╫，回到绘图区修剪窗户6之间的外墙轮廓1部分，完成窗户6的安装，结果如图13-82所示。

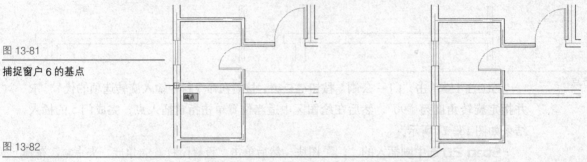

图 13-81

捕捉窗户6的基点

图 13-82

窗户6的安装

Step 29 调用"直线"命令，单击"捕捉自"按钮┌┐，捕捉基点如图13-83所示，输入坐标值"@0，-300"，然后向左捕捉与内墙轮廓2下线的交点为端点，按【Enter】键，结束命令，完成接下来的门6与内墙轮廓2的对齐线1的绘制。

Step 30 调用"偏移"命令，指定偏移距离为"750"，选择上一步绘制的直线段为偏移对象，在其下侧单击指定偏移方向，完成接下来的门6与内墙轮廓2的对齐线2的绘制，结果如图13-84所示。

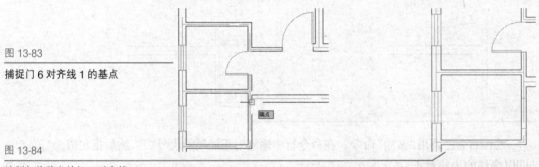

图 13-83

捕捉门6对齐线1的基点

图 13-84

绘制与偏移出的门6对齐线

Step 31 单击"门－公制"按钮✎门·公制，接着在命令行中输入旋转选项的代号"R"并指定旋转角度为"90"，然后在绘图区中适当位置单击指定插入点，完成门6的插入，结果如图13-85所示。

Step 32 选中刚插入的"门"图块，单击"设置门打开的角度"夹点▽，在弹出的下拉菜单中选择"打开90°角"选项。然后单击"设置悬挂门的边"夹点⇐。

Step 33 调用"移动"命令，选择"将块与对象对齐"夹点为移动基点，选择门6与内墙轮廓2的对齐线1的左端点为对齐点，完成门6的对齐。

Step 34 与门窗1的安装方法相同，即首先调用"前置"命令将外墙轮廓1置于所有图形上方，然后调出"多线编辑工具"对话框，从中单击"全部剪切"按钮╫╫，回到绘图区修剪门6之间的内墙轮廓2部分，完成门6的安装，结果如图13-86所示。

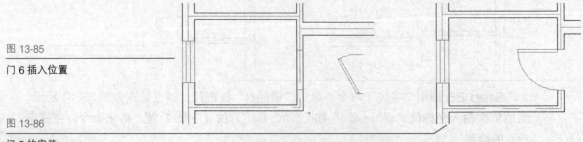

图 13-85

门6插入位置

图 13-86

门6的安装

Step 35 调用"直线"命令，单击"捕捉自"按钮🔳，捕捉基点如图 13-87 所示，输入坐标值"@-400,0"，然后向上捕捉与外墙轮廓 6 上线的交点为端点，按【Enter】键，结束命令，完成接下来的门 7 与外墙轮廓 6 的对齐线 1 的绘制。

Step 36 调用"偏移"命令，指定偏移距离为"750"，选择上一步绘制的直线段为偏移对象，在其左侧单击指定偏移方向，完成接下来的门 7 与外墙轮廓 6 的对齐线 2 的绘制，结果如图 13-88 所示。

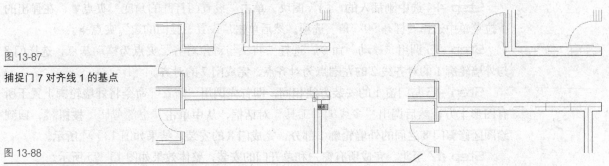

图 13-87

捕捉门 7 对齐线 1 的基点

图 13-88

绘制与偏移出的门 7 对齐线

Step 37 单击"门－公制"按钮🔳门-公制，在绘图区中适当位置单击指定插入点，完成门 7 的插入，结果如图 13-89 所示。

Step 38 选中刚插入的"门"图块，单击"设置门打开的角度"夹点▼，在弹出的下拉菜单中选择"打开 90°角"选项。然后单击"设置悬挂门的边"夹点◆和"设置摆动的方向"夹点⬇。

Step 39 调用"移动"命令，选择"将块与对象对齐"夹点为移动基点，选择门 7 与外墙轮廓 6 的对齐线 1 的下端点为对齐点，完成门 7 的对齐。

Step 40 与门窗 1 的安装方法相同，即首先调用"前置"命令将外墙轮廓 6 置于所有图形上方，然后调出"多线编辑工具"对话框，从中单击"全部剪切"按钮🔳，回到绘图区修剪门 7 之间的外墙轮廓 6 部分，完成门 7 的安装，结果如图 13-90 所示。

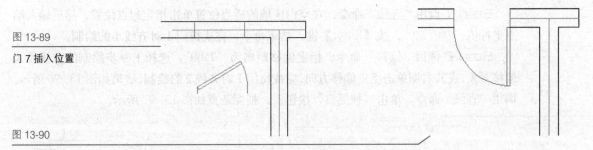

图 13-89

门 7 插入位置

图 13-90

门 7 的安装

Step 41 调用"直线"命令，单击"捕捉自"按钮🔳，捕捉基点如图 13-91 所示，输入坐标值"@0,330"，然后向右捕捉与外墙轮廓 1 上线的交点为端点，按【Enter】键，结束命令，完成接下来的门 8 与外墙轮廓 1 的对齐线 1 的绘制。

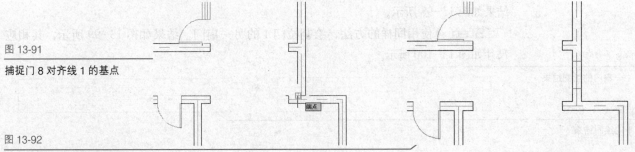

图 13-91

捕捉门 8 对齐线 1 的基点

图 13-92

绘制与偏移出的门 8 对齐线

Step 42 调用"偏移"命令，指定偏移距离为"750"，选择上一步绘制的直线段为偏移对象，在其上侧单击指定偏移方向，完成接下来的门8与外墙轮廓1的对齐线2的绘制，结果如图13-92所示。

Step 43 单击"门－公制"按钮 <!-- 门-公制 -->，接着在命令行中输入旋转选项的代号"R"并指定旋转角度为"90"，然后在绘图区中适当位置单击指定插入点，完成门8的插入，结果如图13-93所示。

Step 44 选中刚插入的"门"图块，单击"设置门打开的角度"夹点▽，在弹出的下拉菜单中选择"打开90°角"选项。然后单击"设置悬挂门的边"夹点◈。

Step 45 调用"移动"命令，选择"将块与对象对齐"夹点为移动基点，选择门8与外墙轮廓1的对齐线2的左端点为对齐点，完成门7的对齐。

Step 46 与门窗1的安装方法相同，即首先调用"前置"命令将外墙轮廓1置于所有图形上方，然后调出"多线编辑工具"对话框，从中单击"全部剪切"按钮 ‖·‖，回到绘图区修剪门8之间的外墙轮廓1部分，完成门8的安装，结果如图13-94所示。

Step 47 至此，完成所有窗户和单开门的安装，整体效果如图13-95所示。

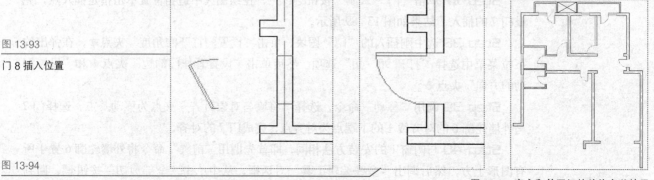

图 13-93

门 8 插入位置

图 13-94

门 8 的安装结果

图 13-95 窗户和单门的总体安装效果

3. 拉门的绘制和安装

Step 1 调用"直线"命令，在空白区域的适当位置单击指定起点位置，然后输入端点坐标值"@0,240"，按【Enter】键，结束命令，完成拉门1对齐线1的绘制。

Step 2 调用"偏移"命令，指定偏移距离为"2500"，选择上一步绘制的直线段为偏移对象，在其右侧单击指定偏移方向，完成拉门1对齐线2的绘制，结果如图13-96所示。调用"直线"命令，单击"捕捉自"按钮 <!-- icon -->，捕捉基点如图13-97所示。

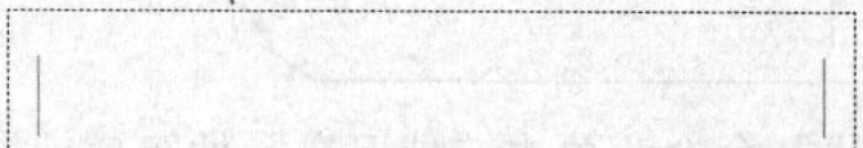

图 13-96

拉门对齐线

图 13-97

捕捉拉门 1 一扇门的基点

Step 3 接着依次输入坐标值"@0,-50"、"@-1300,0"和"@0,-50"，然后向右捕捉与拉门1对齐线2的交点为端点，按【Enter】键，结束命令，完成拉门1一扇门的绘制，结果如图13-98所示。

Step 4 使用同样的方法，绘制拉门1的另一扇门，结果如图13-99所示，其相应尺寸如图13-100所示。

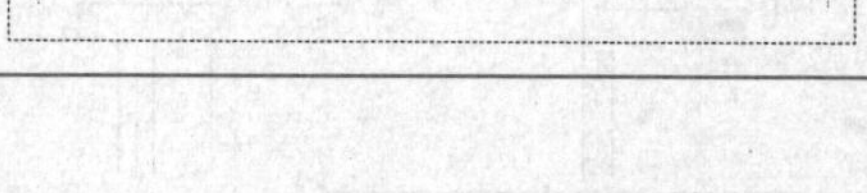

图 13-98

拉门 1 一扇门的绘制结果

图 13-99

拉门 1 的绘制结果

Step 5 使用同样的方法，绘制拉门 2，其相应尺寸如图 13-101 所示。

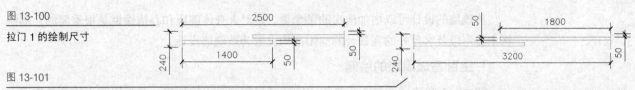

图 13-100

拉门 1 的绘制尺寸

图 13-101

拉门 2 的绘制尺寸

Step 6 选中拉门 1 并右击，在弹出的快捷菜单中选择 "复制" 命令，接着再次右击，在弹出的快捷菜单中选择 "粘贴" 命令，在适当位置指定插入点，完成拉门 1 的复制。

Step 7 调用 "移动" 命令，选择拉门 1 的副本为移动对象，捕捉其对齐线 2 的下端点为移动基点，外墙轮廓 4 下线的左端点为对齐点，如图 13-102 所示，完成一个拉门 1 的安装，结果如图 13-103 所示。

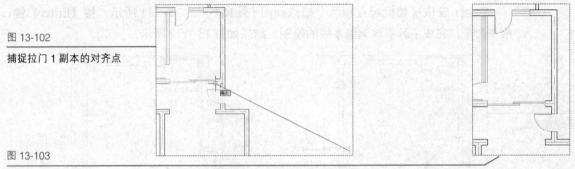

图 13-102

捕捉拉门 1 副本的对齐点

图 13-103

拉门 1 副本的安装

Step 8 调用 "移动" 命令，选择拉门 1 为移动对象，捕捉其对齐线 2 的下端点为移动基点，外墙轮廓 5 下线的左端点为对齐点，如图 13-104 所示，完成第二个拉门 1 的安装，结果如图 13-105 所示。

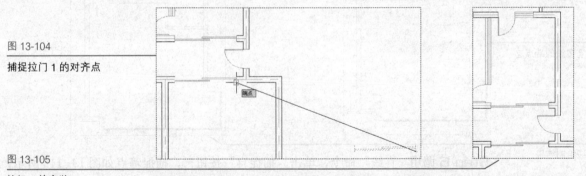

图 13-104

捕捉拉门 1 的对齐点

图 13-105

拉门 1 的安装

Step 9 调用 "移动" 命令，选择拉门 2 为移动对象，捕捉其对齐线 2 的下端点为移动基点，外墙轮廓 8 下线的左端点为对齐点，如图 13-106 所示，完成拉门 2 的安装，结果如图 13-107 所示。

Step 10 至此，完成了所有门窗的安装，效果如图 13-108 所示。

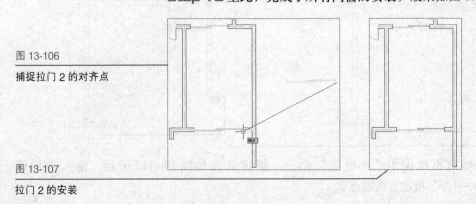

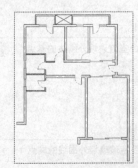

图 13-106

捕捉拉门 2 的对齐点

图 13-107

拉门 2 的安装

图 13-108 门窗的总体安装效果

13.2.5 绘制玻璃墙

玻璃墙的设计可以增加楼房的采光量，这对人身体健康和心情愉悦是很重要的。本例将主卧室以及客厅外的观景台的向阳面均设置为玻璃墙设计。

1. 主卧室玻璃墙的绘制

Step 1 单击"图层"工具栏中的"图层控制"下拉按钮，在弹出的下拉菜单中选中"墙体"图层，将其置为当前图层。

Step 2 依次选择"绘图"→"多线"命令。

Step 3 在命令行中输入样式选项的代号"ST"，然后指定多线样式名为"5"。

Step 4 在命令行中输入对正选项的代号"J"，然后指定值为"B"，即以多线的下线对正。

Step 5 依次捕捉起点和两个端点如图 13-109～图 13-111 所示，按【Enter】键，结束命令，完成主卧室玻璃墙多线的绘制，结果如图 13-112 所示。

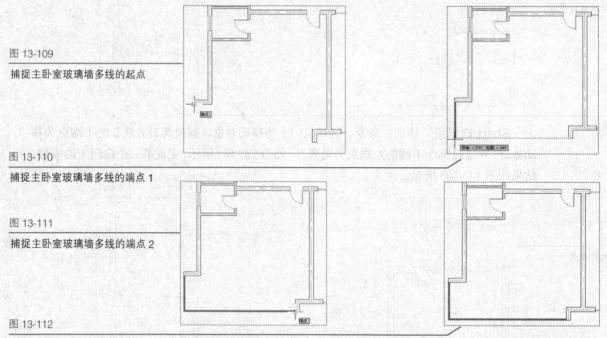

图 13-109

捕捉主卧室玻璃墙多线的起点

图 13-110

捕捉主卧室玻璃墙多线的端点 1

图 13-111

捕捉主卧室玻璃墙多线的端点 2

图 13-112

主卧室玻璃墙多线绘制结果

Step 6 调用"直线"命令，单击"捕捉自"按钮，捕捉基点如图 13-113 所示，输入坐标值"@0,120"指定直线起点。

Step 7 再次调用"捕捉自"命令，捕捉基点如图 13-113 所示，输入坐标值"@-120,120"指定直线端点 1。

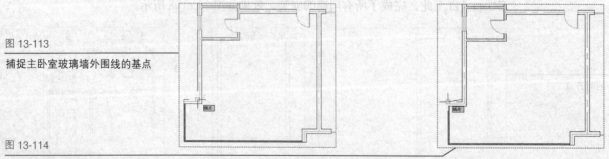

图 13-113

捕捉主卧室玻璃墙外围线的基点

图 13-114

捕捉主卧室玻璃墙外围线的端点 1

Step 8 再次调用"捕捉自"命令，捕捉基点如图 13-115 所示，输入坐标值"@-120,-120"指定直线端点 2。

Step 9 向右捕捉与外墙轮廓 9 上线的垂直追踪交点为端点 3，如图 13-116 所示。按【Enter】键，结束命令，完成主卧室玻璃墙外围线的绘制。

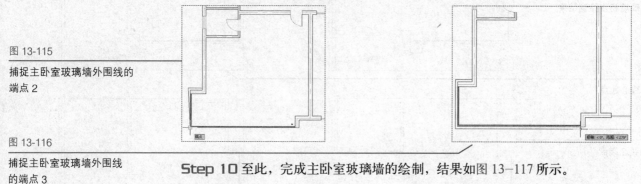

图 13-115

捕捉主卧室玻璃墙外围线的
端点 2

图 13-116

捕捉主卧室玻璃墙外围线
的端点 3

Step 10 至此，完成主卧室玻璃墙的绘制，结果如图 13-117 所示。

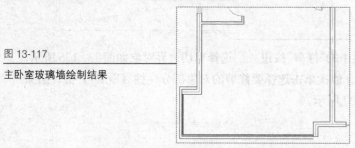

图 13-117

主卧室玻璃墙绘制结果

2. 观景台玻璃墙的绘制

Step 1 调用"直线"命令，捕捉起点如图 13-118 所示，然后输入端点坐标值
"@0，-770"，按【Enter】键，结束命令，完成辅助直线 1 的绘制，结果如图 13-119 所示。

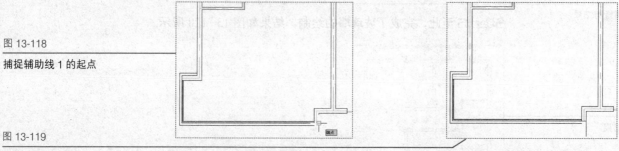

图 13-118

捕捉辅助线 1 的起点

图 13-119

辅助线 1 绘制结果

Step 2 单击"绘图"工具栏中的"圆弧"按钮，捕捉起点如图 13-120 所示，第二点为上一步绘制的辅助线 1 的下端点，接着单击"捕捉自"按钮，捕捉第三点的基点如图 13-121 所示，然后输入偏移坐标值"@0，380"即指定第三点位置，完成一圆弧的绘制。

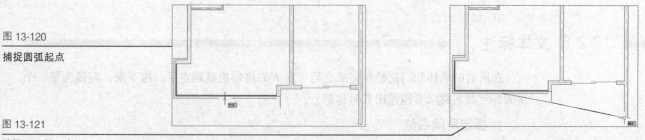

图 13-120

捕捉圆弧起点

图 13-121

捕捉圆弧第三点

Step 3 调用"偏移"命令，指定偏移距离为"120"，选择上一步绘制的圆弧为偏移对象，在其下方单击指定偏移方向，完成观景台玻璃墙的初步绘制，结果如图 13-122 所示。

Step 4 调用"直线"命令，捕捉起点和端点如图 13-123 和图 13-124 所示，按【Enter】键，结束命令，完成辅助直线 2 的绘制，结果如图 13-125 所示。

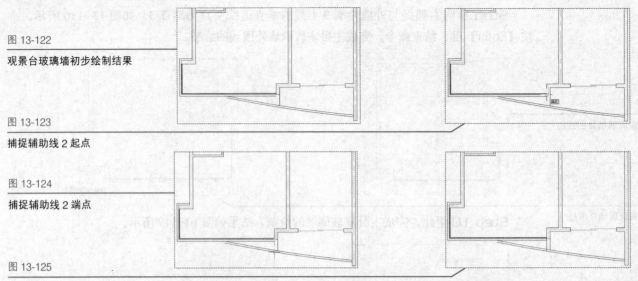

图 13-122

观景台玻璃墙初步绘制结果

图 13-123

捕捉辅助线 2 起点

图 13-124

捕捉辅助线 2 端点

图 13-125

辅助线 2 绘制结果

Step 5 单击"修改"工具栏中的"修剪"按钮 -/--。选择剪切边界对象如图 13-126 所示，按【Enter】键，结束对象选择。依次单击选择要修剪的对象部分，按【Enter】键，结束修剪命令。修剪结果如图 13-127 所示。

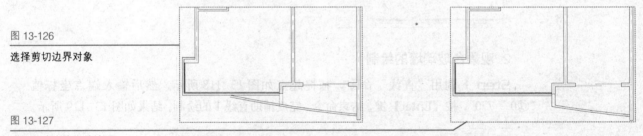

图 13-126

选择剪切边界对象

图 13-127

观景台玻璃墙修剪结果

Step 6 至此，完成了玻璃墙的绘制，结果如图 13-128 所示。

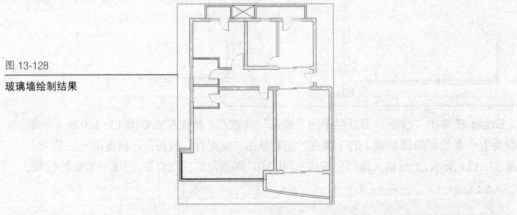

图 13-128

玻璃墙绘制结果

13.2.6 文本标注

在所有的墙体和门窗绘制完成之后，房间的格局也就确定了。接下来，应该为每一个房间标定其名称以及镜像出其对称部分。

1. 标定房间名称

Step 1 单击"图层"工具栏中的"图层控制"下拉按钮，在弹出的下拉菜单中选中"文本"图层，将其置为当前图层。

Step 2 单击"文字"工具栏中的"文字样式"按钮 Aℓ，系统弹出"文字样式"对话框。

Step 3 单击"新建"按钮，系统弹出"新建文字样式"对话框。指定新样式名为"文本"，单击"确定"按钮，回到"文字样式"对话框。

Step 4 在"字体名"下拉列表框中选择"仿宋 _GB2312"选项，其他采用默认设置。

Step 5 依次单击"应用"和"置为当前"按钮，即完成了文本样式"文本"的创建，将其设置成了当前样式。然后单击"关闭"按钮，回到绘图区。

Step 6 依次选择"绘图"→"文字"→"单行文字"命令。

Step 7 在绘图区玻璃墙上方空白区域的适当位置单击指定文字起点，接着在命令行中指定文字高度为"300"，然后采用默认的旋转角度值"0"，输入文本标注内容"主卧室"，完成对该房间名称的标定。

Step 8 按下【Enter】键，然后将鼠标箭头移到另一个需要输入文本标注的地方单击，则输入框转移到此处，使用同样的方法完成所有的文本标注内容，结果如图 13-129 所示。

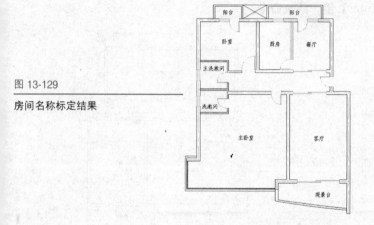

图 13-129

房间名称标定结果

2. 对称部分的绘制和编辑

Step 1 单击"修改"工具栏中的"镜像"按钮。

Step 2 选择所有图形和文本为复制对象，以右侧中心线为镜像线，默认不删除源对象，镜像结果如图 13-130 所示。

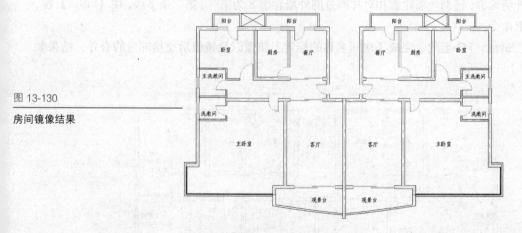

图 13-130

房间镜像结果

Step 3 调用"多线"命令。

Step 4 指定多线样式为"1"；对正方式为"B"以及比例为"1"。

Step 5 捕捉起点和端点，如图 13-131 和图 13-132 所示，完成一条辅助外墙轮廓的绘制。

Step 6 依次选择"修改"→"对象"→"多线"命令，系统弹出"多线编辑工具"对话框。单击"角点合并"按钮，关闭该对话框，回到绘图区。

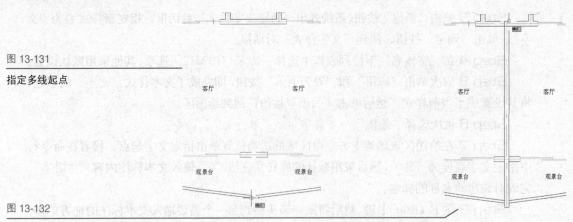

图 13-131

指定多线起点

图 13-132

指定多线端点

Step 7 依次选择对称部分和原图形的外墙轮廓 1 为第一、第二条多线，如图 13-133 和图 13-134 所示，按【Enter】键，结束命令。

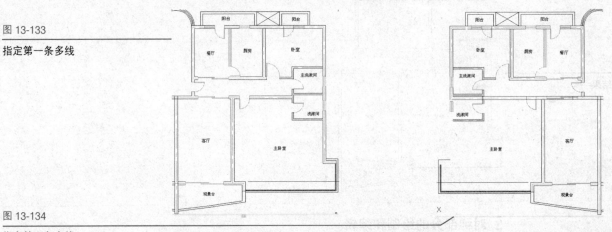

图 13-133

指定第一条多线

图 13-134

指定第二条多线

Step 8 调用"多线编辑工具"对话框。单击"十字合并"按钮，关闭该对话框，回到绘图区。

Step 9 依次选择原图形的外墙轮廓 1 和辅助外墙轮廓、对称部分的外墙轮廓 1 和辅助外墙轮廓、辅助外墙轮廓和对称部分的外墙轮廓 8 为第一、第二条多线，按【Enter】键，结束命令。

Step 10 至此，完成了房间名称的标定、镜像以及镜像后交接部分的合并，结果如图 13-135 所示。

图 13-135

交接部分的合并结果

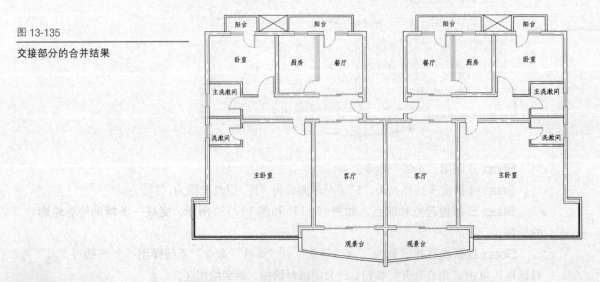

━ 13.2.7 绘制楼梯 ━

楼梯在楼房二层平面图的绘制中是必不可少的，它通常布置在楼房的中间对称线上。

本节将绘制一个双跑楼梯，主要内容包括绘制楼梯扶手、绘制台阶、标注楼梯方向和绘制弧形窗。

1. 绘制楼梯扶手

Step 1 单击"绘图"工具栏中的"矩形"按钮□。

Step 2 在绘图区空白区域的适当位置单击指定起点位置，然后输入另一角点坐标值"@60,3000"，完成一矩形的绘制。

Step 3 单击"修改"工具栏中的"移动"按钮✛。选取刚绘制的矩形为移动对象，捕捉矩形下方短边的中点为移动基点，然后单击"捕捉自"按钮📋，捕捉基点为辅助外墙轮廓中线的上端点，输入偏移坐标值"@0,1800"即指定移动到的位置，结果如图 13-136 所示。

Step 4 单击"修改"工具栏中的"偏移"按钮⬚。指定偏移距离为"60"，选择该矩形为偏移对象，然后在外侧单击指定偏移方向，完成楼梯扶手的绘制，如图 13-137 所示。

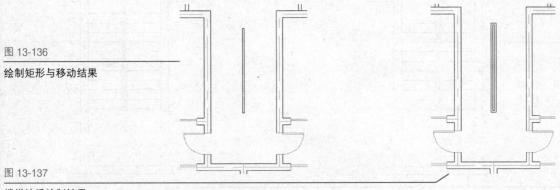

图 13-136

绘制矩形与移动结果

图 13-137

楼梯扶手绘制结果

2. 绘制台阶

Step 1 单击"绘图"工具栏中的"直线"按钮╱。

Step 2 捕捉起点，如图 13-138 所示，绘制一条水平线，向右捕捉端点，如图 13-139 所示，完成一个台阶线的绘制。

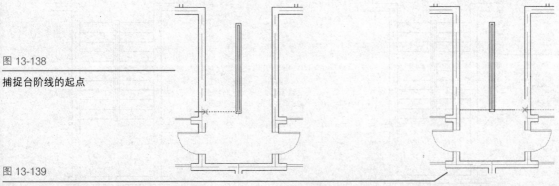

图 13-138

捕捉台阶线的起点

图 13-139

捕捉台阶线的端点

Step 3 单击"修改"工具栏中的"修剪"按钮╱。选择剪切边界对象为偏移出的矩形，单击偏移出的矩形中间的台阶线部分为要修剪的对象，完成台阶线的修剪。

Step 4 单击"修改"工具栏中的"阵列"按钮▦，系统弹出"阵列"对话框，对其进行参数设置如图 13-140 所示。

Step 5 单击"选取对象"按钮回到绘图区，选取修剪后的台阶线为阵列对象，回到"阵列"对话框，单击"确定"按钮完成阵列命令。阵列结果如图 13-141 所示。

图 13-140

矩形阵列对话框设置

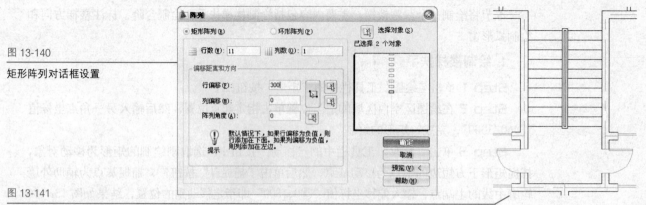

图 13-141

台阶线阵列结果

Step 6 调用"直线"命令。分别捕捉起点和端点如图 13-142 和图 13-143 所示，完成一个楼梯线的绘制。

图 13-142

捕捉楼梯线的起点

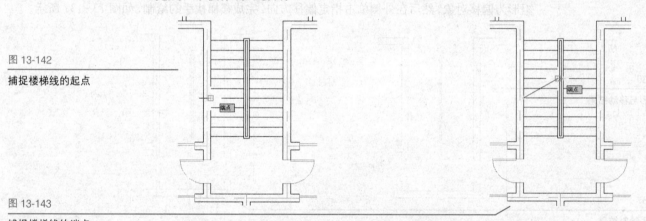

图 13-143

捕捉楼梯线的端点

Step 7 单击"修改"工具栏中的"复制"按钮。

Step 8 选取楼梯线为复制对象，指定该线的起点为复制基点，如图 13-144 所示，接着单击"捕捉自"按钮，捕捉基点也为该线的起点，然后输入偏移坐标值"0,-100"指定复制第二点的位置。按【Enter】键，结束命令，结果如图 13-145 所示。

图 13-144

捕捉楼梯线的复制基点

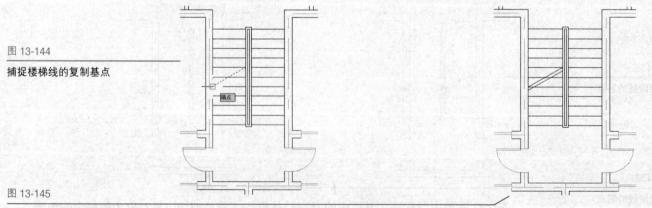

图 13-145

捕捉楼梯线的复制结果

Step 9 调用"直线"命令。在刚绘制的两条楼梯线的两侧适当位置单击，依次指定楼梯折断线的起点和两个端点，最后捕捉一端点为与楼梯线的交点，如图 13-146 所示，按【Enter】键，结束命令。

Step 10 调用"修剪"命令，选择剪切边界对象如图 13-147 所示，依次单击选择要修剪的对象部分，按【Enter】键，结束命令，结果如图 13-148 所示。

图 13-146

捕捉折断线端点

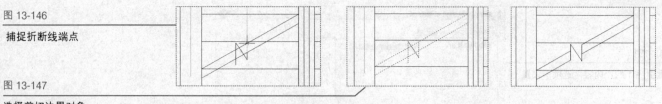

图 13-147

选择剪切边界对象

图 13-148 折断线剪切结果

3. 标注楼梯方向

Step 1 依次选择"格式"→"多重引线样式"命令,系统弹出"多重引线样式管理器"对话框。然后单击"新建"按钮,在弹出的"创建新多重引线样式"对话框中指定新样式名为"楼梯方向线",单击"继续"按钮,系统弹出"修改多重引线样式:楼梯方向线"对话框。

Step 2 选择"引线结构"选项卡,在"最大引线点数"下拉列表框中选择"2";在"比例"选项组中,选中"指定比例"单选按钮并在其下拉列表框中选择"100",其他采用默认设置,结果如图 13-149 所示。

图 13-149

多重引线 1 的"引线结构"
选项卡设置

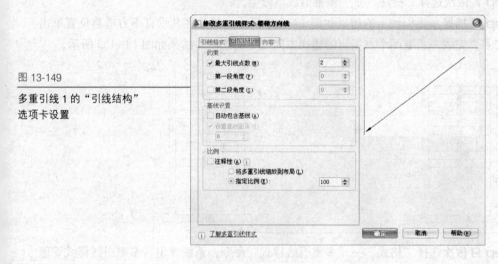

Step 3 选择"引线格式"选项卡,将"箭头"选项组中的"大小"设置为"2",其他采用默认设置,结果如图 13-150 所示。

图 13-150

多重引线 1 的"引线格式"
选项卡设置

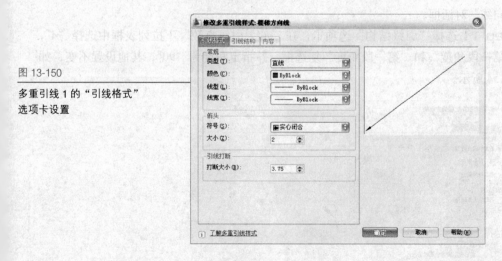

Step 4 选择"内容"选项卡,在"多重引线类型"下拉列表框中选择"无",对话框变化结果如图 13-151 所示。

Step 5 单击"确定"按钮,回到"多重引线样式管理器"对话框。

图 13-151

多重引线1的"内容"选项卡设置

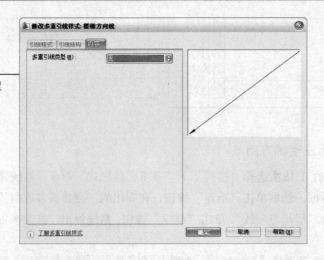

Step 6 依次单击"置为当前"和"关闭"按钮，完成多重引线标注样式"楼梯方向线"的创建，将其设置为当前样式。

Step 7 依次选择"标注"→"多重引线"命令。

Step 8 捕捉多重引线1的起点如图13-152所示，然后在其垂直下方适当位置单击指定第二点，完成一条有两个点指定的楼梯方向线1的绘制，结果如图13-153所示。

图 13-152

捕捉多重引线1的起点

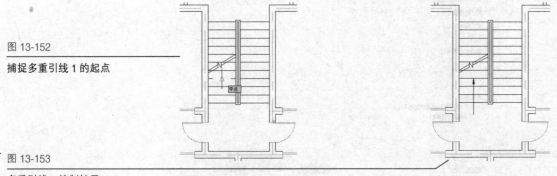

图 13-153

多重引线1绘制结果

Step 9 依次选择"格式"→"多重引线样式"命令，系统弹出"多重引线样式管理器"对话框。

Step 10 选中"楼梯方向线"样式，单击"修改"按钮，系统弹出"修改多重引线样式：楼梯方向线"对话框。

Step 11 选择"引线结构"选项卡，在"最大引线点数"下拉列表框中选择"4"，选中"第一段角度"和"第一段角度"复选框，并指定角度为"90"，其他设置不变，如图13-154所示。

图 13-154

多重引线2的"引线结构"选项
卡设置

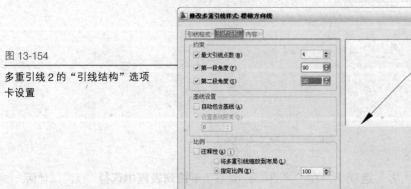

Step 12 单击"确定"按钮，回到"多重引线样式管理器"对话框。

Step 13 单击"关闭"按钮，完成多重引线标注样式"楼梯方向线"的修改。

Step 14 依次选择"标注"→"多重引线"命令。

Step 15 捕捉多重引线 2 的起点和 3 个端点如图 13-155～图 13-158 所示，完成一条有四个点指定的楼梯方向线 2 的绘制，结果如图 13-159 所示。

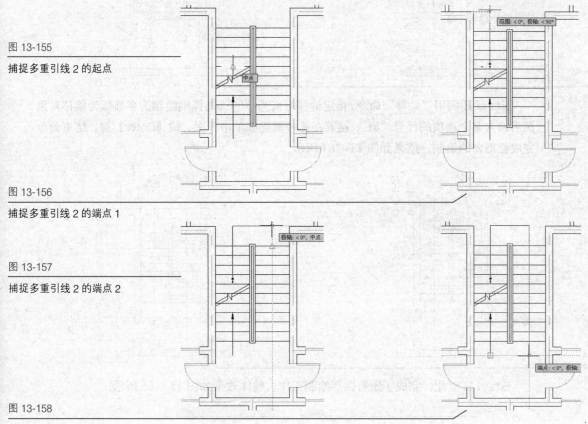

图 13-155

捕捉多重引线 2 的起点

图 13-156

捕捉多重引线 2 的端点 1

图 13-157

捕捉多重引线 2 的端点 2

图 13-158

捕捉多重引线 2 的端点 3

Step 16 调用"单行文字"命令。使用同样的方法以文字高度为"300"和默认的旋转角度值"0"，分别在楼梯方向线 1 和 2 下端的适当位置标注内容为"下"和"上"，完成对楼梯方向的标定，如图 13-160 所示。

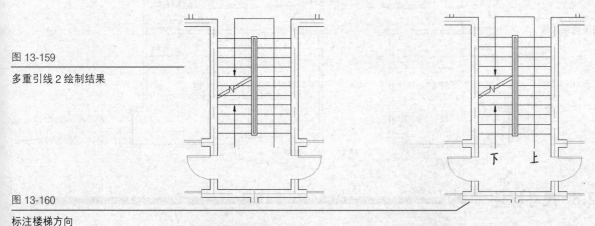

图 13-159

多重引线 2 绘制结果

图 13-160

标注楼梯方向

4. 绘制弧形窗

Step 1 单击"绘图"工具栏中的"圆弧"按钮，捕捉起点如图 13-161 所示，然后输入端点选项的代号"E"，接着捕捉端点如图 13-162 所示，最后输入角度选项的代号"A"并指定值为"180"，完成一段半圆弧的绘制，结果如图 13-163 所示。

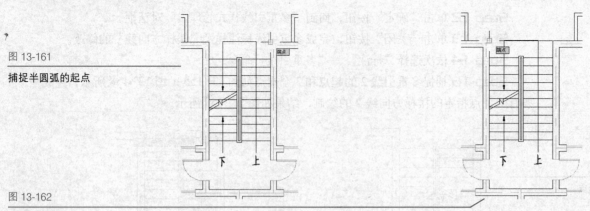

图 13-161

捕捉半圆弧的起点

图 13-162

捕捉半圆弧的端点

Step 2 调用"偏移"命令，指定偏移距离为"80"，选择刚绘制的半圆弧为偏移对象，然后输入多个选项的代号"M"，接着在其外侧连续单击 3 次，按【Enter】键，结束命令，完成弧形窗的绘制，结果如图 13-164 所示。

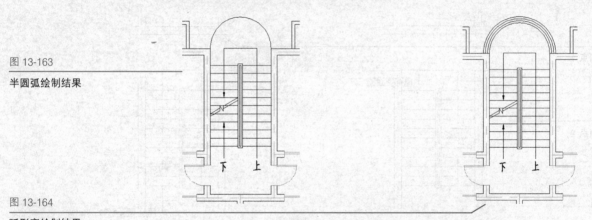

图 13-163

半圆弧绘制结果

图 13-164

弧形窗绘制结果

Step 3 至此，完成了所有图形绘制工作，整体效果如图 13-165 所示。

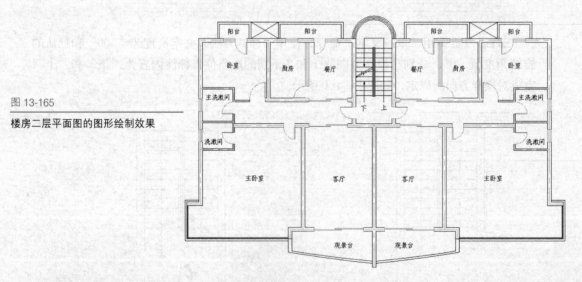

图 13-165

楼房二层平面图的图形绘制效果

13.2.8 尺寸标注

尺寸标注内容是楼房平面图中必不可少的内容，它是施工人员的工作依据。

接下来，本节将对绘制好的楼房二层平面图进行尺寸标注，其主要内容包括尺寸标注样式的创建、图形尺寸标注和轴号标注等。图形尺寸标注主要是标注墙内拐角处中线和墙与窗交接点处的位置尺寸。

1. 尺寸标注样式的创建

Step 1 单击"图层"工具栏中的"图层控制"下拉按钮，在弹出的下拉菜单中选中 "尺寸"图层，将其置为当前图层。

Step 2 单击"标注"工具栏中的"标注样式"按钮，在弹出的"标注样式管理器" 对话框中单击"新建"按钮，接着在弹出的"创建新标注样式"对话框中指定新样式名为 "建筑平面图"，然后单击"继续"按钮，系统弹出"新建标注样式:建筑平面图"对话框。

Step 3 选择"线"选项卡，将"基线间距"微调框中的值改为"7"；"超出尺寸线" 微调框中的值改为"3"；"起点偏移量"微调框中的值改为"2"，其他采用默认设置，如 图 13-166 所示。

图 13-166

"线"选项卡设置

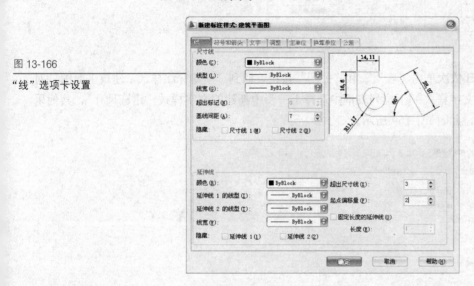

Step 4 选择"符号和箭头"选项卡，在"箭头"选项组中的"第一个"下拉列表框 中选择"建筑标记"选项，将"箭头大小"微调框中值改为"2"，其余采用默认设置，如 图 13-167 所示。

图 13-167

"符号和箭头"选项卡设置

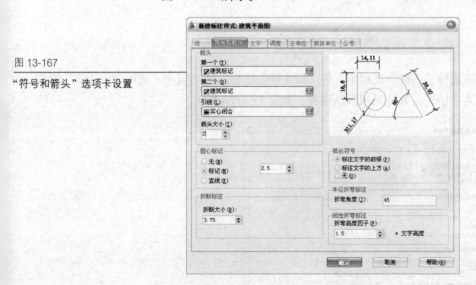

Step 5 选择"文字"选项卡，然后单击"文字样式"下拉列表框后面的设置按钮，系统弹出"文字样式"对话框。

Step 6 单击"新建"按钮，系统弹出"新建文字样式"对话框，输入样式名"建筑 尺寸"。单击"确定"按钮，回到"文字样式"对话框。

Step 7 在"字体名"下拉列表框中选择"romans.shx"选项，其他采用默认设置，如图 13-168 所示。

图 13-168

"建筑尺寸"文字样式设置

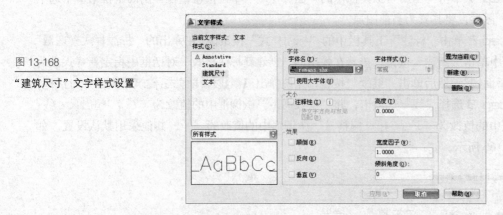

Step 8 依次单击"应用"和"关闭"按钮，回到"新建标注样式：建筑平面图"对话框。在"文字样式"下拉列表框中选择上一步中新建的文字样式"建筑尺寸"，其他采用默认设置，如图 13-169 所示。

图 13-169

"文字"选项卡设置

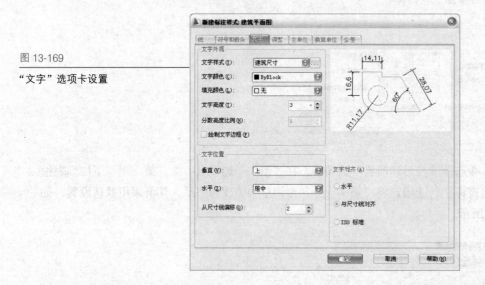

Step 9 选择"调整"选项卡，将"标注特征比例"选项组中"使用全局比例"微调框中的值改为"100"，其他采用默认设置，如图 13-170 所示。

图 13-170

"调整"选项卡设置

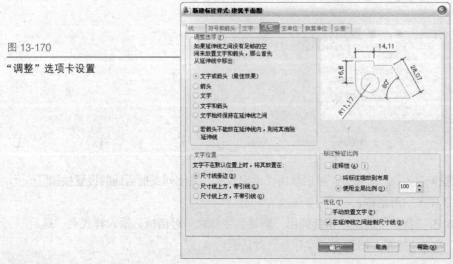

Step 10 选择"主单位"选项卡,在"小数分隔符"下拉列表框中选择"句点"选项,其他采用默认设置,如图 13-171 所示。

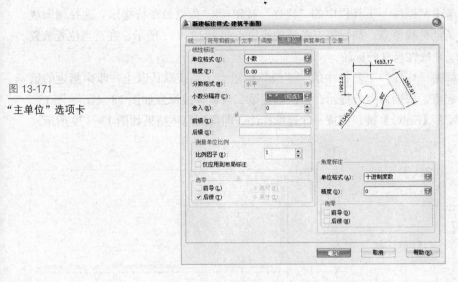

图 13-171

"主单位"选项卡

Step 11 单击"确定"按钮,回到"标注样式管理器"对话框,此时,"建筑平面图"标注样式的预览效果如图 13-172 所示。

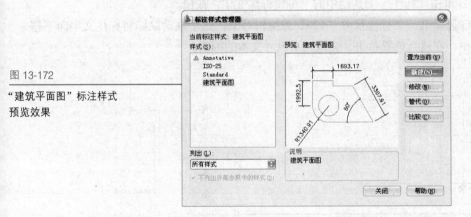

图 13-172

"建筑平面图"标注样式预览效果

Step 12 依次单击"置为当前"和"关闭"按钮,完成尺寸标注样式的创建和置为当前,回到绘图区。

2. 图形尺寸标注

Step 1 调用"直线"命令。然后单击"捕捉自"按钮，捕捉基点如图 13-173 所示,输入偏移坐标值"@-800,0"指定辅助直线的起点位置,接着捕捉端点如图 13-174 所示,按【Enter】键,结束命令,完成标注尺寸时的辅助线的绘制。

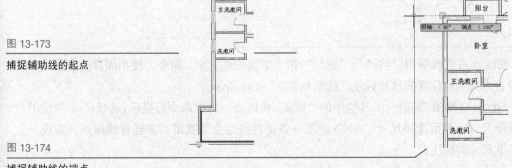

图 13-173

捕捉辅助线的起点

图 13-174

捕捉辅助线的端点

Step 2 依次选择"工具"→"工具栏"→"AutoCAD"→"标注"命令，弹出"标注"工具栏。

Step 3 单击"标注"工具栏中的"线性"按钮 。依据命令行提示，选择辅助线的起点为第一条延伸线原点，捕捉第二条延伸线原点如图 13-175 所示，在适当位置放置尺寸线，完成一个线性尺寸的标注。

Step 4 单击"标注"工具栏中的"连续"按钮 。系统默认以上一步中指定的第二条延伸线为起点，依据命令行提示，依次捕捉第二条延伸线原点如图 13-176 ～ 图 13-178 所示，按两下【Enter】键，完成一次连续标注，即得到总体结果如图 13-179 所示。

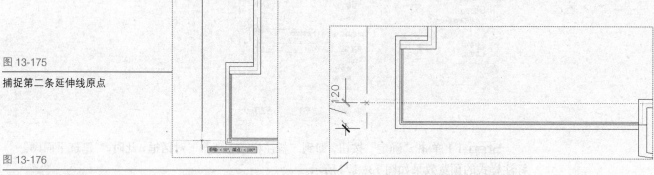

图 13-175

捕捉第二条延伸线原点

图 13-176

捕捉连续标注的第二条延伸线原点 1

Step 5 单击"标注"工具栏中的"编辑标注文字"按钮 。

Step 6 选择第一个标注尺寸"120"为编辑对象，然后拖动鼠标将标注文字向下移出尺寸线范围，在适当位置单击，完成一个尺寸文本的编辑。

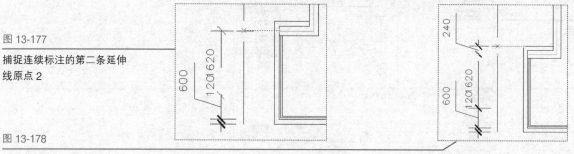

图 13-177

捕捉连续标注的第二条延伸线原点 2

图 13-178

捕捉连续标注的第二条延伸线原点 3

Step 7 按下【Enter】键，系统默认再次调用"编辑标注文字"命令。使用同样的方法，编辑其他 3 个标注尺寸的文本位置，结果如图 13-180 所示。

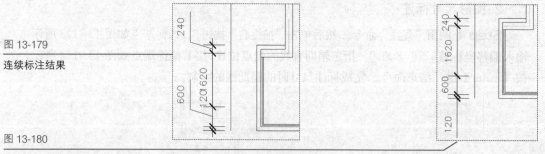

图 13-179

连续标注结果

图 13-180

标注文字调整结果

Step 8 依次调用"线性"、"连续"和"编辑标注文字"命令，使用同样的方法，完成竖直方向其他位置的尺寸标注，结果如图 13-181 所示。

Step 9 单击"标注"工具栏中的"基线"按钮 。依据命令行提示，选择尺寸"1620"为基准尺寸，然后选择尺寸"400"的第一条延伸线原点为其第二条延伸线原点，完成一次基准尺寸的标注。

Step 10 依次调用"连续"、"基线"和"编辑标注文字"命令，使用同样的方法，完成竖直方向其他尺寸的标注，结果如图 13-182 所示。

Step 11 选中标注尺寸时的辅助线，然后按【Delete】键将其删除。

Step 12 调用"镜像"命令，选择竖直方向的所有尺寸为镜像对象，选择图形的对称线为镜像线，采用默认的不删除源对象，完成竖直方向尺寸的镜像。

Step 13 选中镜像尺寸中的"240"，使用夹点编辑方法向左侧移动该尺寸数字到适当位置，按【Esc】键退出。使用同样的方法编辑镜像尺寸中的"1620"和"600"，结果如图 13-183 所示。

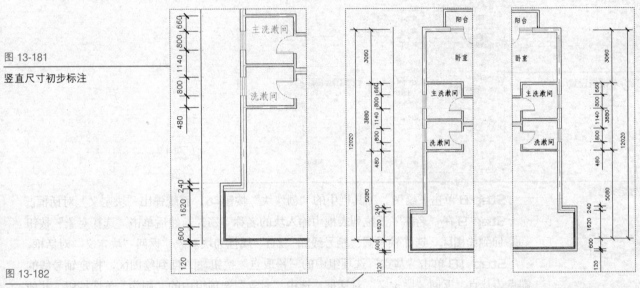

图 13-181
竖直尺寸初步标注

图 13-182
竖直尺寸最终标注

图 13-183 编辑镜像尺寸

Step 14 调用"直线"命令绘制标注尺寸时的辅助线，以及调用"线性"、"连续"、"基线"和"编辑标注文字"等命令，使用同样的方法，完成图形上下所有水平方向尺寸的标注，结果如图 13-184 和图 13-185 所示。

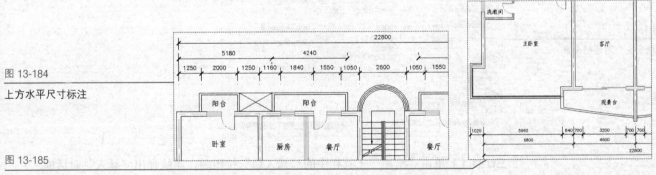

图 13-184
上方水平尺寸标注

图 13-185
下方水平尺寸标注

3. 轴号标注

Step 1 单击"绘图"工具栏中的"圆"按钮⊙。

Step 2 在空白区域的适当位置单击指定圆心位置，然后在命令行中输入圆半径值"400"，完成轴号圆的绘制。

Step 3 调用"直线"命令，然后单击"对象捕捉"工具栏中的"捕捉象限点"按钮⬦，接着捕捉轴号圆的右象限点为直线起点，最后输入端点坐标值"@1000,0"，完成轴号线的绘制。

Step 4 依次选择"绘图"→"块"→"定义属性"命令，系统弹出"属性定义"对话框。

Step 5 在"标记"文本框输入"ZH"，在"提示"文本框输入"定位轴线编号"，在"默认"文本框输入"A"。

Step 6 在"对正"下拉列表框中选择"中间"选项，在"文字样式"下拉列表框中选择"建筑尺寸"选项，在"文字高度"文本框输入"300"，其他采用默认设置，结果如图 13-186 所示。

Step 7 单击"确定"按钮，回到绘图区，在轴号圆的圆心位置指定属性的起点位置，单击即结束命令，最终完成"ZH"属性的定义，结果如图 13-187 所示。

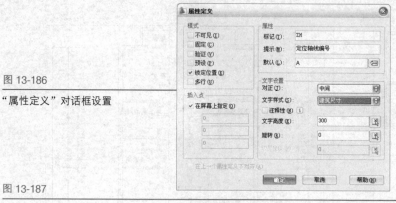

图 13-186

"属性定义"对话框设置

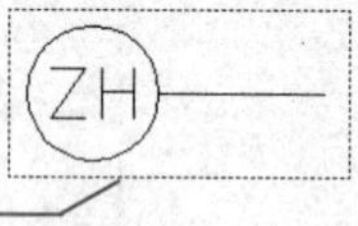

图 13-187

"ZH"属性定义结果

Step 8 单击"绘图"工具栏中的"创建块"按钮，系统弹出"块定义"对话框。

Step 9 在"名称"下拉列表框中输入块的名称"ZH"，然后单击"选择对象"按钮，回到绘图区，选择轴号圆、轴号线和"ZH"属性为块对象，返回"块定义"对话框。

Step 10 单击"基点"选项组中的"拾取点"按钮，回到绘图区，指定轴号线的端点为基点，返回"块定义"对话框，选中"对象"选项组中的"删除"单选按钮，其他采用默认设置，结果如图 13-188 所示。单击"确定"按钮，完成"ZH"块的创建。

图 13-188

"ZH 块定义"对话框设置

Step 11 单击"绘图"工具栏中的"插入块"按钮，系统弹出"插入"对话框。

Step 12 在"名称"下拉列表框中选择块名称"ZH"，其他采用默认设置，如图 13-189 所示。

Step 13 单击"确定"按钮，回到绘图区，在左侧竖直尺寸"5080"的第一条延伸线的水平外侧适当位置单击，指定插入点，按【Enter】键，采用默认的属性值"A"，完成一个竖向定位轴线编号的插入。

Step 14 按下【Enter】键，系统默认调用"插入块"命令，使用同样的方法，依次指定左侧竖直尺寸"3880"的第一条延伸线和尺寸"3060"的两条延伸线的水平外侧适当位置为插入点，更改属性值为"B"、"C"和"D"，完成所有竖向定位轴线编号的插入，结果如图 13-190 所示。

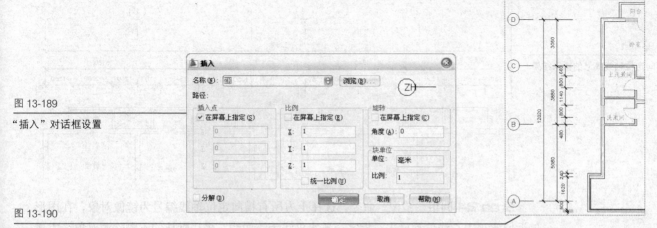

图 13-189

"插入"对话框设置

图 13-190

竖向定位轴线编号结果

Step 15 调用"镜像"命令，选择所有竖向定位轴线编号为镜像对象，选择图形的对称线为镜像线，采用默认的不删除源对象，完成竖向定位轴线编号的镜像。

Step 16 调用"圆"命令，在空白区域的适当位置再次绘制一个半径值为"400"的轴号圆。

Step 17 调用"直线"命令，然后单击"捕捉象限点"按钮◈，接着捕捉轴号圆的下象限点为直线起点，最后输入端点坐标值"@0,-1000"，完成轴号线的绘制。

Step 18 调用"定义属性"命令，在弹出的"属性定义"对话框中定义"ZL"属性，其设置与"ZH"属性基本相同，如图 13-191 所示。

Step 19 单击"确定"按钮，回到绘图区，在轴号圆的圆心位置指定属性的起点位置，单击即结束命令，最终完成"ZL"属性的定义，结果如图 13-192 所示。

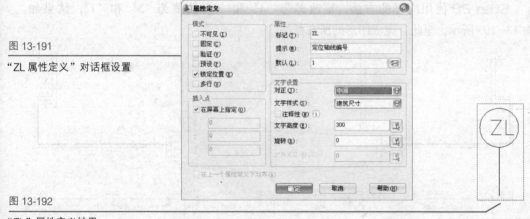

图 13-191

"ZL 属性定义"对话框设置

图 13-192

"ZL"属性定义结果

Step 20 调用"创建块"命令，在弹出的"块定义"对话框中定义"ZL"块，其方法与"ZH"块的定义相同，即选择轴号圆、轴号线和"ZL"属性为块对象，选择轴号线的端点为基点，选中"对象"选项组中的"删除"单选按钮，单击"确定"按钮，完成"ZL"块的创建。

Step 21 调用"插入块"命令，在弹出的"插入"对话框中的"名称"下拉列表框中选择块名称"ZL"，其他采用默认设置。

Step 22 单击"确定"按钮，回到绘图区，在上方水平尺寸最左端的竖直外侧单击，指定插入点，按【Enter】键，采用默认的属性值"1"，完成一个横向定位轴线编号的插入。

Step 23 按下【Enter】键，系统默认调用"插入块"命令，使用同样的方法，依次指定上方水平尺寸"1160"的第一条延伸线、尺寸"2600"的两条延伸线以及尺寸"1250"的第一条延伸线和所有尺寸的最右端的竖直外侧适当位置为插入点，更改属性值为"2"、"4"、"6"、"8"和"9"，完成上方所有横向定位轴线编号的插入，结果如图 13-193 所示。

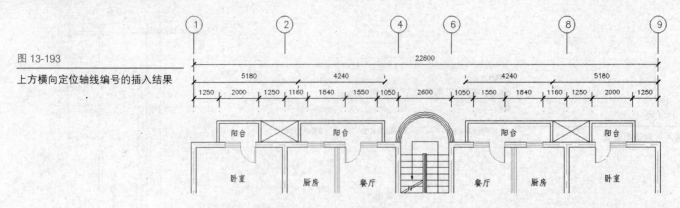

图 13-193

上方横向定位轴线编号的插入结果

Step 24 调用"镜像"命令，选择上方所有横向定位轴线编号为镜像对象，在图形的近似水平中心线位置单击，指定一条水平线为镜像线，采用默认的不删除源对象，完成横向定位轴线编号的镜像。

Step 25 选中镜像出的编号"6"，按【Delete】键将其删除。

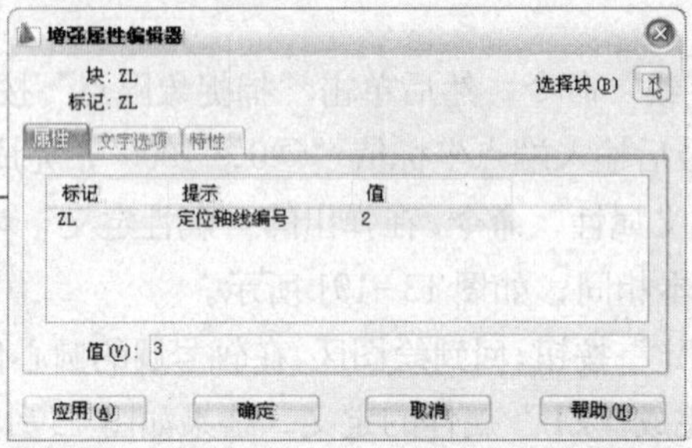

图 13-194

"增强属性编辑器"对话框设置

Step 26 调用"移动"命令，分别将镜像出的编号"2"移动到左侧水平尺寸"700"的第一条延伸线外侧，将编号"4"移动到对称线外侧，将编号"8"移动到右侧水平尺寸"700"的第二条延伸线外侧。

Step 27 在移动后的编号"2"上双击，系统弹出"增强属性编辑器"，将其属性值更改为"3"，如图 13-194 所示。

Step 28 使用同样的方法，更改编号"4"和"8"的值为"5"和"7"，结果如图 13-195 所示。至此，完成图形的所有标注。

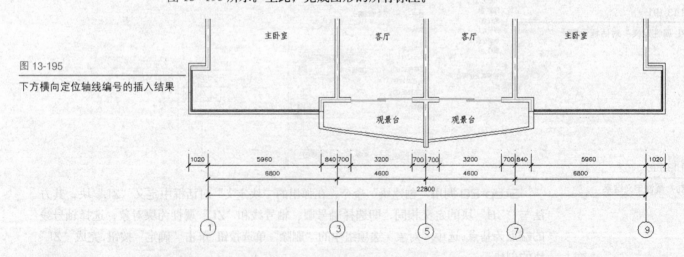

图 13-195

下方横向定位轴线编号的插入结果

13.2.9 图形打印

每一张图纸都需要打印出来才能交给相应施工人员参看。接下来，本节将完成出图工作，其主要内容包括为绘制好的平面图添加标题栏外框和图形打印。

1. 插入标题栏外框

Step 1 调用"插入块"命令，在弹出的"插入"对话框中，单击"名称"后面的"浏览"按钮 浏览(B)... ，系统弹出"选择图形文件"对话框。

Step 2 在相应目录下，选择"块 A3"为要插入的块文件，如图 13-196 所示。

Step 3 单击"打开"按钮，回到"插入"对话框，如图 13-197 所示。

图 13-196

选择要插入的块文件

图 13-197

"插入"对话框设置

Step 4 单击"确定"按钮，回到绘图区。在适当位置单击，即完成标题栏外框的插入。

Step 5 调用"移动"命令，将插入的标题栏外框移动到图形周围的合适位置，使图形基本位于外框的中心位置，完成标题栏外框的定位。

2. 图形打印

Step 1 单击"标准"工具栏中的"打印"按钮，系统弹出"打印－模型"对话框。

Step 2 单击"打印机／绘图仪"选项组中的"名称"下拉列表框，在弹出的下拉列表中选择"Default Windows System Printer.pc3"选项。

Step 3 单击"图纸尺寸"下拉列表框，在弹出的下拉列表中选择"A3"选项。

Step 4 单击"打印区域"选项组中的"打印范围"下拉列表框，的在弹出的下拉列表中选择"窗口"选项，此时，对话框中出现"窗口"按钮，单击该按钮，回到绘图区，选择外框的两个角点以指定窗口范围，然后回到"打印－模型"对话框，选中"居中打印"复选框。

Step 5 单击"打印样式表"下拉列表框，在弹出的下拉列表中选择"monochrome.ctb"选项。

Step 6 在"图形方向"选项组中选择"横向"单选按钮。此时，"打印－模型"对话框的设置结果如图 13-198 所示。

图 13-198

"打印－模型"对话框设置

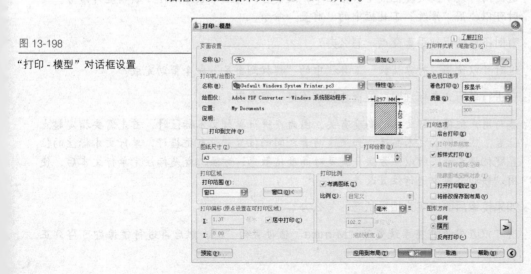

Step 7 单击"预览"按钮，调整视图即可看到局部预览效果如图 13-1 所示。

Step 8 单击"确定"按钮，系统弹出"文件另存为"对话框，采用默认存储路径，在"文件名"下拉列表框中输入名称"13"。单击"保存"按钮，系统弹出"打印作业进度"显示条，等待打印结束即可。

13.3 本章重要知识点回顾与分析

本例通过一个楼房二层平面图的绘制，详细介绍了建筑平面图的完整绘制过程。

绘制过程中用到的重要知识点包括多线样式的创建、多线的绘制、多线的编辑、各种中高级绘图与编辑命令的使用、各种尺寸标注的使用以及多重引线样式的修改等主要知识。

其中，中高级绘图与编辑命令包括绘制矩形、直线和圆弧以及偏移、修剪、复制、阵列、捕捉自以及从工具选项板中插入建筑中常用的门符号等。其中，从工具选项板中插入建筑中常用的门符号的方法需要重点灵活掌握，它是在建筑平面图中最快速得到需要样式门的一种方法。

13.4 工程师坐堂

问：在编辑从"工具选项板"中插入的"门-公制"图块时，为什么有时使用"将块与对象对齐"夹点总不能与某线端点按意愿方向对齐？

答：因为使用该"门-公制"图块的"将块与对象对齐"夹点与某线端点对齐，系统总默认是以该直线的垂直方向与门图块的墙宽度线对齐来完成的，所以如果用户选择的对齐端点所属的直线的垂直方向与意愿方向不同就会出现这种情况，这时可以使用"移动"命令完成对齐任务。

问：自带封口线的多线之间相互重合时，为什么也不能直接剪切？

答：因为多线之间相互重合，就相当于两条平行线重合在一起，它们之间没有交点，也就无法选择构成剪切对象的两个点。这时可以通过单独绘制封口线的方法来制造多线之间的交点，从而完成重合部分的剪切。

问：为什么进行多线剪切时，会出现无法剪切的现象？

答：这是因为该多线被其他线型遮挡住了，改变它们的显示顺序后即可顺利进行修剪。这时可以使用"修改"工具栏中的"前置"命令。

问：有时不易捕捉到垂直交点，怎么办？

答：这时可以使用"对象捕捉"工具栏中的"捕捉到垂足"命令帮助完成。

问：在进行单行文本标注时，位置总把握不好，怎么办？

答：这与用户把握不好文本的高度有关，因为在进行单行文本标注时，首先需要指定起点位置，然后输入文本高度，如果这两者之间的位置差没有把握好，单行文本标注的位置就把握不好。所以，方法一就是对高度值敏感，方法二就是标注完单行文本后，使用"移动"命令进行位置改善。

问：如果镜像后的文字为相反状态，怎么办？

答：这可以在镜像前将系统变量"Mirrtext"值设置为"0"，然后再进行镜像即可得到正确效果。

Chapter 14

AutoCAD 建筑设计工程应用 2
——绘制家装平面图

14.1 实例分析

14.2 操作步骤

14.3 本章重要知识点回顾与分析

14.4 工程师坐堂

Autodesk®

14.1 实例分析

本章将从新建文件到打印图形，系统讲解一套一室二厅一卫户型的家装平面图的整个操作过程。家装平面图的打印预览效果图如图14-1所示。

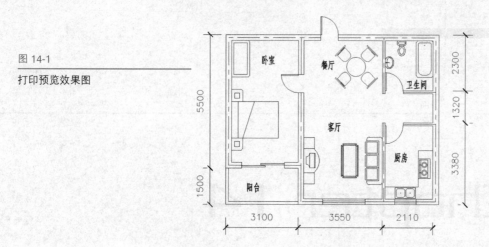

图 14-1

打印预览效果图

14.1.1 产品分析

随着国家将加大政策性住房供应量的房产新政细则公布后，以经济适用户型为特色的中小型商品房不断增多，这意味着商品房总价将会得到有效控制，买房的经济压力也将会减轻，特别是对一些经济基础薄弱而又渴望安家置业的年轻人。

由图14-1可知，本例所做的家装平面图即是针对中小户型进行的简单家装设计，这可以说正顺应了目前的市场趋势以及人们的消费趋势，具有越来越大的普遍性。

14.1.2 设计分析

由图14-1可知，在设计内容上主要是墙体、门窗以及各种家具的绘制。

在 AutoCAD 2009 中，墙体和门窗主要是使用多线命令、多线编辑命令以及插入自带门图块命令来完成绘制的。而各种家具则主要是使用绘制直线、矩形、圆和椭圆等基本绘图命令来绘制，然后使用移动命令完成家具的室内布置。

14.2 操作步骤

根据一般绘图顺序，该绘制过程主要包括绘制前准备、绘制户型平面图、绘制卧室家具、绘制客厅家具、绘制餐厅家具、绘制厨房家具、绘制卫生间家具、尺寸标注和图形打印等9个步骤。

14.2.1 绘制前准备

本章实例视频可参见本书附属光盘中的 14-30.avi、14-76.avi、14-94.avi、14-126.avi、14-152.avi、14-164.avi、14-193.avi、14-246.avi、14-257.avi文件。

绘图前准备阶段主要是完成图形文件的新建与保存、草图设置、图层设置、多线样式的新建以及线型显示比例设置等工作内容。

1. 图形文件的新建以及草图设置

Step 1 单击"标准"工具栏中的"新建"按钮，系统弹出"选择样板"对话框，如图14-2所示，采用默认样板文件，单击"打开"按钮，完成新图形文件的创建。

Step 2 依次选择"工具"→"草图设置"命令,系统弹出"草图设置"对话框。选择"对象捕捉"选项卡,选中"中点"复选框,如图 14-3 所示,单击"确定"按钮,完成草图设置。

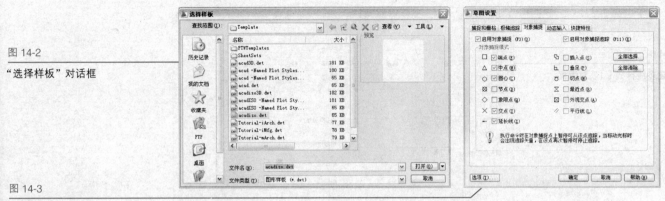

图 14-2

"选择样板"对话框

图 14-3

"草图设置"对话框

2. 图层设置

Step 1 单击"图层"工具栏中的"图层特性管理器"按钮，系统弹出"图层特性管理器"。

Step 2 单击"新建图层"按钮，创建 5 个新图层。分别在"名称"文本框中输入新图层名"墙体"、"门窗"、"家具"、"文本"和"尺寸",如图 14-4 所示。

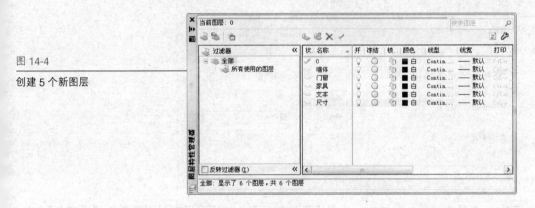

图 14-4

创建 5 个新图层

Step 3 分别单击"门窗"以及"文本"图层对应的"颜色"按钮,系统弹出"选择颜色"对话框,将其分别设置为"红色"和"蓝色",单击"确定"按钮,即完成图层颜色的设置。

Step 4 选中"墙体"图层,然后单击"置为当前"按钮，将该图层设置为当前图层。至此,完成新建文件的图层编辑工作,结果如图 14-5 所示。

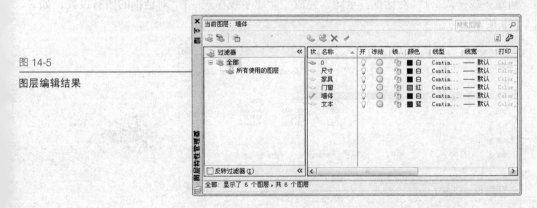

图 14-5

图层编辑结果

3. 4 个多线样式的新建

Step 1 依次选择"格式"→"多线样式"命令,系统弹出"多线样式"对话框。

Step 2 单击"新建"按钮，在"新样式名"文本框中输入名称"1"，单击"继续"按钮，系统弹出"新建多线样式：1"对话框，如图14-6所示。

图14-6

"新建多线样式：1"对话框

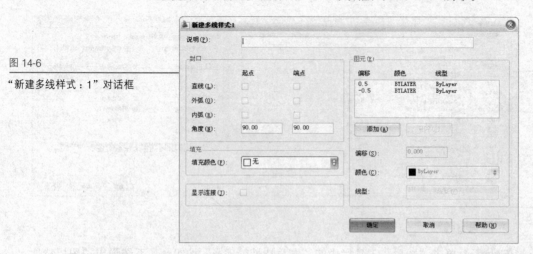

Step 3 对"新建多线样式：1"对话框进行设置，如图14-7所示。

图14-7

"新建多线样式：1"对话框
的初步设置

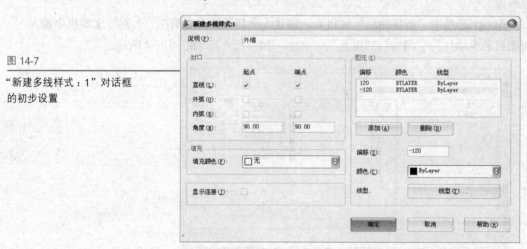

Step 4 单击"添加"按钮，为多线添加新元素，然后设置新元素颜色为"洋红色"。

Step 5 单击"线型"按钮，在弹出的"选择线型"对话框中单击"加载"按钮，继而在弹出的"加载或重载线型"对话框中选择"CENTER"线型，单击"确定"按钮，完成线型加载回到"选择线型"对话框。选中"CENTER"线型单击"确定"按钮，回到"新建多线样式：1"对话框。至此，完成"新建多线样式：1"对话框的所有设置，如图14-8所示。

图14-8

"新建多线样式：1"对话框
的完整设置

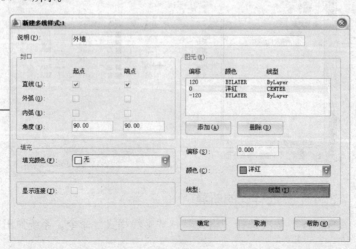

Step 6 单击"确定"按钮，回到"多线样式"对话框。

Step 7 选中样式1，使用同样的方法，新建多线样式"2"，弹出对话框，如图 14-9 所示。

图 14-9

"新建多线样式：2"对话框设置前

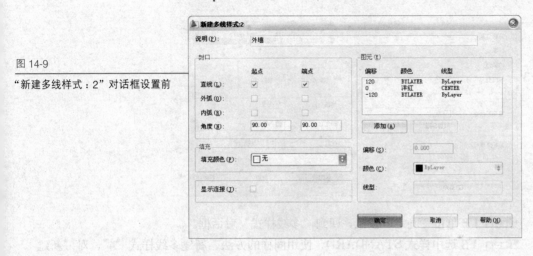

Step 8 对"新建多线样式：2"对话框进行设置，如图 14-10 所示。

图图 14-10

"新建多线样式：2"对话框设置后

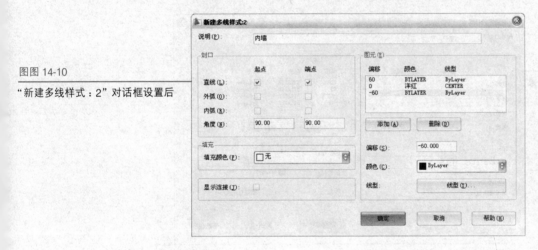

Step 9 单击"确定"按钮，回到"多线样式"对话框。

Step 10 选中样式2，使用同样的方法，新建多线样式"3"，弹出对话框，如图 14-11 所示。

图图 14-11

"新建多线样式：3"对话框设置前

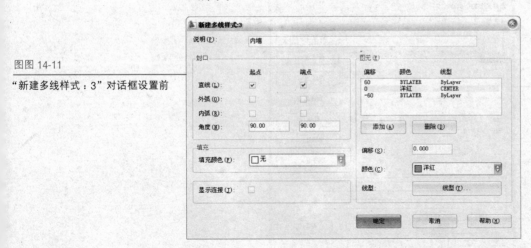

Step 11 对"新建多线样式：3"对话框进行设置，如图 14-12 所示。

图 14-12

"新建多线样式：3"对话框设置后

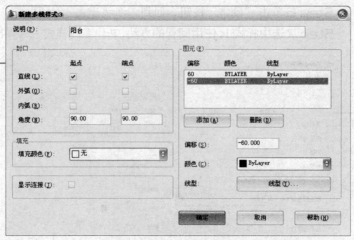

Step 12 单击"确定"按钮，回到"多线样式"对话框。

Step 13 选中样式 STANDARD，使用同样的方法，新建多线样式"4"，对"新建多线样式：4"对话框进行设置，如图 14-13 所示。

图 14-13

"新建多线样式：4"对话框设置结果

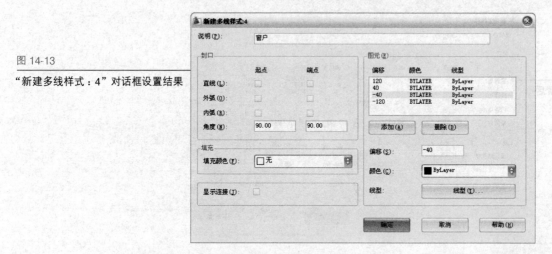

Step 14 单击"确定"按钮，回到"多线样式"对话框。如图 14-14 所示。

图 14-14

"多线样式"对话框结果显示

Step 15 选中样式 1，单击"置为当前"按钮，即完成了所有多线样式的设置。

4. 显示比例设置和文件保存

Step 1 依次选择"格式"→"线型"命令，系统弹出"线型管理器"对话框，如图 14-15 所示。

图 14-15

"线型管理器"对话框

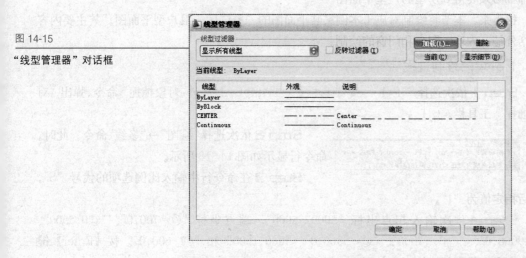

Step 2 单击"显示细节"按钮，将"全局比例因子"设置为"30"，如图 14-16 所示。

图 14-16

"线型管理器"对话框设置结果

Step 3 单击"确定"按钮，关闭"线型管理器"对话框。

Step 4 依次选择"文件"→"另存为"命令，系统弹出"图形另存为"对话框，采用默认存储路径，在"文件名"下拉列表框中输入名称"家装平面图"，如图 14-17 所示。

图 14-17

"图形另存为"对话框

Step 5 单击"保存"按钮，即完成了新建文件的保存。至此，完成了绘图前的准备工作。

━━━ 14.2.2 绘制户型平面图 ━━━━

每一个家装设计都是针对一个对应的户型来进行的，所以，在进行家装设计之前，设计师都必须要得到房屋的户型平面图。

接下来，本节将绘制对应于本例家装平面图的一室二厅一卫户型平面图。其主要内容包括外墙、内墙、阳台和门窗的绘制。

1. 外墙的绘制过程

Step 1 依次选择"工具"→"工具栏"→"AutoCAD"→"对象捕捉"命令，弹出"对象捕捉"工具栏。

Step 2 依次选择"绘图"→"多线"命令。此时，命令行显示如图 14-18 所示。

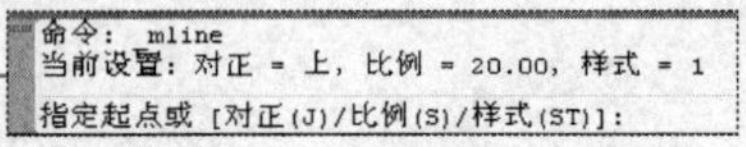

图 14-18

最初多线命令行显示

```
命令： mline
当前设置：对正 = 上，比例 = 20.00，样式 = 1
指定起点或 [对正(J)/比例(S)/样式(ST)]：
```

Step 3 在命令行中输入比例选项的代号"S"，然后指定值为"1"。

Step 4 依次输入起点坐标"5000，5000"，端点坐标"@-700,0"、"@0,5500"、"@9000,0"、"@0,-7000"、"@-5900,0"、"@0,1500"和"@-600,0"。按【Enter】键结束命令，得到外墙轮廓 1 如图 14-19 所示。

Step 5 按【Enter】键，系统默认再次调用"多线"命令。捕捉起点位置如图 14-20 所示，然后向上捕捉与外墙轮廓 1 的垂直交点为端点，如图 14-21 所示，按【Enter】键结束命令，完成外墙轮廓 2 的绘制。

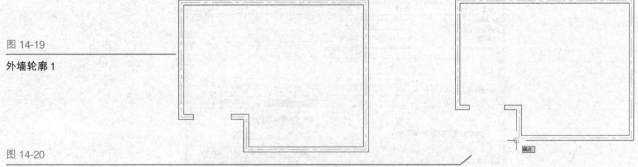

图 14-19

外墙轮廓 1

图 14-20

捕捉外墙轮廓 2 的起点

Step 6 至此，完成所有外墙的绘制，效果如图 14-22 所示。

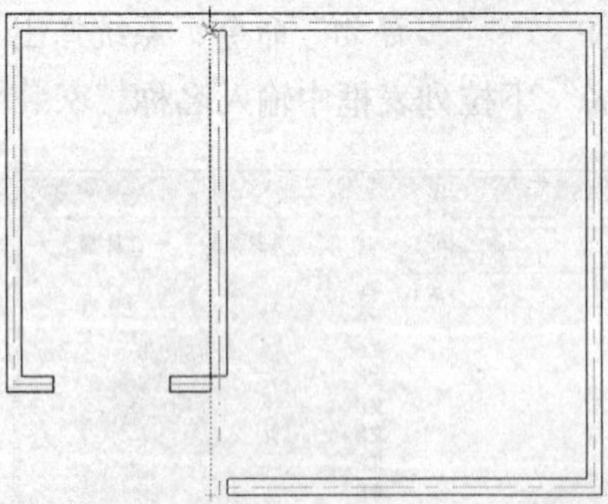

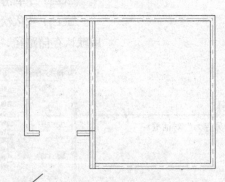

图 14-21

捕捉外墙轮廓 2 的端点

图 14-22

外墙轮廓 2 效果图

Step 7 按【Enter】键调用"多线"命令。

Step 8 在命令行中输入样式选项的代号"ST"，然后指定多线样式名为"2"。

Step 9 单击"捕捉自"按钮，捕捉基点如图 14-23 所示，依次输入坐标值"@3550,0"和"@0,3380"，按【Enter】键结束命令，完成内墙轮廓 1 的绘制，如图 14-24 所示。

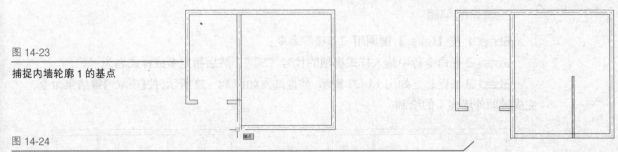

图 14-23

捕捉内墙轮廓 1 的基点

图 14-24

内墙轮廓 1 效果图

Step 10 按【Enter】键，调用"多线"命令。单击"捕捉自"按钮，捕捉基点如图 14-25 所示，输入偏移坐标值"@0,1200"以指定多线起点位置，然后向上捕捉与外墙轮廓 1 的垂直交点为端点，按【Enter】键结束命令，完成内墙轮廓 2 的绘制，如图 14-26 所示。

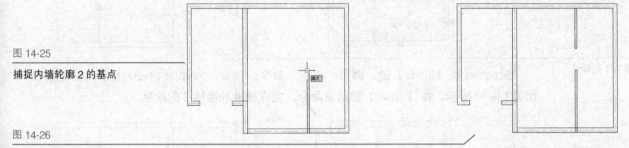

图 14-25

捕捉内墙轮廓 2 的基点

图 14-26

内墙轮廓 2 效果图

Step 11 按【Enter】键，调用"多线"命令。单击"捕捉自"按钮，捕捉基点如图 14-27 所示，输入偏移坐标值"@750,0"以指定多线起点位置，然后向右捕捉与外墙轮廓 1 的垂直交点为端点，如图 14-28 所示，按【Enter】键结束命令，完成内墙轮廓 3 的绘制。

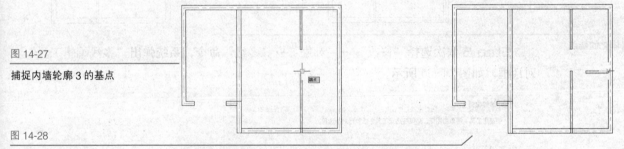

图 14-27

捕捉内墙轮廓 3 的基点

图 14-28

捕捉内墙轮廓 3 的端点

Step 12 按【Enter】键调用"多线"命令。

Step 13 在命令行中输入对正选项的代号"J"，然后指定值为"B"，即以多线的下线对正。

Step 14 单击"捕捉自"按钮，捕捉基点如图 14-29 所示，输入偏移坐标值"@750,0"以指定多线起点位置，然后向右捕捉与外墙轮廓 1 的垂直交点为端点，按【Enter】键结束命令，完成内墙轮廓 4 的绘制。

Step 15 至此，完成所有墙体的绘制，结果如图 14-30 所示。

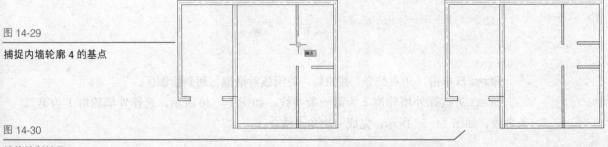

图 14-29

捕捉内墙轮廓 4 的基点

图 14-30

墙体绘制结果

2. 墙体的编辑

Step 1 按【Enter】键调用"多线"命令。

Step 2 在命令行中输入样式选项的代号"ST"，然后指定多线样式名为"1"。

Step 3 捕捉起点如图 14-31 所示，捕捉端点如图 14-32 所示，按【Enter】键结束命令，完成辅助外墙体 1 的绘制。

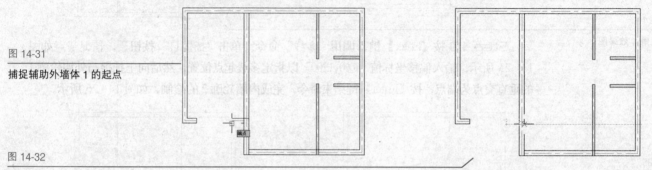

图 14-31

捕捉辅助外墙体 1 的起点

图 14-32

捕捉辅助外墙体 1 的端点

Step 4 按【Enter】键，调用"多线"命令。捕捉起点如图 14-33 所示，捕捉端点如图 14-34 所示，按【Enter】键结束命令，完成辅助外墙体 2 的绘制。

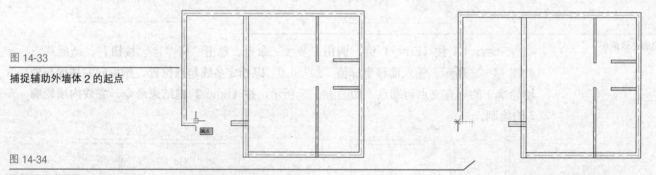

图 14-33

捕捉辅助外墙体 2 的起点

图 14-34

捕捉辅助外墙体 2 的端点

Step 5 依次选择"修改"→"对象"→"多线"命令，系统弹出"多线编辑工具"对话框，如图 14-35 所示。

图 14-35

"多线编辑工具"对话框

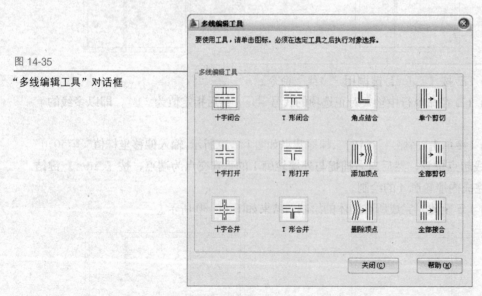

Step 6 单击"角点结合"按钮L，关闭该对话框，回到绘图区。

Step 7 选择外墙轮廓 2 为第一条多线，如图 14-36 所示，选择外墙轮廓 1 为第二条多线，如图 14-37 所示，完成一次角点结合。

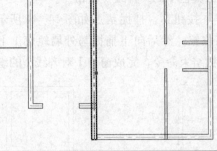
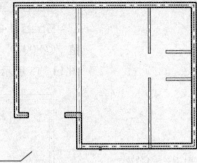

图 14-36

第一次选择角点结合的
第一条多线

图 14-37

第一次选择角点结合的
第二条多线

Step 8 接着选择辅助外墙体 2 为第一条多线，如图 14-38 所示，选择角点结合后的
外墙轮廓 1 为第二条多线，如图 14-39 所示，按【Enter】键结束命令，完成二次角点结合。

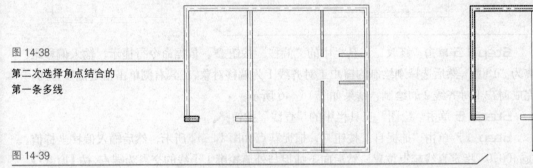

图 14-38

第二次选择角点结合的
第一条多线

图 14-39

第二次选择角点结合的
第二条多线

Step 9 按【Enter】键，系统默认再次弹出"多线编辑工具"对话框。

Step 10 单击"T 形合并"按钮，关闭该对话框，回到绘图区。

（11）选择辅助外墙体 1 为第一条多线，如图 14-40 所示，选择角点结合后的外墙轮廓
2 为第二条多线，如图 14-41 所示，按【Enter】键结束命令，完成一次墙体接头的合并，
结果如图 14-42 所示。

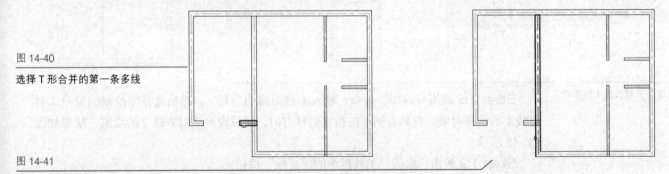

图 14-40

选择 T 形合并的第一条多线

图 14-41

选择 T 形合并的第二条多线

Step 12 接着依次单击内墙轮廓 1 和外墙轮廓 1、内墙轮廓 3 和外墙轮廓 1、内墙轮
廓 4 和外墙轮廓 1、内墙轮廓 2 和外墙轮廓 1、角点结合后的外墙轮廓 2 和外墙轮廓 1，完
成所有墙体接头的合并，结果如图 14-43 所示。

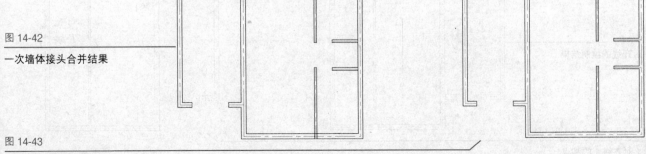

图 14-42

一次墙体接头合并结果

图 14-43

所有墙体接头合并结果

Step 13 单击"绘图"工具栏中的"直线"按钮✐。

Step 14 单击"捕捉自"按钮🔓，捕捉基点如图 14-44 所示，然后输入偏移坐标值"@800,0"指定直线起点位置。然后向下捕捉与外墙轮廓 1 上线的交点为端点，如图 14-45 所示，按【Enter】键结束命令，完成窗户 1 对齐线 1 的绘制。

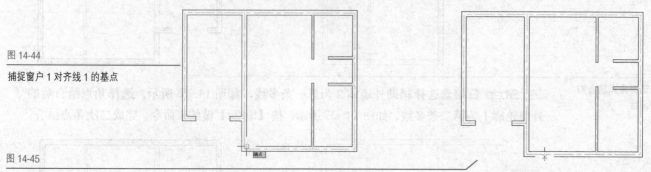

图 14-44

捕捉窗户 1 对齐线 1 的基点

图 14-45

捕捉窗户 1 对齐线 1 的端点

Step 15 单击"修改"工具栏中的"偏移"按钮⚏，依据命令行提示，输入偏移距离为"1800"，然后选择刚绘制的窗户 1 对齐线 1 为偏移对象，在其右侧单击指定偏移方向，完成窗户 1 对齐线 2 的绘制，结果如图 14-46 所示。

Step 16 单击"绘图"工具栏中的"直线"按钮✐。

Step 17 单击"捕捉自"按钮🔓，捕捉基点如图 14-47 所示，然后输入偏移坐标值"@400,0"指定直线起点位置。然后向下捕捉与外墙轮廓 1 上线的交点为端点，按【Enter】键结束命令，完成窗户 2 对齐线 1 的绘制。

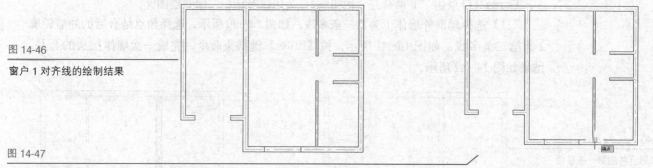

图 14-46

窗户 1 对齐线的绘制结果

图 14-47

捕捉窗户 2 对齐线 1 的基点

Step 18 调用"偏移"命令，输入偏移距离为"900"，然后选择刚绘制的窗户 2 对齐线 1 为偏移对象，在其右侧单击指定偏移方向，完成窗户 2 对齐线 2 的绘制，结果如图 14-48 所示。

Step 19 单击"绘图"工具栏中的"直线"按钮✐。

Step 20 单击"捕捉自"按钮🔓，捕捉基点如图 14-49 所示，然后输入偏移坐标值"@700,0"指定直线起点位置。然后向上捕捉与外墙轮廓 1 上线的交点为端点，按【Enter】键结束命令，完成门 1 对齐线 1 的绘制。

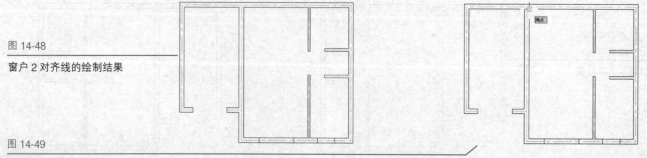

图 14-48

窗户 2 对齐线的绘制结果

图 14-49

捕捉门 1 对齐线 1 的基点

Step 21 调用"偏移"命令，输入偏移距离为"750"，然后选择刚绘制的门 1 对齐线 1 为偏移对象，在其右侧单击指定偏移方向，完成门 1 对齐线 2 的绘制，结果如图 14-50 所示。

Step 22 单击"绘图"工具栏中的"直线"按钮 ✎。

Step 23 单击"捕捉自"按钮 ⌐，捕捉基点为绘制门 1 对齐线 1 的基点，输入偏移坐标值"@0,-1400"指定直线起点位置。然后向左捕捉与外墙轮廓 2 上线的交点为端点，按【Enter】键结束命令，完成门 2 对齐线 1 的绘制。

Step 24 调用"偏移"命令，按【Enter】键使用默认偏移距离，然后选择刚绘制的门 2 对齐线 1 为偏移对象，在其下侧单击指定偏移方向，完成门 2 对齐线 2 的绘制，结果如图 14-51 所示。至此，完成了所有门窗对齐线的绘制。

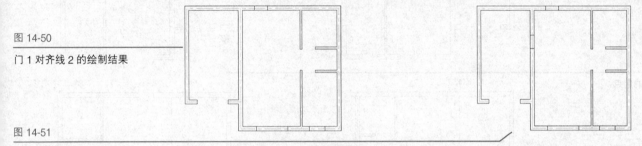

图 14-50

门 1 对齐线 2 的绘制结果

图 14-51

门 2 对齐线 2 的绘制结果

Step 25 单击"修改"工具栏中的"前置"按钮 ⛁，依据命令行提示，选择对象为外墙轮廓 1，将其置于所有图形上方。

Step 26 依次选择"修改"→"对象"→"多线"命令，系统弹出"多线编辑工具"对话框。单击"全部剪切"按钮 ‖‖，关闭该对话框，回到绘图区。

Step 27 单击"对象捕捉"工具栏中的"捕捉到交点"按钮 ✕，选取外墙轮廓 1 中线与窗户 1 对齐线 1 的交点为剪切第一点，如图 13-52 所示。

Step 28 再次单击"捕捉到交点"按钮 ✕，选取外墙轮廓 1 中线与窗户 1 对齐线 2 的交点为剪切第二点，如图 13-53 所示，完成窗户 1 空间的剪切，结果如图 13-54 所示。

Step 29 使用同样的方法，为其他门窗空间进行外墙轮廓 1 的剪切，结果如图 14-55 所示。

Step 30 调用"前置"命令，将外墙轮廓 2 置于所有图形上方。

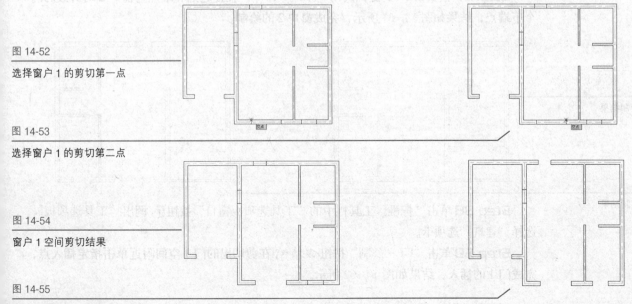

图 14-52

选择窗户 1 的剪切第一点

图 14-53

选择窗户 1 的剪切第二点

图 14-54

窗户 1 空间剪切结果

图 14-55

窗户 2 和门 1 空间剪切结果

Step 31 调出"多线编辑工具"对话框。单击"全部剪切"按钮 ‖·‖，关闭该对话框，回到绘图区。使用同样的方法，为门2空间进行外墙轮廓2的剪切，结果如图 14-56 所示。

Step 32 调用"多线"命令。在命令行中输入样式选项的代号"ST"，然后指定多线样式名为"3"。

Step 33 捕捉起点如图 14-57 所示，追踪捕捉端点1如图 14-58 所示，然后向右捕捉外墙轮廓1的角点，按【Enter】键，结束命令，完成阳台的绘制，结果如图 14-59 所示。

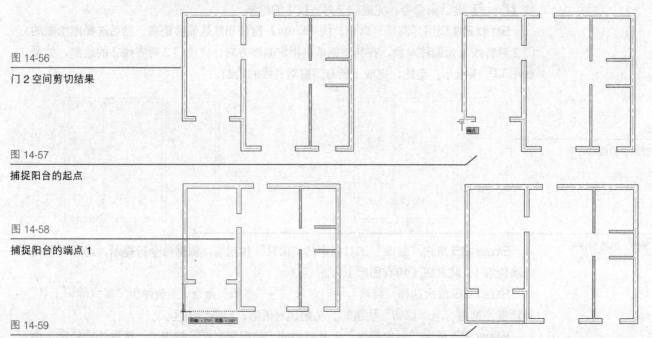

图 14-56

门2空间剪切结果

图 14-57

捕捉阳台的起点

图 14-58

捕捉阳台的端点1

图 14-59

阳台绘制结果

Step 34 单击"图层"工具栏中的"图层控制"下拉按钮，在弹出的下拉菜单中选中"门窗"图层，将其置为当前图层。

Step 35 调用"多线"命令。在命令行中输入样式选项的代号"ST"，指定多线样式名为"4"。

Step 36 捕捉起点和端点为窗户1对齐线的两个下端点，结果如图 14-60 所示，完成窗户1的绘制。

Step 37 按【Enter】键，调用"多线"命令。捕捉起点和端点为窗户2对齐线的两个下端点，结果如图 14-61 所示，完成窗户2的绘制。

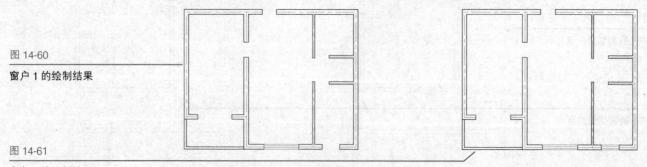

图 14-60

窗户1的绘制结果

图 14-61

窗户2的绘制结果

Step 38 单击"标准"工具栏中的"工具选项板窗口"按钮 ，调出"工具选项板"，选择"建筑"选项卡。

Step 39 单击"门–公制"按钮 门-公制，在剪切出的门1空间附近单击指定插入点，完成门1的插入，结果如图 14-62 所示。

Step 40 选中刚插入的门 1，其周围出现许多夹点，单击"设置门打开的角度"夹点▼，弹出下拉菜单，从中选择"打开 90°角"选项。

Step 41 单击"修改"工具栏中的"移动"按钮✥，选择"将块与对象对齐"夹点🔷为移动基点，然后捕捉门 1 对齐线 1 的上端点为对齐点，完成门 1 的安装，结果如图 14-63 所示。

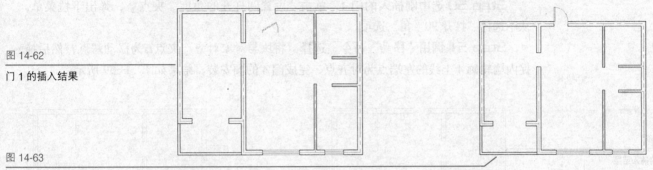

图 14-62

门 1 的插入结果

图 14-63

门 1 的安装结果

Step 42 单击"门 – 公制"按钮✍门·公制，接着在命令行中输入旋转选项的代号"R"并指定旋转角度为"90"，然后在剪切出的门 2 空间附近单击指定插入点，完成门 2 的插入，结果如图 14-64 所示。

Step 43 选中刚插入的门 2，单击"设置门打开的角度"夹点▼，弹出下拉菜单，从中选择"打开 90°角"选项。然后单击"设置悬挂门的边"夹点⬇，调整悬挂门的方向。

Step 44 调用"移动"命令，选择"将块与对象对齐"夹点🔷为移动基点，然后捕捉门 2 对齐线 1 的左端点为对齐点，完成门 2 的安装，结果如图 14-65 所示。

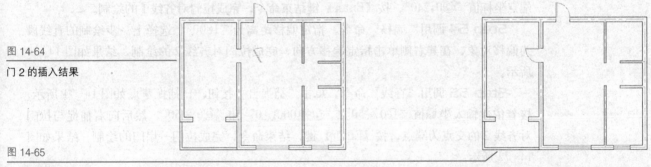

图 14-64

门 2 的插入结果

图 14-65

门 2 的安装结果

Step 45 单击"门 – 公制"按钮✍门·公制，在内墙轮廓 2 附近单击指定插入点，完成门 3 的插入，结果如图 14-66 所示。

Step 46 选中刚插入的门 3，单击"设置门打开的角度"夹点▼，弹出下拉菜单，从中选择"打开 90°角"选项。然后单击"设置悬挂门的边"夹点⬅，调整悬挂门的方向。

Step 47 调用"移动"命令，选择"将块与对象对齐"夹点🔷为移动基点，然后捕捉内墙轮廓 4 上线的左端点为对齐点，完成门 3 的预安装，结果如图 14-67 所示。

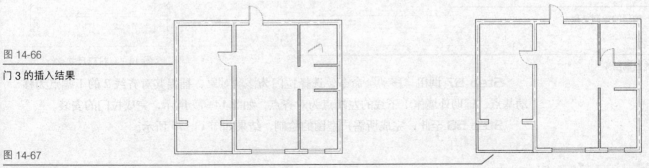

图 14-66

门 3 的插入结果

图 14-67

门 3 的预安装结果

Step 48 再次选中门 3，单击"设置悬挂门的边"夹点➡，将悬挂门的方向调整回来，完成门 3 的安装。

Step 49 单击"门 – 公制"按钮✍门-公制，接着在命令行中输入旋转选项的代号"R"并指定旋转角度为"180"，然后在内墙轮廓 3 附近单击指定插入点，完成门 4 的插入，结果如图 14–68 所示。

Step 50 选中刚插入的门 4，单击"设置门打开的角度"夹点▼，弹出下拉菜单，从中选择"打开 90°角"选项。

Step 51 调用"移动"命令，选择"将块与对象对齐"夹点▲为移动基点，然后捕捉内墙轮廓 4 上线的左端点为对齐点，完成门 4 的预安装，结果如图 14–69 所示。

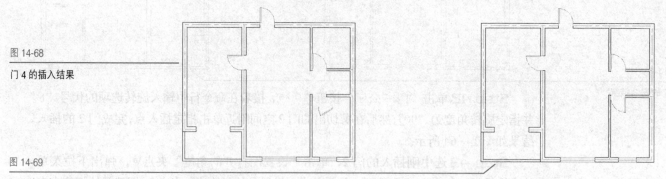

图 14-68

门 4 的插入结果

图 14-69

门 4 的预安装结果

Step 52 再次选中门 4，单击"设置悬挂门的边"夹点➡，调整悬挂门的方向，完成门 4 的安装。

Step 53 调用"直线"命令，在空白区域的适当位置单击指定起点位置，然后输入端点坐标值"@0,240"，按【Enter】键结束命令，完成拉门对齐线 1 的绘制。

Step 54 调用"偏移"命令，指定偏移距离为"1800"，选择上一步绘制的直线段为偏移对象，在其右侧单击指定偏移方向，完成拉门对齐线 2 的绘制，结果如图 14–70 所示。

Step 55 调用"直线"命令，单击"捕捉自"按钮🔲，捕捉基点如图 14–71 所示，接着依次输入坐标值"@0,–50"、"@–1000, 0"和"@0,–50"，然后向右捕捉与拉门对齐线 2 的交点为端点，按【Enter】键，结束命令，完成拉门一扇门的绘制，结果如图 14–72 所示。

Step 56 使用同样的方法，绘制拉门 1 的另一扇门，结果如图 14–73 所示，其相应尺寸如图 14–74 所示。

图 14-70

拉门对齐线

图 14-71

捕捉拉门一扇门的基点

图 14-72

拉门一扇门的绘制结果

图 14-73

拉门的绘制结果

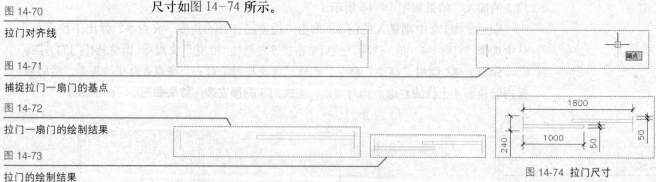

图 14-74 拉门尺寸

Step 57 调用"移动"命令，选择拉门为移动对象，捕捉其对齐线 2 的下端点为移动基点、辅助外墙体 1 下线的左端点为对齐点，如图 14–75 所示，完成拉门的安装。

Step 58 至此，完成所需户型图的绘制，结果如图 14–76 所示。

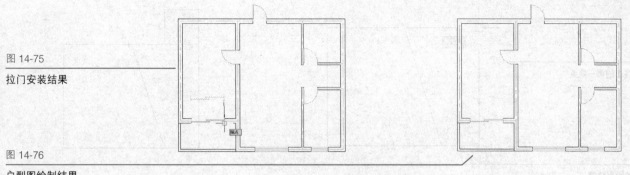

图 14-75

拉门安装结果

图 14-76

户型图绘制结果

14.2.3 卧室家具的绘制与布置

卧室中最简单、最必要的家具组合就是床和衣柜，接下来，本节就将绘制这两件家具并将其进行布置。绘制过程中主要使用到矩形命令、直线命令、偏移命令和圆角命令，布置过程则使用移动命令即可。

1. 床的绘制

Step 1 单击"图层"工具栏中的"图层控制"下拉按钮，在弹出的下拉菜单中选中"家具"图层，将其置为当前图层。

Step 2 单击"绘图"工具栏中的"矩形"按钮□。

Step 3 在户型图右侧空白区域的任意位置单击指定矩形的第一角点位置，然后在命令行中输入另一角点坐标值"@2000,1500"，完成床身的绘制。

Step 4 调用"直线"命令。单击"捕捉自"按钮，捕捉基点如图 14-77 所示，输入坐标值"@300,0"，然后向上捕捉与床身矩形的交点，按【Enter】键结束命令，完成枕形线的绘制，结果如图 14-78 所示。

图 14-77

捕捉枕形线的基点

图 14-78

枕形线绘制结果

Step 5 调用"直线"命令。单击"捕捉自"按钮，捕捉基点如图 14-79 所示，输入坐标值"@200,0"，然后向上捕捉床身矩形一条边的中点，如图 14-80 所示，按【Enter】键结束命令，完成被形线的绘制。

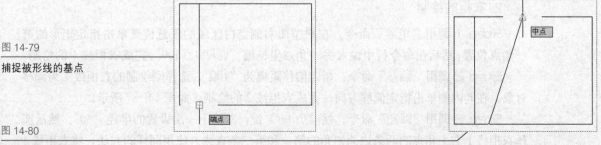

图 14-79

捕捉被形线的基点

图 14-80

捕捉被形线的端点

Step 6 调用"矩形"命令，捕捉第一角点，如图 14-81 所示，然后输入另一角点坐标值"@500,500"，完成床头柜线 1 的绘制，结果如图 14-82 所示。

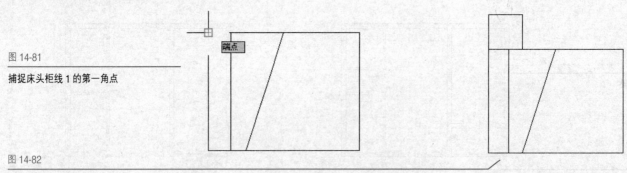

图 14-81

捕捉床头柜线 1 的第一角点

图 14-82

床头柜线 1 的绘制结果

Step 7 调用"偏移"命令。指定偏移距离为"140"，选择刚绘制的床头柜线 1 为偏移对象，在其内侧单击指定偏移方向，完成床头柜线 2 的绘制，如图 14-83 所示。

Step 8 单击"修改"工具栏中的"圆角"按钮 。

Step 9 在命令行中输入选项半径的代号"R"，接着输入圆角半径值"50"，然后选择床头柜线 1 右上角点的两条边为圆角的第一和第二条直线，结果如图 14-84 所示。

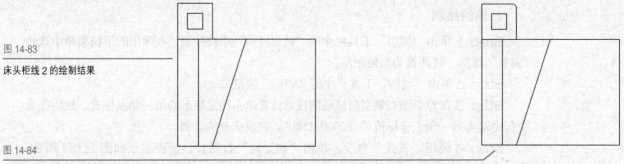

图 14-83

床头柜线 2 的绘制结果

图 14-84

床头柜线 1 的圆角结果

Step 10 单击"修改"工具栏中的"镜像"按钮 。

Step 11 选取床头柜线 1 和线 2 为镜像对象，指定床身矩形的水平中心线为镜像线，如图 14-85 所示，默认不删除源对象，镜像结果如图 14-86 所示。至此，完成了床的绘制。

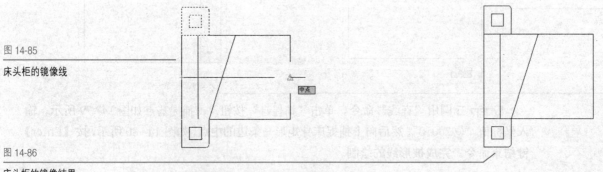

图 14-85

床头柜的镜像线

图 14-86

床头柜的镜像结果

2. 衣柜的绘制

Step 1 调用"矩形"命令。在户型图右侧空白区域的任意位置单击指定矩形的第一角点位置，然后在命令行中输入另一角点坐标值"@800,1500"，完成衣柜线 1 的绘制。

Step 2 调用"偏移"命令。指定偏移距离为"100"，选择刚绘制的衣柜线 1 为偏移对象，在其内侧单击指定偏移方向，完成衣柜线 2 的绘制，如图 14-87 所示。

Step 3 调用"圆角"命令。按【Enter】键，默认上一次设置的半径"50"，然后选择衣柜线 1 右上角点的两条边为圆角的第一和第二条直线。使用同样的方法，将衣柜线 1 右下角点进行圆角处理，结果如图 14-88 所示。至此，完成了衣柜的绘制。

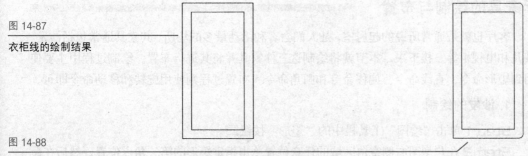

图 14-87

衣柜线的绘制结果

图 14-88

衣柜线 1 的圆角结果

3、卧室家具的布置

Step 1 单击"修改"工具栏中的"移动"按钮。选取床的所有线条为移动对象，指定移动基点，如图 14-89 所示，接着单击"捕捉自"按钮，捕捉基点如图 14-90 所示，输入坐标值"@0,500"以指定移动的终点位置，结果如图 14-91 所示。

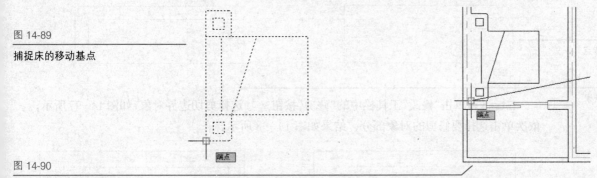

图 14-89

捕捉床的移动基点

图 14-90

捕捉床的移动终点的基点

Step 2 调用"移动"命令。选取衣柜的所有线条为移动对象，指定移动基点，如图 14-92 所示，指定移动终点，如图 14-93 所示。

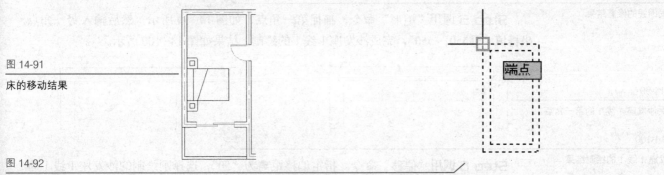

图 14-91

床的移动结果

图 14-92

衣柜的移动基点

Step 3 至此，完成床和衣柜的布置，效果如图 14-94 所示。

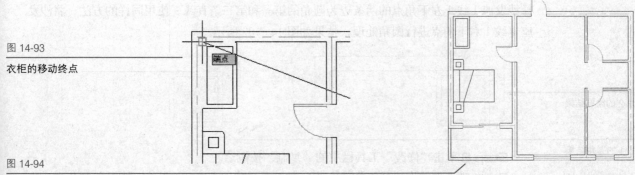

图 14-93

衣柜的移动终点

图 14-94

卧室家具的布置效果

■■■■ **14.2.4 客厅家具的绘制与布置** ■■■ ━━━━━━━━━━━━

客厅也就是通常所说的起居室，是人们会客和活动最多的场所，其家具通常包括沙发、茶几和电视柜等。接下来，本节就将绘制这三件家具并将其进行布置。绘制过程中主要使用到矩形命令、直线命令、偏移命令和圆角命令，布置过程则使用旋转和移动命令即可。

1. 沙发的绘制

Step 1 单击"绘图"工具栏中的"矩形"按钮▢。

Step 2 在户型图右侧空白区域的任意位置单击指定矩形的第一角点位置，然后在命令行中输入另一角点坐标值"@1950,650"，完成沙发围线 1 的绘制。

Step 3 按【Enter】键，系统默认再次调用"矩形"命令，单击"捕捉自"按钮▢，捕捉基点，如图 14-95 所示，输入坐标值"@150,0"和"@1650,500"，完成沙发围线 2 的绘制，结果如图 14-96 所示。

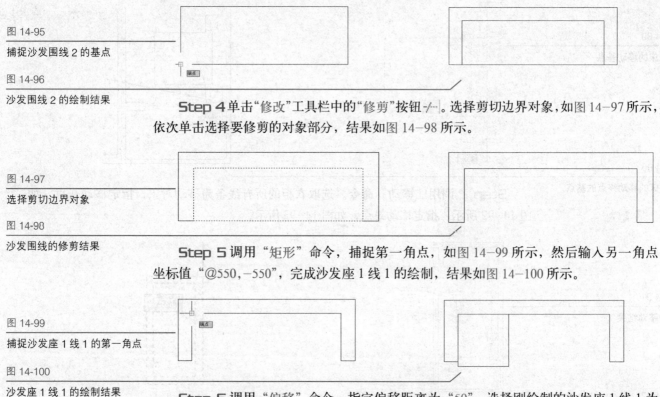

图 14-95

捕捉沙发围线 2 的基点

图 14-96

沙发围线 2 的绘制结果

Step 4 单击"修改"工具栏中的"修剪"按钮 ─/─ 。选择剪切边界对象，如图 14-97 所示，依次单击选择要修剪的对象部分，结果如图 14-98 所示。

图 14-97

选择剪切边界对象

图 14-90

沙发围线的修剪结果

Step 5 调用"矩形"命令，捕捉第一角点，如图 14-99 所示，然后输入另一角点坐标值"@550,-550"，完成沙发座 1 线 1 的绘制，结果如图 14-100 所示。

图 14-99

捕捉沙发座 1 线 1 的第一角点

图 14-100

沙发座 1 线 1 的绘制结果

Step 6 调用"偏移"命令。指定偏移距离为"50"，选择刚绘制的沙发座 1 线 1 为偏移对象，在其内侧单击指定偏移方向，完成沙发座 1 线 2 的绘制，如图 14-101 所示。

Step 7 调用"圆角"命令。按【Enter】键，默认上一次设置的半径"50"，然后选择沙发座 1 线 1 左下角点的两条边为圆角的第一和第二条直线。使用同样的方法，将沙发座 1 线 1 右下角点进行圆角处理，结果如图 14-102 所示。

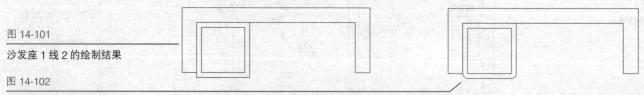

图 14-101

沙发座 1 线 2 的绘制结果

图 14-102

沙发座 1 线 1 的圆角结果

Step 8 单击"修改"工具栏中的"复制"按钮⊙。

Step 9 选取沙发座线 1 和线 2 为复制对象，如图 14-103 所示，捕捉复制基点，如图 14-104 所示。

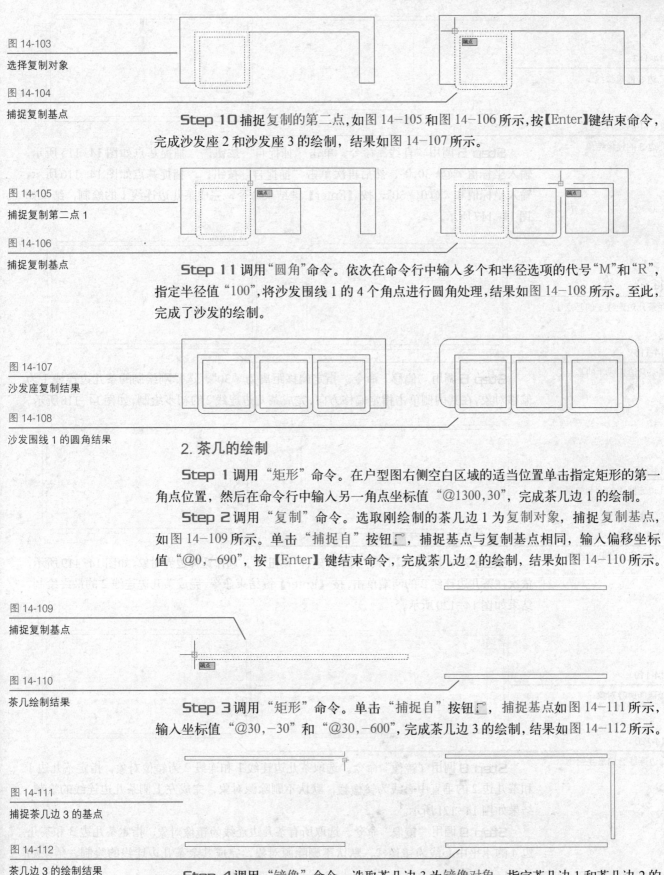

图 14-103
选择复制对象

图 14-104
捕捉复制基点

Step 10 捕捉复制的第二点,如图 14-105 和图 14-106 所示,按【Enter】键结束命令,完成沙发座 2 和沙发座 3 的绘制,结果如图 14-107 所示。

图 14-105
捕捉复制第二点 1

图 14-106
捕捉复制基点

Step 11 调用"圆角"命令。依次在命令行中输入多个和半径选项的代号"M"和"R",指定半径值"100",将沙发围线 1 的 4 个角点进行圆角处理,结果如图 14-108 所示。至此,完成了沙发的绘制。

图 14-107
沙发座复制结果

图 14-108
沙发围线 1 的圆角结果

2. 茶几的绘制

Step 1 调用"矩形"命令。在户型图右侧空白区域的适当位置单击指定矩形的第一角点位置,然后在命令行中输入另一角点坐标值"@1300,30",完成茶几边 1 的绘制。

Step 2 调用"复制"命令。选取刚绘制的茶几边 1 为复制对象,捕捉复制基点,如图 14-109 所示。单击"捕捉自"按钮,捕捉基点与复制基点相同,输入偏移坐标值"@0,-690",按【Enter】键结束命令,完成茶几边 2 的绘制,结果如图 14-110 所示。

图 14-109
捕捉复制基点

图 14-110
茶几绘制结果

Step 3 调用"矩形"命令。单击"捕捉自"按钮,捕捉基点如图 14-111 所示,输入坐标值"@30,-30"和"@30,-600",完成茶几边 3 的绘制,结果如图 14-112 所示。

图 14-111
捕捉茶几边 3 的基点

图 14-112
茶几边 3 的绘制结果

Step 4 调用"镜像"命令。选取茶几边 3 为镜像对象,指定茶几边 1 和茶几边 2 的垂直中心线为镜像线,如图 14-113 所示,默认不删除源对象,完成茶几边 4 的绘制,结果如图 14-114 所示。

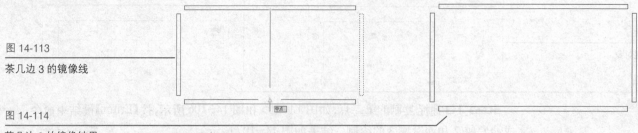

图 14-113

茶几边 3 的镜像线

图 14-114

茶几边 3 的镜像结果

Step 5 调用"直线"命令。单击"捕捉自"按钮，捕捉基点如图 14-115 所示，输入坐标值"@-30,0"，然后再次单击"捕捉自"按钮，捕捉基点如图 14-116 所示，输入坐标值和"@0,-30"，按【Enter】键结束命令，完成茶几边连线 1 的绘制，结果如图 14-117 所示。

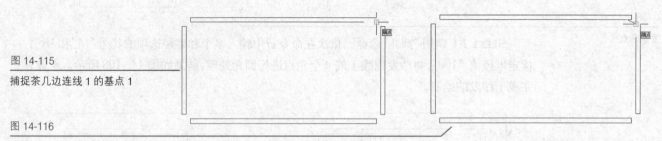

图 14-115

捕捉茶几边连线 1 的基点 1

图 14-116

捕捉茶几边连线 1 的基点 2

Step 6 调用"偏移"命令。指定偏移距离为"30"，选择刚绘制的茶几边连线 1 为偏移对象，在其内侧单击指定偏移方向，完成茶几边连线 2 的初步绘制，如图 14-118 所示。

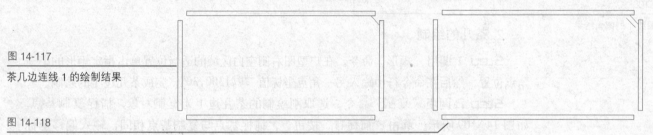

图 14-117

茶几边连线 1 的绘制结果

图 14-118

茶几边连线 2 的初步绘制

Step 7 单击"修改"工具栏中的"延伸"按钮。选择延伸边界对象，如图 14-119 所示，依次在茶几边连线 2 的两端单击，按【Enter】键结束命令，完成茶几边连线 2 的最终绘制，结果如图 14-120 所示。

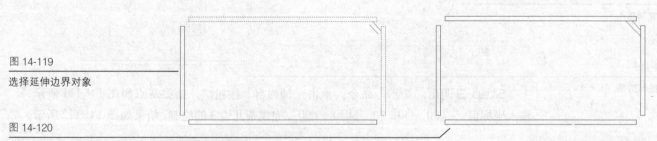

图 14-119

选择延伸边界对象

图 14-120

茶几边连线 2 的最终绘制

Step 8 调用"镜像"命令。选取茶几边连线 1 和连线 2 为镜像对象，指定茶几边 1 和茶几边 2 的垂直中心线为镜像线，默认不删除源对象，完成左上侧茶几边连线的绘制，结果如图 14-121 所示。

Step 9 调用"镜像"命令。选取所有茶几边连线为镜像对象，指定茶几边 3 和茶几边 4 的水平中心线为镜像线，默认不删除源对象，完成其余茶几边连线的绘制，结果如图 14-122 所示。

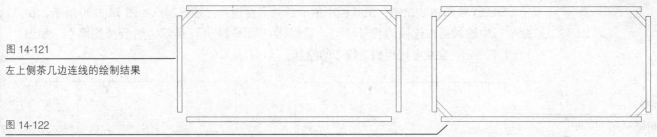

图 14-121

左上侧茶几边连线的绘制结果

图 14-122

所有茶几边连线的绘制结果

Step 10 调用"矩形"命令。捕捉第一角点和另一角点，分别如图 14-123 和图 14-124 所示，完成茶几面线 1 的绘制。

图 14-123

捕捉茶几面线 1 的第一角点

图 14-124

捕捉茶几面线 1 的另一角点

Step 11 调用"偏移"命令。指定偏移距离为"5"，选择刚绘制的茶几面线 1 为偏移对象，在其内侧单击指定偏移方向，完成茶几面线 2 的绘制，如图 14-125 所示。

Step 12 调用"圆角"命令。依次在命令行中输入多个和半径选项的代号"M"和"R"，指定半径值"15"，将所有茶几边矩形的 4 个角点进行圆角处理，结果如图 14-126 所示。至此，完成了茶几的绘制。

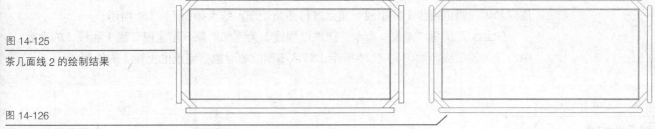

图 14-125

茶几面线 2 的绘制结果

图 14-126

茶几的绘制结果

3. 电视和电视柜的绘制

Step 1 调用"矩形"命令。在户型图右侧空白区域的适当位置单击指定矩形的第一角点位置，然后在命令行中输入另一角点坐标值"@450,450"，完成电视柜橱 1 的绘制。

Step 2 调用"直线"命令。捕捉起点如图 14-127 所示，输入坐标值"@1000,0"，按【Enter】键结束命令，完成电视柜橱 2 线 1 的绘制。

Step 3 调用"矩形"命令。捕捉第一角点如图 14-128 所示，输入另一角点坐标值"@450,-450"，完成电视柜橱 3 的绘制，结果如图 14-129 所示。

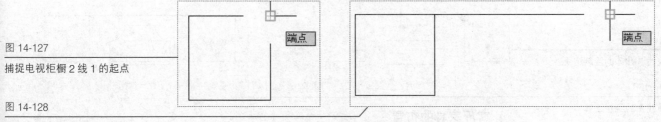

图 14-127

捕捉电视柜橱 2 线 1 的起点

图 14-128

捕捉电视柜橱 3 的第一角点

Step 4 单击"绘图"工具栏中的"圆弧"按钮 /。捕捉起点如图 14-130 所示，在命令行中输入端点选项的代号"E"，捕捉端点如图 14-131 所示，然后捕捉圆心，如图 14-132 所示，完成电视柜橱 2 线 2 的绘制。

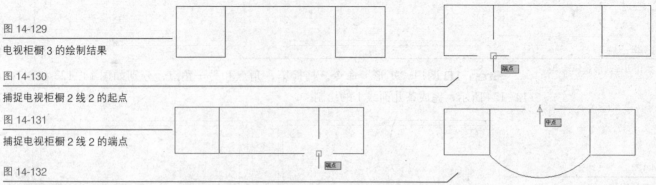

图 14-129

电视柜橱 3 的绘制结果

图 14-130

捕捉电视柜橱 2 线 2 的起点

图 14-131

捕捉电视柜橱 2 线 2 的端点

图 14-132

捕捉电视柜橱 2 线 2 的圆心

Step 5 调用"直线"命令。单击"捕捉自"按钮 [，捕捉基点如图 14-133 所示，依次输入坐标值"@0,-100"、"@150,0"、"@0,-150"、"@150,0"和"@0,-230"，按【Enter】键结束命令，完成电视线 1 的绘制，结果如图 14-134 所示。

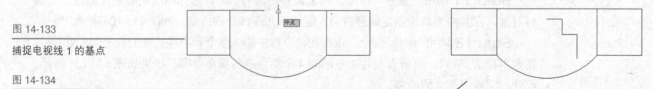

图 14-133

捕捉电视线 1 的基点

图 14-134

电视线 1 的绘制结果

Step 6 调用"圆角"命令。依次在命令行中输入选项半径的代号"R"，指定半径值"150"，将电视线 1 的中间一角点进行圆角处理，结果如图 14-135 所示。

Step 7 调用"镜像"命令。选取电视线 1 为镜像对象，指定橱 2 线 1 和线 2 的垂直中心线为镜像线，如图 14-136 所示，默认不删除源对象，完成电视线 2 的绘制。

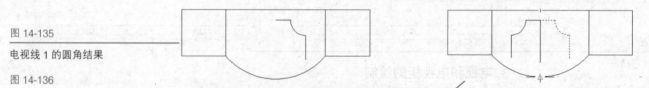

图 14-135

电视线 1 的圆角结果

图 14-136

电视线 1 的镜像线

Step 8 调用"直线"命令。捕捉电视线 1 和线 2 的下端点为直线的起点和端点，完成电视线 3 的绘制。使用同样的方法，捕捉两个圆角的外端点为直线的起点和端点，完成电视线 4 的绘制，结果如图 14-137 所示。

Step 9 调用"偏移"命令。指定偏移距离为"30"，选择刚绘制的电视线 3 为偏移对象，在其上方单击指定偏移方向，完成电视线 5 的绘制，如图 14-138 所示。至此，完成了电视和电视柜的绘制。

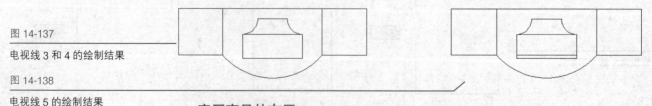

图 14-137

电视线 3 和 4 的绘制结果

图 14-138

电视线 5 的绘制结果

4. 客厅家具的布置

Step 1 单击"修改"工具栏中的"旋转"按钮 〇。选取沙发的所有线条为旋转对象，捕捉旋转基点，如图 14-139 所示，然后输入旋转角度"-90"，结果如图 14-140 所示。

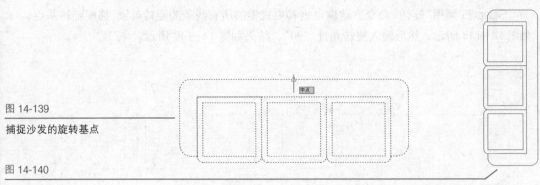

图 14-139

捕捉沙发的旋转基点

图 14-140

沙发的旋转结果

Step 2 调用"移动"命令。选取沙发的所有线条为移动对象，捕捉移动基点与其上一步的旋转基点相同，如图 14-141 所示，然后捕捉移动终点，如图 14-142 所示，完成沙发的布置。

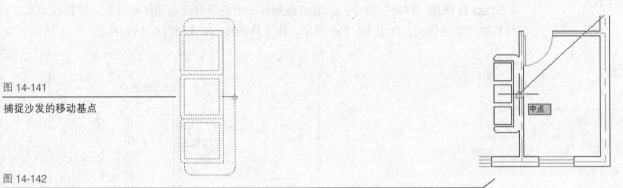

图 14-141

捕捉沙发的移动基点

图 14-142

捕捉沙发的移动终点

Step 3 调用"旋转"命令。选取茶几的所有线条为旋转对象，捕捉旋转基点，如图 14-143 所示，然后输入旋转角度"-90"，结果如图 14-144 所示。

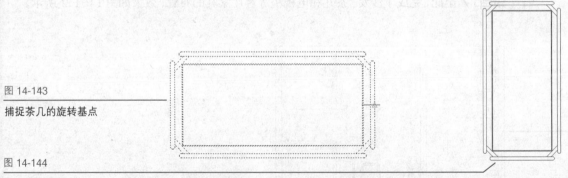

图 14-143

捕捉茶几的旋转基点

图 14-144

茶几的旋转结果

Step 4 调用"移动"命令。选取茶几的所有线条为移动对象，捕捉移动基点，如图 14-145 所示，接着单击"捕捉自"按钮，捕捉基点如图 14-146 所示，输入坐标值"@-300, 0"以指定移动的终点位置，结果如图 14-147 所示。

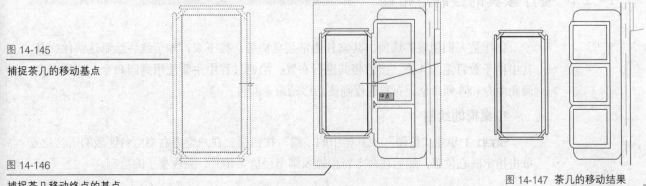

图 14-145

捕捉茶几的移动基点

图 14-146

捕捉茶几移动终点的基点

图 14-147 茶几的移动结果

Step 5 调用"旋转"命令。选取电视和电视柜的所有线条为旋转对象，捕捉旋转基点，如图 14-148 所示，然后输入旋转角度"90"，结果如图 14-149 所示。

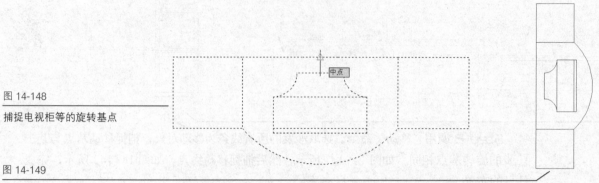

图 14-148

捕捉电视柜等的旋转基点

图 14-149

电视柜等的旋转结果

Step 6 调用"移动"命令。选取电视和电视柜的所有线条为移动对象，捕捉移动基点与其旋转基点相同，如图 14-150 所示，指定移动终点，如图 14-151 所示。

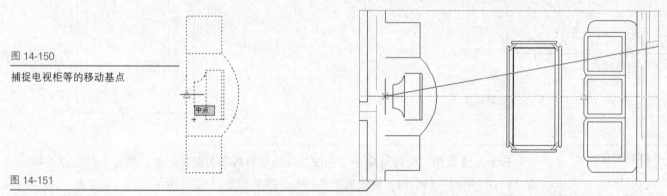

图 14-150

捕捉电视柜等的移动基点

图 14-151

捕捉电视柜等的移动终点

Step 7 至此，完成了沙发、茶几和电视柜等客厅家具的布置，效果如图 14-152 所示。

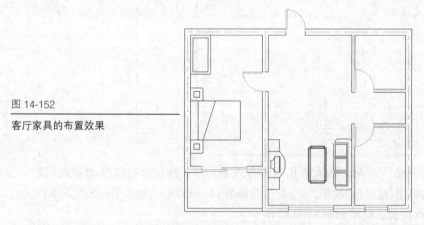

图 14-152

客厅家具的布置效果

14.2.5 餐厅家具的绘制与布置

餐厅是人们用餐的场所，其家具通常是桌椅等。接下来，本节就将绘制这两件家具，其中椅子数目定为 4 张，接着将其进行布置。绘制过程中主要使用到圆命令、矩形命令、圆角命令和阵列命令，布置过程则使用移动命令即可。

1. 桌椅的绘制

Step 1 单击"绘图"工具栏中的"圆"按钮 ⊙。在户型图右侧空白区域的适当位置单击指定圆心位置，然后在命令行中输入圆半径值"400"，完成桌子的绘制。

Step 2 调用"矩形"命令。单击"捕捉自"命令按钮 ，捕捉基点，如图 14-153 所示，依次输入坐标值"@50,225"和"@450,-450"，完成椅面的绘制，结果如图 14-154 所示。

图 14-153

捕捉椅面线的基点

图 14-154

椅面线的绘制结果

Step 3 按【Enter】键，系统默认再次调用"矩形"命令。单击"捕捉自"按钮 ，捕捉基点如图 14-155 所示，依次输入坐标值"@0,200"和"@30,-400"，完成椅面与椅背连接件的绘制，结果如图 14-156 所示。

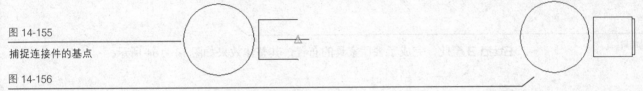

图 14-155

捕捉连接件的基点

图 14-156

连接件的绘制结果

Step 4 按【Enter】键，调用"矩形"命令。单击"捕捉自"按钮 ，捕捉基点如图 14-157 所示，依次输入坐标值"@0,300"和"@30,-600"，完成椅背的绘制，结果如图 14-158 所示。

Step 5 调用"圆角"命令。在命令行中输入选项半径的代号"R"，指定半径值"100"，将椅面线的左侧两个角点进行圆角处理，结果如图 14-159 所示。至此，完成一张椅子的绘制。

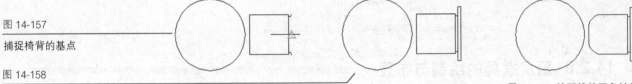

图 14-157

捕捉椅背的基点

图 14-158

椅背的绘制结果

图 14-159 椅面线的圆角结果

Step 6 单击"修改"工具栏中的"阵列"按钮 ，系统弹出"阵列"对话框。单击"选择对象"按钮 ，回到绘图区选择椅子的所有线条为阵列对象，回到"阵列"对话框，然后单击"拾取中心点"按钮 ，回到绘图区选取桌子圆的圆心为阵列中心点，回到"阵列"对话框，对其进行参数设置，如图 14-160 所示。最后单击"确定"按钮，阵列结果如图 14-161 所示。

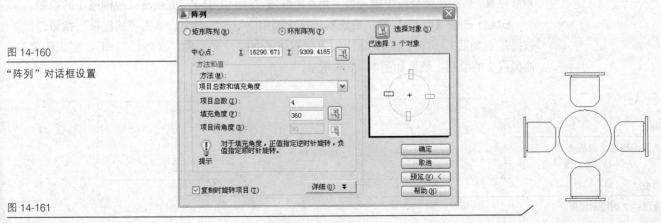

图 14-160

"阵列"对话框设置

图 14-161

阵列结果

2. 桌椅的布置

Step 1 调用"旋转"命令。选取桌椅的所有线条为旋转对象，捕捉旋转基点为桌子圆的圆心，然后输入旋转角度"45"，结果如图 14-162 所示。

Step 2 调用"移动"命令。选取桌椅的所有线条为移动对象，捕捉移动基点仍为桌子圆的圆心，然后在户型图的适当位置指定移动终点，如图 14-163 所示，完成桌椅的布置。

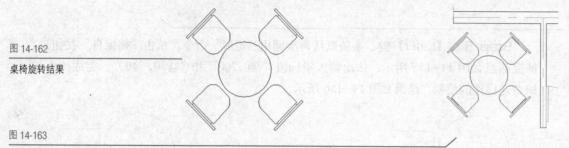

图 14-162

桌椅旋转结果

图 14-163

桌椅的移动结果

Step 3 至此，完成了餐厅家具的布置，其整体效果如图 14-164 所示。

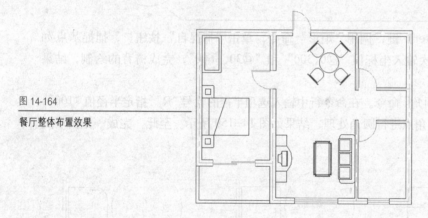

图 14-164

餐厅整体布置效果

■■■ 14.2.6 厨房家具的绘制与布置 ■■■■■■

厨房是用于做饭的专用场所，其家具必不可少的就是灶台、灶具和洗菜池。接下来，本节就将绘制这三件家具并将其进行布置。绘制过程中主要使用到圆命令、矩形命令、圆角命令和直线命令，布置过程则使用移动命令即可。

1. 洗菜池的绘制

Step 1 调用"矩形"命令。在户型图右侧空白区域的适当位置单击指定矩形的第一角点位置，然后在命令行中输入另一角点坐标值"@850,450"，完成洗菜池围线 1 的绘制。

Step 2 按【Enter】键，系统默认再次调用"矩形"命令。单击"捕捉自"按钮 📁，捕捉基点如图 14-165 所示，依次输入坐标值"@50,-50"和"@350,-350"，完成洗菜池围线 2 的绘制，结果如图 14-166 所示。

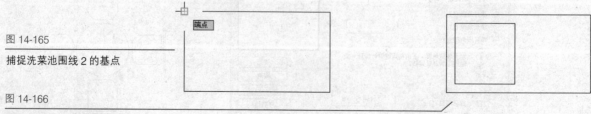

图 14-165

捕捉洗菜池围线 2 的基点

图 14-166

洗菜池围线 2 的绘制结果

Step 3 按【Enter】键，调用"矩形"命令。单击"捕捉自"按钮，捕捉基点如图 14-167 所示，依次输入坐标值"@50，0"和"@350，-350"，完成洗菜池围线 3 的绘制，结果如图 14-168 所示。

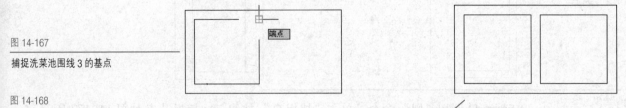

图 14-167

捕捉洗菜池围线 3 的基点

图 14-168

洗菜池围线 3 的绘制结果

Step 4 调用"圆角"命令。依次在命令行中输入选项半径的代号"R"，指定半径值"50"，将洗菜池围线 2 和围线 3 的 4 个角点进行圆角处理，结果如图 14-169 所示。

Step 5 调用"圆"命令。追踪捕捉圆心位置，如图 14-170 所示，然后在命令行中输入圆半径值"20"，完成流水口 1 的绘制，如图 14-171 所示。使用同样的方法，完成相同半径的流水口 2 的绘制，结果如图 14-172 所示。

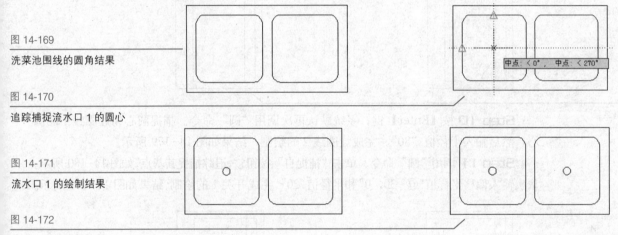

图 14-169

洗菜池围线的圆角结果

图 14-170

追踪捕捉流水口 1 的圆心

图 14-171

流水口 1 的绘制结果

图 14-172

流水口 2 的绘制结果

Step 6 调用"矩形"命令。在户型图右侧空白区域的适当位置单击指定矩形的第一角点位置，然后在命令行中输入另一角点坐标值"@500，800"，完成灶具线 1 的绘制。

Step 7 按【Enter】键，调用"矩形"命令。单击"捕捉自"按钮，捕捉基点如图 14-173 所示，依次输入坐标值"@40，-40"和"@360，-720"，完成灶具线 2 的绘制，结果如图 14-174 所示。

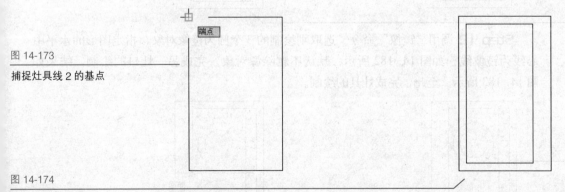

图 14-173

捕捉灶具线 2 的基点

图 14-174

灶具线 2 的绘制结果

Step 8 按【Enter】键，调用"矩形"命令。捕捉第一角点，如图 14-175 所示，输入另一角点坐标值"@-300，-720"，完成灶具线 3 的绘制，结果如图 14-176 所示。

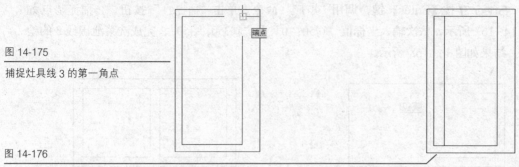

图 14-175

捕捉灶具线 3 的第一角点

图 14-176

灶具线 3 的绘制结果

Step 9 调用"圆"命令。单击"捕捉自"按钮 🗗，捕捉基点如图 14-177 所示，依次输入偏移坐标值"@0,-200"和半径值"120"，完成灶圈线 1 的绘制，结果如图 14-178 所示。

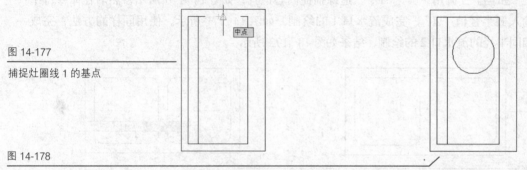

图 14-177

捕捉灶圈线 1 的基点

图 14-178

灶圈线 1 的绘制结果

Step 10 按【Enter】键，系统默认再次调用"圆"命令。捕捉圆心为灶圈线 1 的圆心，然后输入半径值"80"，完成灶圈线 2 的绘制，结果如图 14-179 所示。

Step 11 调用"圆"命令。单击"捕捉自"按钮 🗗，追踪捕捉其基点，如图 14-180 所示，依次输入偏移坐标值"@-30,0"和半径值"20"，完成开关 1 的绘制，结果如图 14-181 所示。

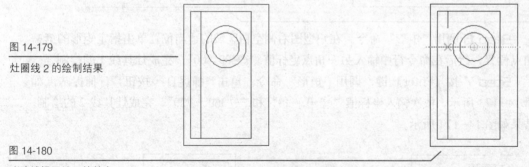

图 14-179

灶圈线 2 的绘制结果

图 14-180

追踪捕捉开关 1 的基点

Step 12 调用"镜像"命令。选取刚绘制的 3 个圆为镜像对象，指定图形的水平中心线为镜像线，如图 14-182 所示，默认不删除源对象，完成另一灶口的绘制，结果如图 14-183 所示。至此，完成灶具的绘制。

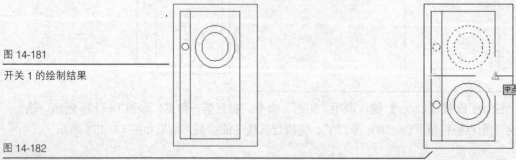

图 14-181

开关 1 的绘制结果

图 14-182

灶圈线等的镜像线

Step 13 调用"直线"命令。单击"捕捉自"命令按钮，捕捉基点如图 14-184 所示。

图 14-183

灶圈线等的镜像结果

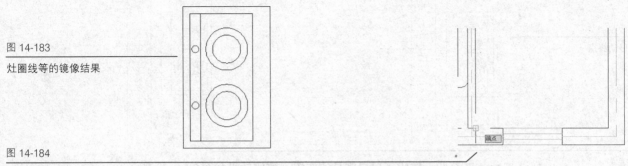

图 14-184

捕捉灶台线起点的基点

Step 14 输入偏移坐标值"@0,500"以指定直线起点，再次单击"捕捉自"按钮，捕捉基点如图 14-185 所示，输入偏移坐标值"@-600,500"指定直线端点 1，然后输入坐标值"@1500,0"，最后向右捕捉与外墙轮廓 1 下线的交点，按【Enter】键结束命令，完成灶台线的绘制，结果如图 14-186 所示。至此，完成所有厨房家具的绘制。

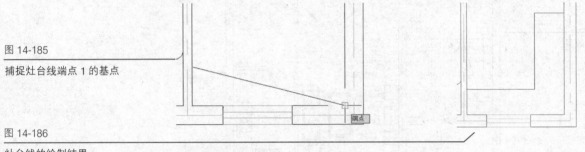

图 14-185

捕捉灶台线端点 1 的基点

图 14-186

灶台线的绘制结果

2. 厨房家具的布置

Step 1 调用"移动"命令。选取洗菜池的所有线条为移动对象，捕捉移动基点，如图 14-187 所示，接着单击"捕捉自"按钮，捕捉基点如图 14-188 所示，输入坐标值"@0,25"以指定移动的终点位置，结果如图 14-189 所示。

图 14-187

捕捉洗菜池的移动基点

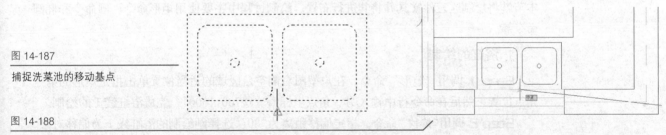

图 14-188

捕捉洗菜池移动终点的基点

Step 2 调用"移动"命令。选取灶具的所有线条为移动对象，捕捉移动基点，如图 14-190 所示，捕捉移动终点位置，如图 14-191 所示，完成灶具的布置，结果如图 14-192 所示。

图 14-189

洗菜池的移动结果

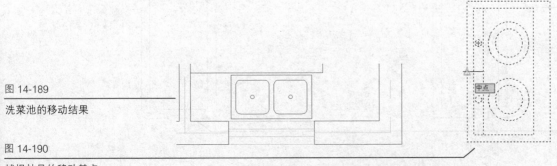

图 14-190

捕捉灶具的移动基点

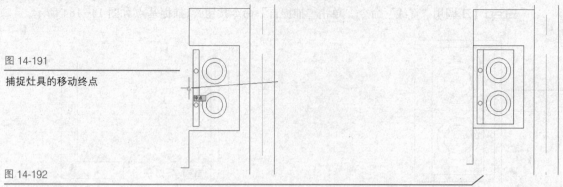

图 14-191

捕捉灶具的移动终点

图 14-192

灶具的移动结果

Step 3 至此，完成了厨房家具的布置，整体效果如图 14-193 所示。

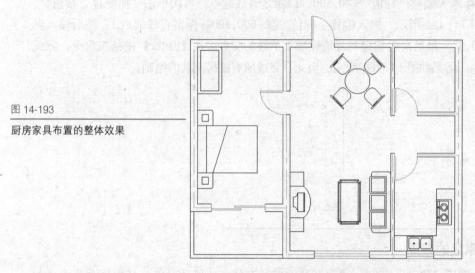

图 14-193

厨房家具布置的整体效果

14.2.7 卫生间家具的绘制与布置

　　卫生间是人们生活不可缺少的场所，其家具主要包括浴缸、洁具和洗脸盆。接下来，本节就将绘制这三件家具并将其进行布置。绘制过程中主要使用矩形命令、圆命令和椭圆命令等。

1. 浴缸的绘制

　　Step 1 调用"矩形"命令。在户型图右侧空白区域的适当位置单击指定矩形的第一角点位置，然后在命令行中输入另一角点坐标值"@700,1500"，完成浴缸线 1 的绘制。

　　Step 2 调用"偏移"命令。指定偏移距离为"80"，选择刚绘制的浴缸线 1 为偏移对象，然后在其内侧单击指定偏移方向，完成浴缸线 2 的绘制，结果如图 14-194 所示。

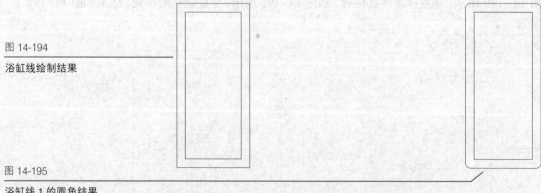

图 14-194

浴缸线绘制结果

图 14-195

浴缸线 1 的圆角结果

Step 3 调用"圆角"命令。依次在命令行中输入多个和半径选项的代号"M"和"R"，指定半径值"50"，将浴缸线1的四个角点进行圆角处理，结果如图 14-195 所示。

Step 4 按【Enter】键，系统默认再次调用"圆角"命令。依次在命令行中输入多个和半径选项的代号"M"和"R"，指定半径值"60"，将浴缸线2的上方两个角点进行圆角处理，结果如图 14-196 所示。

Step 5 按【Enter】键，调用"圆角"命令。依次在命令行中输入多个和半径选项的代号"M"和"R"，指定半径值"180"，将浴缸线2的下方两个角点进行圆角处理，结果如图 14-197 所示。

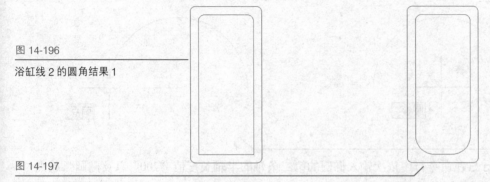

图 14-196

浴缸线2的圆角结果1

图 14-197

浴缸线2的圆角结果2

Step 6 调用"圆"命令。单击"捕捉自"按钮，捕捉基点如图 14-198 所示，依次输入偏移坐标值"@100,-40"和半径值"15"，完成开关1的绘制，结果如图 14-199 所示。

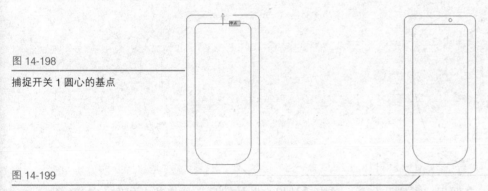

图 14-198

捕捉开关1圆心的基点

图 14-199

开关1的绘制结果

Step 7 调用"镜像"命令。选取刚绘制的开关圆为镜像对象，指定图形的垂直中心线为镜像线，默认不删除源对象，完成开关2的绘制。

Step 8 调用"圆"命令。单击"捕捉自"按钮，捕捉基点如图 14-200 所示，依次输入偏移坐标值"@0,-100"和半径值"20"，完成流水口的绘制，结果如图 14-201 所示。至此，完成浴缸的绘制。

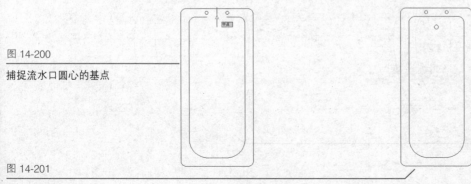

图 14-200

捕捉流水口圆心的基点

图 14-201

流水口的绘制结果

353

2. 洁具的绘制

Step 1 单击"绘图"工具栏中的"圆弧"按钮 。

Step 2 在命令行中输入圆心选项的代号"C"，在户型图右侧空白区域的适当位置单击指定圆心位置，接着输入起点坐标值"@100,0"，然后在命令行中输入角度选项的代号"A"，指定包含角为"180"，完成一条圆弧线的绘制。

Step 3 单击"绘图"工具栏中的"椭圆"按钮 。

Step 4 依次在命令行中输入圆弧和中心点选项的代号"A"和"C"，以进入绘制椭圆弧命令及捕捉中心点位置，如图 14-202 所示，接着捕捉轴端点位置，如图 14-203 所示。

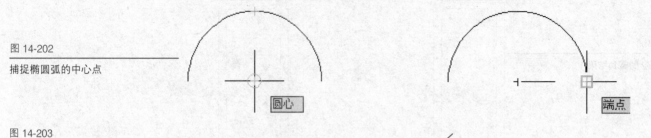

图 14-202
捕捉椭圆弧的中心点

图 14-203
捕捉椭圆弧的轴端点

Step 5 在命令行中依次输入椭圆的第二条轴的半轴长度值"200"以及椭圆弧起点角度"90"和终止角度"270"，结果如图 14-204 所示。

Step 6 调用"偏移"命令。指定偏移距离为"60"，分别选择刚绘制的圆弧和椭圆弧为偏移对象，在其外侧单击指定偏移方向，完成洁具座线的绘制，结果如图 14-205 所示。

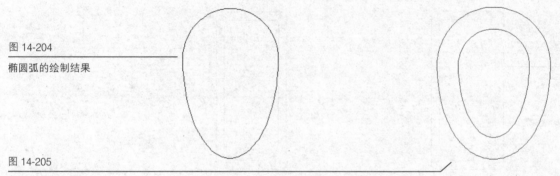

图 14-204
椭圆弧的绘制结果

图 14-205
捕捉椭圆弧的轴端点

Step 7 调用"直线"命令。单击"捕捉自"按钮 ，捕捉基点如图 14-206 所示，输入偏移坐标值"@0,130"，然后向右捕捉与偏移圆弧的交点为端点 1，如图 14-207 所示，接着输入端点 2 坐标值"@0,50"，最后捕捉端点 3 位置，如图 14-208 所示，完成连接线 1 的绘制，结果如图 14-209 所示。

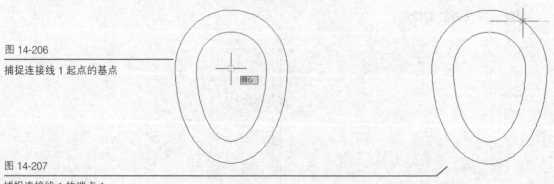

图 14-206
捕捉连接线 1 起点的基点

图 14-207
捕捉连接线 1 的端点 1

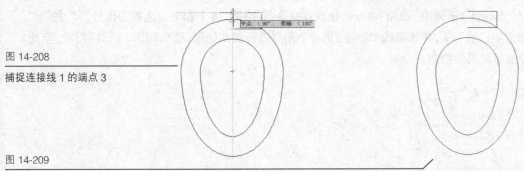

图 14-208

捕捉连接线 1 的端点 3

图 14-209

连接线 1 的绘制结果

Step 8 调用"镜像"命令。选取刚绘制的连接线 1 为镜像对象，指定图形的垂直中心线为镜像线，如图 14-210 所示，默认不删除源对象，完成连接线 2 的绘制，结果如图 14-211 所示。

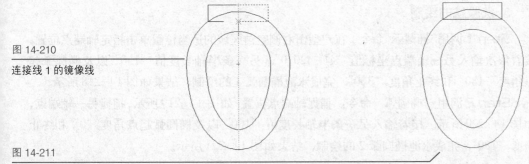

图 14-210

连接线 1 的镜像线

图 14-211

连接线 1 的镜像结果

Step 9 单击"修改"工具栏中的"修剪"按钮 ⊬。选择剪切边界对象，如图 14-212 所示，单击选择要修剪的对象部分，结果如图 14-213 所示。

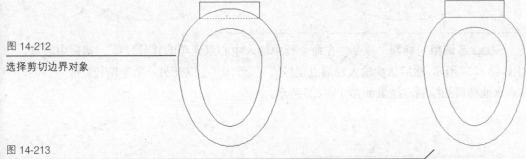

图 14-212

选择剪切边界对象

图 14-213

修剪结果

Step 10 调用"矩形"命令。单击"捕捉自"按钮 📄，捕捉基点如图 14-214 所示，依次输入坐标值"@-180,0"和"@360,180"，完成水箱线 1 的绘制，结果如图 14-215 所示。

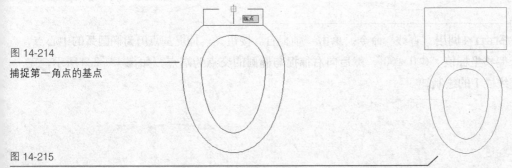

图 14-214

捕捉第一角点的基点

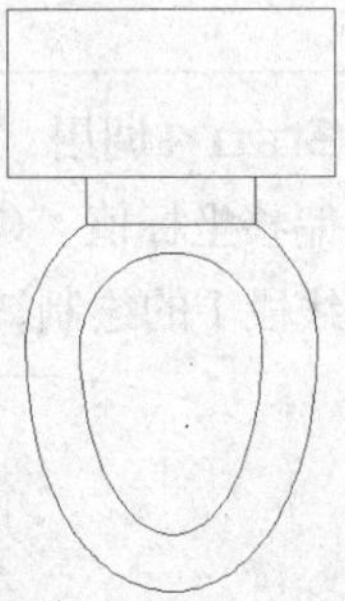

图 14-215

水箱线 1 绘制结果

Step 11 调用"偏移"命令。指定偏移距离为"36"，分别选择刚绘制的水箱线 1 为偏移对象，在其内侧单击指定偏移方向，完成水箱线 2 的绘制，结果如图 14-216 所示。

Step 12 调用"圆角"命令。依次在命令行中输入多个和半径选项的代号"M"和"R"，指定半径值"30"，将水箱线1和线2的4个角点进行圆角处理，结果如图14-217所示。至此，完成了洁具的绘制。

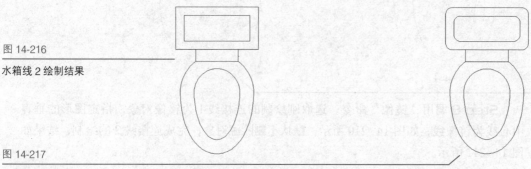

图 14-216

水箱线2绘制结果

图 14-217

水箱线的圆角结果

3. 洗脸盆的绘制

Step 1 调用"椭圆弧"命令。在户型图右侧空白区域的适当位置单击指定轴端点位置，接着依次输入另一轴端点坐标值"@-420,0"、另一条半轴长度值"150"以及椭圆弧起点角度"180"和终止角度"360"，完成水池椭圆弧1的绘制，结果如图14-218所示。

Step 2 调用"椭圆弧"命令。捕捉轴端点位置，如图14-219所示，捕捉另一轴端点，如图14-220所示。接着输入另一条半轴长度值"100"以及椭圆弧起点角度"0"和终止角度"180"，完成水池椭圆弧2的绘制，结果如图14-221所示。

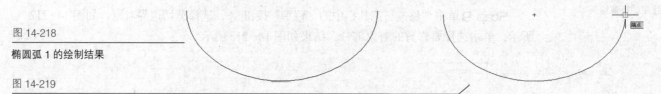

图 14-218

椭圆弧1的绘制结果

图 14-219

捕捉椭圆弧2的轴端点

Step 3 调用"椭圆"命令。在命令行中输入中心点选项的代号"C"，捕捉中心点，如图14-222所示，然后依次输入轴端点坐标值"@250,0"以及另一条半轴长度值"190"，完成水池椭圆的绘制，结果如图14-223所示。

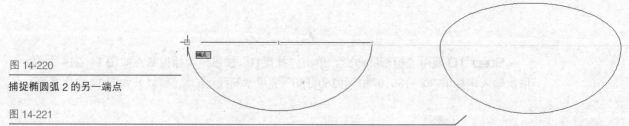

图 14-220

捕捉椭圆弧2的另一端点

图 14-221

椭圆弧2的绘制结果

Step 4 调用"直线"命令。单击"捕捉自"按钮，捕捉基点仍为椭圆弧的中心点，输入偏移坐标值"@0,160"，然后向右捕捉与椭圆的交点为端点，如图14-224所示，完成直线段1的绘制。

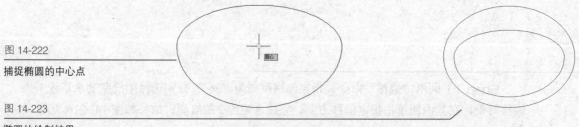

图 14-222

捕捉椭圆的中心点

图 14-223

椭圆的绘制结果

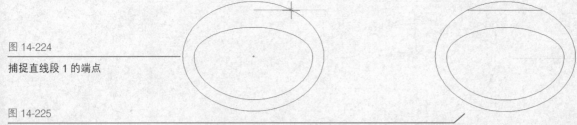

图 14-224

捕捉直线段 1 的端点

图 14-225

直线段 1 的镜像结果

Step 5 调用"镜像"命令。选取刚绘制的直线段 1 为镜像对象，指定图形的垂直中心线为镜像线，默认不删除源对象，完成直线段 2 的绘制，结果如图 14-225 所示。

Step 6 调用"修剪"命令。选择剪切边界对象为直线段 1 和直线段 2，单击选择要修剪的对象部分，结果如图 14-226 所示。

Step 7 调用"圆"命令。以椭圆中心点为圆心，半径值为"20"，完成流水口的绘制，结果如图 14-227 所示。

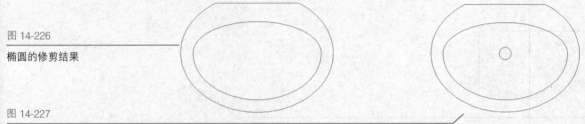

图 14-226

椭圆的修剪结果

图 14-227

流水口的绘制结果

Step 8 按【Enter】键，调用"圆"命令。单击"捕捉自"按钮 ，捕捉基点为刚绘制的流水口圆的圆心，输入偏移坐标值"@0,130"，半径值仍为"20"，完成水龙头圆 1 的绘制，结果如图 14-228 所示。

Step 9 调用"圆"命令。为水龙头圆 1 绘制一个半径为"15"的同心圆，完成水龙头圆 2 的绘制，结果如图 14-229 所示。

图 14-228

水龙头圆 1 的绘制结果

图 14-229

水龙头圆 2 的绘制结果

Step 10 调用"圆"命令。单击"捕捉自"按钮 ，捕捉基点为刚绘制的水龙头圆的圆心，输入偏移坐标值"@0,-95"，半径值为"10"，完成水龙头圆 3 的绘制，结果如图 14-230 所示。

Step 11 调用"直线"命令。单击"对象捕捉"工具栏中的"捕捉到切点"按钮 ，捕捉切点 1，如图 14-231 所示，再次单击"捕捉到切点"按钮 ，捕捉切点 2，如图 14-232 所示，按【Enter】键结束命令，完成水龙头线的绘制，结果如图 14-233 所示。

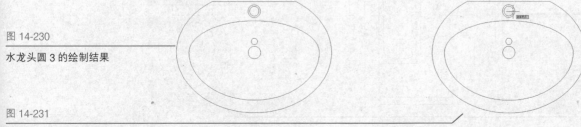

图 14-230

水龙头圆 3 的绘制结果

图 14-231

捕捉水龙头线的切点 1

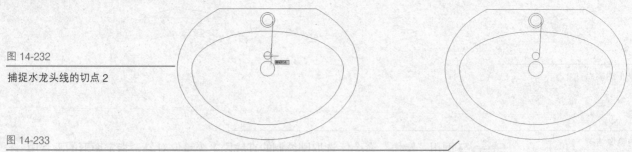

图 14-232

捕捉水龙头线的切点 2

图 14-233

水龙头线的绘制结果

Step 12 调用"镜像"命令。选取刚绘制的水龙头线为镜像对象，指定图形的垂直中心线为镜像线，默认不删除源对象，完成另一条水龙头线的绘制，结果如图 14-234 所示。

Step 13 调用"修剪"命令。选择剪切边界对象为两条水龙头线，单击选择要修剪的对象部分，结果如图 14-235 所示。至此，完成了洗脸盆的绘制。

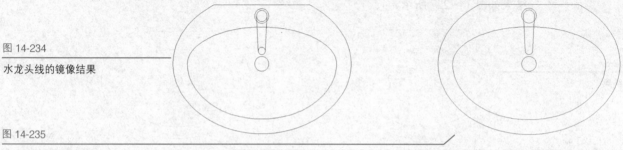

图 14-234

水龙头线的镜像结果

图 14-235

水龙头线的修剪结果

4. 卫生间家具的布置

Step 1 调用"移动"命令。选取浴缸的所有线条为移动对象，捕捉移动基点，如图 14-236 所示，接着单击"捕捉自"按钮 ，捕捉基点如图 14-237 所示，输入坐标值"@-350,0"以指定移动的终点位置，结果如图 14-238 所示。

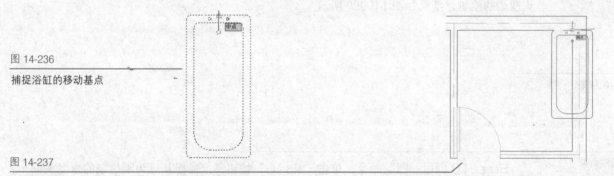

图 14-236

捕捉浴缸的移动基点

图 14-237

捕捉浴缸移动终点的基点

Step 2 调用"移动"命令。选取洁具的所有线条为移动对象，捕捉移动基点，如图 14-239 所示，接着单击"捕捉自"按钮 ，捕捉基点如图 14-240 所示，输入坐标值"@680,0"以指定移动的终点位置，结果如图 14-241 所示。

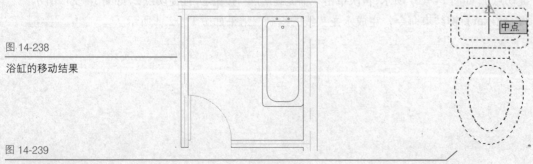

图 14-238

浴缸的移动结果

图 14-239

捕捉洁具的移动基点

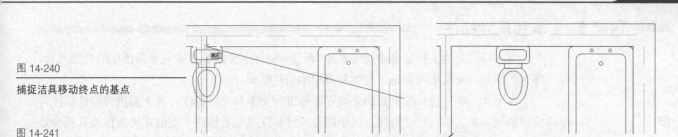

图 14-240

捕捉洁具移动终点的基点

图 14-241

洁具的移动结果

Step 3 调用"旋转"命令。选取洗脸盆的所有线条为旋转对象，捕捉旋转基点，如图 14-242 所示，然后输入旋转角度"90"，结果如图 14-243 所示。

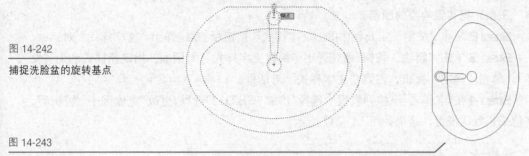

图 14-242

捕捉洗脸盆的旋转基点

图 14-243

洗脸盆的旋转结果

Step 4 调用"移动"命令。选取洗脸盆的所有线条为移动对象，捕捉移动基点与其旋转基点相同，接着单击"捕捉自"按钮，捕捉基点如图 14-244 所示，输入坐标值"@0,-900"以指定移动的终点位置，结果如图 14-245 所示。

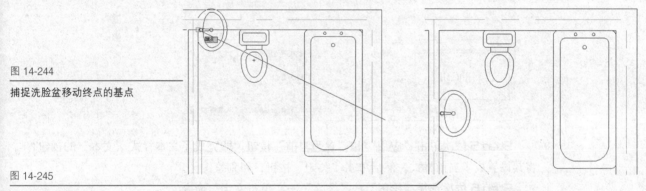

图 14-244

捕捉洗脸盆移动终点的基点

图 14-245

洗脸盆的移动结果

Step 5 至此，完成了卫生间家具的布置，其整体效果如图 14-246 所示。

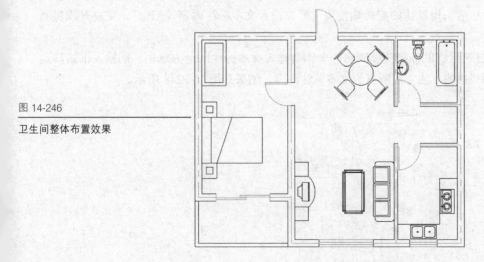

图 14-246

卫生间整体布置效果

■■■ 14.2.8　文本和尺寸标注　─■■

文本标注是为了标定各房间的名称,而尺寸标注主要是标注家装平面图中的户型尺寸,使人们清楚该家装平面图是针对哪种类型的居住空间。

接下来,本节将对绘制好的家装平面图进行文本和尺寸标注,其主要内容包括标注样式的创建以及文本和尺寸标注。其中图形尺寸标注主要是标注户型的主要墙体及其拐角处的位置尺寸。

1. 标定房间名称

Step 1 单击"图层"工具栏中的"图层控制"下拉按钮,在弹出的下拉菜单中选中"文本"图层,将其置为当前图层。

Step 2 单击"文字"工具栏中的"文字样式"按钮 **A**,系统弹出"文字样式"对话框。

Step 3 单击"新建"按钮,系统弹出"新建文字样式"对话框。指定新样式名为"文本",单击"确定"按钮,回到"文字样式"对话框。

Step 4 在"字体名"下拉列表框中选择"仿宋 _GB2312"选项,更改"宽度因子"为"0.7",其他采用默认设置,结果如图 14-247 所示。

图 14-247

"文本"文字样式设置结果

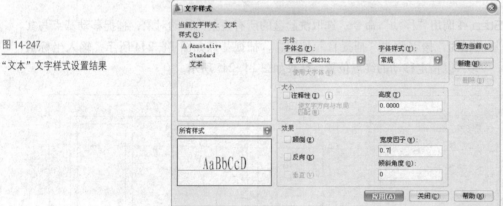

Step 5 依次单击"应用"和"置为当前"按钮,即完成了文本样式"文本"的创建,将其设置成了当前样式。然后单击"关闭"按钮,回到绘图区。

Step 6 依次选择"绘图"→"文字"→"单行文字"命令。

Step 7 在绘图区左下角适当位置单击指定文字起点,接着在命令行中指定"文字高度"为"300",然后采用默认的旋转角度值"0",输入文本标注内容"阳台",完成对该房间位置的标定。

Step 8 然后将鼠标箭头移到另一个需要输入文本标注的地方单击,则输入框转移到此处,使用同样的方法完成所有的文本标注内容,结果如图 14-248 所示,

图 14-248

房间名称标定结果

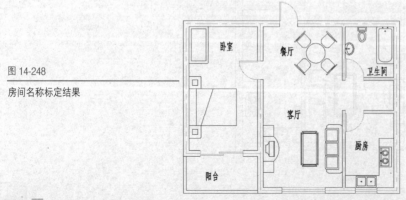

2. 尺寸标注样式的创建

Step 1 单击"图层"工具栏中的"图层控制"下拉按钮,在弹出的下拉菜单中选中"尺寸"图层,将其置为当前图层。

Step 2 单击"标注"工具栏中的"标注样式"按钮 ，在弹出的"标注样式管理器"对话框中单击"新建"按钮,接着在弹出的"创建新标注样式"对话框中指定新样式名为"建筑平面图",然后单击"继续"按钮,系统弹出"新建标注样式:建筑平面图"对话框。

Step 3 选择"线"选项卡,将"基线间距"文本框中的值改为"7";"超出尺寸线"微调框中的值改为"3";"起点偏移量"微调框中的值改为"2",其他采用默认设置,如图 14-249 所示。

图 14-249

"线"选项卡设置

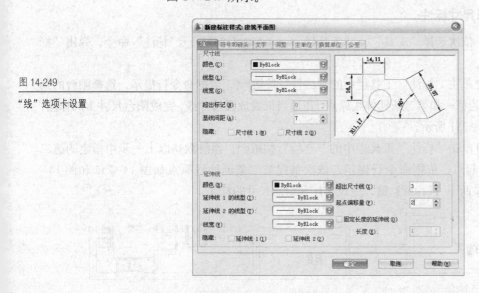

Step 4 选择"符号和箭头"选项卡,在"箭头"选项组中的"第一个"下拉列表框中选择"建筑标记"选项,将"箭头大小"微调框中值改为"2",其余采用默认设置,如图 14-250 所示。

图 14-250

"符号和箭头"选项卡设置

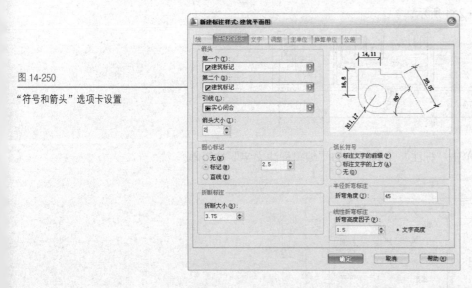

Step 5 选择"文字"选项卡,然后单击"文字样式"下拉列表框后面的设置按钮 ，系统弹出"文字样式"对话框。

Step 6 单击"新建"按钮,系统弹出"新建文字样式"对话框,输入样式名"建筑尺寸"。单击"确定"按钮,回到"文字样式"对话框。在"字体名"下拉列表框中选择"romans.shx"选项其他采用默认设置。

Step 7 依次单击"应用"和"关闭"按钮,回到"新建标注样式:建筑平面图"对话框。在"文字样式"下拉列表框中选择上一步中新建的文字样式"建筑尺寸",设置"文字高度"为"2.5",其他采用默认设置。

Step 8 选择"调整"选项卡,将"标注特征比例"选项组中"使用全局比例"文本框中的值改为"100",其他采用默认设置。

Step 9 选择"主单位"选项卡,在"精度"下拉列表框中选择"0"选项,在"小数分隔符"下拉列表框中选择"句点"选项,其他采用默认设置。

Step 10 单击"确定"按钮,回到"标注样式管理器"对话框,然后依次单击"置为当前"和"关闭"按钮,完成尺寸标注样式的创建和置为当前,回到绘图区。

3. 图形尺寸标注

Step 1 依次选择"工具"→"工具栏"→"AutoCAD"→"标注"命令,弹出"标注"工具栏。

Step 2 单击"标注"工具栏中的"线性"按钮。依据命令行提示,选择阳台的角点和右端点为第一和第二条延伸线原点,在适当位置放置尺寸线,完成阳台尺寸 1 的标注,结果如图 14-251 所示。

Step 3 单击"标注"工具栏中的"连续"按钮。系统默认以上一步中指定的第二条延伸线为起点,依据命令行提示,依次捕捉第二条延伸线原点如图 14-252 和图 14-253 所示,按两下【Enter】键,完成客厅和厨房尺寸的标注。

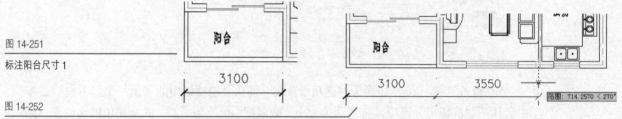

图 14-251

标注阳台尺寸 1

图 14-252

捕捉连续标注的第二条延伸线原点 1

Step 4 依次调用"线性"和"连续"命令,使用同样的方法,完成其他尺寸标注,结果如图 14-254 所示。

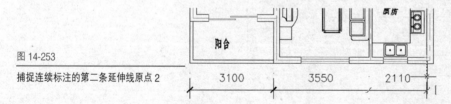

图 14-253

捕捉连续标注的第二条延伸线原点 2

Step 5 单击"标注"工具栏中的"编辑标注文字"按钮。

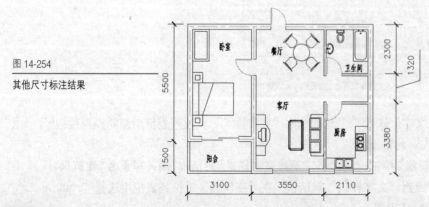

图 14-254

其他尺寸标注结果

Step 6 选择右侧在外的标注尺寸"1320"为编辑对象，然后拖动鼠标将标注文字移到尺寸线内，在适当位置单击，完成该尺寸文本的编辑。

Step 7 至此，完成图形的尺寸标注，效果如图 14-255 所示。

图 14-255

图形标注效果

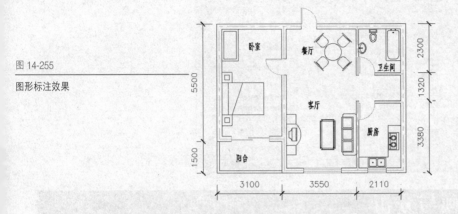

14.2.9 图形打印

每一张图纸都需要打印出来才能交给相应施工人员参看。接下来，本节将完成绘制好的家装平面图的打印工作。

Step 1 单击"标准"工具栏中的"打印"按钮⊖，系统弹出"打印－模型"对话框。

Step 2 单击"打印机／绘图仪"选项组中的"名称"下拉列表框，在弹出的下拉列表中选择"Default Windows System Printer.pc3"选项。

Step 3 单击"打印区域"选项组中的"打印范围"下拉列表框，在弹出的下拉列表中选择"窗口"选项，此时，对话框中出现"窗口"按钮，单击该按钮，回到绘图区，选择两个角点以指定窗口范围，如图 14-256 中的黑框所示，然后回到"打印－模型"对话框，选中"居中打印"复选框。

图 14-256

指定打印窗口范围

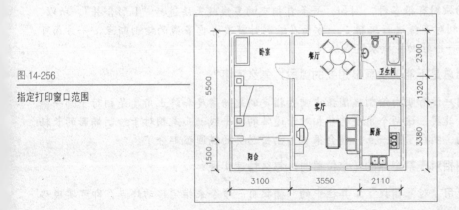

Step 4 单击"打印样式表"下拉列表框，在弹出的下拉列表中选择"monochrome.ctb"选项。

Step 5 在"图形方向"选项组中选择"横向"单选按钮。其他采用默认设置，此时，"打印－模型"对话框的设置结果如图 14-257 所示。

Step 6 单击"预览"按钮，即得到预览效果如图 14-1 所示。

Step 7 单击"确定"按钮，系统弹出"文件另存为"对话框，采用默认存储路径，在"文件名"下拉列表框中输入名称"14"。单击"保存"按钮，系统弹出"打印作业进度"显示条，等待打印结束即可。

图 14-257

"打印 - 模型"对话框设置

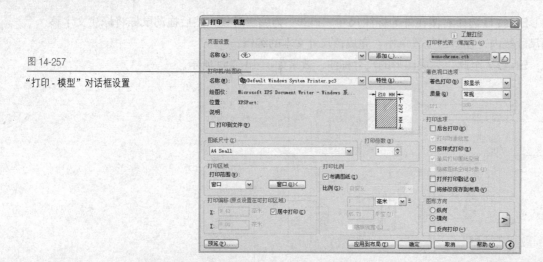

14.3 本章重要知识点回顾与分析

本例通过一个家装平面图的绘制，详细介绍了室内设计的完整过程。

绘制过程中用到的重要知识点包括多线样式的创建、多线的绘制、多线的编辑、各种中高级绘图与编辑命令的使用以及各种尺寸标注的使用等。

其中，中高级绘图与编辑命令包括绘制矩形、直线、圆、圆弧和椭圆弧以及圆角、镜像、偏移、修剪、延伸、移动、复制、旋转、阵列、捕捉自以及捕捉到切点等。其中，移动和旋转命令需要重点灵活掌握，它们是家装平面图中进行家具布置最常用的两个命令。

14.4 工程师坐堂

问：编辑多线时，有时无法编辑怎么办？

答：无法编辑的原因有很多种，例如，一条自相交的多线就无法进行"T形合并"。所以，为了能够顺利对多线进行编辑，一方面在绘制时就要考虑多线的绘制断点，一方面可以通过绘制一条辅助多线来完成编辑。

问：绘制椭圆弧总是不能一次画出想要的弧段，怎么回事？

答：这是因为用户没有明白绘制椭圆弧中需要指定的起始角度和终止角度是相对于哪一条线来说的。其实，这两个角度并非相对于通常的水平线，而是相对于绘制椭圆的长轴方向而言的，明白了这一点，就会很容易画出想要的椭圆弧部分了。

问：希望移动到相对于某个点的一个位置时，怎么快速实现？

答：这时可以使用"对象捕捉"工具栏中的"捕捉自"命令来指定移动终点，即可实现移动到某相对位置。

问：希望绘制两个圆的公切线时，怎么办？

答：这时可以使用"对象捕捉"工具栏中的"捕捉到切点"命令帮助完成。

问：如果不小心误删了图形，有什么方法可以恢复误删除的对象吗？

答：使用 oops 命令可以恢复最后一次使用"删除"命令删除的对象，用户如果要连续向前恢复已被删除的对象，则需要使用取消命令 undo。

问：编辑文本标注的快捷方式是什么？

答：在文本标注上双击，单行文本即变成可编辑状态；多行文本即打开多行文字编辑器，可以更方便地编辑文本。

Chapter 15

AutoCAD 电气设计工程应用
——绘制液压系统原理图

15.1 实例分析

15.2 操作步骤

15.3 UG 的特点

15.4 工程师坐堂

Autodesk®

15.1 实例分析

本章将从文件新建到图形打印，系统讲解压力机液压系统原理图的整个操作过程。压力机液压系统原理图的打印预览效果图，如图15-1所示。

图 15-1

打印预览效果图

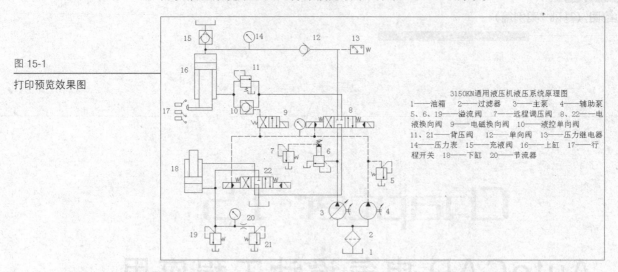

3150KN通用液压机液压系统原理图
1——油箱　2——过滤器　3——主泵　4——辅助泵
5、6、19——溢流阀　7——远程调压阀　8、22——电液换向阀　9——电磁换向阀　10——液控单向阀
11、21——背压阀　12——单向阀　13——压力继电器
14——压力表　15——充液阀　16——上缸　17——行程开关　18——下缸　20——节流器

15.1.1 产品分析

压力机是锻压、冲压、冷挤、校直、弯曲和成形等工艺中广泛应用的压力加工机械，是最早应用液压传动的机械之一。压力机液压系统以压力控制为主，系统压力高，流量大，功率大，尤其是要注意如何提高系统效率和防止产生液压冲击。

液压系统原理图的绘制对于更好地应用相应液压机有着十分重要的作用，它能使用户全面快捷地了解其各组成部分的功用，从而更快、更好地控制相应液压机。图15-1所示为3150KN通用液压机的液压系统原理图。系统由一个变量泵、一个定量泵、油箱、过滤器、各种阀、继电器、压力计、节流器、上下缸和行程开关等组成。

15.1.2 设计分析

本例不同于以往的绘图，由图15-1可知，在设计内容上主要是液压系统中各组成部分图形符号的绘制。在设计思路上则是首先绘制这些图形符号，最后使用整体进行布置连线的方法完成该液压系统原理图的绘制。

绘制过程十分简单，主要使用到的命令有绘制矩形、圆、圆弧、多段线和直线，以及创建块和插入块等命令。

15.2 操作步骤

根据一般绘图顺序，该绘制过程主要包括绘制前准备、绘制液压系统各组成部分的图形符号、整体布置连线、各组成符号的编号及其名称标注和图形打印等5个步骤。

15.2.1 绘制前准备

绘图前准备阶段主要完成图形文件的新建与保存、草图设置、图层设置、线型显示比例设置以及文字样式新建等工作内容。

1. 图形文件的新建以及草图设置

Step 1 单击"标准"工具栏中的"新建"按钮 🗋，系统弹出"选择样板"对话框，如图 15-2 所示，采用默认样板文件，单击"打开"按钮，完成新图形文件的创建。

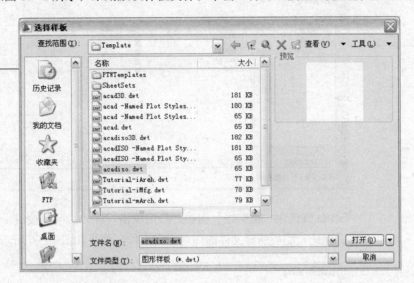

图 15-2
"选择样板"对话框

Step 2 依次选择"工具"→"草图设置"命令，系统弹出"草图设置"对话框。

Step 3 选择"捕捉和栅格"选项卡，修改"捕捉 X 轴间距"和"捕捉 Y 轴间距"文本框中的值为"1"，如图 15-3 所示。

Step 4 选择"对象捕捉"选项卡，然后选中"中点"复选框，如图 15-4 所示，最后单击"确定"按钮，即完成新建文件的草图设置。

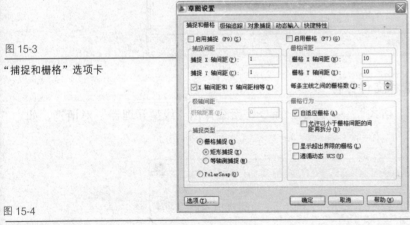

图 15-3
"捕捉和栅格"选项卡

图 15-4
"对象捕捉"选项卡

2. 图层设置

Step 1 单击"图层"工具栏中的"图层特性管理器"按钮 🖳，系统弹出"图层特性管理器"。

Step 2 单击"新建图层"按钮 🖉，创建 3 个新图层。分别在"名称"文本框中输入新图层名"粗实线"、"细实线"和"虚线"，如图 15-5 所示。

Step 3 选中图层"粗实线"，单击该图层对应的"线宽"按钮，系统弹出"线宽"对话框，从中选择"0.30 毫米"选项，单击"确定"按钮，完成该图层线宽的设置。

Step 4 选中图层"虚线"，单击该图层对应的"线型"按钮，系统弹出"选择线型"对话框，继续单击"加载"按钮，则弹出"加载或重载线型"对话框，从中选择"ACAD_

ISOO2W100"线型。然后单击"确定"按钮，回到"选择线型"对话框，再次选中刚加载的"ACAD_ISOO2W100"线型，单击"确定"按钮，完成该图层线型的设置。

图 15-5

创建 3 个新图层

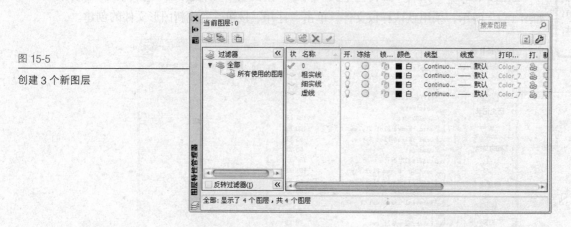

Step 5 选中"粗实线"图层，然后单击"置为当前"按钮 ✔，将该图层设置为当前图层。至此，完成新建文件的图层编辑工作，结果如图 15-6 所示。

图 15-6

图层编辑结果

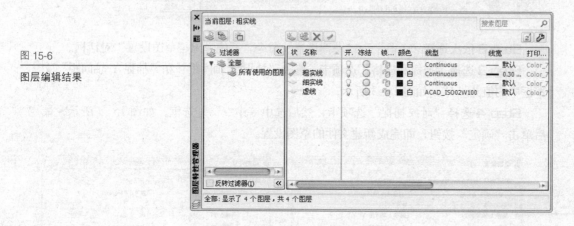

3．显示比例设置和文件保存

Step 1 依次选择"格式"→"线型"命令，系统弹出"线型管理器"对话框，如图 15-7 所示。

图 15-7

"线型管理器"对话框

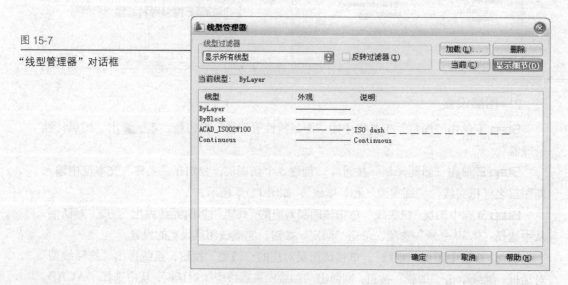

Step 2 单击 "显示细节" 按钮，将 "全局比例因子" 设置为 "0.2"，如图15-8所示。

图 15-8

"线型管理器" 对话框设置结果

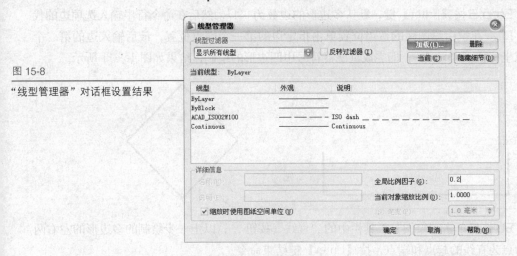

Step 3 单击 "确定" 按钮，关闭 "线型管理器" 对话框。

Step 4 依次选择 "文件" → "另存为" 命令，系统弹出 "图形另存为" 对话框，采用默认存储路径，在 "文件名" 下拉列表框中输入名称 "液压系统原理图"，如图15-9所示。

图 15-9

"图形另存为" 对话框

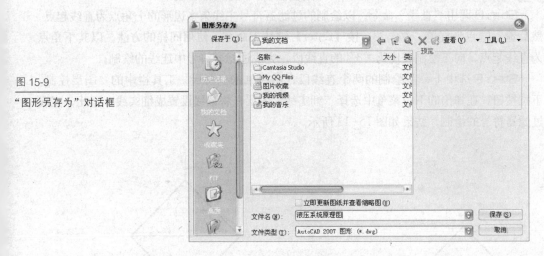

Step 5 单击 "保存" 按钮，即完成了新建文件的保存。至此，完成了绘图前的准备工作。

15.2.2 绘制各组成部分的图形符号

为了简化结构，每个液压部件都有自己专属的图形符号表示。该液压系统由一个变量泵、一个定量泵、油箱、过滤器、各种阀、继电器、压力计、节流器、上下缸和行程开关等部分组成。接下来，本节将绘制各组成部分所对应的22个图形符号。绘制过程中主要使用绘制矩形、多边形、圆、圆弧、多段线和直线，以及创建块和插入块等命令。

1．油箱和过滤器符号的绘制

Step 1 单击状态栏中的 "显示/隐藏线宽" 按钮 ，以显示线宽来区别图形符号中的主次线条。

Step 2 单击 "绘图" 工具栏中的 "直线" 按钮 。

Step 3 在绘图区适当位置单击以指定直线的起点，然后依次输入坐标值 "@0,−2"、"@9,0" 和 "@0,2"，按【Enter】键结束命令，则完成油箱符号的绘制，结果如图15-10所示。

Step 4 单击"绘图"工具栏中的"多边形"按钮⬡。

Step 5 按【Enter】键，默认多边形的边数为"4"，然后在命令行中输入选项边的代号"E"，在空白绘图区的适当位置单击指定边的第一个端点位置，最后输入边的第二个端点坐标值"@5<45"，即完成过滤器符号中四边形的绘制，结果如图15-11所示。

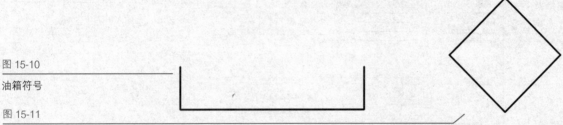

图 15-10

油箱符号

图 15-11

四边形

Step 6 单击"绘图"工具栏中的"直线"按钮╱。以上一步绘制的多边形的左右两个角点为直线的起点和端点，按【Enter】键结束命令。

Step 7 选中上一步绘制的直线段，然后单击"图层"工具栏中的"图层控制"下拉按钮，在弹出的下拉菜单中选择"虚线"图层，将该线设置成虚线，完成过滤器符号中虚线条的绘制，结果如图15-12所示。

Step 8 调用"直线"命令。以绘制的过滤器符号主线条多边形的上角点为直线起点，然后输入端点坐标值"@0,2"，按【Enter】键结束命令。使用同样的方法，以其下角点为直线起点，向下绘制长度为"3"的直线段，完成过滤器符号中连线的绘制。

Step 9 选中上一步绘制的两个直线段，然后单击"图层"工具栏中的"图层控制"下拉按钮，在弹出的下拉菜单中选择"细实线"图层，将该线设置成细实线。至此，完成过滤器符号的绘制，结果如图15-13所示。

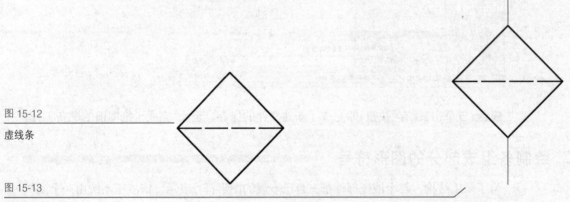

图 15-12

虚线条

图 15-13

过滤器符号

2. 主泵和辅助泵符号的绘制

Step 1 单击"绘图"工具栏中的"圆"按钮⊙。

Step 2 在空白绘图区的适当位置单击指定圆心位置，绘制半径值为"4"的圆，完成主泵符号中圆轮廓的绘制。

Step 3 单击"绘图"工具栏中的"多段线"按钮⤵。

Step 4 捕捉上一步中的圆的第二象限点为多段线起点，如图15-14所示。接着输入宽度代号"W"，按【Enter】键以默认起点宽度为"0"，并指定端点宽度为"2"。最后输入下一点的坐标值"@0,-2"，按【Enter】键结束命令，完成主泵符号中实三角的绘制，结果如图15-15所示。

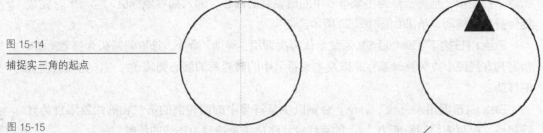

图 15-14

捕捉实三角的起点

图 15-15

实三角的绘制结果

Step 5 调用 "直线" 命令。以绘制的主泵符号圆轮廓的圆心为直线起点，输入端点坐标值 "@6,0"，按【Enter】键结束命令，完成一条辅助直线的绘制。

Step 6 单击 "修改" 工具栏中的 "偏移" 按钮 ⊜。指定偏移距离为 "0.4"，选择刚绘制的辅助直线为偏移对象，指定其上下两侧为偏移方向，结果如图 15-16 所示。

Step 7 选中绘制的辅助直线，然后按【Delete】键将其删除。

Step 8 单击 "修改" 工具栏中的 "修剪" 按钮 ∕。选择主泵符号中的圆轮廓为剪切边界对象，选择圆轮廓内的偏移直线为要修剪掉的对象，结果如图 15-17 所示。

图 15-16

偏移辅助直线结果

图 15-17

偏移直线的修剪结果

Step 9 单击 "绘图" 工具栏中的 "多段线" 按钮 ⊃。

Step 10 在空白绘图区的适当位置单击指定多段线起点，接着输入宽度代号 "W"，指定起点宽度为 "0" 和端点宽度均为 "0.4"，然后输入下一点的坐标值 "@1.5<225"。

Step 11 再次输入宽度代号 "W"，指定起点宽度和端点宽度均为 "0"，然后依次输入圆弧和方向选项的代号 "A" 和 "D"，接着依次输入方向值 "<225" 和圆弧端点坐标值 "@0,-4"，按【Enter】键结束命令，完成主泵符号中旋转箭头的绘制，结果如图 15-18 所示。

Step 12 按下【Enter】键，系统默认再次调用 "多段线" 命令。

Step 13 在空白绘图区的适当位置单击指定多段线起点，按【Enter】键，默认起点宽度和端点宽度为 "0"，然后输入下一点的坐标值 "@10<45"。接着输入宽度代号 "W"，指定起点宽度为 "0.6" 和端点宽度为 "0"，然后输入下一点的坐标值 "@2<45"，按【Enter】键，结束命令，完成主泵符号中斜箭头的绘制，结果如图 15-19 所示。

图 15-18

旋转箭头

图 15-19

斜箭头

Step 14 单击 "修改" 工具栏中的 "移动" 按钮 ✛。选取旋转箭头为移动对象，指定其圆弧段中点为移动基点，然后单击 "对象捕捉" 工具栏中的 "捕捉自" 按钮 ⌐，依据命令行提示，捕捉基点为主泵符号中的圆轮廓的圆心，输入偏移坐标值"@5,0"，完成旋转箭头的移动，结果如图 15-20 所示。

Step 15 按下【Enter】键，系统默认再次调用"移动"命令。选取斜箭头为移动对象，指定其直线段中点为移动基点，以及主泵符号中的圆轮廓的圆心为移动终点，完成斜箭头的移动。

Step 16 调用"直线"命令。分别以主泵符号中的圆轮廓的第二和第四象限点为直线起点，向两侧绘制长度为"3"的直线段，完成主泵符号中连线的绘制。

Step 17 选中上一步绘制的两个直线段，然后单击"图层"工具栏中的"图层控制"下拉按钮，在弹出的下拉菜单中选择"细实线"图层，将该线设置成细实线。至此，完成主泵符号的绘制，结果如图 15-22 所示。

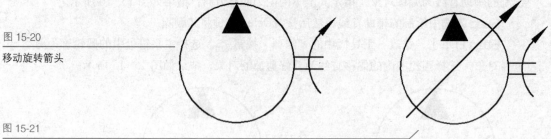

图 15-20
移动旋转箭头

图 15-21
移动斜箭头

Step 18 单击"修改"工具栏中的"复制"按钮 。

Step 19 选取刚绘制的主泵符号为复制对象，捕捉主泵符号中的圆轮廓的圆心为复制基点，然后在空白绘图区的适当位置单击指定复制的第二点，按【Enter】键结束命令。

Step 20 选中主泵符号的副本中的斜箭头，然后按【Delete】键将其删除，即完成辅助泵的绘制，结果如图 15-23 所示。

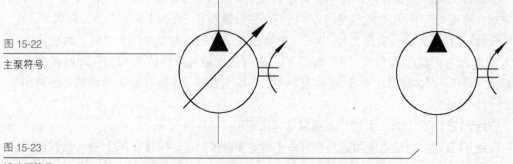

图 15-22
主泵符号

图 15-23
辅助泵符号

3. 四种溢流阀符号的绘制

Step 1 单击"绘图"工具栏中的"矩形"按钮 。

Step 2 在空白绘图区的适当位置单击指定矩形的第一角点位置，然后在命令行中输入另一角点坐标值"@5,5"，完成溢流阀符号形式 1 中正方形的绘制。

Step 3 调用"多段线"命令。然后单击"对象捕捉"工具栏中的"捕捉自"按钮 ，依据命令行提示，捕捉基点为溢流阀符号形式 1 中正方形的右上角点，输入偏移坐标值"@-1.5,0"以指定多段线起点，按【Enter】键，默认起点宽度和端点宽度为"0"，然后输入下一点的坐标值"@0,-4"。接着输入宽度代号"W"，指定起点宽度为"0.4"和端点宽度为"0"，然后输入下一点的坐标值"@0,-1"，按【Enter】键结束命令，完成溢流阀符号形式 1 中直箭头的绘制，结果如图 15-24 所示。

Step 4 调用"直线"命令。捕捉起点为溢流阀符号形式 1 中正方形左边的中点，然后依次向左在适当位置单击，绘制一个"W"型的直线段，结果如图 15-25 所示。

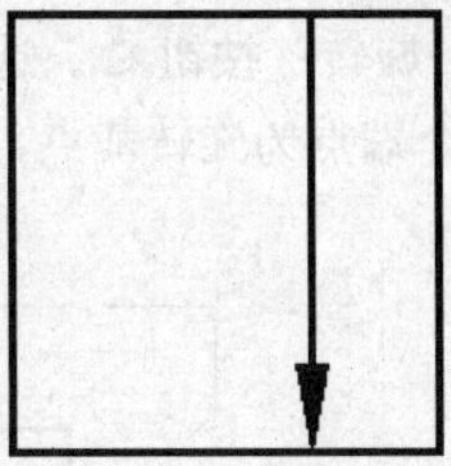

图 15-24

正方形和直箭头

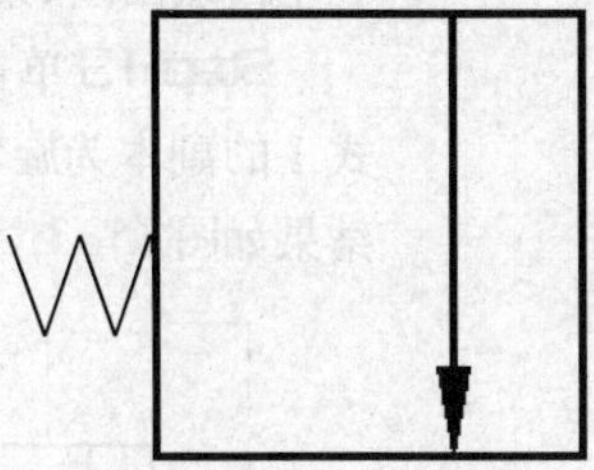

图 15-25

"W"型直线段

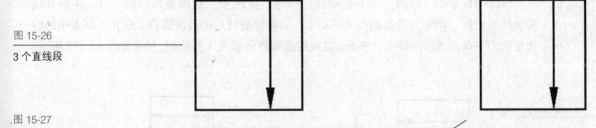

Step 5 调用"直线"命令。捕捉起点为溢流阀符号形式 1 中正方形下边的中点，然后依次输入坐标值"@0,-3"、"@1.5,0"和"@0,1"，按【Enter】键结束命令，结果如图 15-26 所示。

Step 6 单击"修改"工具栏中的"镜像"按钮。选择上一步中最后绘制的两个直线段为镜像对象，以四边形的竖直中心线为镜像线，默认不删除源对象，结果如图 15-27 所示。

图 15-26

3 个直线段

图 15-27

镜像两个直线段

Step 7 调用"直线"命令。捕捉起点为溢流阀符号形式 1 中正方形上边的中点，输入坐标值"@0,-3"，按【Enter】键结束命令。

Step 8 调用"直线"命令。捕捉起点仍然为正方形上边的中点，然后依次输入坐标值"@4<45"、"@2,0"、和"@0,-5"，最后捕捉与正方形的交点为端点，按【Enter】键结束命令，结果如图 15-28 所示。

Step 9 选中绘制完成的符号中的两个竖直直线段，然后单击"图层"工具栏中的"图层控制"下拉按钮，在弹出的下拉菜单中选择"细实线"图层，将该线设置成细实线。使用同样的方法，更改右上角的 4 个直线段为"虚线"图层。至此，完成溢流阀符号形式 1 的绘制，结果如图 15-29 所示。

图 15-28

5 个直线段

图 15-29

溢流阀符号形式 1

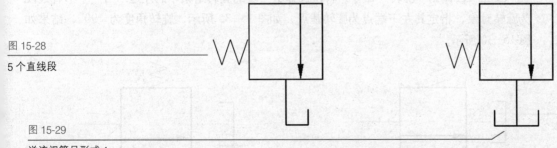

Step 10 单击"修改"工具栏中的"镜像"按钮。选择溢流阀符号形式 1 为镜像对象，以空白绘图区中适当位置的一条竖直线为镜像线，默认不删除源对象。至此，即完成溢流阀符号形式 2 的绘制，结果如图 15-30 所示。

Step 11 单击"修改"工具栏中的"复制"按钮 ⑤。

Step 12 选取溢流阀符号形式 1 为复制对象，捕捉其任意一个端点为复制基点，然后在空白绘图区的适当位置单击指定复制的第二点，按【Enter】键结束命令。

Step 13 单击"修改"工具栏中的"旋转"按钮 ○。选择上一步中的溢流阀符号形式 1 的副本为旋转对象，指定其任意一个端点为旋转基点，然后输入旋转角度为"90"，结果如图 15-31 所示。

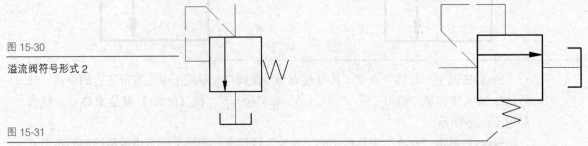

图 15-30

溢流阀符号形式 2

图 15-31

旋转溢流阀符号形式 1 副本 1

Step 14 调用"旋转"命令。选择上一步的旋转结果中的右边"山"字形直线段为旋转对象，指定其右端点为旋转基点，如图 15-32 所示，然后输入旋转角度为"-90"，结束命令。

Step 15 单击"修改"工具栏中的"移动"按钮 ✦。选取旋转后的"山"字形直线段为移动对象，指定其最高端点为移动基点，指定旋转后的溢流阀符号形式 1 副本中的四边形的右下角点为移动终点。至此，完成溢流阀符号形式 3 的绘制，结果如图 15-33 所示。

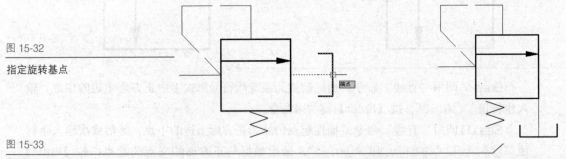

图 15-32

指定旋转基点

图 15-33

溢流阀符号形式 3

Step 16 调用"复制"命令。选择溢流阀符号形式 1 为复制对象，捕捉其任意一个端点为复制基点，然后在空白绘图区的适当位置单击指定复制的第二点，按【Enter】键结束命令。

Step 17 调用"旋转"命令。选择上一步中的溢流阀符号形式 1 的副本为旋转对象，指定其任意一个端点为旋转基点，然后输入旋转角度为"-90"，结果如图 15-34 所示。

Step 18 调用"旋转"命令。再次选择上一步的旋转结果中的左边"山"字形直线段为旋转对象，指定其左下端点为旋转基点，如图 15-35 所示，旋转角度为"90"，结果如图 15-36 所示。

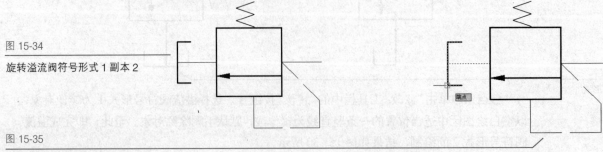

图 15-34

旋转溢流阀符号形式 1 副本 2

图 15-35

再次指定旋转基点

Step 19 调用"直线"命令。以其四边形左边中点为直线起点，向左绘制长度为"3"的直线段。

Step 20 选中该直线段，然后单击"图层"工具栏中的"图层控制"下拉按钮，在弹出的下拉菜单中选择"细实线"图层，将该线设置成细实线。

Step 21 调用"移动"命令。选取旋转后的"山"字形直线段为移动对象，指定其最高端点为移动基点，指定刚绘制的长度为"3"的直线段的左端点为移动终点，结果如图15-37所示。

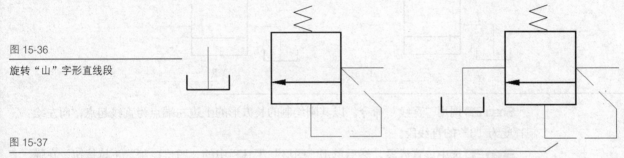

图 15-36

旋转"山"字形直线段

图 15-37

移动"山"字形直线段

Step 22 调用"移动"命令。选取其上方的"W"型直线段为移动对象，将其移动到附近的空白绘图区中。

Step 23 单击"绘图"工具栏中的"矩形"按钮 □。然后单击"对象捕捉"工具栏中的"捕捉自"按钮 ⌐，捕捉基点为其正方形的左上角点，依次输入偏移坐标值"@1.5,0"和矩形的另一角点坐标值"@2,5"，完成溢流阀符号形式4中长方形的绘制，结果如图15-38所示。

Step 24 调用"多段线"命令。捕捉刚绘制的长方形的上边中点为多段线起点，指定起点宽度为"0"和端点宽度为"2"，然后输入下一点的坐标值"@0,-1"，按【Enter】键结束命令，完成溢流阀符号形式4中实三角的绘制，结果如图15-39所示。

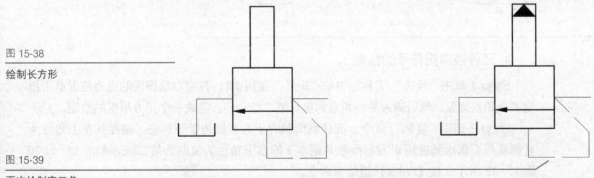

图 15-38

绘制长方形

图 15-39

再次绘制实三角

Step 25 按下【Enter】键，系统默认再次调用"多段线"命令。

Step 26 在空白绘图区的适当位置单击指定多段线起点，指定起点宽度和端点宽度均为"0"，然后输入下一点的坐标值"@2<15"。接着输入宽度代号"W"，指定起点宽度为"0.4"和端点宽度为"0"，然后输入下一点的坐标值"@1<15"，按【Enter】键结束命令。

Step 27 调用"移动"命令。首先选取先前移走的"W"型直线段为移动对象，指定其下端点为移动基点，指定刚绘制的长方形的上边中点为移动终点，结果如图15-40所示。

Step 28 调用"移动"命令。选取刚绘制的多段线斜箭头为移动对象，指定其直线段的中点为移动基点，指定"W"型直线段中的某一中点为移动终点，如图 15-41 所示。移动斜箭头的结果如图 15-42 所示。

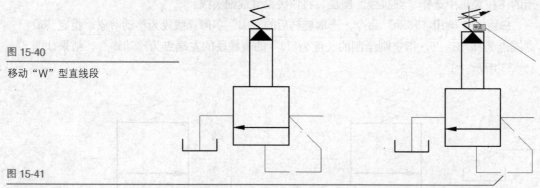

图 15-40

移动"W"型直线段

图 15-41

捕捉移动终点

Step 29 调用"直线"命令。以其刚绘制的长方形的上边左端点为直线起点，向左绘制长度为"3"的直线段。

Step 30 选中该直线段，然后单击"图层"工具栏中的"图层控制"下拉按钮，在弹出的下拉菜单中选择"虚线"图层，将该线设置成虚线。至此，完成溢流阀符号形式 4 的绘制，结果如图 15-43 所示。

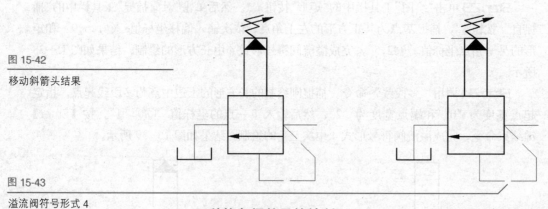

图 15-42

移动斜箭头结果

图 15-43

溢流阀符号形式 4

4. 三种换向阀符号的绘制

Step 1 单击"绘图"工具栏中的"矩形"按钮 ▭。在空白绘图区的适当位置单击指定第一角点位置，然后输入另一角点的坐标值"@5,5"。完成一个正方形框的绘制。

Step 2 调用"复制"命令。选择刚绘制的正方形框为复制对象，捕捉其左上角点为复制基点，依次捕捉该正方形框和其副本 1 的右上角点为复制的第二点，如图 15-44 和图 15-45 所示，按【Enter】键结束命令。

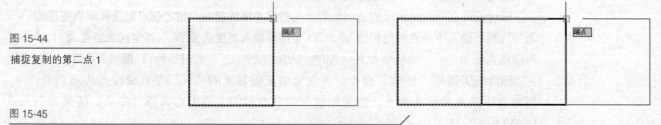

图 15-44

捕捉复制的第二点 1

图 15-45

捕捉复制的第二点 2

Step 3 调用"多段线"命令。然后单击"捕捉自"按钮 ，捕捉基点如图 15-46 所示，输入偏移坐标值"@1,0"以指定多段线起点，默认起点宽度和端点宽度为"0"，再次单击"捕捉自"按钮 ，捕捉基点如图 15-47 所示，输入偏移坐标值"@-1,0"以指定多段线一端点。

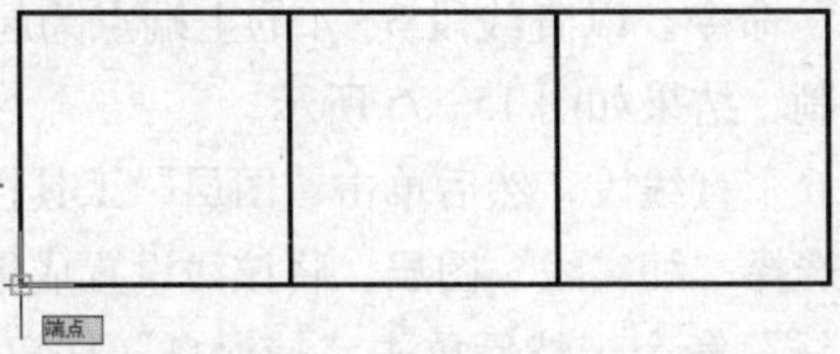

图 15-46

捕捉斜箭头的基点 1

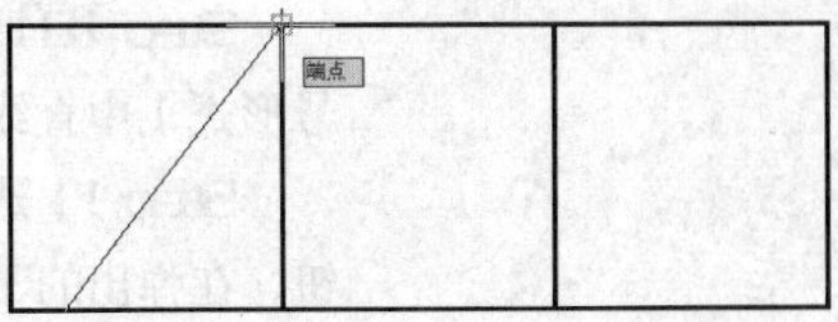

图 15-47

捕捉斜箭头的基点 2

Step 4 输入宽度代号 "W"，指定起点宽度为 "0" 和端点宽度为 "0.4"，然后输入下一点的坐标值 "@1<239"，按【Enter】键结束命令，完成换向阀符号形式 1 中斜箭头 1 的绘制，结果如图 15-48 所示。

Step 5 调用 "镜像" 命令。选取斜箭头 1 为镜像对象，指定正方形框的水平中心线为镜像线，默认不删除源对象，完成斜箭头 2 的绘制，结果如图 15-49 所示。

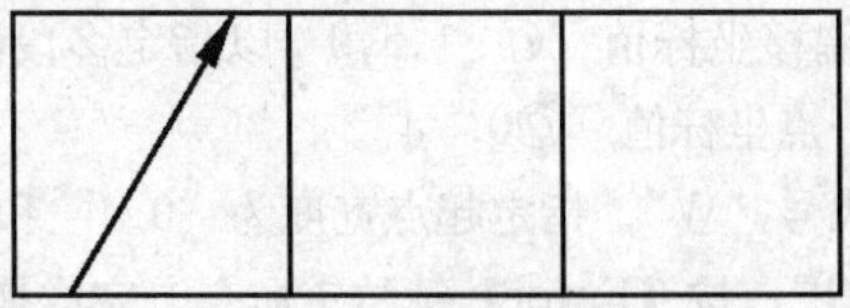

图 15-48

斜箭头 1

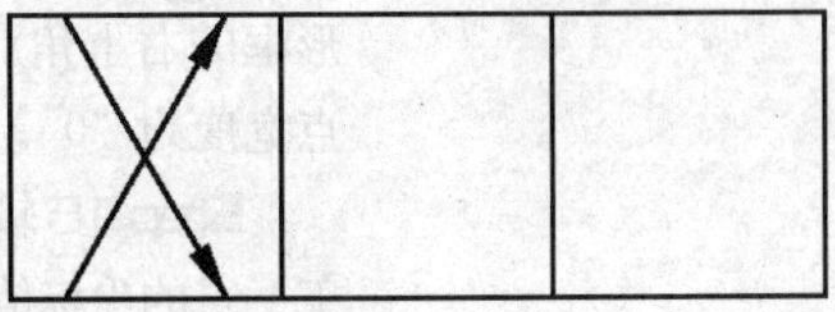

图 15-49

斜箭头 2

Step 6 调用 "直线" 命令。然后单击 "捕捉自" 按钮 ，捕捉基点为中间正方形框的左上角点，如图 15-50 所示，依次输入坐标值 "@1.5,0" 和 "@0,−1.5"，按【Enter】键结束命令，完成换向阀符号形式 1 中一直线段的绘制，结果如图 15-51 所示。

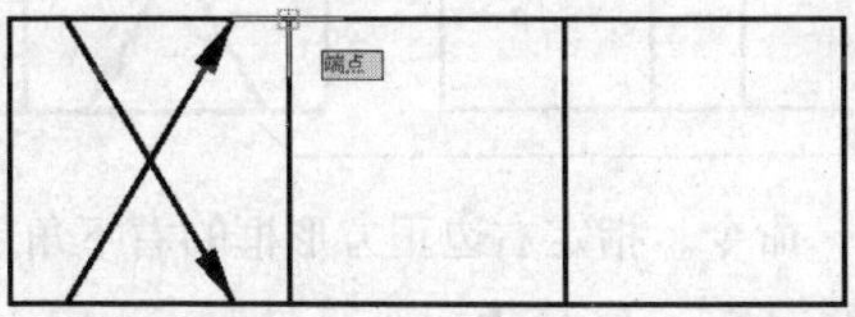

图 15-50

捕捉直线的基点

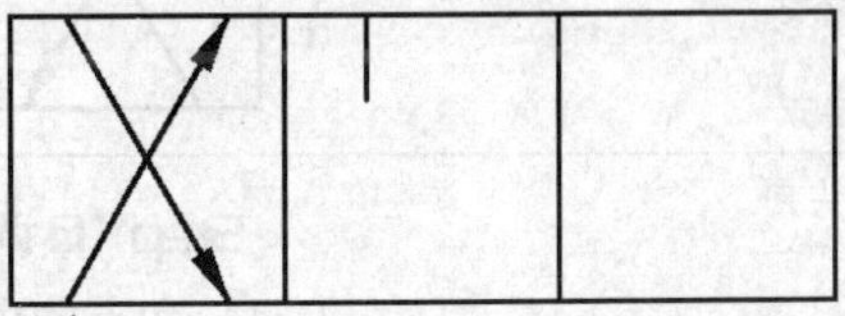

图 15-51

直线段 1

Step 7 调用 "镜像" 命令。选取刚绘制的直线段 1 为镜像对象，指定中间正方形框的竖直中心线为镜像线，默认不删除源对象，完成换向阀符号形式 1 中直线段 2 的绘制，结果如图 15-52 所示。

Step 8 调用 "镜像" 命令。选取刚绘制的直线段 1、2 为镜像对象，指定中间正方形框的水平中心线为镜像线，默认不删除源对象，完成换向阀符号形式 1 中直线段 3、4 的绘制，结果如图 15-53 所示。

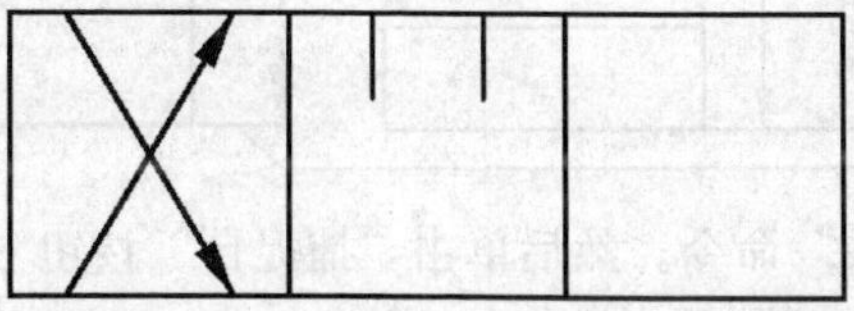

图 15-52

镜像结果 1

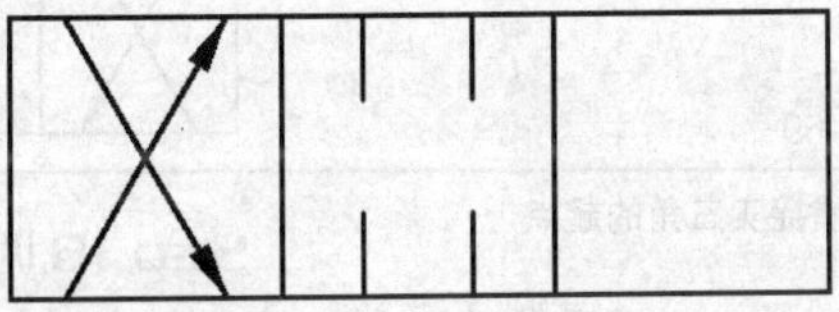

图 15-53

镜像结果 2

Step 9 调用 "直线" 命令。然后单击 "捕捉自" 按钮 ，捕捉基点为直线段 1 的下端点，依次输入坐标值 "@−0.5,0" 和 "@1,0"，按【Enter】键结束命令，完成换向阀符号形式 1 中直线段 5 的绘制。使用同样的方法，在直线段 2 的下端绘制相同直线段 5，结果如图 15-54 所示。

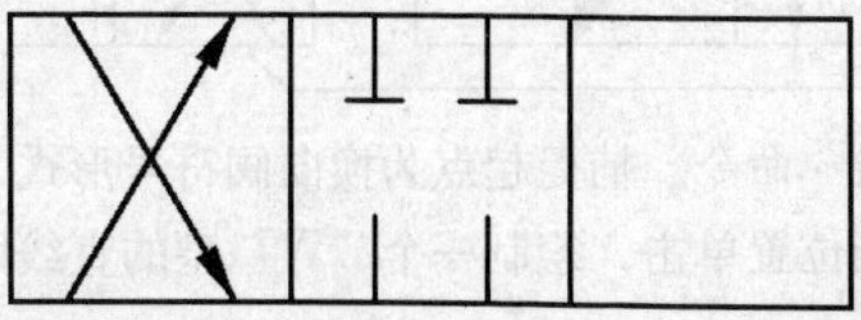

图 15-54

直线段 5

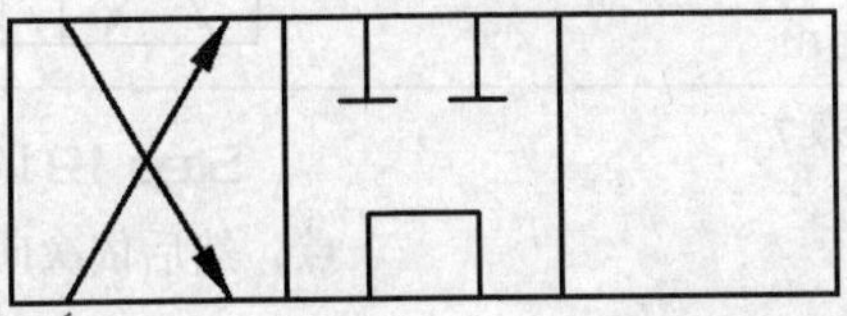

图 15-55

直线段 6

Step 10 调用"直线"命令。以直线段 3、4 的上端点为起点和端点，完成换向阀符号形式 1 中直线段 6 的绘制，结果如图 15-55 所示。

Step 11 选中绘制的 6 个直线段，然后单击"图层"工具栏中的"图层控制"下拉按钮，在弹出的下拉菜单中选择"细实线"图层，将该线设置成细实线。

Step 12 调用"多段线"命令。然后单击"捕捉自"按钮 ［，捕捉基点为右边正方形框的左下角点，输入偏移坐标值"@1.5,0"以指定多段线起点，指定起点宽度和端点宽度为"0"，输入下一点坐标值"@0,4"。

Step 13 输入宽度代号"W"，指定起点宽度为"0.4"和端点宽度为"0"，然后输入下一点的坐标值"@0,1"，按【Enter】键结束命令，完成换向阀符号形式 1 中直箭头 1 的绘制，结果如图 15-56 所示。

Step 14 调用"多段线"命令。然后单击"捕捉自"按钮 ［，捕捉基点为右边正方形框的右上角点，输入偏移坐标值"@-1.5,0"以指定多段线起点，指定起点宽度和端点宽度为"0"，输入下一点坐标值"@0,-4"。

Step 15 输入宽度代号"W"，指定起点宽度为"0.4"和端点宽度为"0"，然后输入下一点的坐标值"@0,-1"，按【Enter】键结束命令，完成换向阀符号形式 1 中直箭头 2 的绘制，结果如图 15-57 所示。

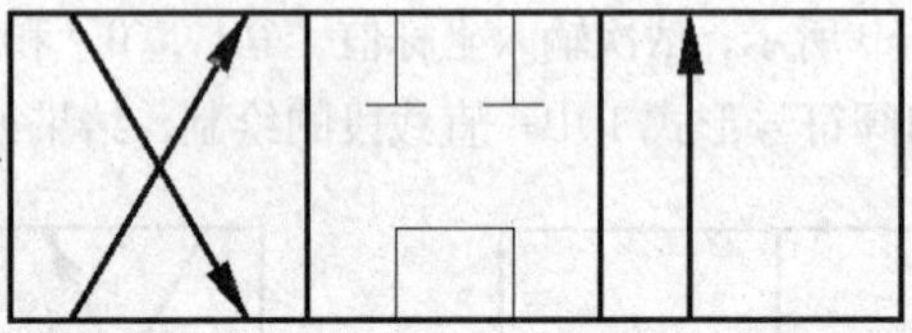

图 15-56

直箭头 1

图 15-57

直箭头 2

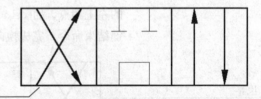

Step 16 调用"矩形"命令。指定右边正方形框的右下角点为第一角点位置，然后输入另一角点的坐标值"@8,2.5"，完成换向阀符号形式 1 中一长方形框的绘制，结果如图 15-58 所示。

Step 17 调用"多段线"命令。以刚绘制的长方形框的中心点为多段线起点，如图 15-59 所示，指定起点宽度为"2.5"和端点宽度为"0"，然后输入下一点坐标值"@-1,0"，按【Enter】键结束命令，完成换向阀符号形式 1 中实三角的绘制，结果如图 15-60 所示。

图 15-58

长方形框

图 15-59

追踪捕捉实三角的起点

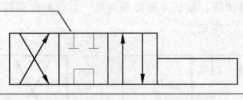

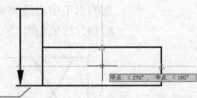

Step 18 调用"直线"命令。然后单击"捕捉自"按钮 ［，捕捉基点为长方形框上边的中点，输入偏移坐标值"@1,0"，再次单击"捕捉自"按钮 ［，捕捉基点为长方形框的右下角点，输入偏移坐标值"@-1,0"，按【Enter】键结束命令，完成换向阀符号形式 1 中直线段 7 的绘制，结果如图 15-61 所示。

图 15-60

实三角

图 15-61

直线段 7

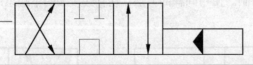

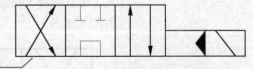

Step 19 调用"直线"命令。捕捉起点为换向阀符号形式 1 中右边正方形框的右上角点，然后依次向右在适当位置单击，绘制一个"W"型的直线段。

Step 20 调用"镜像"命令。选取刚绘制的长方形框、实三角、直线段 7 和"W"型的直线段为镜像对象，指定中间正方形框的竖直中心线为镜像线，默认不删除源对象。至此，完成换向阀符号形式 1 的绘制，结果如图 15-62 所示。

图 15-62

换向阀符号形式 1

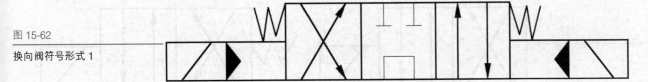

Step 21 调用"复制"命令。选择刚绘制的换向阀符号形式 1 为复制对象，捕捉其任意一个端点为复制基点，然后在空白绘图区的适当位置单击指定复制的第二点，按【Enter】键结束命令。

Step 22 选中换向阀符号形式 1 副本中的左边直线段 5，然后按【Delete】将其删除。

Step 23 选中换向阀符号形式 1 副本中的直线段 1，使用夹点编辑的方法，将其和直线段 3 连接起来，即得到换向阀符号形式 2，结果如图 15-63 所示。

图 15-63

换向阀符号形式 2

Step 24 调用"复制"命令。仍然选择换向阀符号形式 1 为复制对象，捕捉其任意一个端点为复制基点，然后在空白绘图区的适当位置单击指定复制的第二点，按【Enter】键结束命令。

Step 25 选中线条，如图 15-64 所示，然后按【Delete】键将其删除。

图 15-64

选择要删除的线条

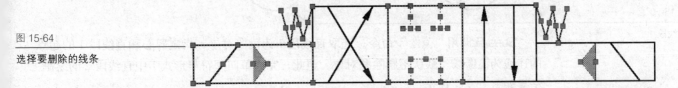

Step 26 调用"移动"命令。选取右边的长方形框及直线段 7 为移动对象，指定其上边的中点为移动基点，指定其上边的左端点为移动终点，如图 15-65 所示。

Step 27 单击"修改"工具栏中的"修剪"按钮 ⁄⊢。选择剪切边界对象为原来的左边正方形框，单击该正方形框中的长方形框部分为要修剪的对象部分，按【Enter】键，结束命令，结果如图 15-66 所示。

图 15-65

指定移动终点

图 15-66

修剪结果

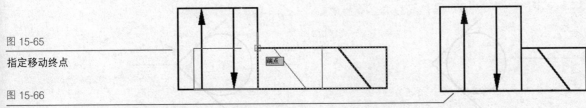

Step 28 调用"移动"命令。选择移动对象为如图 15-66 所示的所有线条，指定正方形框的左下角点为移动基点，指定原来左边正方形框的右下角点为移动终点，结果如图 15-67 所示。

Step 29 调用"直线"命令。捕捉起点为如图 15-67 所示的左边正方形框左边的中点，然后依次向左，在适当位置单击，绘制一个"W"型的直线段。至此，完成换向阀符号形式 3 的绘制，结果如图 15-68 所示。

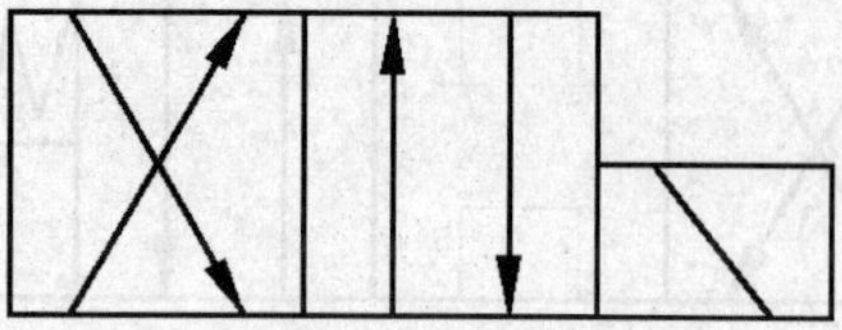

图 15-67

移动结果

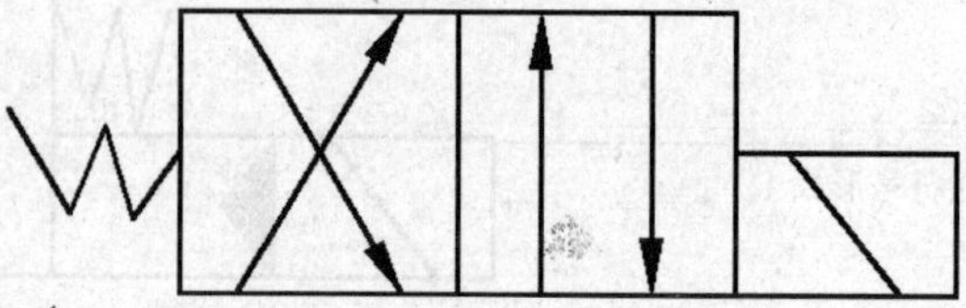

图 15-68

换向阀符号形式 3

5.3 种单向阀符号的绘制

Step 1 单击"绘图"工具栏中的"圆"按钮 ⊘。

Step 2 在空白绘图区的适当位置单击指定圆心位置，然后输入圆半径值"2"，完成单向阀符号中一圆的绘制。

Step 3 调用"直线"命令。然后单击"捕捉自"按钮 ⌐，捕捉基点为刚绘制圆的圆心，输入偏移坐标值"@3,0"，接着单击"对象捕捉"工具栏中的"捕捉到切点"按钮 ○，然后捕捉切点，如图 15-69 所示，按【Enter】键结束命令，完成单向阀符号形式 1 中直线段 1 的一半的绘制。

Step 4 调用"镜像"命令。选取刚绘制的直线段 1 的一半为镜像对象，指定圆心和直线段 1 的一半的端点的连线为镜像线，默认不删除源对象。至此，完成单向阀符号形式 1 中直线段 1 的绘制，结果如图 15-70 所示。

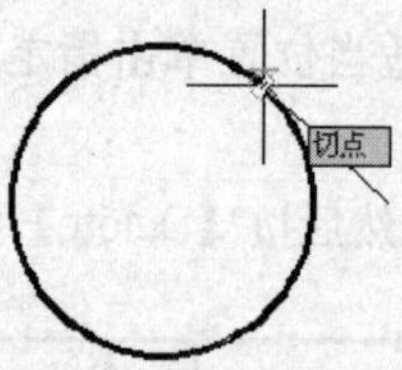

图 15-69

捕捉切点

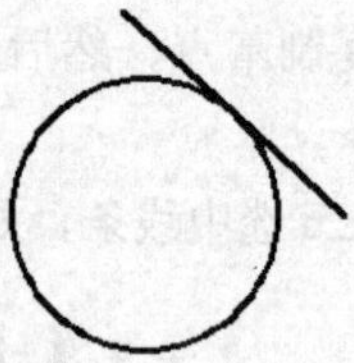

图 15-70

直线段 1

Step 5 调用"镜像"命令。选取直线段 1 为镜像对象，指定圆心和直线段 1 的起点的连线为镜像线，默认不删除源对象。至此，完成单向阀符号形式 1 中直线段 2 的绘制，结果如图 15-71 所示。

Step 6 调用"直线"命令。以直线段 1 的起点为起点向右绘制长度为"3"的直线，使用同样的方法，以圆的第三象限点为起点向右绘制长度为"3"的直线，完成单向阀符号形式 1 中直线段 3、4 的绘制。

Step 7 选中刚绘制直线段 3、4，然后单击"图层"工具栏中的"图层控制"下拉按钮，在弹出的下拉菜单中选择"细实线"图层，将该线设置成细实线。至此，完成单向阀符号形式 1 的绘制，结果如图 15-72 所示。

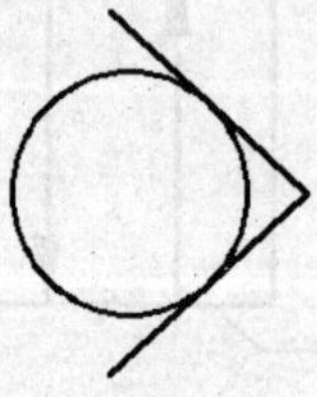

图 15-71

直线段 2

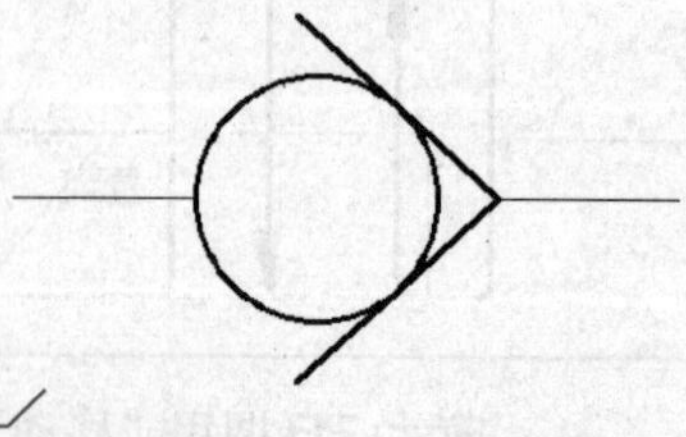

图 15-72

单向阀符号形式 1

Step 8 调用"复制"命令。选择单向阀符号形式 1 为复制对象，捕捉其任意一个端点为复制基点，然后在空白绘图区的适当位置单击指定复制的第二点，按【Enter】键结束命令。

Step 9 调用"矩形"命令。然后单击"捕捉自"按钮，捕捉基点为单向阀符号形式 1 副本中的绘制圆的圆心，输入偏移坐标值"@-2.5,-3"以指定第一角点位置，然后输入另一角点的坐标值"@6,6"。至此，完成单向阀符号形式 2 的绘制，结果如图 15-73 所示。

Step 10 调用"复制"命令。选择单向阀符号形式 2 为复制对象，捕捉其任意一个端点为复制基点，然后在空白绘图区的适当位置单击指定复制的第二点，按【Enter】键，结束命令。

Step 11 单击"修改"工具栏中的"旋转"按钮。选取单向阀符号形式 2 的副本为旋转对象，指定绘制圆的圆心为旋转基点，旋转角度为"90"。至此，即完成单向阀符号形式 3 的绘制，结果如图 15-74 所示。

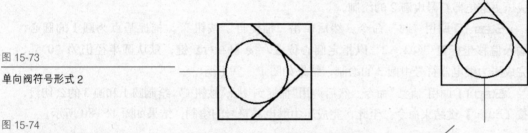

图 15-73

单向阀符号形式 2

图 15-74

单向阀符号形式 3

6. 压力计、压力继电器和行程开关符号的绘制

Step 1 调用"圆"命令。在空白绘图区的适当位置单击指定圆心位置，然后输入圆半径值"2.5"，完成压力计符号中一圆的绘制。

Step 2 调用"多段线"命令。以刚绘制的圆的第二象限点为多段线起点，指定起点宽度为"0"和端点宽度为"0.4"，然后输入下一点坐标值"@-1,0"。

Step 3 输入宽度代号"W"，指定起点宽度和端点宽度均为"0"，然后输入下一点的坐标值"@0,-4"，按【Enter】键结束命令，完成压力计符号中斜箭头的初步绘制，即一直箭头的绘制，结果如图 15-75 所示。

Step 4 调用"旋转"命令。选取刚绘制的直箭头为旋转对象，指定绘制圆的圆心为旋转基点，旋转角度为"40"。至此，即完成压力计符号中斜箭头的绘制，结果如图 15-76 所示。

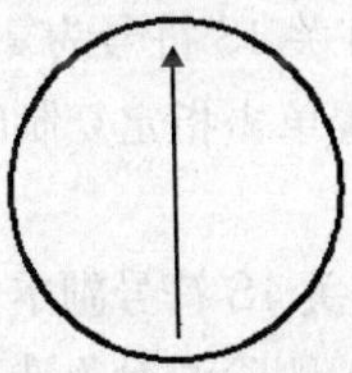

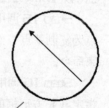

图 15-75

直箭头

图 15-76

斜箭头

Step 5 调用"直线"命令。以绘制圆的第四象限点为起点向下绘制长度为"3"的直线。

Step 6 选中刚绘制的直线段，然后单击"图层"工具栏中的"图层控制"下拉按钮，在弹出的下拉菜单中选择"细实线"图层，将该线设置成细实线。至此，完成压力计符号的绘制，结果如图 15-77 所示。

Step 7 调用"矩形"命令。在空白绘图区的适当位置单击指定第一角点位置，然后输入另一角点的坐标值"@6,4"。至此，完成压力继电器符号中的长方形框的绘制。

Step 8 调用"圆"命令。然后单击"捕捉自"按钮 🖰，捕捉基点为刚绘制的长方形框的左上角点，输入偏移坐标值"@1,-1"以指定圆心位置，然后输入圆半径值"0.5"，完成压力继电器符号中一圆的绘制，结果如图 15-78 所示。

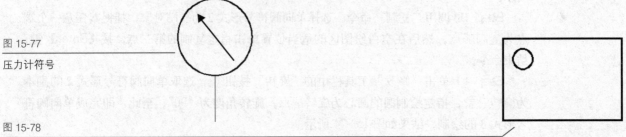

图 15-77

压力计符号

图 15-78

圆 1

Step 9 调用"圆"命令。然后单击"捕捉自"按钮 🖰，捕捉基点为刚绘制圆的圆心，输入偏移坐标值"@4,0"以指定圆心位置，按【Enter】键，默认圆半径仍为"0.5"，完成压力继电器符号中圆 2 的绘制。

Step 10 调用"圆"命令。然后单击"捕捉自"按钮 🖰，捕捉基点为圆 1 的圆心，输入偏移坐标值"@2,-2"以指定圆心位置，按【Enter】键，默认圆半径仍为"0.5"，完成压力继电器符号中圆 3 的绘制，结果如图 15-79 所示。

Step 11 调用"直线"命令。然后调用"捕捉到切点"按钮 ○，绘制圆 1 和圆 3 的公切线，按【Enter】键结束命令。至此，完成压力继电器符号的绘制，结果如图 15-80 所示。

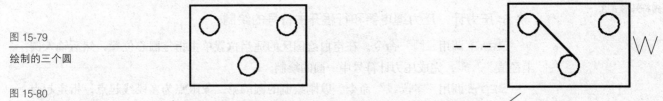

图 15-79

绘制的三个圆

图 15-80

压力继电器符号

Step 12 调用"矩形"命令。在空白绘图区的适当位置单击指定第一角点位置，然后输入另一角点的坐标值"@3,1.5"。至此，完成行程开关 1S 符号中的长方形框的绘制。

Step 13 调用"圆"命令。然后单击"捕捉自"按钮 🖰，捕捉基点为刚绘制的长方形框的右上角点，输入偏移坐标值"@2,1"以指定圆心位置，按【Enter】键，默认圆半径仍为"0.5"，完成行程开关 1S 符号中圆的绘制，结果如图 15-81 所示。

Step 14 调用"直线"命令。以长方形框左边中点为起点，绘制圆的第三象限点为端点，按【Enter】键结束命令。至此，完成行程开关 1S 符号的绘制，结果如图 15-82 所示。

Step 15 调用"复制"命令。选择行程开关 1S 符号为复制对象，捕捉其任意一个端点为复制基点，然后在空白绘图区的适当位置单击指定复制的第二点，按【Enter】键结束命令。

Step 16 调用"镜像"命令。选取行程开关 1S 符号副本中的直线段和圆为镜像对象，指定其长方形框的水平中心线为镜像线，输入删除源对象选项的代号"Y"。至此，完成行程开关 2S 符号和行程开关 3S 符号的绘制，两者形状一样，结果如图 15-83 所示。

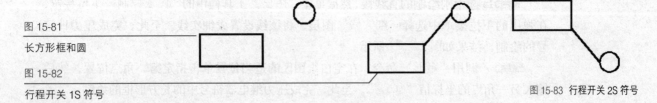

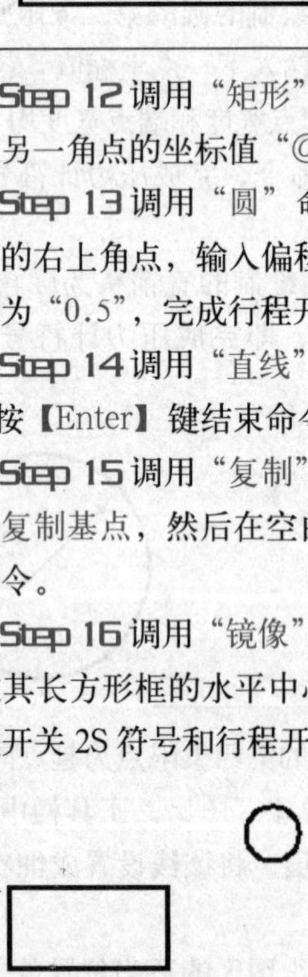

图 15-81

长方形框和圆

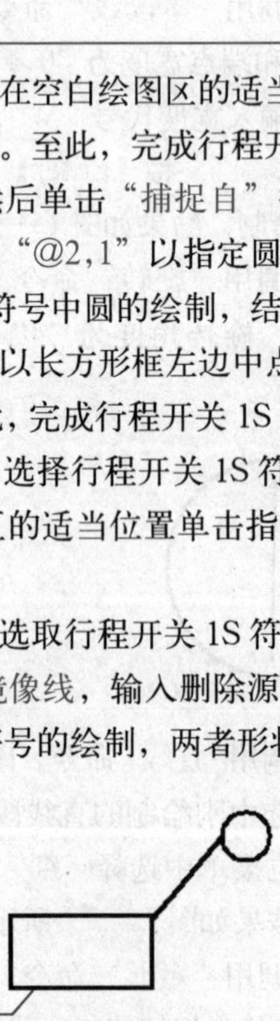

图 15-82

行程开关 1S 符号

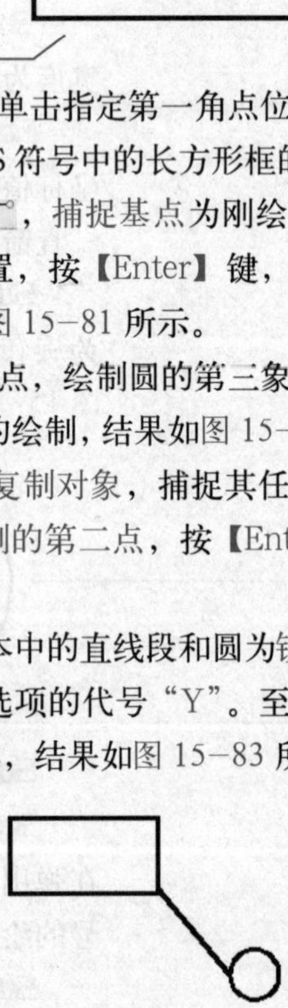

图 15-83 行程开关 2S 符号

7. 上下缸体符号的绘制

Step 1 调用"矩形"命令，在空白绘图区的适当位置单击指定第一角点位置，然后输入另一角点的坐标值"@8,15"，完成下缸符号中的一长方形框的绘制。

Step 2 调用"矩形"命令，然后单击"捕捉自"按钮，捕捉基点为刚绘制的长方形框的左下角点，依次输入偏移坐标值"@0,4"和另一角点的坐标值"@8,3"，完成下缸符号中的长方形框 2 的绘制，结果如图 15-84 所示。

Step 3 调用"矩形"命令。然后单击"捕捉自"按钮，捕捉基点为刚绘制的长方形框 2 的左上角点，依次输入偏移坐标值"@2,0"和另一角点的坐标值"@4,12"，完成下缸符号中的长方形框 3 的绘制，结果如图 15-85 所示。

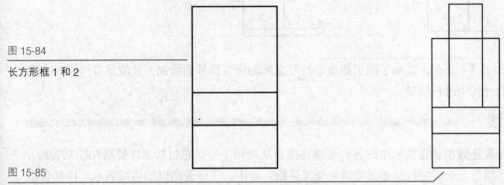

图 15-84

长方形框 1 和 2

图 15-85

长方形框 3

Step 4 单击"修改"工具栏中的"修剪"按钮。选择剪切边界对象为长方形框 3，单击该框中的长方形框 1 部分为要修剪的对象部分，按【Enter】键结束命令。至此，完成下缸符号的绘制，结果如图 15-86 所示。

Step 5 调用"矩形"命令。在空白绘图区的适当位置单击指定第一角点位置，然后输入另一角点的坐标值"@10,20"，完成上缸符号中的一长方形框的绘制。

Step 6 调用"矩形"命令。然后单击"捕捉自"按钮，捕捉基点为刚绘制的长方形框的左上角点，依次输入偏移坐标值"@0,-4"和另一角点的坐标值"@10,-3"，完成上缸符号中的长方形框 2 的绘制。

Step 7 调用"矩形"命令。然后单击"捕捉自"按钮，捕捉基点为刚绘制的长方形框 2 的左下角点，依次输入偏移坐标值"@2,0"和另一角点的坐标值"@6,-17"，完成上缸符号中的长方形框 3 的绘制。

Step 8 调用"修剪"命令。选择剪切边界对象为长方形框 3，单击该框中的长方形框 1 部分为要修剪的对象部分，按【Enter】键结束命令，结果如图 15-87 所示。

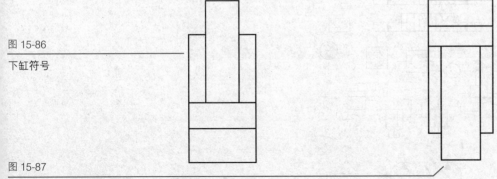

图 15-86

下缸符号

图 15-87

修剪上缸长方形框 1

Step 9 调用"矩形"命令。以刚绘制的长方形框 3 的右下角点为第一角点，输入另一角点的坐标值"@-11,-1"，完成上缸符号中的长方形框 4 的绘制，结果如图 15-88 所示。

Step 10 调用"直线"命令。以长方形框 4 的左下角点为起点，依次输入坐标值"@1<135"、"@0,1"和"@1<45"，最后捕捉长方形框 4 的左上角点为端点，按【Enter】键结束命令。至此，完成上缸符号的绘制，结果如图 15-89 所示。

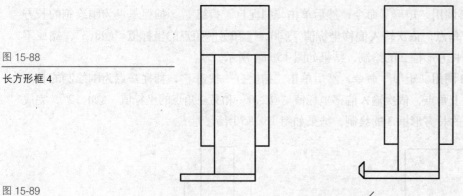

图 15-88

长方形框 4

图 15-89

上缸符号

Step 11 至此，完成了除了截流器符号之外的所有符号的绘制。截流器符号将在布置连线的过程中进行绘制。

15.2.3 布置连线

布置连线也就是实际中的各种管路连接。从功用上分，它包括工作管路和控制管路；从连接状态上分，它包括连接管路和交叉管路。其中，工作管路以细实线表示，控制管路以虚线表示；连接管路以交点处有实心圆点标记的细实线表示，交叉管路则以无实心圆点标记的细实线表示。

Step 1 单击"图层"工具栏中的"图层控制"下拉按钮，在弹出的下拉菜单中选择"细实线"图层，将其置为当前图层。

Step 2 单击状态栏中的"显示/隐藏线宽"按钮 ＋，以隐藏线宽来方便清楚地整体布置连线。

Step 3 单击"标准"工具栏中的"缩放"下拉按钮 ，在弹出的下拉菜单中单击"范围缩放"按钮 。结果如图 15-90 所示。

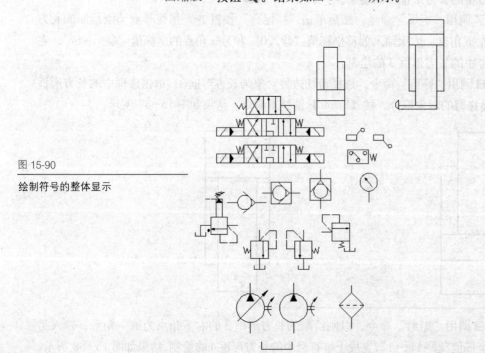

图 15-90

绘制符号的整体显示

Step 4 调用"复制"命令。选择油箱符号为复制对象,捕捉其任意一个端点为复制基点,然后在左边空白绘图区的适当位置单击指定复制的第二点,按【Enter】键结束命令。

Step 5 调用"移动"命令。选择移动对象为过滤器符号,指定其下端点为移动基点,指定油箱符号副本 1 的中点为移动终点,结果如图 15-91 所示。

Step 6 调用"直线"命令。然后单击"捕捉自"按钮 ,捕捉基点为过滤器符号的上端点,依次输入坐标值"@-7,0"和"@14,0",按【Enter】键结束命令,完成连线 1 的绘制。

Step 7 调用"移动"命令。分别以主泵和辅助泵符号为移动对象,以其下端点为移动基点,分别移动到连线 1 的起点和端点位置,结果如图 15-92 所示。

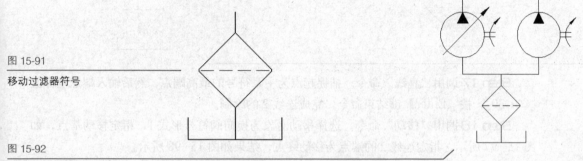

图 15-91

移动过滤器符号

图 15-92

移动主泵和辅助泵符号

Step 8 调用"圆"命令。在空白绘图区的适当位置单击指定圆心位置,然后输入圆半径值"0.5",完成交叉标记中圆的绘制。

Step 9 单击"绘图"工具栏中的"图案填充"按钮 ,系统弹出"图案填充和渐变色"对话框。

Step 10 在"图案填充"选项卡中的"图案"下拉列表框中选择"SOLID"选项,其他使用默认设置,然后单击"拾取点"按钮 ,回到绘图区,在刚绘制的圆内部单击选择填充区域,回到"图案填充和渐变色"对话框,单击"确定"按钮结束命令,即得到一个实心圆。

Step 11 单击"绘图"工具栏中的"创建块"按钮 ,系统弹出"块定义"对话框。

Step 12 在"名称"下拉列表框中输入块的名称"交叉标记",然后单击"选择对象"按钮 ,回到绘图区,选择实心圆为创建块的对象,返回"块定义"对话框。

Step 13 在"基点"选项组中,单击"拾取点"按钮 ,回到绘图区,指定实心圆的圆心为基点。返回"块定义"对话框,其他设置如图 15-93 所示。单击"确定"按钮,完成创建块命令。

Step 14 单击"绘图"工具栏中的"插入块"按钮 ,系统弹出"插入"对话框,如图 15-94 所示。

图 15-93

"块定义"对话框设置

图 15-94

"插入"对话框

Step 15 在"名称"下拉列表框中选择块的名称为"交叉标记"，其他采用默认设置，（见图 15-94）。

Step 16 单击"确定"按钮，回到绘图区，指定插入点为连线 1 的中点，如图 15-95 所示，完成插入块命令，结果如图 15-96 所示。

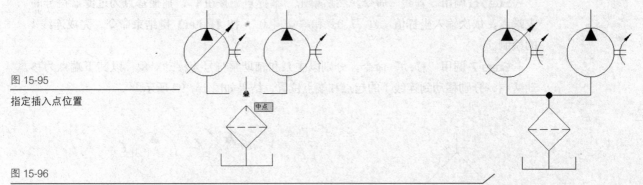

图 15-95

指定插入点位置

图 15-96

插入结果

Step 17 调用"直线"命令。捕捉起点为主泵符号的最高端点，然后输入端点坐标值"@0,30"，按【Enter】键结束命令，完成连线 2 的绘制。

Step 18 调用"移动"命令。选择移动对象为换向阀符号形式 1，指定移动基点，如图 15-97 所示，指定连线 2 的端点为移动终点，结果如图 15-98 所示。

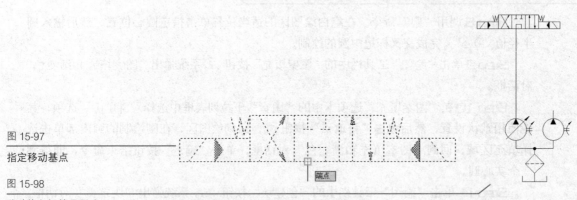

图 15-97

指定移动基点

图 15-98

移动换向阀符号形式 1

Step 19 调用"直线"命令。捕捉起点为连线 2 的中点，然后输入端点坐标值"@-3,0"，按【Enter】键结束命令，完成连线 3 的绘制。

Step 20 调用"移动"命令。选择移动对象为溢流阀符号形式 4，指定移动基点，如图 15-99 所示，指定连线 3 的端点为移动终点，结果如图 15-100 所示。

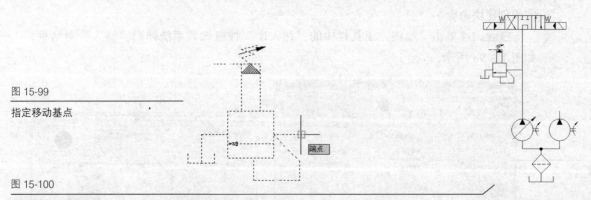

图 15-99

指定移动基点

图 15-100

移动溢流阀符号形式 4

Step 21 调用"复制"命令。选择溢流阀符号形式 2 为复制对象，捕捉复制基点，如图 15-101 所示，然后单击"捕捉自"按钮，捕捉基点如图 15-102 所示，输入偏移坐标值"@-10,0"指定复制的第二点，按【Enter】键结束命令，结果如图 15-103 所示。

Step 22 选中溢流阀符号形式 4 中的虚线段，然后使用夹点编辑的方法，拉伸到刚完成的溢流阀符号形式 2 副本的上端点，结果如图 15-104 所示。

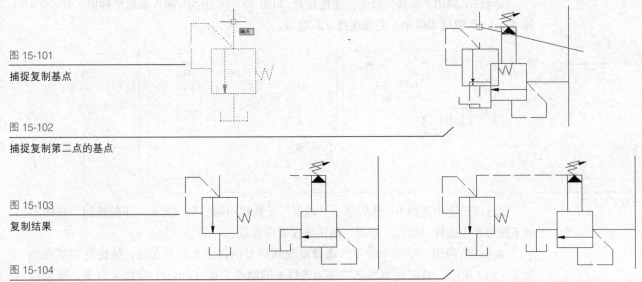

图 15-101

捕捉复制基点

图 15-102

捕捉复制第二点的基点

图 15-103

复制结果

图 15-104

夹点编辑结果

Step 23 调用"直线"命令。捕捉起点如图 15-105 所示，然后依次输入端点坐标值"@0,-30"、"@-40,0"和"@0,3"，按【Enter】键结束命令，完成连线 4 的绘制，结果如图 15-106 所示。

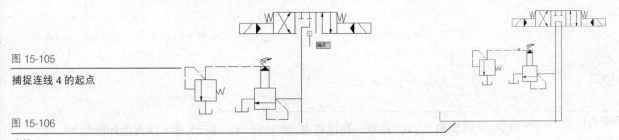

图 15-105

捕捉连线 4 的起点

图 15-106

连线 4

Step 24 调用"移动"命令。选择移动对象为换向阀符号形式 2，指定移动基点，如图 15-107 所示，指定连线 4 的最后一个端点为移动终点，结果如图 15-108 所示。

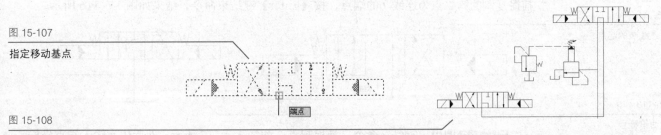

图 15-107

指定移动基点

图 15-108

移动换向阀符号形式 2

Step 25 调用"直线"命令。捕捉起点为辅助泵符号的上端点，输入端点坐标值"@0,26"，然后依次捕捉端点如图 15-109 和图 15-110 所示，按【Enter】键结束命令，完成连线 5 的绘制。

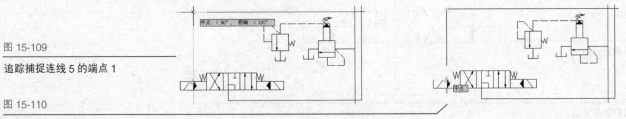

图 15-109

追踪捕捉连线 5 的端点 1

图 15-110

追踪捕捉连线 5 的端点 2

Step 26 选中连线 5，然后单击"图层"工具栏中的"图层控制"下拉按钮，在弹出的下拉菜单中选择"虚线"图层，将该线设置成虚线，结果如图 15-111 所示。

Step 27 调用"直线"命令。捕捉起点，如图 15-112 所示，输入端点坐标值"@6,0"，按【Enter】键结束命令，完成连线 6 的绘制。

图 15-111

连线 5

图 15-112

追踪捕捉连线 6 的起点

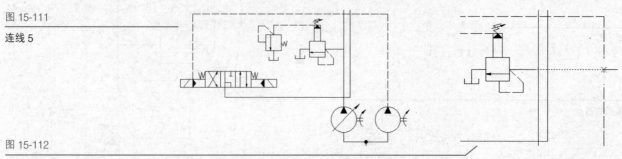

Step 28 选中连线 6，然后单击"图层"工具栏中的"图层控制"下拉按钮，在弹出的下拉菜单中选择"虚线"图层，将该线设置成虚线。

Step 29 调用"复制"命令。选择溢流阀符号形式 1 为复制对象，捕捉复制基点如图 15-113 所示，捕捉复制的第二点为连线 6 的端点，按【Enter】键结束命令，结果如图 15-114 所示。

图 15-113

捕捉复制基点

图 15-114

复制溢流阀符号形式 1

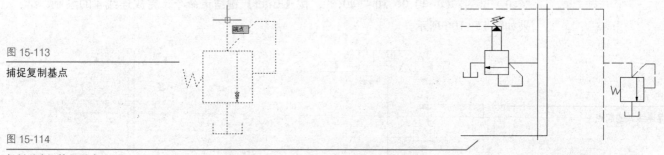

Step 30 调用"直线"命令。捕捉起点，如图 15-115 所示，输入端点坐标值"@0,-8"，按【Enter】键结束命令，完成连线 7 的绘制。

Step 31 调用"复制"命令。选择油箱符号为复制对象，捕捉复制基点为符号的中点，捕捉复制的第二点为连线 7 的端点，按【Enter】键结束命令，结果如图 15-116 所示。

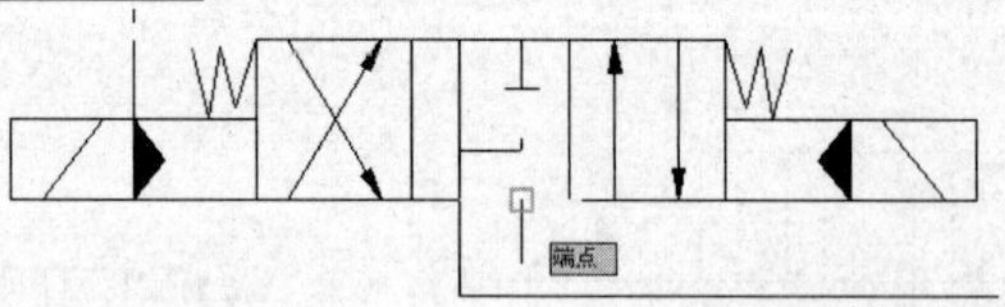

图 15-115

捕捉连线 7 的起点

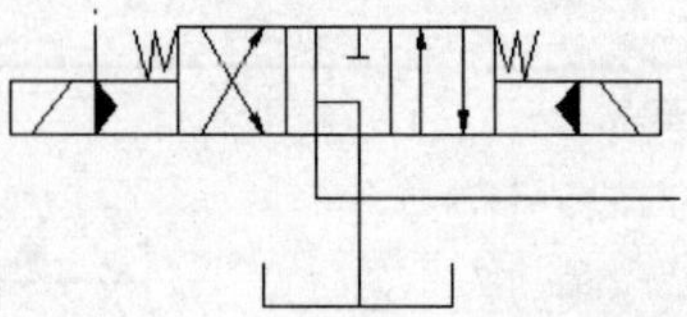

图 15-116

复制油箱符号

Step 32 调用"直线"命令。捕捉起点，如图 15-117 所示，然后依次输入端点坐标值"@0,3"、"@-20,0"和"@0,-25"，按【Enter】键结束命令，完成连线 8 的绘制。

图 15-117

捕捉连线 8 的起点

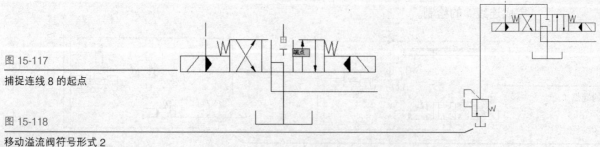

图 15-118

移动溢流阀符号形式 2

Step 33 调用"移动"命令。选择移动对象为溢流阀符号形式 2，指定移动基点为其上端点，指定连线 8 的最后一个端点为移动终点，结果如图 15-118 所示。

Step 34 调用"直线"命令。捕捉起点为移动后的溢流阀符号形式 2 的上端点，输入端点坐标值"@18,0"，按【Enter】键结束命令，完成连线 9 的绘制。

Step 35 调用"移动"命令。选择移动对象为溢流阀符号形式 1，指定移动基点为其上端点，指定连线 9 的端点为移动终点，结果如图 15-119 所示。

Step 36 调用"复制"命令。选择压力计符号为复制对象，捕捉复制基点为其下端点，捕捉复制的第二点为连线 9 的中点，按【Enter】键结束命令，结果如图 15-120 所示。

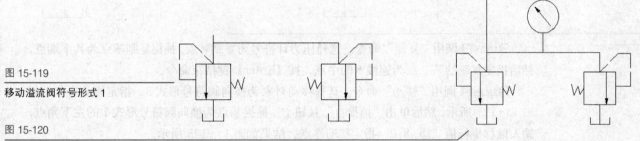

图 15-119

移动溢流阀符号形式 1

图 15-120

复制压力计符号

Step 37 单击"绘图"工具栏中的"圆弧"按钮 ，在连线 9 右半段的下侧附近适当位置单击指定圆弧起点，然后依次输入第二和第三点坐标值"@1.5,0.5"和"@1.5,-0.5"，完成节流阀符号一半的绘制，结果如图 15-121 所示。

Step 38 单击"修改"工具栏中的"镜像"按钮 。选择刚绘制的圆弧为镜像对象，指定连线 9 为镜像线，默认不删除源对象，完成节流阀符号另一半圆弧的绘制。

Step 39 选中节流阀符号的两个圆弧，然后单击"图层"工具栏中的"图层控制"下拉按钮，在弹出的下拉菜单中选择"粗实线"图层，将该线设置成粗实线。其显示线宽效果如图 15-122 所示。

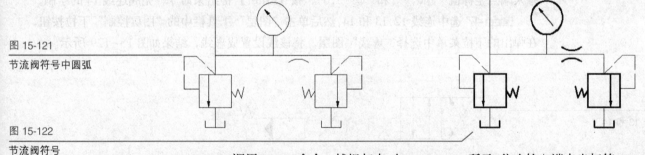

图 15-121

节流阀符号中圆弧

图 15-122

节流阀符号

Step 40 调用"直线"命令。捕捉起点，如图 15-123 所示，依次输入端点坐标值"@0,6"和"@-24,0"，按【Enter】键结束命令，完成连线 10 的绘制。

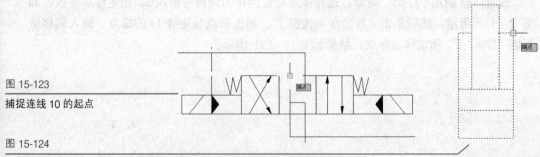

图 15-123

捕捉连线 10 的起点

图 15-124

指定移动基点

Step 41 调用"移动"命令。选择移动对象为下缸符号，指定移动基点，如图 15-124 所示，然后单击"捕捉自"按钮 ，捕捉基点为连线 10 的端点，输入偏移坐标值"@0,2"指定移动终点，结果如图 15-125 所示。

Step 42 调用"直线"命令。单击"捕捉自"按钮，捕捉基点为下缸符号中长方形框 1 的右下角点，输入偏移坐标值"@2,0"指定直线起点，然后向右捕捉与连线 8 的交点，按【Enter】键，结束命令，完成连线 11 的绘制，结果如图 15-126 所示。

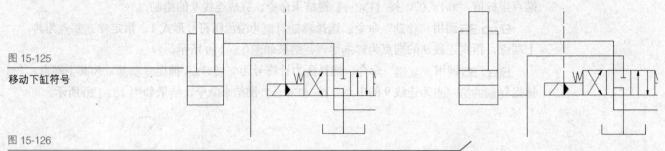

图 15-125

移动下缸符号

图 15-126

连线 11

Step 43 调用"复制"命令。选择压力计符号为复制对象，捕捉复制基点为其下端点，然后指定复制的第二点为连线 5 的中点，按【Enter】键结束命令。

Step 44 调用"移动"命令。选择移动对象为换向阀符号形式 3，指定移动基点，如图 15-127 所示，然后单击"捕捉自"按钮，捕捉基点为换向阀符号形式 1 的左下角点，输入偏移坐标值"@-8,0"指定移动终点，结果如图 15-128 所示。

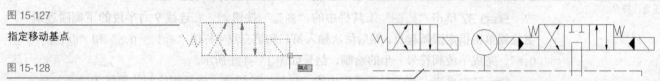

图 15-127

指定移动基点

图 15-128

移动换向阀符号形式 3

Step 45 调用"直线"命令，分别以换向阀符号形式 1 中实三角的起点和换向阀符号形式 3 中斜箭头 1 的起点为起点，然后向下捕捉与连线 5 的交点，按【Enter】键结束命令，完成连线 12、13 的绘制。

Step 46 调用"直线"命令。捕捉起点为换向阀符号形式 3 中斜箭头 2 的起点，依次输入端点坐标值"@0,3"和"@-3,0"，按【Enter】键结束命令，完成连线 14 的绘制。

Step 47 选中连线 12、13 和 14，然后单击"图层"工具栏中的"图层控制"下拉按钮，在弹出的下拉菜单中选择"虚线"图层，将该线设置成虚线，结果如图 15-129 所示。

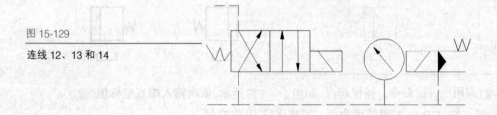

图 15-129

连线 12、13 和 14

Step 48 调用"移动"命令。选择移动对象为单向阀符号形式 2，指定移动基点，如图 15-130 所示，然后单击"捕捉自"按钮，捕捉基点为连线 14 的端点，输入偏移坐标值"@0,-2"指定移动终点，结果如图 15-131 所示。

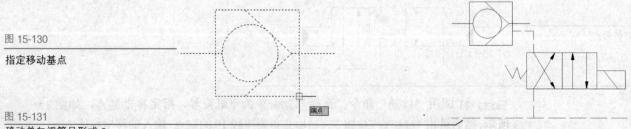

图 15-130

指定移动基点

图 15-131

移动单向阀符号形式 2

Step 49 调用"移动"命令。选择移动对象为溢流阀符号形式 3，指定移动基点，如图 15-132 所示，然后单击"捕捉自"按钮 ⌐，捕捉基点为单向阀符号形式 2 中方框的左上角点，输入偏移坐标值"@0,6"指定移动终点，结果如图 15-133 所示。

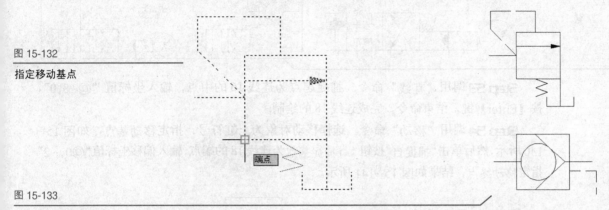

图 15-132

指定移动基点

图 15-133

移动溢流阀符号形式 3

Step 50 调用"直线"命令。捕捉起点为溢流阀符号形式 3 中方框右边的中点，依次捕捉端点如图 15-134 所示的单向阀符号形式 2 的右端点，按【Enter】键结束命令，完成连线 15 的绘制，结果如图 15-135 所示。

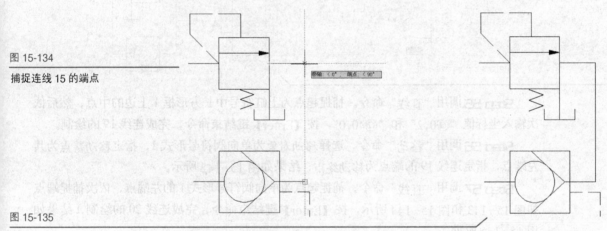

图 15-134

捕捉连线 15 的端点

图 15-135

连线 15

Step 51 调用"直线"命令。使用同样的方法，以溢流阀符号形式 3 中的左端点为起点，单向阀符号形式 2 的左端点为端点，绘制一条正交连线 16 的绘制，结果如图 15-136 所示。

Step 52 调用"直线"命令。捕捉起点为连线 15 的中点，依次捕捉端点如图 15-137 和图 15-138 所示，按【Enter】键结束命令，完成连线 17 的绘制，结果如图 15-139 所示。

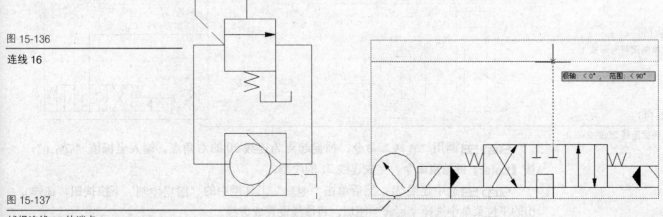

图 15-136

连线 16

图 15-137

捕捉连线 17 的端点 1

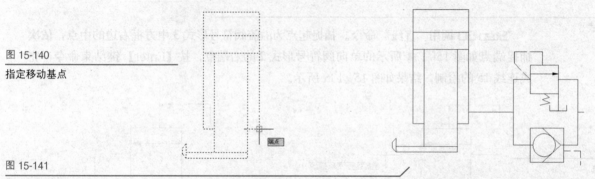

图 15-138

捕捉连线 17 的端点 2

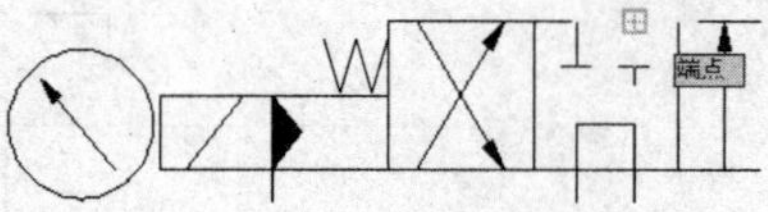

图 15-139

连线 17

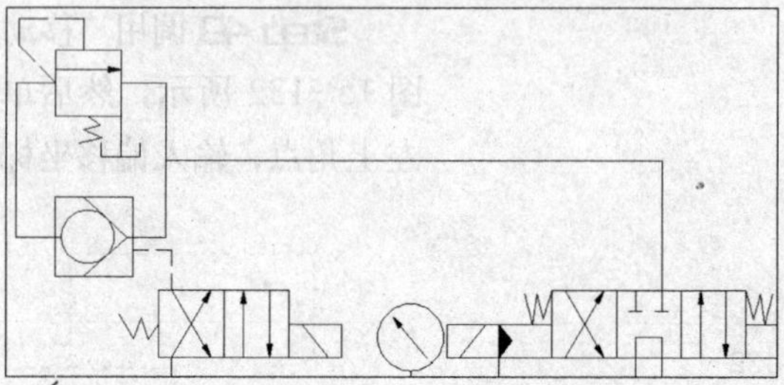

Step 53 调用"直线"命令。捕捉起点为连线 16 的中点，输入坐标值"@-8,0"，按【Enter】键，结束命令，完成连线 18 的绘制。

Step 54 调用"移动"命令。选择移动对象为上缸符号，指定移动基点，如图 15-140 所示，然后单击"捕捉自"按钮，捕捉基点为连线 18 的端点，输入偏移坐标值"@0,-2"指定移动终点，结果如图 15-141 所示。

图 15-140

指定移动基点

图 15-141

移动上缸符号

Step 55 调用"直线"命令。捕捉起点为上缸符号中长方形框 1 上边的中点，然后依次输入坐标值"@0,2"和"@40,0"，按【Enter】键结束命令，完成连线 19 的绘制。

Step 56 调用"移动"命令。选择移动对象为单向阀符号形式 1，指定移动基点为其左端点，指定连线 19 的端点为移动终点，结果如图 15-142 所示。

Step 57 调用"直线"命令。捕捉起点为单向阀符号形式 1 的左端点，依次捕捉端点如图 15-143 和图 15-144 所示，按【Enter】键结束命令，完成连线 20 的绘制，结果如图 15-145 所示。

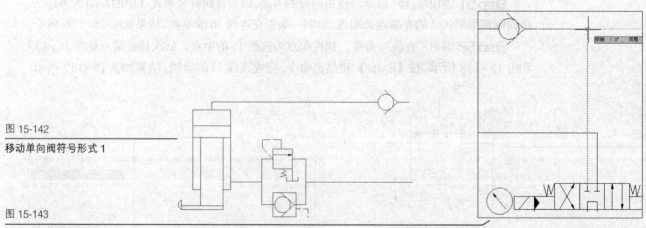

图 15-142

移动单向阀符号形式 1

图 15-143

追踪捕捉连线 20 的端点 1

Step 58 调用"直线"命令。捕捉起点为连线 20 的右角点，输入坐标值"@6,0"，按【Enter】键结束命令，完成连线 21 的绘制。

Step 59 选中连线 21，然后单击"图层"工具栏中的"图层控制"下拉按钮，在弹出的下拉菜单中选择"虚线"图层，将该线设置成虚线。

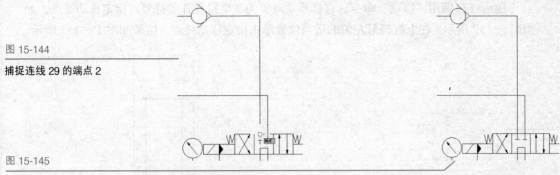

图 15-144

捕捉连线 29 的端点 2

图 15-145

连线 20

Step 60 调用"移动"命令。选择移动对象为压力继电器符号，指定移动基点为其长方框的左边中点，指定连线 21 的端点为移动终点，结果如图 15-146 所示。

Step 61 调用"移动"命令。选择移动对象为压力计符号，指定移动基点为其下端点，指定连线 19 的中点为移动终点，结果如图 15-147 所示。

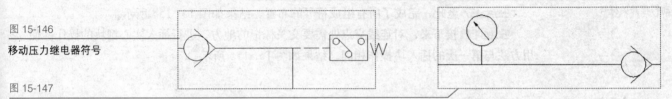

图 15-146

移动压力继电器符号

图 15-147

移动压力计符号

Step 62 调用"移动"命令。选择移动对象为单向阀符号形式 3，指定移动基点为其下端点，指定连线 19 的左角点为移动终点，结果如图 15-148 所示。

Step 63 调用"移动"命令。选择移动对象为油箱符号，指定移动基点为其中点，指定单向阀符号形式 3 的上端点为移动终点，结果如图 15-149 所示。

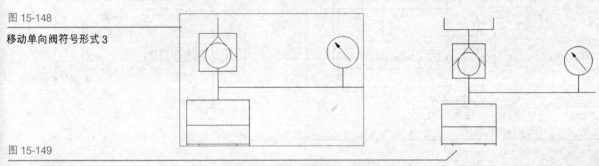

图 15-148

移动单向阀符号形式 3

图 15-149

移动油箱符号

Step 64 调用"移动"命令。选择移动对象为行程开关 2S 符号，指定移动基点为其长方形框的左上角点，指定移动终点，如图 15-150 所示。

Step 65 调用"复制"命令。选择行程开关 2S 符号为复制对象，捕捉复制基点为其长方形框的左上角点，指定复制的第二点，如图 15-151 所示，按【Enter】键结束命令，得到行程开关 3S 符号。

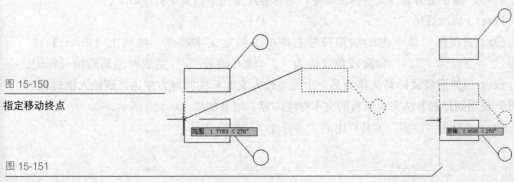

图 15-150

指定移动终点

图 15-151

指定复制的第二点

Step 66 调用"移动"命令。选择移动对象为 3 个行程开关符号，指定移动基点，如图 15-152 所示，在上缸符号左侧的适当位置单击指定移动终点，结果如图 15-153 所示。

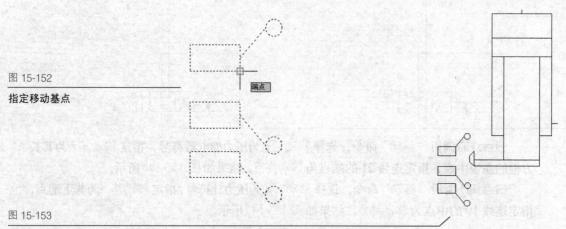

图 15-152

指定移动基点

图 15-153

移动行程开关符号

Step 67 至此，完成了所有组成符号的布置，结果如图 15-154 所示。

Step 68 接下来，对连线交点处需要交叉标记的地方，进行插入实心圆块的操作。使用方法与第一次的插入块操作相同，结果如图 15-155 所示。

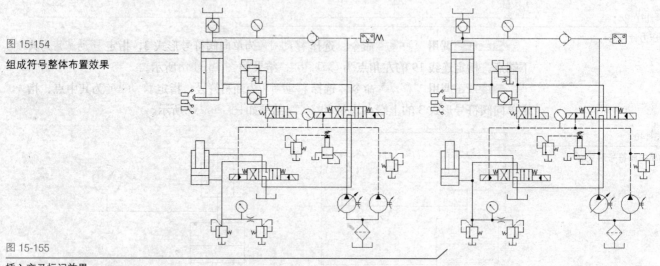

图 15-154

组成符号整体布置效果

图 15-155

插入交叉标记效果

15.2.4 组成符号编号和名称标注

组成符号的编号和名称标注在液压系统原理图上是十分必要的，它关系到图的可读性。

接下来，本节将对已经布置好连线的液压系统原理图进行组成符号的编号及其名称标注。其中，编号使用单行文字标注命令，名称标注使用多行文字标注命令。

Step 1 依次选择"绘图"→"文字"→"单行文字"命令。

Step 2 在图形最下方的油箱符号右侧单击指定文字起点，按两次【Enter】键，默认文字高度为"2.5"和旋转角度值为"0"，输入编号"1"，完成对油箱的编号标记。

Step 3 然后将鼠标箭头移到另一个需要输入文本标注的地方单击，则输入框转移到此处，使用同样的方法完成所有的文本标注内容，结果如图 15-156 所示，

Step 4 单击"绘图"工具栏中的"多行文字"按钮 **A**。

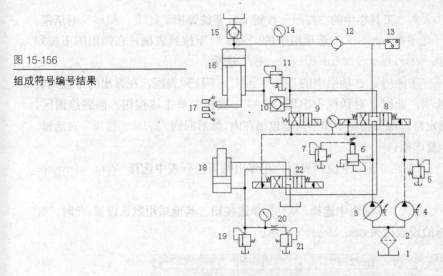

图 15-156

组成符号编号结果

Step 5 依据命令行提示，在绘图区适当位置单击指定输入框的两个角点，然后显示多行文字编辑器，如图 15-157 所示。

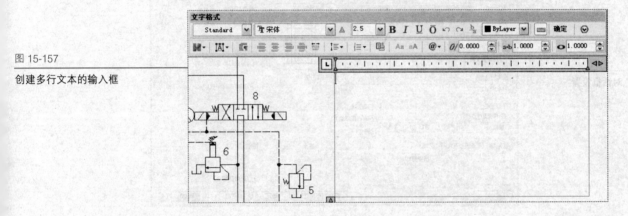

图 15-157

创建多行文本的输入框

Step 6 在输入框中输入多行文本内容，然后单击"确定"按钮，即完成组成符号的名称标注任务。

Step 7 至此，完成液压系统原理图的所有绘制与编辑操作，结果如图 15-158 所示。

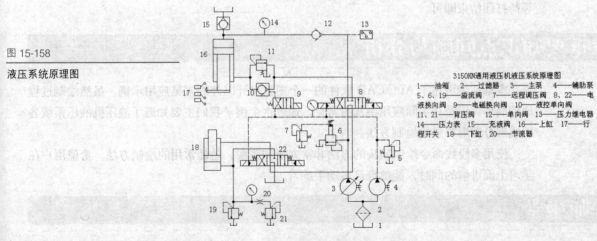

图 15-158

液压系统原理图

3150KN通用液压机液压系统原理图

1——油箱 2——过滤器 3——主泵 4——辅助泵
5、6、19——溢流阀 7——远程调压阀 8、22——电
液换向阀 9——电磁换向阀 10——液控单向阀
11、21——背压阀 12——单向阀 13——压力继电器
14——压力表 15——充液阀 16——上缸 17——行
程开关 18——下缸 20——节流器

15.2.5 图形打印

每一张图都需要打印进行仔细参读。接下来，本节将完成绘制好的液压系统原理图的出图工作。

Step 1 单击"标准"工具栏中的"打印"按钮 🖨，系统弹出"打印－模型"对话框。

Step 2 单击"打印机/绘图仪"选项组中的"名称"下拉列表框，在弹出的下拉列表中选择"Default Windows System Printer.pc3"选项。

Step 3 单击"打印区域"选项组中的"打印范围"下拉列表框，在弹出的下拉列表中选择"窗口"选项，此时，对话框中出现"窗口"按钮，单击该按钮，回到绘图区，选择两个角点以指定窗口范围将整个图形内容包括在内，然后回到"打印－模型"对话框，选中"居中打印"复选框。

Step 4 单击"打印样式表"下拉列表框，在弹出的下拉列表中选择"monochrome.ctb"选项。

Step 5 在"图形方向"选项组中选择"横向"单选按钮。其他采用默认设置，此时，"打印－模型"对话框的设置结果如图 15-159 所示。

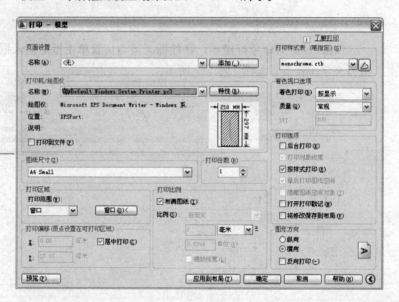

图 15-159

"打印 - 模型"对话框设置

Step 6 单击"预览"按钮，即得到预览效果如图 15-1 所示。

Step 7 单击"确定"按钮，系统弹出"文件另存为"对话框，采用默认存储路径，在"文件名"下拉列表框中输入名称"15"。单击"保存"按钮，系统弹出"打印作业进度"显示条，等待打印结束即可。

15.3 本章重要知识点回顾与分析

本章详细讲述了 AutoCAD 软件的一个图纸设计以外的常见应用示例，虽然绘制过程比较简单，但是在实际应用中却很常见。通过这个例子我们主要知道了液压机液压系统各组成部分图形符号的绘制方法。

使用多段线命令绘制箭头的方法非常方便和美观，是最常用的绘制方法。希望用户在学习上面讲解的同时，能够自己多动手练习。

15.4 工程师坐堂

问：如何绘制倾斜的长方形？

答：这可以在使用绘制"多边形"命令时，首先指定多边形的边数为4，然后通过其"边"选项来指定起始长方形边的位置，从而绘制出需要的倾斜长方形。

问：如何绘制旋转的箭头？

答：这可以通过在使用绘制"多段线"命令时，设置起点和端点的宽度以及进入圆弧选项模式，从而绘制出需要的旋转箭头。

问：希望移动到相对于某个点的一个位置时，怎么快速实现？

答：这时可以使用"对象捕捉"工具栏中的"捕捉自"命令来指定移动终点，即可实现移动到某相对位置。

问：如何绘制一个圆的切线？

答：这可以使用"对象捕捉"工具栏中的"捕捉到切点"命令帮助完成。

问：液压系统原理图中的交叉标记的意义是什么？

答：这主要是用于区别各连线交点的实际状态。交叉标记处在实际中是相互连接的管路接头，而没有交叉标记的各连线之间不存在交接。

问：液压系统原理图的连线中，实线和虚线的意义是什么？

答：实线和虚线用于表示管路的不同作用。其中，实线用来表示工作管路；虚线用来表示控制管路。

9:45 a.m——Word
11:20 a.m——Excel
12:36 a.m——Lunch time
1:00 p.m——整理应聘简历
3:00 p.m——Cappuccino
3:30 p.m——ppt
4:00 p.m——会议

Office全能办公系列

网络时代中，很多人都经历着相似的生活，奔忙于都市街巷，辗转于电脑前、会议中，当繁忙的工作让我们渐渐忘记了休息，当越来越高强度的工作压力到来之时，或许只有更高的工作效率和模板化的文档，才能让我们从无休止地敲击键盘中解脱。

无论是白领、老总，还是头疼于毕业设计的学生们，Office已经成为了我们日常工作和生活的一部分。本丛书"Office全能办公系列"，将给您带来一种高效办公的新高度，只要您懂得如何"抄袭"，本书的范例将让您的办公感受焕然一新。

现在，让我们开始体验吧。

读 者 意 见 反 馈 表

亲爱的读者：

感谢您对中国铁道出版社的支持，您的建议是我们不断改进工作的信息来源，您的需求是我们不断开拓创新的基础。为了更好地服务读者，出版更多的精品图书，希望您能在百忙之中抽出时间填写这份意见反馈表发给我们。随书纸制表格请在填好后剪下寄到：北京市宣武区右安门西街8号中国铁道出版社计算机图书中心917室 李鹤飞 收（邮编：100054）。或者采用传真(010-63549458)方式发送。此外，读者也可以直接通过电子邮件把意见反馈给我们，E-mail地址是：Let__us__wow@sina.com.cn。我们将选出意见中肯的热心读者，赠送本社的其他图书作为奖励。同时，我们将充分考虑您的意见和建议，并尽可能地给您满意的答复。谢谢！

- -

所购书名：_____

个人资料：

姓名：_____ 性别：_____ 年龄：_____ 文化程度：_____

职业：_____ 电话：_____ E-mail：_____

通信地址：_____ 邮编：_____

- -

您是如何得知本书的：

□书店宣传 □网络宣传 □展会促销 □出版社图书目录 □网络论坛 □杂志、报纸等的介绍 □别人推荐
□其他(请指明)_____

您从何处得到本书的：

□书店 □邮购 □商场、超市等卖场 □图书销售的网站 □报刊亭 □其他

影响您购买本书的因素（可多选）：

□内容实用 □价格合理 □装帧设计精美 □优惠促销 □书评广告 □出版社知名度 □作者名气
□娱乐需要 □其他

您对本书封面设计的满意程度：

□很满意 □比较满意 □一般 □不满意 □改进建议

您对本书的总体满意程度：

从文字的角度 □很满意 □比较满意 □一般 □不满意
从内容的角度 □很满意 □比较满意 □一般 □不满意

您希望书中图的比例是多少：

□少量的图片辅以大量的文字 □图文比例相当 □大量的图片辅以少量的文字

您希望本书的定价是多少：

本书最令您满意的是：

1.

2.

您在使用本书时遇到哪些困难：

1.

2.

您希望本书在哪些方面进行改进：

1.

2.

您需要购买哪些方面的图书？对我社现有图书有什么好的建议？

您更喜欢阅读哪些类型和层次的计算机书籍（可多选）？

□入门类 □精通类 □综合类 □问答类 □图解类 □查询手册类 □实例教程类

您在使用攻略类图书的过程中遇到哪些困难？

您的其他要求：